普通高等教育"十二五"重点规划教材·公共课系列
中国科学院教材建设专家委员会"十二五"规划教材

心理学基础
——青少年发展与学习

邓宏宝　主编
张广杰　吉兆麟　姜永杰　刘秀梅　副主编

科学出版社
北　京

内 容 简 介

本书以当前中小学教师所面临的诸多机遇与挑战为背景，以其教育教学岗位所必须具备的基本素质为依据，遵循需求驱动的编写理念，突出"实效性"的取材原则，强调"可读性"的教材设计，分别阐述了青少年在心理过程、注意品质、动力系统、个体差异、社会性发展、品德心理等方面的特点及其教育启示，学习心理基本理论及其应用思路，新时期教师应扮演的角色、应具备的能力及心理健康自我维护的策略。本书具有很强的针对性、时代性与应用性。

本书除可供全日制本专科师范专业学生以及参与职后培训的中小学教师作为教材使用，还可供心理学和教育学工作者、思想政治教育工作者、教育行政部门工作人员、教师及学生家长学习参考，大学生和中等学校学生亦可将此书作为自我心理教育的读本。

图书在版编目(CIP)数据

心理学基础：青少年发展与学习/邓宏宝主编. —北京：科学出版社，2012
普通高等教育"十二五"重点规划教材・公共课系列　中国科学院教材建设专家委员会"十二五"规划教材
ISBN 978-7-03-035094-7

Ⅰ. ①心… Ⅱ. ①邓… Ⅲ. ①青少年心理学-高等学校-教材 Ⅳ. ①B844.2

中国版本图书馆 CIP 数据核字(2012)第 152302 号

责任编辑：阙星文　袁星星 / 责任校对：耿　耘
责任印制：吕春珉 / 封面设计：科地亚盟

科学出版社 出版
北京东黄城根北街 16 号
邮政编码：100717
http://www.sciencep.com

铭浩彩色印装有限公司 印刷

科学出版社发行　各地新华书店经销

*

2012 年 7 月第　一　版　开本：787×1092 1/16
2020 年12月第十四次印刷　印张：17 3/4
字数：417 000

定价：43.00 元

（如有印装质量问题，我社负责调换〈铭浩〉）
销售部电话 010-62134988　编辑部电话 010-62135235（VH04）

PREFACE 前言

为进一步吸收与反映心理学学科前沿研究成果，适应新时期中小学教育教学改革对教师素养所提出的新要求，促进师范生更好地运用心理学相关理论指导未来教育教学实践与自身专业成长，我们组织了一批有多年心理学课程教学经验、有深厚心理学理论功底的教师编写了本书。在编写过程中，我们力图体现以下三方面的特点：

第一，确立了以应用型人才培养为追求的课程理念。针对当前中小学全面推进课程改革的新形势、高等教育大众化所带来的生源质量的变化以及师范生就业所面临的新情况、新问题，强化以应用型人才培养为目标的理念，致力于学生发现、分析、解决问题能力的培养，为增进其就业竞争实力奠定坚实基础。

第二，注重以“需求驱动”为主旨组织内容。本书在内容框架上，打破了依普通心理学学科逻辑顺序展开相关内容的传统做法，采取了立足于学生学习需求、就业需求而组织课程内容的新方式，在对在校学生、毕业学生及中小学学校领导、教育专家大量调研的基础上，根据师范学生未来岗位的素质要求安排教学内容。

第三，重视内容的科学性与可读性。对于相关概念、原理的界定与引用，本书尽可能做到权威、经典，对于具体原理的阐述，力求通俗易懂、生动形象，结合内容需要，文中穿插了大量的案例、测验及相关阅读材料，进一步增强了教材的可读性与吸引力。

本书成形前的讲义在师范生中经过了两轮的试用，每轮试用后都听取了相关师生的意见，并进行了相应的修订，2011 年教育部发布《关于大力推进教师教育课程改革的意见》（教师［2011］6 号）之后，又结合新的教师教育课程标准对有关框架及内容进行了调整与完善，并终成形。

本书由邓宏宝主编，张广杰、吉兆麟、姜永杰、刘秀梅任副主编。各章编写人员如下：邓亚琴（第一章）、石雷山（第二章）、姜永杰（第三章）、顾美娟（第四章）、蔡婧（第五章）、杨荣华（第六章）、沈永江（第七章）、郁美（第八章）、陈燕（第九章）、王蓓颖（第十章）。

本书的出版得到南通大学教材建设立项资助，在讲义试用和本书编写过程中也得到南通大学教务处、教师教育学院、教育科学学院以及连云港师范专科学校领导和师生们的支持，在此一并感谢。在本书编写过程中参考了一些相关成果，我们尽可能一一注明，倘有疏漏之处，敬请谅解！

由于编者的学术及视野所限，书中错误与不足在所难免，敬请读者批评指正！

编　者

2012 年 3 月 20 日

CONTENTS
目录

第一章 绪 论

随着心理科学的发展，其对人类社会的影响力也逐步显现。现代心理学所揭示的人的心理活动规律已经在生产、管理、医疗、教育等领域发挥了巨大的作用。师范院校的学生承担着未来教书育人的重任，学习和掌握心理学基础知识、尤其是青少年的心理发展和特点对未来的教育工作者而言，是十分必要的。本章主要论述了心理学的研究对象、科学的心理观、心理学的发展史以及师范生学习心理学的意义等问题。

第一节 心理学概述

一、心理学的研究对象

研究对象问题，是每一门学科都要面临的首要的，也是最基本的问题。心理学是研究人的心理现象及其规律的科学。

心理现象也就是心理活动，无论在学习、工作中，还是在娱乐、休息中，每个人都会有种种心理活动产生。人的心理现象千姿百态，表现形式多种多样，为了能更具体地认识它，心理学家们一般将其划分为心理过程、个性心理和心理状态三大范畴。

（一）心理过程

心理过程是一个人心理现象的动态过程，包括认识过程、情感过程和意志过程，它反映正常个体心理现象的共同性。

认识过程是人的最基本的心理过程，它是人脑对客观事物的属性及其规律的认识，包括感觉、知觉、记忆、思维、想象等。人可以看到五彩缤纷的世界，可以聆听旋律优美的乐曲；人脑可以储存异常丰富的知识，时过境迁而记忆犹存；人有“万物之灵”的智慧，能运用自己的思维去探索自然和社会的各种奥秘，设计未来发展的宏图，进行文学艺术上美的创造，这些都与人的认识过程密切相关。从信息加工的认知心理学角度而言，认识过程就是人脑接受、加工、编码储存、加工、提取各种信息的过程。

情感过程是个体在经历实践过程的基础上对客观事物是否符合其需要而产生的态度体验。俗话说，人非草木，孰能无情！当我们在学习和工作中顺利达到预期目的时，就会感受到不同程度的快乐、满意、喜悦、甚至狂喜；反之，就会感受到沮丧、懊恼、不满甚至愤怒。诸如此类的喜、怒、哀、惧等主观体验，就是情绪和情感的具体表现。

意志过程是个体自觉地确定目的，并根据目的调节支配自身的行动，克服困难去实现预定目标的心理过程。人们在认识世界与改造世界的过程中，必须有明确的目标，还要制订计划，选择方法，克服种种困难，最终才能实现预定目标。我们的学习和工作，通常不是一帆风顺的，这时就要启动人的意志过程。

认识过程、情感过程和意志过程并不是彼此孤立的，而是相互联系、相互作用，构成了个体有机统一的心理过程。情感的发生与深化、意志行为的确定与执行都是以认识为基础的；而情感、意志又会反过来影响认识活动的进行和发展。同样，情感也会对意志行为产生动力作用；而意志行为又会有利于丰富和升华情感。认识过程、情感过程和意志过程在个体上的整合就表现出个性（心理）。

（二）个性心理

个性心理是一个人在社会生活实践中形成的相对稳定的各种心理现象的总和，包括个性倾向性和个性心理特征。如果说心理过程反映的是人的心理现象的共性的一面，那么个性就反映的是人的心理现象的独特性的一面。

个性倾向性是推动人进行活动的动力系统，也是个性心理中最活跃的因素。它主要包括需要、动机、兴趣、信念、理想、价值观和世界观等，其中需要是个性倾向性的基础，世界观居于最高的层次，决定着一个人的总的心理倾向。在复杂的现实生活中，由于环境和教育的差异，以及自身各种因素的影响，人们在形成需要、动机、兴趣、理想等方面，总会有这样或那样的个别差异。

个性心理特征是个人身上经常表现出来的稳定的心理特征。它集中反映了人的心理活动的独特性，包括能力、气质和性格。其中性格是个性心理特征的核心，反映一个人的基本精神面貌。有的人记忆速度快且保持长久，有的人记得慢且易遗忘，有的人善于形象思维，有的人善于抽象思维，这是能力上的差异；有的人性情暴烈，有的人性情温和，有的人反应迟缓，有的人反应敏捷，这是气质上的差异；有的人善于交际，有的人安然沉静，有的人机智果断，有的人优柔寡断，有的人大公无私，有的人私心重重等，这是性格上的差异。

个性倾向性和个性心理特点是密切关联的。个性倾向渗透于各种个性心理特征之中，个性心理特征也反映出个人的倾向，两者在总体上体现着一个人完整的个性。

（三）心理状态

心理学家认为，心理状态常常是从心理过程的发展到个性心理特点形成的一个过渡环节。例如，在日常生活中，一个人常会出现某种激情，可能只是一时的激动，但是，这种心理状态如果经常不能主动加以控制，那么久而久之，便容易形成这个人性情暴烈、易发脾气等比较稳定的个性特点。又如，一个人可能处事一时犹豫，而并不是对任何事都犹豫，这是常会出现的一种短暂的心理状态，但如果任其发展下去，成为习惯，也容易形成像优柔寡断这样比较稳定的个性特点。

心理状态的表现是多方面的，它可以表现在知、情、意的任何一个方面。如好奇、疑惑、沉思，这是认识方面的心理状态；淡泊、焦虑、渴求，这是情感方面的心理状态；克制、犹豫、镇定，这是意志方面的心理状态。

通过以上的阐述，我们已经知道，心理现象可以划分为心理过程、心理状态和个性心理三大范畴，而每个范畴又包含着一些不同的方面（图 1-1）。这种划分对于了解和研究人的心理是方便的，但必须防止把这种划分绝对化。现实中人的心理具有高度的整体性，心理现象的各组成部分之间是相互联系、相互依存和相互影响的。

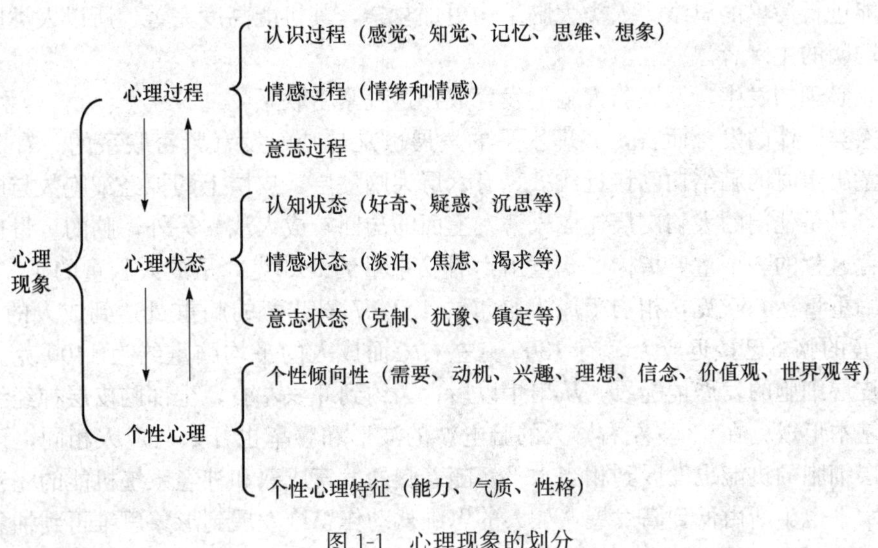

图 1-1 心理现象的划分

二、科学的心理观

心理学是研究心理现象的科学，那么，什么是心理？人的心理是怎样发生和发展的？迄今为止，心理学界对心理实质的普遍共识是，人的心理是人脑对客观现实的主观反映。这是辩证唯物主义解释心理实质的基本观点，具体来说，就是坚持物质是第一性的、精神是第二性的哲学基本命题，从这个角度来理解心理的产生。人的心理现象（精神活动）的产生和发展必须要有一定的物质基础，否则，即是无源之水，无本之木。科学心理学的研究充分表明，心理的物质基础一方面是人脑和神经系统，这是心理现象赖以产生和存在的器官；另一方面是客观现实，包括周围事物、社会生活、物质环境等，这是人心理活动的源泉和影响心理发展的重要因素。

（一）心理是脑的机能

1. 脑是心理的器官

辩证唯物主义者经过长期的研究和论证，对心理的实质作出了科学的论断，认为心理是脑的机能，脑是心理产生的重要器官。关于这一点，可以从以下几方面加以说明。

（1）心理是以神经系统为基础的一种物质世界的反映形式

心理作为物质的一种反映形式，是物质发展到一定阶段的属性。

物种进化的历史充分表明心理活动与神经系统尤其是脑有着直接的关系。动物的心理发展水平是与其神经系统的发展水平相适应的。

单细胞动物没有神经系统，因而只能对生存具有直接意义的事物产生有限的反映。无脊椎动物开始出现了神经系统，但由于没有脑，所以只能对刺激物的属性进行分析，其心理也只能停留在极其原始的、简单的感觉阶段。脊椎动物的神经系统进一步发达，原始的脑开始形成，爬行动物又有了大脑皮层，就具备了心理活动的最高调节机构，因而就有了稳定的知觉。灵长类动物的大脑接近人脑的水平，所以对事物有了原始的概括能力，能进行简单的思维。人类大脑结构更加复杂，其机能高度完善，所以人类成了地球上最聪明的主宰者。

（2）心理的发生、发展与人脑的发育成熟过程紧密联系

就人类个体的发育而言，心理水平的发展也是与脑的发育紧密联系的。有资料表明，儿童出生时的脑结构已接近成人，有六层大脑皮层，皮层上的神经细胞数与成人非常接近，只是他们的大脑皮层比成人薄，上面的沟回较成人浅。另外，脑的重量也是判断脑发育过程的一个重要指标。儿童出生时脑重量约 390 克，是成人脑重的 1/3；在 9 个月时脑重量达 660 克，相当于成人脑重的 1/2；7 岁儿童的脑重量达到成人的 9/10，12 岁儿童的脑重已接近成人，有 1300 克左右，而成人的平均脑重约为 1400 克。就人的大脑皮层细胞的发展情况看，从出生以后，大约到 6 岁左右，全部脑皮层神经纤维的髓鞘化基本形成；在 13 岁左右，人的脑电波的波形和频率也开始与成人相同，预示着大脑皮层细胞的机能也发展到相当水平。随着脑的发育成熟和神经系统机能的完善，人的心理水平也不断由低到高发展，如人的思维从动作思维发展到形象思维再到抽象逻辑思维，自我意识也从无到有，从单纯服从他人到逐渐具有独立性。

（3）脑部损伤和病变会引起心理机能的丧失

人们首先在动物实验中发现，动物脑部受到损伤，它的心理机能会出现异常。如摘除大脑皮层的狗，不会寻找食物，也不再对喊它名字起反应；破坏猿的大脑皮层，会立即使它进入长期昏睡状态。19 世纪的法国医生布洛卡（P. Broca）在临床治疗中发现，一些病人大脑左半球下额回的一个区域受损伤后，不能说出复杂的语言，也不能自由表达思想。后来，人们把这个区域叫布洛卡区，也称为运动性语言中枢，因为它主管人的口头言语表达。随着生理解剖学的发展和临床医学上的新发现，人们又揭示出大脑主管视觉、听觉、身体运动等方面的功能区，而且发现，当这些区域发生病变或受到损伤时，相应的心理机能也会部分或全部丧失。如枕叶受到破坏，人就会失明；颞叶受到破坏，会导致耳聋；接近运动分析器肩、臂、手指的部位受损，书写活动会很困难；更严重的是，先天性的无脑儿生来不具有正常的脑髓，没有思维，也不具备正常人的任何心理活动。

这些事实都说明心理活动和脑的结构与机能密不可分，脑才是真正的心理器官。

人的心理作为物种发展中最高级的反映形式，是神经系统发展到一定阶段的机能表现。那么，人的神经系统（特别是脑）的结构和功能是怎样的呢？下面我们作一个简要的介绍。

2. 人的神经系统的结构与功能

人的神经系统（图 1-2）是一个异常复杂而有序的机能系统，从结构与机能上分为中枢神经系统和周围神经系统，是由人体内大量的神经元所构成的。

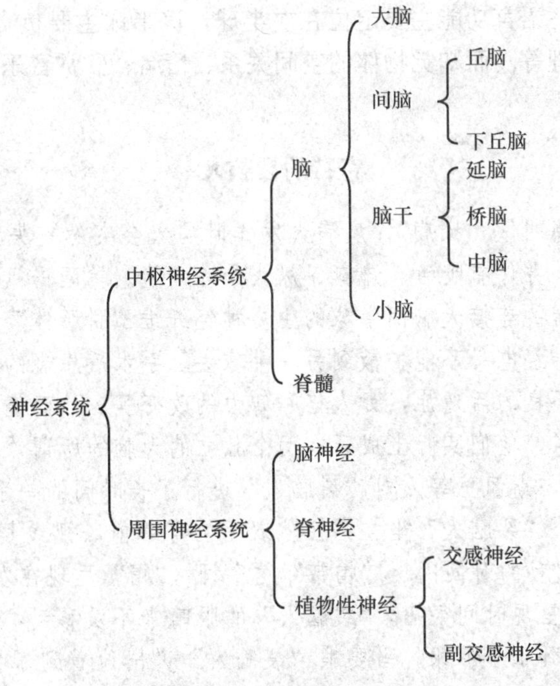

图 1-2

(1) 神经元

神经元即神经细胞，是神经系统结构和机能的基本单位。它的基本作用是接受和传送信息（图 1-3）。

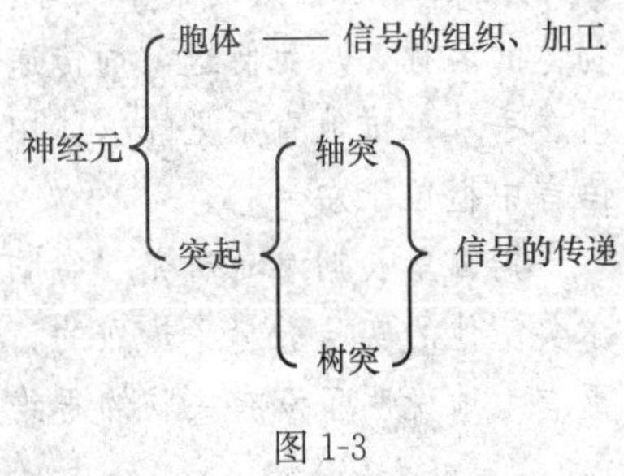

图 1-3

(2) 周围神经系统

周围神经系统由脑神经、脊神经和植物性神经组成，它们分布于全身，负责将神经冲动从感觉器官传向中枢神经系统，再将神经冲动由中枢传向效应器官（肌肉、腺体等）。

(3) 中枢神经系统

中枢神经系统包括脑和脊髓，是整个神经系统的主干。

1）脊髓。脊髓是中枢神经系统的低级部位，位于脊椎管内，其功能主要有传导神经冲动和完成一些简单的反射活动，如膝跳反射、排泄反射等。

2）脑。人脑包括大脑、小脑、延脑、桥脑、中脑和间脑六部分。其中大脑有特别发达的左右两半球，其表面起伏不平，布满深浅不同的沟和裂，这些沟裂将大脑皮层（即大脑两半球表面的灰质层）分成四叶，分别是额叶、顶叶、枕叶和颞叶。

根据布鲁德曼（Brodmann）的研究发现，大脑皮层的四叶具备不同的机能定位。机体运动中枢主要集中在额叶，机体感觉中枢在顶叶，机体视觉中枢在枕叶，而机体听觉中枢则在颞叶。

大脑的左右两半球主要是靠胼胝体的联络作用而协同活动的，每个半球控制着对侧身体的机能。斯佩里（Roger W. Sperry）博士对“裂脑人”的研究，初步揭开了人脑两半球的功能之谜。语言功能主要定位在左半球，该半球主要负责言语、阅读、书写、数学运算和逻辑推理等。而知觉物体的空间关系、情绪、欣赏音乐和艺术等则定位于右半球。

奇特的裂脑人①

有一种脑部疾患叫做“癫痫”，疾病大发作时病人会突然丧失意识，倒地，全身肌肉发生强烈的抽搐，并伴有咬舌、流涎、尿失禁等症状。美国诺贝尔奖获得者斯佩里为了医治此病，将患者的连接大脑两半球的主要神经纤维“胼胝体”切断，使一侧大脑半球的病灶所产生的神经电暴不能扩散到另一半球去。手术后患者的病情得到了极大的改善，而且也未出现不良的后遗症，如人格和智力的改变等。然而经过这样手术的人，毕竟与常人有所不同了，他们实际上成了有两个独立的大脑的所谓“裂脑人”。

从1961年开始，斯佩里等人对“裂脑人”进行了长时间的一系列实验研究。例如，在一个实验中让一个“裂脑人”坐在挡住他双手的屏幕前，视线凝视屏幕中心的一点，然后在屏幕上用0.1秒的时间闪现“帽带”这个词（“帽”呈现在左半屏幕，“带”呈现在右半屏幕），由于呈现时间很短，“裂脑人”的眼睛来不及移动，“帽”就传递到了右半球，“带”就传递到了左半球。当要求“裂脑人”说出他看到了什么时，他只回答说看到了“带”字。进一步要求“裂脑人”说出“带”的种类，他只好猜测是“胶带”、“音乐磁带”、“捆人的带子”等。这表明语言中枢在左半球。如果在左半屏幕闪现一个物体的名称，从而使这个词传递到右半球，“裂脑人”虽然不能说出物体的名称，但能用左手从一堆他看不见的物体中选出这个物体，表明虽然右半球有一些语言的功能，但语言中枢位于左半球。

斯佩里长期潜心研究“裂脑人”，初步揭开了人脑两半球功能，获得了1981年诺贝尔奖。他的实验引起了热烈的讨论，进一步推动了科学工作者对大脑进行新的探索。也更有力地说明了没有头脑的思维是不存在的，人的心理活动与脑密切相关。

3. 神经系统的基本活动方式——反射

（1）反射与反射弧

反射是指在中枢神经系统参与下，有机体对内外环境刺激所产生的规律性反应。它是神经系统的基本活动方式。

实现反射活动的神经结构叫反射弧。它包括五个基本环节，分别是感受器、传入神经、神经中枢、传出神经和效应器。一个简单的反射模式是这样的：一定的刺激作用于相应的感受器，感受器产生兴奋，并以神经冲动的形式由传入神经传向相应的神经中枢，在经过了神经中枢的加工处理之后，神经信息又沿着传出神经到达效应器，支配调节有机体的相应活动。当然，在很多复杂的反射活动中，神经信息往往是以反射环的形式实现神经冲动的往复传递，也就是通过多次反馈，来调节机体活动。这样能帮助有机体及时进行自我调控，保证有机体较好地适应周围环境。

---

① 百度百科. 斯佩里［EB/OL］. http://baike.baidu.com/view/451049.htm，2011-1-1.

(2) 反射的种类

反射根据产生的条件不同可以分为条件反射和无条件反射。

1) 无条件反射。无条件反射是在种系发展过程中通过遗传所获得的反射，对于有机体来说，是不学而会的。如遇到强光刺激时，人会眨眼，这是防御反射，妈妈把乳头放到新生儿嘴里时，他会自动吸吮，这是吸吮反射。人类主要的无条件反射有食物反射、内脏反射、防御反射、朝向反射、性反射等。

无条件反射活动的调节中枢在脊髓和脑干等低级中枢，其神经通路是固定的，具有快速和不随意性的特点，这对于有机体适应周围环境具有很大的生物学意义。

2) 条件反射。有机体为了适应复杂的环境变化，又通过后天的学习训练建立了许多新的反射，也就是条件反射。

条件反射活动的调节中枢在大脑及大脑皮层等高级中枢，是暂时的神经联系。条件反射是在无条件反射的基础上建立的，其建立的基本条件是无关刺激和无条件刺激在时间上的结合，也就是强化。条件反射是多次的强化的结果，当然神经系统的正常活动是其前提条件。

有关条件反射的研究，较具代表性的有巴甫洛夫的经典条件反射和斯金纳的操作条件反射（第九章有具体介绍）。

巴甫洛夫经典性条件反射实验：

俄国著名生理学家巴甫洛夫用经典性条件反射实验来探讨条件反射形成的机制。他用狗做实验，当给狗食物吃时，狗嘴里会有唾液分泌，这是无条件反射；当不给食物，而只给以铃声刺激时，狗不会分泌唾液，因为此时铃声是无关刺激；但当每次铃声响起时就给狗食物，多次强化后，只要铃声一响，哪怕没有呈现食物，也能够观察到狗有唾液分泌。此时，我们就可以认为狗已经建立了以铃声为条件刺激物的条件反射。

斯金纳的操作性条件反射实验：

在巴甫洛夫经典性条件反射研究的基础上，美国行为主义心理学家斯金纳提出了操作性条件反射。他用其发明的“斯金纳”箱对小白鼠和鸽子进行了实验。他把一只饥饿的小白鼠或鸽子放入设计好的实验箱中，开始时小白鼠或鸽子四处乱动，进行了许多次的无效尝试，在很偶然的情况下，它碰动了箱子里的杠杆，自动装置送来了一粒食丸，小白鼠或鸽子得到了强化，这样反复多次以后，小白鼠或鸽子便学会了碰动杠杆获取食物的动作，条件反射建立了。人类的大多数行为都是通过操作性条件反射过程获得的。操作性条件反射对理解复杂的心理现象有重要意义，在操作性条件反射中，有机体学会了新的动作，体现了一个学习的过程。

比较上述两个实验，我们不难发现，它们的原理是相同的，两种条件反射的建立都依赖于强化刺激，但它们又具有各自的特点。经典条件反射实验中是由强化引起一定的行为，而操作性条件反射实验中则是借助于有机体的操作行为引起了强化。

(3) 两种信号系统学说

巴甫洛夫在其晚年的时候还提出了两种信号系统学说。

以具体事物作为条件刺激而建立起来的条件反射系统称为第一信号系统。这是人和动物共同具有的。如行人按照交通信号灯行走，学生听到铃声进教室上课，马戏表演中动物按照驯兽员的手势表演等，都是第一信号系统的活动。

以语词作为条件刺激而建立起来的条件反射系统称为第二信号系统。这是人所特有的。如谈虎色变、谈梅生津都是第二信号系统的活动。

对于个体来说，两种信号系统是相互联系，协同活动的。第二信号系统以第一信号系统作为基础，所以语词也被称为“第一信号的信号”，而第一信号系统又是受到第二信号系统的调节和支配的。

（二）心理是客观现实的反映

脑是心理产生的前提和物质基础，但仅仅有脑的存在，并不能产生心理现象。为脑提供信息，促使人的心理由可能变成现实的，是独立于个体之外的客观世界。

1. 人的心理活动内容来源于客观现实

客观现实可分为自然性的和社会性的两种。人的各种心理活动，无论是低级的，还是高级的，其内容都受到这两种客观现实的制约，并以各种形式反映客观现实。可以说，人的所有心理内容都超不出客观现实的范畴。以感觉为例，我们之所以有听觉和视觉，就是客观事物直接作用于我们的感觉器官（听分析器、视分析器）的缘故，它所反映的是客观事物的个别属性。即使是想象和思维这些高级心理活动，也必须以客观现实作为基础。就拿我国古代四大名著之一的《西游记》来说，吴承恩的想象力可谓丰富之极，小说的创作似乎超越了时空，任凭想象驰骋。可仔细分析后，我们不难发现，无论是人物的塑造还是情节的描写，作者都受当时社会生产力和生产关系发展水平的限制，其稀奇古怪的创作构思中的内容无不在客观现实中找到依据。如猪八戒降妖镇魔使用的兵器——九齿钉耙的原型其实就是当时农民劳动常用的农具——钉耙。所以，人的心理总是反映自己所处的客观世界的自然状况和社会现实。客观现实是人的心理活动的源泉。

2. 人的心理的产生和发展受社会生活实践制约

仅有人的大脑和客观现实并不能产生人的心理，只有通过社会实践活动，才能使客观现实真正作用于大脑，导致相应的心理活动的发生和发展。脱离了正常的人际交往和人类生活，一个大脑机能健全的婴儿无从产生人的心理，一个成人也会逐渐丧失业已获得的心理机能。据说，自18世纪中叶以来有历史记载的野外狼、猴、熊、绵羊等动物哺育孩子的事例先后有30多个，他们在回到人类社会后，虽经多方专业训练和培养，但都很难建立起人的生活方式，也不能学会正常的语言表达。可见，失去了早期的人类生活，人的心理发展会异常困难，而且很难补救。据史料记载，朱棣在夺取了建文帝的皇位之后，就把建文帝的儿子关了起来，55年之后才把他放出来，结果建文帝的儿子“出见马牛不能识”。这说明，即使一个心理机能正常的人，如果长期脱离人类社会，缺乏人与人之间的沟通与交往，也会逐渐失去正常的心理状态。所以，参与各种社会实践活动，开展正常的人际交往，是保证人们形成和发展正常的心理机能的重要条件。

3. 人的心理是对客观现实的主观反映

人对客观事物的反映具有一定的主观性，即人对客观现实的反映都是经过人的主观世界的折射而最终形成的，它会受一个人在长期生活实践中形成的个性特点、知识经验、世界观等主观条件的影响，不同的人对同一种事物，常常仁者见仁，智者见智，莫衷一是。同样一部电影，有的人评价很高，甚至说可在国际上获奖，有的人则根本看不惯，横加抨击；有的人观后深受教育、感慨万分，有的人观后却似过眼烟云、无甚感触。同样，对于半杯水，乐观的人看到的是希望，悲观的人体会到的是失望。此外，人对客观现实的心理反映，甚至还会受他所处的时间和条件的影响。这就使人的心理，尤其是高级心理可能具有明显的社会性、历史性、民族性和阶级性等。例如，不同的历史时期、不同民族对美的不同的认识和感受，对同样的美的刺激，会引起不同的审美感；而不同社会、不同阶级对道德更有不同的评价标准，对同样的行为刺激，会引起甚至截然不同的道德感。可以说，人对客观现实的反映既是一种主观的映像，又总是带有个人或个人所处群体的特点。人对客观现实的反映既离不开客观事物，也脱离不了主观世界的影响。正因为如此，我们才能对外部世界的纷纭变化和丰富多彩产生不同的认识和感受。

4. 人的心理是对客观现实的能动反映

人与动物最大的不同就在于人不是消极被动地反映客观现实的变化，而是在积极主动地改造自然和社会的实践中，有选择性地能动地反映客观世界。人的活动领域越广阔，实践活动越深入，就会有更多更新的发现，人的心理世界也随之更加丰富而深刻。实践活动是人的心理发生、发展的基础。人的心理服务于实践，指导实践。从“实践—认识—再实践—再认识，循环往复，以至无穷”的认识规律来看，在实践活动中发生、发展起来的心理，必将成为再实践的理论指导，进而使实践活动不断深入，提高实践活动的效率。即使是一些极其简单的实践活动，也需在心理调节下完成。正如恩格斯所言：“甚至人吃饭喝水，也是受了反映在他头脑中的饥渴感觉之影响而来的，停止吃喝，则是因为饱的感觉反映在他的头脑中”。实践活动是检验人的心理的唯一标准，人对客观现实的反映是否正确，要由实践活动是否达到预期目标来进行检验。它推动着人们去改正错误，使反映不断精确和完善。所以，个体在实践中不断成长，人的心理也在实践中日益成熟。

三、心理学的发展简史

德国著名心理学艾宾浩斯（H. Ebbinghaus，1850～1909）说过：心理学有一个长期的过去，但仅有一个短暂的历史。也就是说，心理学既是一门古老的科学，又是一门年轻的科学。所谓古老，是指在心理学作为一门学科还未诞生之前，有关心理问题的论述，即关于心理学的思想就早已出现，这可以追溯到古希腊，至今已有二千多年的历史。所谓年轻，是指心理学从其母体哲学中分化出来成为一门独立的学科，即科学心理学的诞生是在1879年，至今才有一百多年的历史。

（一）心理学的起源

1. 心理学思想的萌芽

还在远古时期，当古代人以“图腾”作为承载形式的幻想思维出现时，他们很难理解人自身的结构和功能，只是单凭直观的感受、体验和想象推测，因而逐渐产生了万物有灵论的观念。古人看到，人生时有呼吸，死时呼吸停止，就认为灵魂可能是气息，或是与呼吸有关的东西。人在梦中见到死者的亲属，又觉得自我可以脱离肉体而独立活动，因而开始把世界分为肉体（物质）和灵魂（精神）两个方面，并认为人和自然界的一切变化都是灵魂的活动。灵魂在人出生时，居住在身体里，控制着人体的活动；当人入睡时，灵魂又暂时离开人体；当人觉醒时，灵魂又回到人体，而当人死后灵魂也就永远离开了人体。在远古社会生产力极其低下的情况下，这种万物有灵论的观念是以古老宗教神话的形式对灵魂起源所作的幻想式的解释，可以看作是最早的心理学思想萌芽。

2. 心理学思想的哲学土壤

心理学思想的发展长期寓于西方哲学中，亦被称为哲学心理学，它是科学心理学产生的肥沃土壤。哲学心理学主要是用哲学观点和思辨方法研究和阐释人的心理现象的各种理论和思想的集合。其主要特点是：其一，认为心理学家与哲学家集于一身，没有独立的心理学家；其二，主张采用猜想、推测和思辨的方法，基本上不采用实验的方法；其三，主要运用哲学观点探讨灵魂或心灵的本质、结构和功能等一系列比较抽象的基本理论问题，不研究具体的实证问题。

近代西方哲学中的心理学思想，在发展过程中主要形成四个方面的成果：第一，对身心关系问题，即关于人体和心理之间的联系和关系的论述，如身心交感论、身心平行论等学说；第二，关于经验论的心理学思想，即认为一切认识、知识都来源于感觉经验并且只有感觉经验才是真实的；第三，关于天赋论的心理学思想，即认为人们的一切观念和知觉形式都是先天的，而不是通过后天经验获得的；第四，联想主义心理学，主张以联想来解释一切心理现象，并探讨了联想的原理、种类、机制和规律等问题。哲学中的联想主义心理学思想对科学心理学的形成具有直接影响。

3. 科学心理学的诞生

心理学思想在哲学母体内孕育了两千多年，它为科学心理学的诞生作了充分的思想准备，特别是哲学中的联想主义思想更为早期的实验心理学提供了可直接研究的课题。但是，哲学心理学缺乏实证科学的基础，若不能与自然科学的实证方法相结合，则心理学还不能摆脱哲学而成为一门独立的科学。

19 世纪中期，西方的天文学、生物学、解剖学和物理学等自然科学的迅速发展，则是科学心理学起源的又一个重要方面。当时对心理学诞生有较大影响的自然科学研究成果有：①神经生理学的研究成果，如神经冲动的传导速度的确定，贝尔-马戎单定律，神经特殊功能说等；②脑机能的研究成果，如神经系统功能的定位说和统一说；③感官生理学的研究成果，如视觉三色说，抗色说，听觉说等；④心理物理学的研究成果，如韦伯定律、费希纳的心理物理测量法等。

一方面，在哲学母体内的心理学胚胎已逐渐成熟；另一方面，生理学和物理学等自然科学的发展，又为心理学的诞生提供了必要的自然科学知识和实验技术。19 世纪末德国心理学家威廉·冯特结合了哲学心理学内容体系和自然科学的研究方法和实验技术，于 1879 年在德国的莱比锡大学创立了世界上第一个有影响的心理实验室，开设了实验心理学。这标志着心理科学的诞生和独立，也意味着心理学作为一门学科发展历史的开始。

威廉·冯特简介[①]

威廉·冯特（Wilhelm Wundt，1832～1920）德国心理学家，哲学家，现代实验心理学的创始人之一，构造主义心理学的奠基人。1832年8月16日生于德国曼海姆北郊内卡劳，1920年8月31日卒于莱比锡。从1851年起，升入蒂宾根、海德堡、柏林等大学专攻医学。1856年，受聘作赫尔姆霍茨的助手，得以亲受赫尔姆霍茨的指导。冯特主张心理学直接研究经验，他将内省实验法引入了心理学。他创造了特殊的方法来训练对象，让他们更仔细和完善地来看待自己，但不过分地解释自己的心理。这个工作方式与当时的心理学非常不同。1874年他出版了《生理心理学原理》。在这部书中他首创了用系统性的心理学来研究人的感识：感觉、体验、意志、知觉和灵感。1875年冯特在莱比锡大学成为教授。1879年他在那里创建了世界上第一个心理实验室。冯特晚年发表了他的十卷巨著《民族心理学》。冯特的许多学生，如铁钦纳（Edward Bradford Titchener）、闵斯特博格（Hugo Mu nsterberg）都是非常知名的心理学家。

（二）心理学的发展

1. 西方心理学的发展

早在两千多年前，古希腊的哲学家、思想家就已有丰富的心理学思想散见于他们的论著之中。古希腊的德谟克利特（Democritos，公元前460～370）用原子论解释心理现象，认为感觉是原子从物体表面发射出来并与感觉器官接触的结果。柏拉图（Plato，公元前460～370）关于人性的思考引出了人的行为的三个来源：欲望、情绪和知识，他提出了灵魂先于身体且独立于身体的身心观。亚里士多德（Aristotle，公元前384～330）写的《灵魂论》一书，则是世界上最早关于人类心理方面的专著。自那时起，直至19世纪中叶，在西方有许多学者论及心理学问题，其中不乏真知灼见，但心理学在这漫长的岁月中始终隶属于哲学范畴而无独立的地位。

19世纪中叶以后，自然科学的迅猛发展，为心理学成为独立的科学创造了条件，尤其是德国感官神经生理学的发展，在这一过程中起了较为直接的促进作用。20世纪初，冯特第一次提出了心理学的体系，但在当时的条件下，心理学形成一个完整体系的条件并不成熟，因此很快就受到了挑战。许多新学派，如行为主义学派、格式塔学派、精神分析学派等纷纷出现，并形成了十分激烈的学术之争。他们都以为自己发现了心理学的全部真理，但事实是在各自做出独特发现的同时，也暴露了各自的片面性。随着争论的深入和科学事实的积累，心理学家们认识到，试图用一个心理学派别的成果去建立完整的心理学知识体系，是经不起考验的，即使建立了理论体系，也难免有偏差。因

① 百度百科. 冯特［EB/OL］. http://baike.baidu.com/view/44563.htm，2010-10-14.

此，最近二三十年来，流派纷争不息的历史已经结束，各流派的心理学出现了相互融合的趋势。从总体上看，国外的现代心理学可以分为两大阵营——机械主义阵营和人本主义阵营。由于现代心理学的历史尚短，它所研究的对象是比物性复杂得多的人性问题，因此现代心理学需要所有学派参与工作。缺少任何一种理论观点和探索方法，都会使心理学的科学体系的整体有所逊色，这是现代心理学家的主导观点。纷争结束之后，从科学研究的角度来看，现代心理学的研究呈现出三个基本的特点：第一，着重揭示心理和行为的规律，进而对心理和行为的发生、发展进行预测；第二，特别重视人的高级心理过程和社会行为的研究；第三，广泛吸收邻近学科的研究成果，参与交叉学科的攻关研究。

心理学的发展与经济和科学技术的发展水平密切相关。美国经济和科学技术在世界上最发达，心理学研究也相对发达。在美国，心理科学已与物理化学科学、数学科学、环境科学、技术科学、生命科学、社会经济学一起并列为科学的七大部类。美国心理学家的人数占世界心理学家人数的一半，国内有 5～6 万心理学博士。美国心理学会下属的分会（相当于我国的专业委员会）已经发展到 50 个，其中包括临床心理、康复心理、军事心理、传播媒介心理、妇女心理、宗教心理、成瘾行为心理、人口和环境心理、成人发展和老年心理等专门分会。前苏联也是一个心理学比较发达的国家，其教育心理学、工程心理学、神经心理学、社会心理学以及以心理学为主体的人学都有国际性的影响。

2. 中国心理学的发展

与西方不同，中国古代没有心理学的专著，但有丰富的心理学思想（高觉敷，1985）。这些思想散见在许多哲学家、思想家和教育家的著作中。在中国先秦时代，儒家、道家、法家等各学派著名思想家都讨论过天人关系、人兽关系、身心关系、人性的本质和发展以及知行关系等，提出过一些重要的心理学思想。例如，春秋时期的孔子（公元前 551～479）提出："知之者不如好之者，好之者不如乐之者"（《论语·雍也》）、"学而时习之，不亦乐乎"（《论语·学而》）以及因材施教等诸多观点，已经蕴含现代心理学中的兴趣、记忆和个性差异等问题。战国时期的荀况（公元前 313～238）关于"形具而神生，好恶，喜怒、哀乐臧焉"（《荀子·天论》）之说，阐明了先有身体而后有心理、心理依附于身体的身心观。

中国是世界公认的心理学发源地之一，但科学形态的心理学却是形成于西方。中国心理学的形成与发展，与西方心理学的传播有密切的关系。1889 年颜永京翻译出版了《心灵哲学》。1907 年，王国维翻译出版了《心理学概论》。在清末出版的近 40 种心理学书籍中大部分是译著。从 1917 年开始，中国科学形态心理学进入创建时期。这一年，国内第一个心理实验室在北京大学建立。1918 年，国内第一本大学心理学教本《心理学大纲》（陈大齐著）由商务印书馆出版。1920 年，国内第一个心理学系在南京高师成立。1921 年，中华心理学会在南京成立。此后，现代心理学的许多理论流派开始由归国的中国学者介绍到中国来，心理学工作者在发展心理研究、教育心理研究、生理心理研究、心理测验研究等诸多领域都取得了成绩。但由于国难当头，从 1937 年起直至 1949 年新中国成立，心理学的发展处于低落时期。

1958年和其后的十年“文革”，中国的心理学事业的发展遭受了严重的挫折，但是近二十多年来，心理学走上了健康的发展道路，并取得了长足的进步。中国科学院心理研究所参与了国家攻关项目的研究，并做出了贡献。1999年国家科技部确定增加心理学作为18个需要优先发展的基础学科之一。2000年国务院学位委员会将心理学确定为一级学科，北京师范大学成立了我国第一个由学校直接领导和管理的心理学院。2002年中国科学院心理研究所被确定为进入国家知识创新试点工作的基地性的研究所，中国科学院将持续加大对心理研究所的基础和重要问题的研究投入以及对基地建设的投入。中国心理学在国际心理学界获得了很好的地位。通过老一辈心理学家20多年的努力，我国心理学在国际心理学界的影响显著增加。中国心理学会在中国科协的领导下工作不断进步，现在已经发展到了拥有19个专业委员会和工作委员会，研究范围涵盖了心理学的主要领域。

全国性的心理学刊物已有近20种，其中包括《心理学报》、《心理科学》、《心理科学进展》、《心理与行为研究》、《心理学探新》、《应用心理学》、《心理发展与教育》、《中国心理卫生杂志》、《中国临床心理学杂志》、《社会心理研究》、《中小学心理健康教育》、《四川心理科学》、《心理与健康》和《大众心理学》等。到2004年，我国的高等院校如北京大学、华东师范大学、南京师范大学、华中师范大学、华南师范大学、中山大学、陕西师范大学、首都师范大学等已经有了约百个心理学系（所）；甚至已有一批高校，如北京师范大学、浙江大学等成立了心理学院，全国心理学专业每年招生超过1000人。全国可以培养心理学博士生的单位有12个，可以培养硕士生的单位有27个，每年招收研究生500多人①。此外，心理学家们还出版了大量颇有影响的心理学专著、译著。

中国的社会主义现代化事业，给中国的现代心理学的发展提供了强大的动力。在20多年的发展中，我国心理学在基础与应用研究方面都取得了可喜的成就，某些领域的研究达到国际水平。2004年8月第28届国际心理学大会在北京的成功召开，标志着中国心理学的学术地位在国际心理学界得到认可，也预示中国心理学进入高速发展的时期。

2004·北京·28届国际心理学大会情况简介②

第28届国际心理学大会于2004年8月8～13日在北京举行。国际心理学大会是心理学的奥林匹克大会，始于1889年（巴黎），除了因为两次世界大战而停办过以外，每4年举办一次，需要提前8年申请主办权。

这次大会是一百多年来，第一次真正在发展中国家举办的国际心理学大会。这次大会能由我国主办，说明了我国的国际影响的增大和我国的心理学在国际心理学

① 张侃．我国心理学的现状与发展对策［J］．心理与行为研究，2003（2）：82．

② 新浪科技．第28届国际心理学大会［EB/OL］．http://tech.sina.com.cn/2241942777.shtml，2006-05-17．

界占有一定的地位。从这次大会组织的情况看，已经大大超过历史上各届大会的规模，已收到提交的论文 6368 篇，接受论文 5573 篇，参会代表近 6000 人（其中外宾 3500 人，国内代表 2500 人）。来自 80 多个国家的心理学家就当代心理科学的 25 个分支学科中的 162 个专题进行 3140 人次的口语报告和 2354 人次的展贴交流。有国际著名心理学家 74 人，包括 2002 年诺贝尔经济学奖获得者心理学家丹尼尔·卡恩曼（D. Kahneman）教授和 20 多位各国科学院院士应邀作大会报告，230 多名国际知名心理学家主持特邀专题报告会。

据中国科协国际部估计，这是有史以来在中国举办的规模最大的国际科学学术会议。能够举办这样的大规模学术会议，直接反映了中国心理学家的学术成就和国际影响。这与我国老一辈心理学家的多年努力工作以提高我国心理学研究的水平和一贯重视国际学术交流分不开的。值得一提的是，在 74 名大会报告人中有 7 位中国心理学家登上讲坛报告他们的突出研究成果。

3. 现代心理学的主要理论流派①

（1）构造主义心理学

构造主义心理学主要代表人物是冯特和他的学生铁钦纳（E. B. Titchener，1867～1927），是自心理学独立后的第一个心理学派。该学派 1899 年产生于德国，后在美国得到发展，20 世纪 30 年代以后渐趋衰落。构造主义认为，心理学的研究对象是意识经验，即心理经验的构成元素及结合的方式与规律，并主张心理学应该用实验内省法研究意识经验的内容或构造，找出意识的组成部分及它们如何结合成各种复杂心理过程的规律。他们强调心理学是一门纯科学，其基本任务是理解正常人的一般心理规律，但不重视心理学的应用。该学派是用实验法独立研究心理学问题的学派，促进了西方心理学派的兴起和美国心理学的发展。它的研究成果已经成为现代心理学组成部分。但由于它确定的研究对象过于狭窄并陷人元素主义与内省主义境地，因而遭到许多心理学家的反对。

（2）行为主义学派

行为主义学派（又称早期行为主义学派）于 1913 年产生于美国，其创始人是华生（J. B. Watson，1878～1958）。这一学派不同意心理学是探讨意识科学，认为心理学是行为的科学，心理学的目的应是寻求预测与控制行为的途径。他们认为心理学应当研究“客观观察所能获得的并对所有的人都清楚的东西”，也就是人的行为，并提出“刺激—反应”（S—R）的行为公式。行为主义主张客观的研究方向，有助于摆脱主观思辨的性质，更多从实验研究中得出结论。但他们无视行为产生的内部过程，反对研究意识，引起不少人的非难与反对。

新行为主义学派的主要代表人物是托尔曼（E. C. Tolman）、赫尔（C. L. Hull）、斯金纳（B. F. Skinner）。新行为主义认为，有机体不是单纯地对刺激作出反应，它的行为总是趋向或避开一个目标。在动物和人的目的行为之间，必须有一个“中介”因素，这

① 中国科学院心理研究所．心理学主要流派［EB/OL］．http://www.psych.ac.cn/kxcb/zjxlx/www.psych.ac.cn/kxcb/zjxlx/201010，2011-7-3．

就是个体的认知。也就是说在“刺激—反应”过程中，加进一个中介变量（O），使行为主义的模式成为“S—O—R”。这是西方现代心理学的主要流派之一。新行为主义强调客观的实验操作，冲击了内省心理学，促进了心理学的广泛应用和程序教学的开展，但陷入了还原论和机械论的境地。

（3）格式塔学派或称完形学派

该学派1912年创建于德国，创始人为韦特海默（M. Wertheimer，1880～1943）、考夫卡（K. Koffka，1886～1941）、苛勒（W. Kohler，1887～1967），后期代表有勒温（K. Lewin，1890～1947）。这是西方现代心理学的主要流派之一。此派反对构造主义的元素主义和行为主义的S—R公式，主张心理学应该研究意识的完形或整体结构，并认为整体不等于部分之和，意识不等于感觉、感情的元素的总和，行为不等于反射弧的集合，思维不是观念的简单联结。他们这种重视整体的观点和强调各部分之间动态的联系以及对创造性思维的认识，对后来心理学的发展起到了积极的推动作用。但该学派否认过去经验的作用，陷入唯心主义先验论的境地。

（4）精神分析学派或心理分析学派

精神分析学派产生于1900年，创始人是奥地利精神病医师、心理学家弗洛伊德（S. Freud，1856～1939）。这一学派的理论在20世纪20年代广为流传，颇具影响。

弗洛伊德认为，人的心理可以分为两部分：意识与潜意识。潜意识不能被本人所意识，它包括原始的盲目冲动、各种本能以及出生后被压抑的动机与欲望。他强调潜意识的重要性，认为性本能是人的心理的基本动力，是摆布个人命运和决定社会发展的永恒力量；他把人格分为本我、自我、超我三部分，其中本我与生俱来，包括着先天本能与原始欲望；自我由本我分出，处于本我与外部世界之间，对本我进行控制与调节；超我是“道德化了的自我”，包括良心与理想两部分，主要职能是指导自我去限制本我的冲动。三者通常处于平衡状态，平衡被破坏，则导致患精神病。

精神分析学派重视潜意识与心理治疗，扩大了心理学的研究领域，并获得了某些重要的心理病理规律，但他们的一些主要理论遭到许多人的反对。20世纪30年代中期，以沙利文（H. S. Sullivan）、霍妮（K. Horney）、弗洛姆（E. Fromm）为代表的一批心理学家反对弗洛伊德的本能说、泛性论和人格结构论，强调文化背景和社会因素对精神病产生和人格发展的影响，在美国创立了新精神分析学派。

新精神分析学派的理论仍然保留着弗洛伊德学说中的一些基本观点，尽管在其理论中有不同的概念名称，但归根结底，这一学派仍然认为在心理活动中潜意识的驱力和先天潜能起主要作用。

（5）认知学派

认知心理学兴起于20世纪50年代中期，60年代后迅速发展。1967年美国心理学家奈瑟（U. Neisser）的《认知心理学》一书的出版，标志着这一学派理论的成熟。广义的认知心理学还应该包括皮亚杰（J. Piaget）的发生认识论。皮亚杰把人的认识发展看成是一种建构的过程，并仔细研究这一过程的发展阶段。狭义的认知心理学是指用信息加工的观点和术语解释人的认知过程的科学，因此，也叫信息加工心理学。这一学派反对行为主义理论，认为毋须在搞清心理的生理基础后，才能研究心理现象。他们把人看成计算机式的信息加工系统，认为人脑的工作原理与计算机的工作原理相同，因而可以在计算机和人脑之间进行类比。他们强调人的已有知识结构对行为和当前认知活动的决定作用，并力求通过计算机模拟等方式发现人们获取和利用知识的规律，达到探究人类认知活动规律的目的。他们还承认人的主观能动性、意识的能动作用，强调对人的认知过程进行整体综合分析。

认知心理学派的理论含有辩证法的因素，对反对行为主义的机械论、弗洛伊德主义的非理性主义有积极的意义，对扩大心理学的研究方法、促进心理学的现代化、发展人工智能和计算机科学等均有贡献，从而成为当前心理学研究的主要方向。但他们把人的心理看成是计算机式的信息加工系统加以研究，在心理学界依然存在争论。

（6）日内瓦学派

日内瓦学派的学说与瑞士心理学家、日内瓦大学心理学教授兼卢梭学院院长让·皮亚杰（1896～1981）的名字分不开，日内瓦学派的心理研究侧重于儿童智力发展的认识活动，皮亚杰以其创造性的研究影响了当代心理学界，他以儿童心智发展为基础研究对象，进而研究人类认识的发生和变化，创立了发生认识论。

日内瓦学派认为，心理学研究不仅不能离开生物学而且不能离开逻辑学，皮亚杰用符号逻辑研究儿童智力的发展，在其认知心理学中引入了数理逻辑的概念，并把源于布尔代数的符号逻辑作为一种工具。

该学派的主要代表人物是皮亚杰。他的主要观点有：1）关于认识结构及其动态过程，皮亚杰提出几个基本概念：图式（指人的一种心理机能结构）、同化（原生物学概念，指生物适应环境的一种过程，这里主要说明人类智力的发展也是生物的一种适应）、顺应（原有的图式不能适应客体时，通过调整原来的图式建立新的图式，使认识图式发生质的变化的过程）。2）在儿童心理发展的研究方面，他提出心理发展四要素即①机体的成熟因素；②个体对物体作出动作的练习和习得经验的作用；③社会环境；④对心理起决定作用的平衡过程（平衡过程是指不断成熟的内部组织在与外界自然和社会环境相互作用中不断调整认识结果的过程，也就是心理不断发展的过程）。皮亚杰将儿童认识的发展分为四个阶段：第一阶段是感知运动阶段（0～2 岁）；第二阶段是前运算阶段（2～7 岁）；第三阶段是具体运算阶段（7～11、12 岁）；第四阶段是形式运算阶段（11、12～15、16 岁）。

（7）人本主义心理学

人本主义心理学是由美国心理学家马斯洛（Maslow，1908～1970）和罗杰斯（C. Rogers，1902～1987）于 20 世纪 50 年代末 60 年代初创建的。它既反对精神分析学派贬低人性、把意识经验还原为基本趋力，又反对行为主义学派把意识看作是副现象，认为人不是“较大的白鼠”或“较缓慢的计算机”，主张研究人的价值和潜能的发展。因为，他们相信，人的本质是善良的，人有自我实现的需要和巨大的心理潜能，只要有适当的环境和教育，人们就会完善自己、发挥创造潜能，达到某些积极的社会目的。为此，他们从探讨人的最高追求和人的价值角度，认为心理学应改变对一般人或病态人的研究，而成为研究“健康”人的心理学，揭示发挥人的创造性动机、展现人的潜能的途径。该学派被称为心理学的第三势力。

人本主义方法论不排除传统的科学方法，而是扩大科学研究的范围，以解决过去一直排除在心理学研究范围之外的人类信念和价值问题。人本主义心理学是一门尚处于发展中的学说，其理论体系还不完备，他们对人的一些研究还停留在关于人性的抽象议论上，因而不能揭示人的心理本质规律。

4. 现代心理学的发展趋势

辩证唯物观告诉我们，任何事物都是运动变化的，每一门科学或学科的发展也是运动变化的。事物发展虽然复杂多样，但仍有其规律性，预示着一定的趋势和方向。代表现代心理学发展主要理论取向的是认知心理学和人本主义心理学，除此之外，心理学还在各个层面的发展上呈现出不同的趋势。

(1) 心理学的综合化

科学由综合走向分化又上升到新的趋势，这是科学发展的总趋势。现代心理学研究的各种主要理论取向都有其合理的因素和局限，它们都只从某一个层次和侧面对心理现象进行了有益探索，使人们可以从不同的视角去理解人类的心理。这些理论既有相互排斥的一面，也有相互补充的一面。现代心理学家们越来越重视全面而综合地运用心理学的各种方法、理论及研究成果，多视角、多维度、多方法地去研究心理问题，这显示了心理学发展的综合化趋势。

(2) 心理学的实用化

心理学是一门与人类生活密切相关的学科，其理论的应用和普及是学科生命力的来源和保证。随着现代社会的发展，心理学已渗透到社会生活的多个领域，对人们的日常生活产生着越来越大的影响，在心理健康教育教学、体育竞技、人员选拔到广告营销、产品设计、司法刑侦等方面都取得了显著的效益，与心理学相关的一些专业和职业也纷纷产生。在发达国家，心理学涉猎的范围越来越广，包含了人类体验的所有方面，其总的目标就是理解人类的行为。这些研究取得了令人瞩目的成就，迄今为止，至少有4位科学家因为在心理学研究方面的卓著成就而荣获诺贝尔奖，特别是2002年诺贝尔经济学奖得主美国普林斯顿大学心理学教授丹尼尔·卡恩曼（Daniel Kahneman，1934～），他的工作及影响，充分反映了现代心理学发展对现实生活的巨大影响与贡献。

丹尼尔·卡恩曼简介[①]

丹尼尔·卡恩曼（Daniel Kahneman）1934年出生于以色列的特拉维夫，拥有美国和以色列的双重国籍。他于1961年获得了加州大学伯克利分校的博士学位，从1993年开始担任普林斯顿大学心理学教授和公共关系学教授，2002年获得诺贝尔经济学奖，这是第一次有学习心理学并完全从事心理学研究的科学家获得诺贝尔奖。卡恩曼将源于心理学的综合洞察力应用于经济学的研究，从而为一个新的研究领域奠定了基础。他与阿莫斯·特沃斯基（Amos Tversky，

① 商业评论百科．丹尼尔·卡恩曼［EB/OL］．http://wiki.ebusinessreview.cn/%B5%A4%C4%E1%B6%FB%A1%A4%BF%A8%B6%F7%C2%FC，2011-7-29.

1979）一起建立了一种被称作“预期理论”（Prospect Theory）的替代性理论来解释观察到的行为。他的研究使经济学界开始修正传统经济理论关于人类行为的某些公理性假设（如理性一贯、偏好不变等），以更加逼近真实世界的人类行为，从而使经济学对现实的解释力得以提高。他的主要贡献在于对人类在不确定性条件下的人为判断和决策行为的研究，在这方面他证明了之前被人们所广泛接受的有关经济决策是理性行为的假设不能成立。他的行为经济理论还解释了为何人们宁愿省几个美元而驱车几十公里去买便宜货，而不愿就近购买较贵的商品，虽然这样他们会节省一些钱（汽油费等）。这种发现激励了新一代心理学、经济学研究人员运用认知心理学的洞察力来研究经济学，使心理学和经济学的理论更加丰富。

（3）心理学的全球化

随着全球政治、经济、文化一体化趋势增强，心理学研究的全球化趋势日益显著。在这样的背景下，心理学正经历着一场转变，即由只关心单一文化背景转向关注多元化的融合，其理论由方法中心论转向问题中心论，由单一理论转向复合论。各国的心理学家面临着全球化的经济问题、社会问题和环境问题，这些问题不再是某个国家、某个民族各自的问题，而是全球化的人类共同问题。所以必须抛开传统的派别之争和理论对抗，围绕解决实际问题展开研究，使心理学的研究具有现实性。这就是心理学全球化的内涵。心理学的研究全球化具有这样一些特点：关注全球社会化的进程；打破种族和文化的偏见；发展本土心理学；以问题研究为中心，鼓励心理学多元性。

（4）心理学的本土化

人的心理是人脑的机能，也是客观现实的反映。所以研究人的心理要以科学的态度和方法去探讨人的心理发展及变化的文化背景、民族传统、风俗习惯及国家意识形态等，因为不可能有完全按一种范式建立起来的“统一”的心理学。在当前西方心理学占据世界心理学研究主流的情势下，心理学本土化是指一种关乎社会文化取向的问题。每个国家的心理学所采用的概念、理论及方法要能切实反映本国民众的心理与行为，这个趋势适合每个国家的心理学发展。对中国来说，心理学的本土化是心理学中国化的问题，也就是要建立系统的、有自己特色的心理学理论体系。

第二节　心理学的任务与方法

一、心理学的性质与任务

（一）心理学的性质

心理学的科学性质，也是长期争论不休的问题。早期心理学家多数认为心理学是实验科学，偏于自然科学。但是随着心理学自身的发展，其分支越来越多，到现在已广泛地涉及人类生活的各个领域，同自然科学和社会科学这两个科学领域都有密切的关系。实质上，现代心理学位于一系列科学的结合点上。它既受哲学思想的指导，又位于自然科学和社会科学的中间地位，它是一门跨学科的中间科学或边缘科学。任何把心理科学简单地归属于社会科学或自然科学的看法都是片面的。

心理学既是一门基础学科，又是一门应用学科。在生活、学习和工作过程中，人每时每刻都在进行着心理活动，研究心理活动规律的心理学，在生活实践的各个方面都发挥着非常重要的作用。凡是有人的地方，凡是研究内容涉及人的学科，都用得上心理学知识，都需要心理学知识作为基础。随着社会的发展，心理因素在活动中的作用将会愈来愈受到重视，心理学在人类社会生活中的重要意义将会被更多的人所认识到。

目前，心理学的研究课题越分越细，大约有140多个分支，应用以下三种方法对其进行分类：第一，根据研究课题的不同进行分类，基础心理学所包括的各个大小课题，都可确定为一个分支，诸如感觉心理学、知觉心理学、记忆心理学、思维心理学、情绪心理学、个性心理学，或更具体的时间知觉心理学、定势心理学、应激心理学、气质心理学等；第二，根据研究对象的不同进行分类，诸如婴幼儿心理学、新生儿心理学、儿童心理学、小学生心理学、青年心理学、妇女心理学、老年人心理学、聋哑人心理学等；第三，根据应用范围的不同进行分类，诸如教育心理学、医学心理学、体育运动心理学、文艺心理学、军人心理学、航空心理学、航天心理学、工程心理学、管理心理学、交通心理学、商业心理学等。随着社会的发展和人类的进步，人们的活动领域愈来愈广泛和复杂，研究心理学的规律在人们不同活动领域和范围中的应用，将进一步促成更多心理学分支的出现。

基础心理学是心理学的主干，因为它研究人心理现象的最一般的规律，概括了心理学在各个方面的研究成果，也可以说是各个分支心理学的理论基础。实验心理学是各个分支心理学的实验科学基础，社会心理学和生理心理学是心理科学的两大支柱。随着社会的发展，心理学在应用方面的分支将会愈来愈多，人类有多少活动领域，就会出现多少个心理学的分支（图1-4）。

（二）心理学的任务

心理学的基本任务在于揭示心理现象的本质，阐明心理活动的规律。具体包括：

1. 描述

描述，即对心理事实用科学语言予以叙述，以便人们认识它；只描述现象，不探究原因。科学描述不同于艺术描述，强调精确。因此，心理学的描述不仅借助于语言文字，而且借助于数字、公式、图示等。例如，以一份标准化智力测验，测量一群小学生，就可以计算出每一名学生的智商，再据以描述每一名学生的智力在这个集体中所占的地位。正是由于有了科学的描述，人们对心理现象的认识不再感到无从下手了。

2. 解释

解释是对个体行为作进一步分析，探索产生该行为的可能原因。人的心理的产生、发展和变化，包括某种特定性格的形成和改变，都必定依存于一定的条件。找出这些依存条件及其内在的关联，才能对心理现象的产生与发展给予科学的解释。例如，假设由统计资料显示，每年五六月间，高三年级学生患病的人数，比其他月份高出许多，研究者在分析这个问题的原因时，可能解释为与高考压力有关。一般来说，生理特点、年龄因素、个人经历、生活方式和环境影响等，都可能成为解释心理的原因。当然，具体成

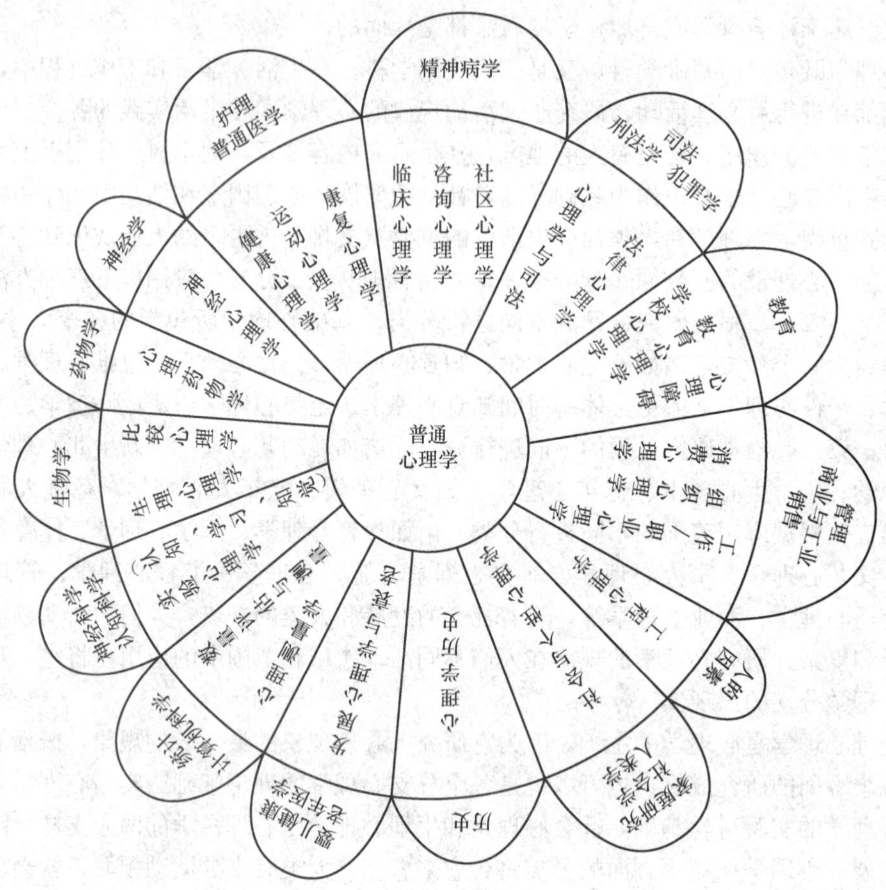

图 1-4① 心理学的分支

因则因人而异。个体内在的心理历程不容易被直接观察，如何依据个体外在行为，来判断其内在的心理现象，确实相当困难。所幸的是近年来有些心理学者，已设计出一些精密的方法，使他们对个体的内在心理历程，能做科学的解释。

3. 预测

预测是根据现有的资料，估计将来某一事件发生的可能性。心理学不是算命学，但心理学能够运用科学分析手段，在一定程度上预知个体心理和群体心理的发展趋势、表现特点等。这并不神秘，因为心理活动也罢，心理特征也罢，都依条件而发生和变化，掌握了这种关系，就可能预测未来。例如，我们根据青少年心理的发展规律，就能预测青少年今后会表现出某种行为和呈现某种心理特点。心理学的理论不但具有解释行为的功能，同时也具有预测行为的功能。

4. 控制

研究心理是为了有效地调控心理，使之利于社会、群体和个人的健全发展，这是心

① 心理学交流和学习. 心理学学科分支［EB/OL］. http://www.sciopsy.com/sopbbs/viewthread.php?tid=1238，2007-5-18.

理学的根本任务。心理学要做的工作，就是通过控制影响心理的因素来控制心理，减少心理因素的消极影响，增加心理因素的积极影响。例如，人类的心理疾病是可以避免的，加强心理健康教育，将有助于控制心理疾病的发生。其中，控制影响心理的因素尤其重要。影响心理的因素既有环境的，也有机体的，而一个人业已形成的心理（个性特点、心理状态等），也是影响当前心理的一个重要因素。所以，心理学是通过综合考虑环境因素、机体因素和业已形成的心理因素来研究如何对心理进行有效控制的。

二、心理学的研究原则与方法

（一）心理学的研究原则

人们揭示心理现象和过程的客观规律，总是运用一定的研究方法，但无论选择哪种方法进行研究，都必须遵循以下基本原则。

1. 客观性原则

遵循客观性原则，就是坚持实事求是的态度，从人活动的客观事实出发，努力反映心理现象的本来面貌，并以实践作为检验的标准。这是心理学研究的根本指导原则。人的心理是客观现实在人脑中的反映。一切心理活动都是由客观刺激引起的，并在人的活动中表现出来。我们研究人的心理，必须依据客观事实，坚持客观性。那种认为心理学是主观的东西，只能用内省法（自我观察）来研究的观点是不全面的。虽然内省法所提供的材料，在研究中有一定价值，但仅仅依据个人单纯的内省和陈述所得到的研究成果，是不可靠的。所以，在心理学研究中，包括实验的设计、材料的收集整理和结论的得出，都要坚持客观性原则。

2. 系统性原则

遵循系统性原则，就是坚持系统的、整体的观点。既要对人的心理进行多层次、多水平、多角度的系统分析，又要对心理现象及其各形成因素之间的相互作用和关系进行整合研究。人的心理现象不是零散的、片断的，而是完整的、系统的。任何一种心理现象都是整体心理的一部分，它们相互之间都有联系。因此，研究人的心理，必须从整体出发，全面、系统地进行，才能得出正确的科学结论。人生活在极其复杂的自然环境和社会环境之中，人的各种心理现象的产生、发展，都受到周围情境中各种具体因素的影响。人对每个对象和现象的反映，都要受到时间、地点、当地情境以及本人的心理状态等因素的影响。因此，对人的心理研究不但要考虑引起心理现象的直接原因和条件，还要考虑与这些原因、条件相联系的其他因素的影响。

3. 发展性原则

遵循发展性原则，就是要坚持发展的观点，对心理活动的变化进行动态的研究。心理现象和其他物质现象一样，始终处于发展变化之中。因此，在研究中必须遵循发展的原则。不仅要阐明已经形成的心理品质，看到当时的特点，而且要看到发展中新产生的特点，绝不能把心理现象看成固定不变的东西。即使是比较稳定的个性心理特征，也可能在较长时间里因受各种因素的影响发生变化。

（二）心理学研究的方法

心理学研究的方法有很多，在此我们主要介绍以下几种常用的方法。

1. 观察法

观察法是指在自然条件下，对心理现象的外部活动进行有系统、有计划的观察，从中发现心理现象产生和发展的规律。观察法可分为客观观察法和自我观察法。

客观观察法。这是在日常生活条件下，研究者观察被试在自然情境中的表情、动作、行为和言语等外部表现，以了解人的心理活动的方法，必要时也可采用录音录像等辅助手段进行。例如，教师经常通过对学生在课堂上、考试或竞赛中的表现，以及日常交往情况等的观察，了解学生的心理特点和变化，这里采用的就是客观观察法。但是，作为科学研究的方法，对其使用必须要有严格的要求。观察要有明确的目的性和计划性，要较系统地、长期地进行，对观察的具体情境和被试的各种表现要作详细的记录，对系统观察获得的材料要作出科学的分析和评估，使其具有理论认识的价值。达尔文的《一个婴孩的生活概述》和我国心理学家陈鹤琴的《一个儿童发展的程序》等著作中的研究成果，主要就是采用客观观察法所取得的。

自我观察法。人自己对自己的心理活动也能进行观察和分析，这通常叫做自我观察法。人在实践中的认识活动，自我体验，动机的意识，或对某些心理特点和行为的感受与评价等，都可以进行自我观察和分析。这是鉴于心理学研究对象的特殊性而采用的一种可行的、也是必要的特殊方法。不过，自我观察需要由具备一定心理学知识和观察技能的专业人员，才能更有效地实施。自我观察法和客观观察法可以相互补充，相互验证。如研究者对其他被试进行客观观察时，必要时亦可要求被试本人作出自我观察的口头陈述，以进行比较验证，这样能提高观察研究的效果。

2. 实验法

实验法是指通过有目的地控制一定的条件或创设一定的情境，以引起被试的某些心理活动进行研究的一种方法。心理学的实验法主要有实验室实验法和自然实验法两种形式。

实验室实验法。这是指在实验室内利用一定的设施，控制一定的条件，并借助专门的实验仪器进行研究的一种方法。例如，当我们需要知道室内光亮度对学生视觉阅读效果有什么影响时，即可选择正常同等视度的若干学生作被试，在实验室的设备条件下，一面控制室内光亮度的不同变化（自变量），一面测量被试在不同亮度下阅读的速度（因变量），然后对实验所获得的各项数据，加以处理和分析，即可得到某种光亮度对视觉阅读最适宜的实验结果。实验室实验法，便于严格控制各种因素，并通过专门仪器进行测试和记录实验数据，一般具有较高的信度，通常多用于研究心理过程和某些心理活动的生理机制等方面的问题。但对研究个性心理和其他较复杂的心理现象，这种方法仍有一定的局限性。

自然实验法。这是在日常生活等自然条件下，有目的、有计划地创设和控制一定的条件来进行研究的一种方法。例如，研究评价（表扬或批评）对激发学生学习积极性的作用问题，即可以采用自然实验进行。如有一个实验，选择100名条件相当的学生作被试，把他们随机分成四个不同评价性质的实验组。然后令所有被试“做算术”加法练习五天，每天练习十五分钟，在评定时，表扬组只给予正确评价，批评组只给予批评，忽视组只可以间接了解评价，控制组则不给予了解任何评价。最后检查学习效果，发现表扬组最好，批评组次之，控制组最差。这说明对激发学生的学习积极性，表扬和批评都是必要的，而应以表扬为主，不作任何评价反而会降低学习积极性。自然实验法比较接近人的生活实际，易于实施，又兼有实验法和观察法的优点，所以这种方法被广泛用于研究教育心理学、儿童心理学和社会心理学的大量课题。

3. 调查法

调查法的主要特点是以问题的方式要求被调查者针对问题进行陈述的方法。根据研究的需要，可以向被调查者本人作调查，也可以向熟悉被调查者的人作调查。调查法可以分为书面调查和口头调查两种。

书面调查又叫做问卷法。问卷法是根据研究课题的要求，设计问题表格和相应内容让被调查者自行陈述的方法。它可以同时向许多人搜集同类型的资料，加以分析、处理和研究。问卷法的正确实施还应注意：首先要尽可能消除被试的各种顾虑，便于其说出真实的想法，为此常需要足够量的被试，以减少可能出现的误差。其次，提出的问题要简单明确，易于作答，而又能反映出某种心理状况。最后，还要注意某些技术性问题，如设问的策略、要求的一致性、问题的量和质的关系、所获答案便于处理和统计等。

口头调查也叫访谈法。它是根据预先拟好的问题向被调查者口头提出，以一问一答的方式进行调查的方法。要使访谈法富有成效，首先，应创造坦率和信任的良好气氛，使被调查者做到知无不言；同时，研究者应该有良好的准备和训练，尽量使谈话标准化，记录指标的含义保持一致性。这样才有可能对结果进行客观的分析和概括。访谈法与问卷法相比，其优点是，如研究者可以直接控制访谈进程，可以不同的方式考察被调查者对问题回答的真实程度，并可以根据被调查者的反应即时提出临时应变的问题等。但是访谈法较费时间，调查的数量有限。

4. 测验法

这是采用一种专门的测量工具（如测验量表），在较短的时间内，对被试的某些或某方面的心理品质作出测定、鉴别和分析的一种方法。目前，心理测验种类繁多，如按其目的的不同，可分为智力测验、才能测验、人格测验、诊断测验等等；如按性质的不同，可分为文字性测验和非文字性测验两种；如按实施方式不同，可分为个体测验、团体测验等。关于心理测验法的实例将在以后有关章节中介绍。不过，对人进行心理测验涉及的因素较复杂，测验量表的制定也较困难，实施的精确性和可信性还需要在测定之后的较长时期才能看出。但这种方法如能同其他方法配合使用，仍不失为心理学研究的一种具体方法。

总之，每一种具体的方法，其作用都不是孤立的、绝对的，从心理活动的整体来看，它们都有其局限性。因此，心理学的研究经常需要采用多种方法相互补充，相互配合，相互验证，这样才能更好地反映人的心理活动的客观规律。

第三节 学习心理学的意义

作为高等师范院校的学生，学习心理学知识无论是从自身发展还是从将来从事教育工作的角度，都是十分重要的。

一、有助于建立辩证唯物主义世界观

学生的辩证唯物主义世界观可以通过多种途径形成，但心理学在此方面所起的作用是不可低估的。科学的心理学是建立在辩证唯物主义基础上的。它科学地解释了人的心理内容和现象，探讨了人的心理过程和个性心理形成的规律，阐明了人的心理活动对生活条件的依存关系，也为辩证唯物主义关于物质第一性与意识第二性原理提供了科学的依据。所以，学习和掌握心理学知识，能够使学生正确认识人的心理现象的实质，更深刻领会马克思主义哲学的基本原理，特别是认识论原理；自觉地同唯心主义偏见作斗争，同各种形形色色的封建迷信活动作斗争，并能提高识别是非真伪科学及反科学的能力，树立起辩证唯物主义、历史唯物主义世界观。

二、有助于学会自我观察、自我教育

在我们的日常生活中，每个人的内心深处都存在着两种基本的需要：一是解决心理与行为之间的种种冲突、障碍与困惑的需要；一是要充实与完善自我，维护心理健康，提高生活质量的需要。心理学为我们揭示了心理活动的规律，这就有助于人们科学地了解自己的心理特点，认识到自身的优点与不足，这对于将来从事中学教育的师范生来说，显得尤为重要。如记忆心理学可以帮助我们找到记忆的规律和良好方法，然后养成正确的学习习惯；咨询心理学告诉我们如何解除经常焦虑的困扰，维护身心的健康；人格心理学让我们知道“个性”到底是什么、自己如何形成现在的性格和气质特点、如何完善自己的人格等一系列有关自身的问题。心理学不但可以让我们了解自己的某些行为为什么会出现，更重要的是让我们了解了潜藏在这些行为背后的心理活动及其规律。所以，学习心理学不仅能够帮助我们认识自我、悦纳自我、完善自我，而且还能帮助我们发现许多有价值的生活理念，丰富我们的人生体验，提高我们的生活质量。

三、有助于提升教育教学能力

教师的根本任务是教书育人。从教学的角度看，提高教学质量永远是我们每位老师锲而不舍的努力方向，学校更应把它作为教学改革的根本目标。然而，任何教学活动都是师生共同参与的双边活动，因此，教师确定教学内容、选择教学方法、组织教学的过程都应建立在对学生的认识、情感、意志以及个性心理、年龄特征了解的基础上。只有满足学生需要、符合学生心理活动规律和发展水平的教学，才会被学生所接受，才可能产生良好的教学效果，从而促进学生的发展。所以，掌握心理学知识可以提高教学的主动性和有效性。从德育的角度看，现在的师范生将担负起教育新生一代的艰巨而光荣的任务，特别是现今德育的内涵更加丰富，包括政治教育、思想教育、道德教育、法制教育、心理健康教育等，师范生要成为合格的塑造学生灵魂的工程师，就需要从心理学中获取相应的科学知识和操作指导。

四、有助于培养教育科研素养

我国《中小学教师职业道德规范》明确指出，教师“要提高教育教学和科研水平”。

一名合格的教师不仅要很好地完成教书育人的任务，还要善于在自己教书育人的实践中积极地探索，投入到教育科研和教学改革中去。我国著名数学教育家苏步青用他五十多年的经历告诉我们，只有教学，才能深刻地了解专业知识的基础内容和实质，为科学研究打下良好的基础，而只有亲自参加科学研究，教学才能有新的成果和内容，做到“为有源头活水来”。而在教育科研和教育改革的过程中，心理学具有十分重要的作用。例如，美国教育心理学家布鲁纳提出的“学科结构论”，苏联教育家赞科夫提出的“新教育体系”等，都是以心理学为依据的，我国的一些教育教学改革，如“成功教育”、“愉快教育”等也都是建立在心理学的基础之上的。因此，学习心理学的原理和研究方法，夯实教育理论基础，可以增强将来从事教育科研的能力，使自己在教育领域发挥更大的作用。

思考题：

1. 心理学是怎样一门科学？其性质是什么？
2. 心理学研究的对象是什么？心理现象包括哪些方面？
3. 如何理解心理的实质？
4. 简述大脑的结构与机能定位。
5. 心理学研究的任务有哪些？它有哪些常用的研究方法？
6. 现代心理学有哪些主要流派，其主要观点是什么？其发展趋势如何？
7. 作为师范生，你认为学习心理学有哪些重要意义？

参考文献：

[1] 叶奕乾. 普通心理学（第三版）[M]. 上海：华东师范大学出版社，2008.
[2] 彭聃龄. 普通心理学（修订版）[M]. 北京：北京师范大学出版社，2004.
[3] 黄希庭. 心理学导论（第二版）[M]. 北京：人民教育出版社，2007.
[4] 郑雪. 心理学（第二版）[M]. 北京：高等教育出版社，2006.
[5] 姚本先. 心理学（《心理学新论》修订版）[M]. 北京：高等教育出版社，2005.
[6] 沈德立. 基础心理学 [M]. 上海：华东师范大学出版社，2003.
[7] 李小平. 新编基础心理学 [M]. 南京：南京师范大学出版社，2005.
[8] 郭黎岩. 心理学 [M]. 南京：南京大学出版社，2006.

第二章 青少年的认知

认知过程是现代心理学最为关注、也是研究成果最为丰富的研究领域[①]。在现代认知心理学看来，认知（cognition）主要是指高级的认识过程，是人们获取知识经验并对信息进行加工处理的过程，包括感觉、知觉、注意、记忆、思维、想象等。现代认知心理学以信息加工的观点解释人的认知过程，并将人看作是一个信息加工的系统，认为认知过程就是信息加工，包括信息的输入、编码、贮存、提取。

人的认知过程是一个非常复杂的过程。人类对于世界的认知首先是从感觉和知觉开始的。感觉是人们对于事物的个别属性的直接反映，而知觉是在感觉的基础上产生的，对于事物整体属性的反映。人们在感知事物时需要以注意为前提，在众多信息中将有用的信息进行筛检过滤，并储存到记忆系统里。因此，人们感知到的信息，在刺激物停止作用后，并没有立即消失，而是保留在人的记忆里，并能在人们需要时被提取出来。人们不仅能直接感知个别、具体的事物，认识事物的表面联系，还能利用头脑中已有的知识经验，通过思维间接、概括地揭示事物的本质特征和内部联系。同时，人们还能以感知过的事物形象为基础，通过想象而创造出新的形象。总之，人类通过认知过程，能动地反映着客观世界的事物及其关系，从而为认识环境和改造环境提供了可能。

第一节 感 知 觉

一、感觉概述

（一）感觉的概念及意义

感觉（sensation）是个体借助于感觉器官对客观事物的个别属性（比如物体的颜色、形状、声音等）进行直接反映的过程。例如，看到某种颜色，听到某种声音，闻到某种气味；觉察到自身的姿势和头部的运动，感受到饥饿、疼痛、舒适。这些都是通过作用于感觉器官而引起的一种最简单的心理现象，即感觉。

---

① （美）斯腾伯格．认知心理学（第3版）［M］．北京：中国轻工业出版社，2006：1-5.

感觉有两个基本特点：一是从产生条件上来说，它离不开事物的直接作用；二是就反映内容而言，它反映的是客观事物的个别属性。感觉是对直接接触到的事物的反映，而不是对客观事物或间接事物的反映。因此，类似于感觉的幻觉、在记忆中对事物再现的映像都不是感觉。感觉是对事物个别属性的反映，因此仅凭感觉，我们只能知道物体的颜色、形状、声音等，我们还没有对事物的整体认识，还没有看到事物的本质。

感觉虽很简单，但它却在人的心理活动中有着十分重要的意义。首先，感觉提供了内外环境的信息。通过感觉，人们获得了内外环境的各种信息，以帮助自身认识事物的各种属性以及自身的状态。其次，感觉是保持信息平衡，维持正常心理活动的必要条件。任何信息过载或信息不足都会破坏这些平衡，给人的生理和心理活动带来严重的不良影响。例如，加拿大心理学家赫布和贝克斯顿等人在1954年进行了著名的“感觉剥夺”实验①。实验中，让被试进入专设的与外界完全隔离的房间内（图2-1），躺在一张舒适的小床上，眼睛被蒙上眼罩，耳朵被堵住，手也被套上。除了进食与排泄外，就是无聊地昏睡或胡思乱想。被试在感觉被剥夺后，心理活动发生异常，出现注意力不集中、思维不连贯，甚至产生了幻觉，感到难以忍受的痛苦。即使给予再高的报酬，也很少有人能在这样的环境中生活上一周。实验证明，感觉对维持人的正常生存和心理活动是十分重要的。最后，感觉是一切较高级、较复杂的心理现象的基础。人类的认知过程，就是从感觉开始的。一切较高级、较复杂的心理现象，如知觉、思维、情绪、意志等，都是在感觉的基础上产生的。如果没有感觉提供的信息，人类的信息加工过程和其他较高级的较复杂的心理活动就无法进行。

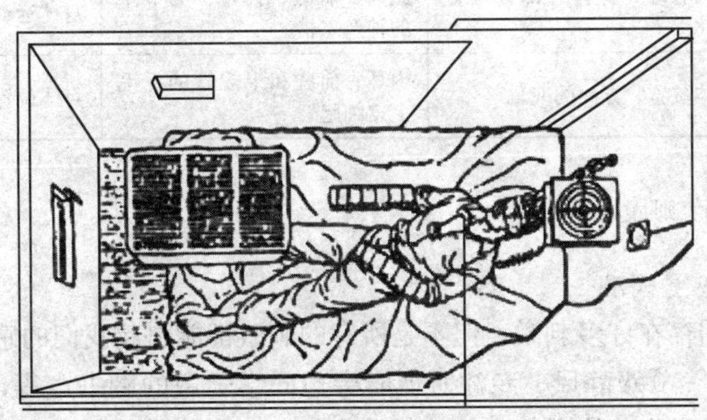

图 2-1 感觉剥夺的实验

（二）感觉的种类

根据感觉器官和接受的刺激信息，心理学一般把感觉分为两大类：外部感觉和内部感觉（见表2-1）。外部感觉的刺激来自于机体外部，其感受器位于人体的表面或接近表面的位置，主要有视觉、听觉、嗅觉、味觉、肤觉等。其中，肤觉又包括温觉、冷觉和痛觉。视觉在人们各种感觉中的作用是最重要的。例如，我们可以通过眼睛看见物体

---

① 李小平．新编基础心理学［M］．南京：南京师范大学出版社，2005：45．

的颜色，这属于视觉；通过耳朵听到物体发出的声音，这属于听觉；通过鼻子闻到物体发出的气味，这属于嗅觉；通过皮肤接触感受物体的温度或软硬程度，这属于肤觉。人类从外界所接收的信息，有 80%～90%是通过视觉实现的。其次是听觉。内部感觉的刺激来自于机体内部，其感受器位于肌体的内部，主要有机体觉、运动觉和平衡觉。内部感觉主要反映自身的位置、运动和内脏的不同状态，以获取对自身内部生理状态的感知。

表 2-1　主要的感觉分类①

感觉种类		适宜刺激	感受器	反映属性
外部感觉	视觉	波长为 380～760 毫纳米的可见光	视网膜上的视锥细胞和视杆细胞	黑、白、彩色
	听觉	频率为 20～20000 赫兹的可听声波	耳蜗内基底膜上的毛细胞	声音
	嗅觉	有气味的挥发性物质	鼻腔上部黏膜内的嗅细胞	气味
	味觉	溶解于水或唾液中的化学物质	舌面、咽喉部、腭及味蕾	甜、酸、苦、咸等味道
	肤觉	压力、温度、电击等	皮肤和黏膜上的冷点、温点、痛点、触点	冷、温、痛、压、触
内部感觉	机体觉	内脏器官活动变化时的物理化学刺激	内脏器官壁上的神经末梢	身体疲劳，饥渴和内脏器官活动不正常
	运动觉	肌肉收缩，身体各部分位置变化	肌肉、肌腱、韧带、关节中的神经末梢	身体运动状态位置变化
	平衡觉	身体位置、方向的变化	内耳、前庭和半规管的纤毛上皮细胞	身体位置变化

（三）感觉的测量

1. 感受性和感觉阈限

在我们的周围存在许多刺激，但不是所有的刺激都能引起我们的感觉。例如落在我们皮肤表面的灰尘、0 级静风、专注听课时旁边同学轻微的翻书声等，我们觉察不到。刺激必须达到一定强度才能引起人们的感觉。我们把感觉器官对适宜刺激的感觉能力称作感受性（sensitivity）。感受性的衡量指标是感觉阈限（sensory threshold）。感觉阈限指能引起感觉的持续一定时间的刺激量或刺激强度。能引起感觉的刺激，其强度必须是适宜的。例如，人类可以听到最低 20 赫兹，最高到 20000 赫兹的声音。应该说，这样的低阈限低得恰到好处。试想，如果耳朵能听到 20 赫兹以下的声音，那么，我们将听到自己肌肉运动的声音，可以想象，如果我们每动一下身体时自己都能听到像摇破木船时发出的吱吱嘎嘎的声音，那我们该有多么烦恼。

不同的个体之间，或同一个体在不同身心状态之下，其感受性是有差异的。年龄、

① 李小平. 新编基础心理学［M］. 南京：南京师范大学出版社，2005：48.

机体状态、情绪、个人的注意和态度都对感受性具有明显影响。随年龄增长，感受性呈现先上升后下降的变化，青年时达高峰，老年时感受性普遍下降。老年人对视、听、嗅、味的感觉越来越迟钝，但对痛的感觉有上升的趋势。处于疲劳状态时，机体的感受性降低。患病时，人可能对声、光、温度、自己内脏的活动、身体的姿势等都十分敏感，甚至对自己内脏的活动及身体的姿势也非常敏感，直接影响到睡眠和情绪。感受性可以通过学习而得到提高，如有经验的染色工人能辨别出几十种不同的黑色，而一般人则很难分辨。

每一种感觉都有两种感受性和感觉阈限：绝对感受性和绝对阈限、差别感受性和差别阈限。

2. 绝对感受性和绝对感觉阈限

绝对感受性是指刚刚能觉察出最小刺激强度的能力。绝对感觉阈限是指刚刚能引起感觉的最小刺激量，又称绝对阈限。绝对感受性可以用绝对阈限来衡量。绝对阈限的值越小，则绝对感受性越强；绝对阈限的值越大，则绝对感受性越弱。不同感觉的绝对阈限是不同的，同一感觉的绝对阈限也会因刺激物的性质和有机体的状况而有所不同（见表 2-2）。

表 2-2 不同感觉通道的绝对感觉阈限①

感觉通道	觉察阈限
感觉	晴朗黑夜中看见 48 公里外一根燃烧的蜡烛
听觉	安静条件下听到 6 米远手表的滴答声
味觉	9 升水中 1 茶匙糖的甜味
嗅觉	6 间屋子中 1 滴香水的气味
触觉	从 1 厘米高降落到面颊上的苍蝇翅膀

3. 差别感受性和差别感觉阈限

在已有感觉的基础上，如果增加或减少刺激量，并不是任何量的变化都能被人们觉察出来的。刚刚能觉察出两个同类刺激物之间最小差异量的能力叫做差别感受性。刚能引起差别感觉的两个同类刺激物之间的最小差别量叫做差别感觉阈限，又称差别阈限。差别感受性可以用差别阈限来衡量。例如手上放 0.98 牛顿的物体，再加上 0.0098 牛顿是不能引起原来重量感觉的改变，只有使重量增加 0.0294 牛顿时，才能察觉出重量的改变，0.0294 牛顿就是重量感觉在原重量 0.98 牛顿情况下的差别阈限。差别阈限的值越小，则差别感受性越强；差别阈限的值越大，则差别感受性越弱。

1830 年，德国生理学家韦伯研究差别阈限时发现，差别阈限值与原有刺激量之间的比值在很大范围内是稳定的，即在中等刺激强度的范围内，对两个刺激物之间的差别感觉，不是由两个刺激物之间相差的绝对数量来决定，而是由两个刺激物之间相差的绝对数量与原刺激量之间的比值来决定。这就是韦伯定律。例如，对于 0.49 牛顿的重物，如果其差别阈限是 0.0098 牛顿，那么该重物必须增加到 0.4998 牛顿，我们才刚能觉察

① 黄希庭. 心理学导论（第二版）[M]. 北京：人民教育出版社，2007：195.

出稍重一些；对于 0.98 牛顿的重物，则必须增加到 0.9996 牛顿，我们才刚能觉察出稍重一些。不同感觉的韦伯分数是不同的，在中等刺激强度下，视觉的韦伯分数是 1/60，听觉的韦伯分数是 1/10，重量感觉的韦伯分数是 1/50。

（四）感觉的规律——感受性的变化

1. 感觉适应

感觉适应是指由于刺激物对感受器的持续作用，使感受性发生变化的现象，包括感受性的提高与降低。感觉适应是机体在刺激条件发生改变的条件下主动做出的调整，它可以实现机体与环境的平衡，具有明显的生物学意义。例如，当我们从暗室走到亮处，最初的一瞬间会感到强光非常耀眼，眼睛睁不开，什么都看不清楚，要几秒钟以后才逐渐看清周围的物体，这叫明适应。明适应使视觉器官在强光的刺激下感受性降低了。当我们从亮处来到暗室，开始会一片漆黑，什么也看不见，一段时间后才逐渐看清周围的事物，这叫暗适应。暗适应使视觉器官在弱光的刺激下感受性提高了。因此，视觉适应包括明适应和暗适应两种。

除了视觉适应外，还有听觉、嗅觉、味觉等其他感觉的适应。例如，去参加一个舞会，刚到舞会现场时会觉得音乐声很强，呆一会儿后，会觉得音乐声没有刚才的那么大了。这是听觉适应。“入芝兰之室，久而不闻其香；入鲍鱼之肆，久而不闻其臭”，这句话说的是嗅觉适应。现实生活中，我们都有味觉适应的经验。如果我们把一种物质放进嘴里，很快，物体的味道实际上消失了。温度觉的适应也较快，大约三四分钟后便能感受到。刚进浴池，可能感到水烫，但只要坚持一会儿后就不再感觉那么热了，这就是温度觉的适应。触压觉的适应较快、也很明显。例如，手表戴上之后，就觉察不到手腕上手表的重量。但是，痛觉是很难适应的。牙疼、胃疼一般很少有人能够忍受，非得要吃镇痛药，就是因为痛觉是难以适应的。

2. 感觉的相互作用

感觉的相互作用一般是指一种感觉的感受性因其他感觉的影响而发生变化的现象。感觉相互作用的一般规律是：弱刺激能提高其他刺激引起感觉的感受性，强刺激能降低其他刺激引起感觉的感受性。如，悠扬、舒缓的音乐声可使疼痛觉降低，强烈的噪音可以引起对光的感受性降低。感觉的相互作用既可以发生在同一感觉通道之内，也可以出现在不同的感觉通道之间。前者是同一感觉的相互作用，后者是不同感觉的相互作用。

（1）同一感觉的相互作用

同一感觉的相互作用是指其他刺激影响对同种刺激的感受性的现象。同一感觉相互作用的突出事例是感觉对比。感觉对比指感受器因接受不同刺激而产生的感受性发生变化的现象。根据发生的时间关系，感觉对比可以分为同时对比和继时对比。当不同刺激同时作用于同一感受器时，便产生了同时对比。如左手泡在热水盆里，右手泡在凉水盆里，然后双手同时放进温水盆里，结果左手感觉凉，右手感觉热。不同刺激先后作用于感受器时，便产生继时对比。如吃过山楂再吃苹果，觉得苹果很甜；吃完糖后再吃苹果，会觉得苹果很酸。

(2) 不同感觉的相互作用

不同感觉的相互作用指不同感受器因接受不同刺激而产生的感觉之间的相互影响，也就是说，对某种刺激的感受性会因其他感受器受到刺激而发生变化。联觉是不同感觉的相互作用的一种特殊表现。例如，切割金属的声音会使人产生寒冷的感觉；同是一个黄瓤西瓜挤出的汁，一杯加入食用红色，一杯不加，不知者品尝起来，大都感到红色西瓜汁更甜。又如，红、橙、黄色往往引起温暖感、接近感、沉重感；而绿、蓝、紫色则往往引起凉爽感、深远感和轻快感。

二、知觉概述

（一）知觉的概念

知觉（perception）是人脑对直接作用于感觉器官的当前客观事物的各种不同属性、各个不同部分及其相互关系的综合反映。

感觉和知觉既有区别，又有联系。

感觉和知觉是不同的心理过程[①]。第一，知觉反映的是事物的意义，而感觉只是个别属性的信息摄入。也就是说，感觉是通过某一感觉器官获取某一事物单个属性信息的过程，如事物的形状、大小、颜色、光滑度、气味、声音等。通过感觉我们还不能了解事物的意义，甚至不知道所反映的事物是什么。而知觉则不同，通过对事物多重属性的整合，我们就能够知道所反映的事物的其他属性。如，我们看到的红色，不是脱离具体事物的红色，而是红旗的红色，或红花、红衣、红车等的红色；对于听到的声音，我们总是知觉为言语声、流水声或汽车声等有意义的声音。第二，知觉是对感觉属性的整体概括，而感觉只是对事物个别属性的反映。任何一种感觉，反映的是事物的个别属性，当我们把对事物的不同个别属性加以综合时，就产生了对事物的整体反映，这就是知觉。知觉以感觉为前提，但它不是感觉的简单集合，而是在综合了多种感觉的基础上形成的整体映像。在日常生活中，极少有单纯的感觉，当我们感觉到某一事物的个别属性时，同时也就反映了该事物的整体。因此，我们不可能离开某一具体事物去单纯感觉它的个别属性。感觉到的个别属性愈丰富，对事物的知觉就愈完整。

感觉和知觉又有许多共同之处。感觉和知觉都是对直接作用于感觉器官的事物的反映，如果事物不再直接作用于我们的感觉器官，那么我们对该事物的感觉和知觉也将停止。感觉和知觉都是人类认识世界的初级形式，反映的是事物的外部特征和外部联系。要想揭示事物的本质特征，光靠感觉和知觉是不行的，还必须在感觉、知觉的基础上进行更复杂的心理活动，如记忆、想象、思维等。

（二）知觉的种类

按照不同标准，可以对知觉进行不同的分类。根据知觉活动中占主导地位的感受器的不同，可将知觉分为视知觉、听知觉、嗅知觉、味知觉等。看到连绵不断的山脉，这

① 彭聃龄. 普通心理学（修订版）[M]. 北京：北京师范大学出版社，2004：78-128.

是视知觉；听到悠扬动听的歌声，这是听知觉；尝到梨的鲜美，这是味知觉。

根据知觉对象的不同，可将知觉分为物体知觉和社会知觉。物体知觉是关于物体空间特性、时间特性和运动特性的知觉，它包括空间知觉、时间知觉和运动知觉。其中，空间知觉是对客观世界三维特性的知觉，具体指物体大小、距离、形状和方位等在头脑中的反映。空间知觉包括形状知觉、大小知觉、深度与距离知觉、方位知觉等。时间知觉是对事物发展的延续性、顺序性的知觉，具体表现为对时间的分辨、对时间的确认、对持续时间的估量、对时间的预测。运动知觉是指物体在空间的位移特性在人脑中的反映。社会知觉就是对人的知觉，对由人的社会实践所构成的社会现象的知觉，具体包括对他人的知觉、对自己的知觉、对人与人之间关系的知觉等①。例如，与陌生人初次交往时，对他人的知觉常常受对方给自己留下的第一印象的影响，即先前获得的印象好坏比后来获得的印象好坏对整体印象有更大的影响。物体知觉是传统实验心理学的主要研究领域，而社会知觉主要是社会心理学的研究范畴。

根据知觉是否正确，还可将知觉分为正确的知觉和错误的知觉。错误的知觉又叫错觉，它是指不能正确反映客观事物本质属性的知觉。例如，利用仪器使从左边传来的声波先进入人的右耳，会使人觉得声音是从右边传来的，这是听错觉；把一种气味判断为另一种气味，如把杉木气味判断为油漆味，这是嗅错觉；一公斤铁和一公斤棉花的重量相同，但人们通过手感比较时会觉得一公斤铁比一公斤棉花重得多，这是形重错觉；当你坐在正在开着的火车上，看车窗外的树木时，会以为树木在移动，这是运动错觉。错觉是一种特殊的知觉，其产生的原因主要是外界的客观刺激，因而不是通过主观努力就可以纠正的。错觉不存在个体差异。在众多的错觉中，以视错觉最为普遍，它常发生在对几何图形的认知上。错觉在人们的日常生活中具有特殊意义。错觉常常混淆人的视听，扰乱人的心智，影响人的正确判断；错觉也被人们广泛地加以应用，例如军事上的伪装，魔术、化装等行业以假乱真的手法等。

（三）知觉的规律

1. 知觉的选择性

在我们的周围，无时无刻不存在大量的信息。在一定的时间内，我们不能同时对所有刺激物都能做出相应的反应。所谓知觉的选择性，是指人在进行知觉时总是有选择性地从复杂的环境中把某些事物或现象作为知觉对象，而把另一些事物或现象作为知觉的背景。例如，在看书时，白纸上的黑字成为了我们知觉的对象，而白纸便成为了知觉的背景。知觉的对象和背景之间的关系是相对的，在一定的条件下知觉对象和知觉背景可以相互转换。如果以黑色为背景，我们会看到白色的柱状物，反之，如果以白色为背景，我们则看到了几个人物（图 2-2）。

知觉的选择性受刺激物强度、对象与背景的差异、对象活动性的影响。刺激物强度越高，越容易被感知。当对象与背景的差别越大、对比越明显时，对象则越容易被感知。在相对静止的背景上，运动的刺激物容易被知觉为对象。此外，知觉的选择性还受

① 金盛华. 社会心理学［M］. 北京：高等教育出版社，2005：116.

图 2-2　对象与背景①

主体需要、动机和知识经验的影响。当对象是自己熟悉的、感兴趣的内容时，或与人的需要、愿望、任务相联系时，也容易被感知。如在嘈杂的环境中我们很容易听见有人喊自己的名字，在阅读时球迷会首先看到有关球赛的广告和新闻。

2. 知觉的整体性

知觉的整体性是指知觉的对象具有不同的属性、由不同的部分组成，但是人们并不把知觉的对象感知为个别的孤立部分，而总是按照某种组织原则把它知觉为一个统一的整体（图 2-3）。尽管三角形的线条看似孤立、并不闭合，但仍被知觉为三角形。格式塔心理学对知觉的组织原则进行了大量研究，并概括了一系列的知觉组织原则，主要包括接近性原则、相似性原则、封闭性原则②。图 2-3 在时空上较接近的事物更容易被知觉为一个整体；相同或相似的事物容易成为一个整体；具有封闭关系的事物常常被知觉为一个整体。知觉的整体性与人的知识经验有关。知识经验越丰富，越能识别出事物之间的关系和关键特征，从而精确地把握知觉对象。

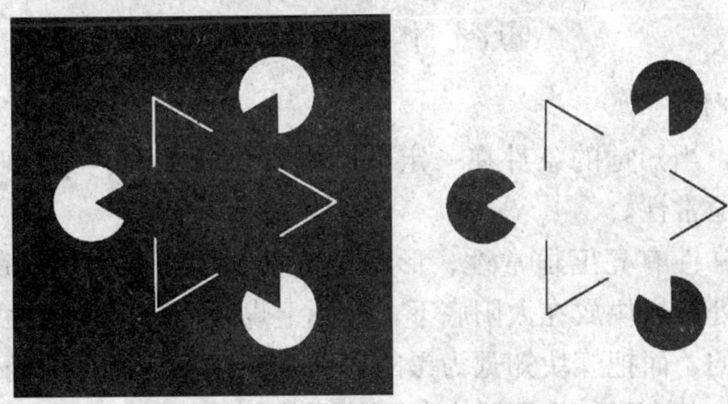

图 2-3　知觉的整体性③

3. 知觉的理解性

在知觉的过程中，人们总是根据过去所获得的有关知识经验，对感知事物进行加工

① 姚本先. 心理学：《心理学新论》修订版［M］. 北京：高等教育出版社，2005：56.

②（美）库恩著. 郑钢等译. 心理学导论：思想与行为的认识之路（第 9 版）［M］. 北京：中国轻工业出版社，2004.

③ 李小平. 新编基础心理学［M］. 南京：南京师范大学出版社，2005：62.

处理，并用词把它们标示出来，知觉的这种特性就是知觉的理解性。对知觉对象赋予一定的意义，并用词汇或概念对其进行命名或归类，这是知觉的主要目标之一。

知觉的理解性与人们的知识经验具有直接关系。有了丰富的知识经验，我们才能深入理解对象。例如，对于一张发动机设计图，一个毫无专业知识的人是无法从中得到具体信息的，但工程技术人员就能从设计图中一眼看出它的工作原理。言语的指导对知觉的理解性也有较大的作用。在较为复杂、对象的外部标志不很明显的情况下，言语指导作用，能激活人们的过去经验，有助于对知觉对象的理解。初看时只觉得是一些黑色的斑点，很难知觉出是什么，但如果告诉你“这是一只行进中的狗”时，你会立刻看出图中的狗（图 2-4）。言语的指导激活了有关的知识经验，从而对刺激材料进行了重新组织，最终影响了知觉的过程。

图 2-4　你看见了什么①？

4. 知觉的恒常性

在知觉过程中，当知觉的条件在一定范围内发生变化时，知觉映像却保持相对不变，这就是知觉的恒常性。

常见的知觉恒常性有亮度恒常性、形状恒常性、大小恒常性、颜色恒常性等。例如，把粉笔放在暗处，煤块放在太阳底下，实际上煤块的亮度要远大于粉笔，但我们还是把粉笔知觉为白的，而把煤块知觉为黑的，这是亮度恒常性；一辆公共汽车，当从正面看和从侧面看时，其在我们视网膜中留下的形状是不一样的，但我们知觉到的公共汽车的形状却没有改变，这是形状恒常性；一个人站在距离我们不同位置 1 米、2 米、5 米、10 米，其形象在我们眼中的成像大小是不同的，但我们知觉到的大小并不因为距离的远近而发生变化，这是大小恒常性；一条红领巾不管是在白天看还是晚上看，我们总是把它知觉为相同的红色，这是颜色恒常性。

知觉的恒常性依赖于我们的经验。客观事物具有相对稳定的结构和特征，经过我们

① 黄希庭. 心理学导论（第二版）[M]. 北京：人民教育出版社，2007：236.

的感知后，其关键特征会储存在我们的大脑中，当它们再次出现时，虽然外界条件发生了变化，但无数次的经验矫正了来自每个感受器的不完全的甚至歪曲的信息，大脑会将当前事物与大脑中已有的事物形象进行匹配，从而确认为感知过的事物。

三、感知规律在教学中的应用

根据感知的规律，在教学中正确运用直观性原则，可以有效提高学生感知教材的效果，激发学生的学习兴趣和热情，从而有助于学生对所学知识的理解和掌握，提高课堂教学的质量。

1. 目标刺激物应达到一定强度

作用于感觉器官的刺激物必须达到一定的强度，才能被我们清晰地感知。因此，教师在讲课时，一定要注意自己的声音是否洪亮，语速是否适中，板书是否清晰，多媒体选用的字体颜色是否得当。总之，要让全班同学看得见、听得清。教师在制作、使用教具时，也要考虑到教具的大小、颜色、声音等是否能被全班学生清楚地感知。

2. 注意扩大对象与背景之间的差异

在课堂教学中，教师要根据教学目的为学生安排共同的知觉对象。对此，我们应该尽量扩大知觉的对象与背景在颜色、形态、声音等方面的差异。这样，知觉的对象才容易被感知到。如在讲课时，教师的形象化语言应集中使用在对象部分，对背景部分要尽量淡化；对于重要的知识，可以反复讲解几次，提高音量；在进行字词教学时，把不易分辨的形近字：未、末的不同部分用红笔标出，以示醒目；不要在黑板前演示深色教具；使用挂图时，可以将其中不需要学生看的部分遮住；要使学生区分出地图上的不同部位，就可以将它们涂上红绿或黄蓝等对比色；特别是板书时，一节课中重要的部分，或容易弄错的地方，应该用颜色鲜艳的粉笔写。

3. 多采用活动教具，变静为动

在相对静止的背景下，活动的物体更容易被感知。因此，教师在直观教学时，应多采用活动教具，设法使教具变静为动。例如，教学中使用活动性教具，演示实验，放幻灯片、教学电影或录像等，容易吸引学生的注意力，可以起到很好的教学效果。

4. 根据知觉的整体性，合理组织教学内容

根据知觉的整体性，凡在空间上接近、时间上靠近的事物，容易被当作一个整体而被我们知觉。因此，在教学中，对教学内容应进行合理组织，使知识易于引起清晰的感知觉。教师书写板书时，应力求在时空上进行合理布局，位置顺序应排列得当，大小主次分明，让学生一目了然，章与章、节与节等不同内容之间要留空。讲课时，语言流畅，针对不同内容，采用不同的语速。

第二节　记　　忆

一、记忆概述

（一）记忆的概念

传统的观点认为，记忆（memory）是人脑对过去经验的反映。人们感知过的事物、

体验过的情绪、思考过的问题和从事过的活动，都会在头脑里留下一定的“痕迹”，在一定条件下都会重现出来。例如，遇到一位老朋友，你能叫出他的名字；曾经看过的电影，你多少还会记得一些情节；拿到大学通知书时激动喜悦的心情，其印象还是那么鲜明；小时学过的儿歌、背诵的唐诗，你至今还能歌唱、背诵。由于记忆，人才能保持过去的反映，使当前的反映在以前反映的基础上进行，使反映更全面、更深入。由于有了记忆，人才能积累经验，扩大经验。

信息加工的观点则认为，记忆是人脑对外界信息的编码、存贮和提取的过程①。记忆是一种积极能动的心理活动，这表现在人不仅对外界信息的摄入是有选择的，而且信息在人脑中也不是静止的，而是在编码、加工和贮存。研究证明，输入到脑中的信息只有经过编码才能被记住，只有将输入的信息汇入已有知识结构时才能在大脑里得到保留。信息能否提取和提取的快慢，与编码的完善程度以及贮存的组织结构有密切关系。

记忆同感知一样也是人脑对客观现实的反映，但记忆是比感知更复杂的心理现象。感知过程反映的是当前直接作用于感官的对象，它是对事物的感性认识，而记忆反映的是过去的经验，它兼有感性认识和理性认识的特点。

（二）记忆的分类

1. 根据记忆内容的不同，记忆可分为形象记忆、情景记忆、语义记忆、情绪记忆和运动记忆

（1）形象记忆

形象记忆是指以感知过的具体事物的形象为内容的记忆。它保持的是事物的感性特征，具有鲜明的直观性。形象记忆可以是视觉的、听觉的、嗅觉的、味觉的、触觉的。如我们见过的人或物、看过的画面、听过的音乐、嗅过的气味、尝过的滋味、触摸过的物体形状等的记忆都属于形象记忆。作家、建筑设计师、画家、音乐家、表演艺术家等都有惊人的形象记忆能力。

（2）情景记忆

情景记忆是指以亲身经历过的，发生在一定时间与地点的事件或情景为内容的记忆。例如，我记得与我的一位好朋友在3天前一起在这家电影院看过电影；我还记得在读小学三年级时，我语文考了第一名，老师当着全班同学奖励了我一个笔记本。回想起来，那天我坐在第几排，老师站在讲台上的样子还是那么历历在目。情景记忆和个人的亲身经历密不可分，具有一种传记性质。

（3）语义记忆

语义记忆是指以各种有组织的知识为内容的记忆。语义记忆在本质上是以语言文字为载体的，对事物本身的意义、性质及其事物之间关系的记忆。人类只有凭借语义记忆才能把思维的结果保存下来，并获得间接的知识。它与抽象思维密切相关，并且随抽象思维的发展而发展。例如，对心理学概念的记忆，对数学、物理学中的公式、定理的记

① （美）斯腾伯格. 认知心理学（第3版）[M]. 北京：中国轻工业出版社，2006：138.

忆等都属于语义记忆。它是人类所特有的，具有高度理解性、逻辑性的记忆，对我们学习理性知识起着重要作用。

(4) 情绪记忆

情绪记忆是以个体曾经体验过的某种情绪、情感为内容的记忆。例如，对拿到大学录取通知书时激动心情的记忆，对过去曾经受过的心理创伤的记忆，或对过去曾经历过的有辱自尊的记忆等都属于情绪记忆。对情绪的记忆有时比对其他内容的记忆更为深刻、更为持久，甚至终身不忘。最有意思的是，对这类记忆，我们有时主动想忘却偏偏忘不了。

(5) 运动记忆

运动记忆是以个体过去操作过的动作或动作形象为内容的记忆。例如，对体操、舞蹈、打篮球动作的记忆等都属于运动记忆。运动记忆一旦形成，在很长的时间内都有可能不会遗忘。对会骑自行车的人而言，即使是10年之内再没有碰过自行车，但只要自行车一到手中就会骑了。

2. 根据记忆材料保持时间的长短，记忆可分为瞬时记忆、短时记忆与长时记忆

(1) 瞬时记忆

瞬时记忆又称感觉记忆，或感觉登记，是指客观刺激物停止作用后，在人脑中只保留一瞬间的记忆。也就是说，刺激物停止作用后，感觉印象并不立即消失，而是仍有一个极短的感觉信息保持过程，但如果没有得到进一步的加工，它就会消失。

(2) 短时记忆

短时记忆是指记忆的信息在头脑中贮存、保持的时间一般不超过1分钟的记忆。短时记忆的信息除非得到积极复述，否则会在短时间内很快遗忘。例如，打电话时，我们看一眼电话本，就能根据记忆拨出这个电话号码，但是当打完电话后，刚才拨打过的电话号码我们却不记得了，这就是短时记忆。在进行四则混合运算时，中间每个运算的结果我们都回想不起来，这时发生的也是短时记忆。

(3) 长时记忆

长时记忆是指信息在记忆中的贮存时间超过1分钟以上，直至数日、数周、数年乃至一生的记忆。长时记忆的容量是没有限制的，它贮存的信息时间长，可随时提取使用，与短时记忆相比，受干扰小。

3. 根据记忆是否被意识到，可以把记忆分为外显记忆和内隐记忆

(1) 外显记忆

外显记忆是指当个体需要有意识地或主动地收集某些经验，用以完成当前任务时所表现出的记忆。外显记忆强调的是信息提取过程的有意识性，而不是信息识记过程的有意识性[①]。外显记忆所涉及的是被试明确地意识到的，能够直接提取、并能用较准确的语言进行描述的信息。例如，在考试时，我们完成填空题、选择题、论述题的过程，需要借助外显记忆。此时，我们是通过自由回忆、线索回忆以及再认等，要求参照具体的问题将所记忆的内容有意识地、明确无误地提取出来。

---

① 杨治良，等. 记忆心理学（第二版）[M]. 上海：华东师范大学出版社，1999：203.

（2）内隐记忆

内隐记忆是指在不需要意识或有意回忆的情况下，个体的经验自动对当前任务产生影响而表现出来的记忆[①]。内隐记忆强调信息提取过程中的无意识性，而不管信息识记过程是否有意识。个体在内隐记忆时，没有意识到信息提取这个环节，也没有意识到所提取的信息内容是什么，而只是通过完成某项任务才能证实他保持有某种信息。例如，在一个活动的屏幕上每隔 5 秒以 3/1000 秒的速度呈现信息“请吃爆米花”和“请喝可口可乐”。这样快的速度呈现信息，可以说观众是丝毫觉察不到的，观众在意识层面上没有主动地对这些信息进行加工。但它的结果却是令人出乎意料的——影院周围的爆米花和可口可乐的销售量分别增加了 57%和 18%。这就是一个内隐记忆的例子。我们对于骑自行车、游泳的记忆也是内隐记忆。

二、记忆的信息加工过程

认知心理学把记忆看作是人脑对输入的信息进行编码、储存和提取的过程，并按信息的编码、储存和提取方式的不同，以及信息储存时间的长短，将记忆分为感觉记忆、短时记忆和长时记忆三个系统。外界刺激首先引起感觉，其痕迹就是感觉记忆；感觉记忆中呈现的信息如果受到注意就转入短时记忆，未被注意和编码的信息就消失了；短时记忆的信息若得到及时加工或复述，就转入长时记忆，如果没有复述和加工，信息就会遗忘（图 2-5）[②]。

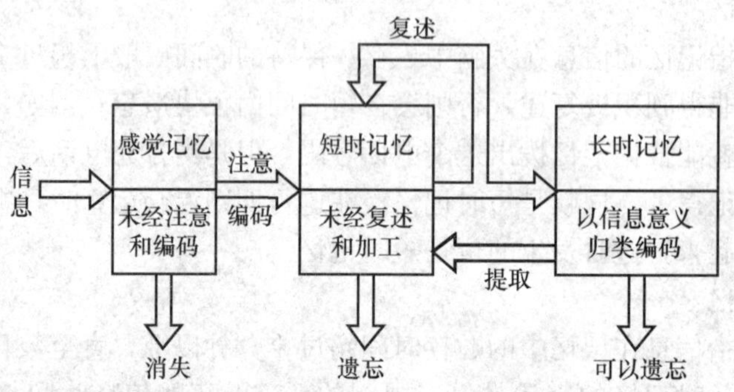

图 2-5 记忆系统模式图

（一）感觉记忆

感觉记忆是人类记忆信息加工过程的第一阶段。进入记忆系统的信息首先必须通过阈上刺激作用于感觉器官并产生感觉和知觉。当产生刺激的刺激物终止并消失后，通过感觉记忆仍会继续保留一个很短的时间。感觉记忆的逻辑功能在于，为大脑提供对输入的信息进行选取和识别的时间，犹如记忆系统的“接待室”，从感官输入的所有信息都要在此登记并接受处理。关于感觉记忆，研究得较多的是图像记忆和音响记忆。图像记

① 杨治良，等. 记忆心理学（第二版）[M]. 上海：华东师范大学出版社，1999：203.

② 黄希庭. 心理学导论（第二版）[M]. 北京：人民教育出版社，2007：341.

忆是指视觉刺激停止后，视觉系统对信息的瞬间保持，音响记忆是指听觉系统对刺激信息的瞬间保持。

感觉记忆的特点有三：一是其保留的时间很短，不同的感觉记忆的信息保留时间并不相同，视觉信息只能保存1秒，而听觉信息有时可以保存4秒，因此，感觉记忆又叫瞬时记忆；二是记忆容量较大，进入感受器的信息几乎都被储存；三是感觉记忆中的信息基本上是按其原有的物理特征进行编码的，尚处在未经加工的原始状态，具有较强的形象性。

在感觉记忆中呈现的材料如果受到注意，就转入记忆信息加工过程的第二阶段——短时记忆；如果没有受到注意，则很快消失。

（二）短时记忆

短时记忆是人类记忆信息加工过程的第二阶段。早在1890年，美国心理学家詹姆斯就提出双重记忆理论①。他把记忆区分为初级记忆（相当于短时记忆）和二级记忆（相当于长时记忆）。初级记忆包含尚未从意识中消失的那些材料，二级记忆储存当前虽然未被意识到，但一有必要就能被意识到的材料。

系列位置效应有力地证明了短时记忆的存在。向被试呈现一系列无关联的单词，然后立即请被试不按顺序尽可能多地进行回忆。结果发现，回忆效果与字词在原呈现系列中的位置有关，词表开始部分和末位部分的单词要比中间部分的回忆效果好，如图2-6所示②。处于词表开头部分的单词回忆率较高，这被称为首因效应，词表末尾部分的单词回忆率也较高，这被称为近因效应。首因效应是因为这些信息得到较多复述而进入长时记忆中，而近因效应则说明这些信息仍保留在被试的短时记忆里。进一步研究表明，如果在呈现一系列单词之后，不让被试立即回忆单词，插入30秒的数字逆运算，然后再自由回忆，近因效应就消失了，而首因效应和对单词中间部分的回忆几乎没有降低。

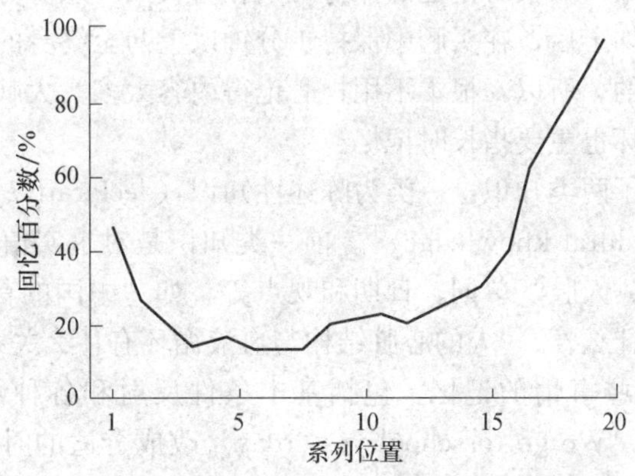

图2-6　自由回忆中的系列位置曲线

① 詹姆斯（美）著，田平译．心理学原理［M］．北京：中国城市出版社，2010：146.

② 叶奕乾，等．普通心理学（第三版）［M］．上海：华东师范大学出版社，2008：350.

短时记忆具有一些明显的特征。第一，短时记忆的时间较短，大约 20 秒，但一般不超过 1 分钟。在给予注意时，信息保存得较为完整和持久些，甚至可以进入到长时记忆中，但如果不加以注意，信息很快就会遗忘。

第二，短时记忆的容量有限，大约是 7±2 个组块（chunk）。组块是用来测量短时记忆容量的单位，是指人们在过去经验中已变为相当熟悉的一个刺激独立体，如一个字母、一个单词、一个数字、一个成语等。米勒（Miller，1956）认为短时记忆的信息容量为 7±2 个组块，这个数量是相对恒定的。究竟多大的范围和数量为一个组块，没有一个固定的说法。它可以是一个或几个数字、一个或几个汉字、一个或几个英文字母，也可以是一个词、一个短语、一个句子。例如，呈现一系列的数字“149162536496481”给一个人，让他听一遍或读一遍之后立刻回忆，只能回忆起 5～9 个数字。但如果告诉他这 16 个数字依次是由 1 的平方、2 的平方……组成，就很容易使这 16 个数字保持在短时记忆中，使记忆内容的量扩大。由此可见，短时记忆容量的决定因素往往不是取决于记忆的项目数，而取决于其组块化。组块化是将项目组织成熟悉的、有意义的单元，这个过程通常是自动发生的。因此，组块的大小、复杂性都是因人而异的。例如，记数字 8976543，你可能按 89-76-54-3 记忆，他可能按 89-76543 记忆。

第三，短时记忆是唯一对信息进行有意识加工的记忆阶段。因此，短时记忆又称工作记忆，它不仅加工经过注意而由感觉记忆转入的信息，还会根据个体的需要加工来自于长时记忆中的信息。信息在短时记忆中的主要加工方式是复述。复述是指为了保持信息而对信息进行多次重复的过程。例如，学生为了记住外语单词，必须出声或不出声地重复念单词，只要没有其他干扰，它就可以保持在短时记忆中。

（三）长时记忆

短时记忆中的信息经过记忆者的复述和加工后，就进入到长时记忆。长时记忆也具有自己鲜明的特点。第一，长时记忆的保持时间相对较久，从 1 分钟到终身不忘。长时记忆是信息经过充分加工后，在头脑中保持 1 分钟以上乃至终身的记忆。第二，长时记忆的容量是没有限制的。所以，根本不用担心记得内容太多，大脑会被“涨爆”的。我们平时所说的记忆好坏也主要指长时记忆。

长时记忆里储存了两类知识：一类为陈述性知识（declarative knowledge），另一类为程序性知识（procedural knowledge）①。前一类知识是对事实信息的记忆，包括各种特定的事实，如姓名、人脸、单词、日期和观点等。如“中国的首都在哪里?”、“第二次世界大战的原因是什么?”、“人的心脏结构与血液循环有什么关系?”等问题。后一类知识是关于怎样做某些事情的记忆，包括基本条件反射和各种习得的动作。如回答“1/3＋2/5＝?”、“将‘We go to school yesterday’改成合适的时态”等问题。陈述性知识以命题、命题网络、图式的形式进行编码，而程序性知识主要是以产生式或产生式系统储存在长时记忆里。

---

① （美）斯腾伯格. 认知心理学（第 3 版）[M]. 北京：中国轻工业出版社，2006：199-209.

三、记忆的一般过程

传统的观点一般把记忆区分为三个环节：识记、保持和再认与回忆。实际上，也可理解为对输入信息的编码、储存和提取等三个过程。

（一）识记

识记是指个体获取经验而记住事物的过程。识记是记忆过程的开端，它涉及到对外部信息的输入与编码，外部信息只有经过大脑的输入与编码，才可以把该信息记录在人的大脑里。例如，看到一个汉字时，人们会注意到字的结构、发音或含义，从而形成相应的视觉编码、声音编码或语义编码。编码的效果直接影响着记忆的效果，编码的完善程度直接影响到记忆的储存和以后的提取。一般情况下，对信息采用多种方式编码会收到更好的记忆效果。此外，强烈的情绪体验也会加强记忆效果。

1. 根据识记过程的目的性和努力程度，可将识记分为无意识记和有意识记

（1）无意识记

无意识记是指没有预定目的、也不需要一定意志努力、自然而然发生的识记。在日常生活中，人们的许多经验都是通过无意识记获得的。如看过的电视、听奶奶讲的故事、亲身的经历等当时并没有识记的意图，但它们却在我们的头脑中留下了印象。

无意识记精力消耗少，但缺乏目的性，不能获得系统的科学知识。大凡容易被人们无意识记的内容具有两个特点：一是这些刺激对于个人而言具有重大意义或引人注意，如只要你被滚烫的开水壶烫过一次，你就自然地把这个教训记住了，以后再也不敢用手去碰开水壶了；二是符合个人需要，或能够产生深刻情绪体验的事物，如参加高考时的情景，拿到大学录取通知书的那一时刻。

（2）有意识记

有意识记是指具有预定目的、需要付出一定意志努力的识记。有意识记的目的性决定了该记忆是一个积极主动的编码过程。编码过程涉及到“识记什么”和“怎样识记”。“识记什么”确定了识记的方向和内容，“怎样识记”是指采用何种方法才能更好地把内容记住。在其他条件相同的情况下，有意识记的效果优于无意识记。在系统学习知识与技能的过程中，人们主要依赖有意识记。

2. 依据识记内容是否被理解，有意识记又可进一步分为机械识记和意义识记

（1）机械识记

机械识记是指根据识记材料的外部联系或表现形式，采用机械重复的方法进行的识记。机械识记的特点是基本上没有理解材料的意义及其他们之间的联系，只是按照材料呈现的时空顺序进行逐字逐句的识记。在日常生活中多指死记硬背，如幼儿背诵唐诗宋词，即使不懂也可死记硬背下来，这就是机械识记。机械识记一般记忆保持时间不会长久，但有助于识记材料的精确化。

（2）意义识记

意义识记是指在理解的基础上进行的识记。学习者运用已有的知识经验，弄清学习材料的意义和内在联系，从而把它记住。意义识记是人们掌握学习材料的有效基本方法

之一。

意义识记与机械识记是人们识记的两种基本方法。一般来说，意义识记比机械识记迅速、持久，但机械识记在人类主动获取经验，特别是初次认识新事物时也是重要的。因为我们所学习的知识当中大量无意义的材料依赖于机械识记，即使有意义的材料在理解的基础上也需要机械识记的参与。教师在教学中应该要求学生以意义识记为主，机械识记为辅，引导学生将两种识记方法结合在一起使用，各取所长，才能提高整个识记的效果。

3. 影响识记效果的原因

(1) 识记的目的

识记的目的是否明确直接影响着识记的效果，这是影响识记效果的重要条件。具有明确的识记目的和任务，就会调动识记者识记的积极性并提高针对性，他会把全部的识记活动集中在所需识记的对象上，且会采取各种各样的方式去识记。因此，识记效果就好。此外，具有长期任务要求的识记效果要好于短期任务要求的识记。如，只是为了突击应付考试而临阵磨枪，由于目的、任务很明确，识记效果一般比较好。但是，考完之后，突击学习的内容很快就遗忘了。

(2) 信息加工的深度

外部信息必须经过大脑的编码才可以在大脑中留下“痕迹”。“痕迹”的深度、持久度取决于该信息被加工的程度。信息加工的程度越深，其保留的效果就越好。有人通过编写提纲和无编写提纲两种不同方式来识记同一段文字材料，九天后进行测试，结果是无编写提纲组遗忘 43.2%，编写提纲组只遗忘 24.8%[①]。两种被试在识记材料时唯一不同的就是识记方法，无编写提纲要求学生加工的程度浅，而编写提纲则需要学生对信息进行深度加工。

当识记的材料成为人的活动的直接对象时，识记的效果就好，其原因就在于相对没有成为活动的直接对象而言，这些材料得到了更多的加工。同样，理解识记要比机械识记好，其原因也在于理解识记的加工程度要比机械识记的加工程度深。理解了的对象是与长时记忆保持的知识经验发生了内在联系，并形成了网络结构。它的存在不是孤立的，而是被纳入到已有的知识网络中，成为了其中的一部分。相反，不理解的东西总是作为孤立的、在内容上与过去经验没有联系的东西出现在头脑中。

(3) 识记材料的性质和数量

一般来说，要达到同样的识记水平，随着识记材料数量的增加，识记的效果就会变差，两者呈反比。因此，记忆内容一次不宜过多，过多反而效果不好。识记不仅受材料数量的影响，还受材料性质的制约。直观、生动、形象的材料比抽象的语言材料容易识记，识记视觉材料要比识记听觉材料的效果好。当然，这会因人而异，有人却善记抽象的语言材料。

(4) 识记时的情绪状态

情绪也会影响记忆。如，在遇到一位多年不见的朋友时，我们所能回忆起来的事情

---

① 黄希庭. 心理学导论（第二版）[M]. 北京：人民教育出版社，2007：368.

往往是有过强烈情绪体验的那些经历。人们曾经都有过愤怒、激动、莫名其妙的恐惧，或被快乐冲昏头脑的经历。这些经历总是那么令人难以忘怀，这是因为人们在经历这些事件时，强烈的情绪促进了记忆。有一点要强调的是，只有识记者在感觉身体安全和情绪安定的情况下，才能将注意集中于识记的对象。

(5) 识记材料是否具有意义和价值

研究表明，信息的输入是有优先等级的。首先是影响人们生存的信息进入到工作记忆中，并得到了加工，例如烧焦的味道、影响人身安全的危险；其次，就是能够产生情绪的信息；最后，才是新学习的信息[①]。影响人们生存的信息首先得到注意和加工。因此，在识记者看来，识记材料是否具有意义和价值，对提高识记效果具有极其重要的影响。唐诗宋词、乘法口诀、英语课文之所以学生反复都记不住，是因为学生还没有看到这些内容对于他们未来的生活，乃至生命的意义。而一个小孩只要有过一次被开水烫伤的经历，他就再也不会去碰开水壶了，因为这个经验对于保护他的安全而言具有极其重要的意义。

(二) 保持

保持是指已识记的材料在头脑中保存和巩固的过程。保持是记忆过程的中心环节。保持是一个动态变化的过程，这种变化表现在质和量两个方面。从质的方面看，不重要的信息趋于消失，另一些信息则被更改，而使整个信息更简约、更概括和更合理；有的信息被有选择地保留，并被添上了新的特征，而使整个信息变得更为丰富充实。从量的方面讲，记忆保持的信息量随着时间的推移而逐渐减少和短暂增长。记忆保持内容的最大变化是遗忘。

1. 记忆内容在质上的变化

巴特利特（Bartlett，1922）在实验中让第一个人看一张图（图 2-7 中的 0），然后要他默画出来给第二个人看（图 2-7 中的 1），再让第二个人默画出来给第三个人看（图 2-7 中的 2）……依次下去直至第 18 个人画出第 18 幅图（图 2-7 中的 18）为止，结果图形从一只枭鸟变成了一只猫[②]。可见记忆图形在质的方面起了显著的变化。

图 2-7 记忆内容在质上的变化

① David A. Sousa（美），“认知神经科学与学习”国家重点实验室，脑与教育应用研究中心. 脑与学习[M]. 北京：中国轻工业出版社，2005：113.

② 彭聃龄. 普通心理学（修订版）[M]. 北京：北京师范大学出版社，2004：229.

伍尔夫（F. Wulf，1922）以图形为记忆材料研究了记忆内容所发生的变化。结果表明：原图形变得更为匀称、更为标准，其某些特征得到了突出强调。需要指出的是，记忆内容的变化不仅发生在保持阶段，有的在开始识记时就被改变了，还有的发生在再现阶段。

2. 记忆内容在量上的变化

记忆内容在量上的变化主要表现为：一是记忆的恢复，二是遗忘。

（1）记忆的恢复

一般而言，随着时间的推移，记忆内容在量上会逐渐减少。但在一定条件下，也有例外的情况，学习后 2～3 天测得的保持量反而比学习后立即测得的保持量要多。这种现象叫做记忆恢复（reminiscence）。

巴拉德（Ballard）在 1913 年以 12 岁左右的儿童为被试做了一个实验①。实验要求儿童用 15 分钟学习一首诗，在学习后立即进行测验，并把测验结果的平均数定位为 100%。在此之后的第 1、2、3、4、5、6 天内又对其进行了测验，结果发现儿童在学习后的 2～3 天的保持量比学习后立即测得的保持量高 6%～9%（图 2-8）。许多人都重复了这一实验，得到了相同的结果。记忆恢复现象在儿童身上要比成人更为普遍，学习较难的材料要比学习较易的材料更为明显，学习程度较低的要比学习纯熟的更容易看到。

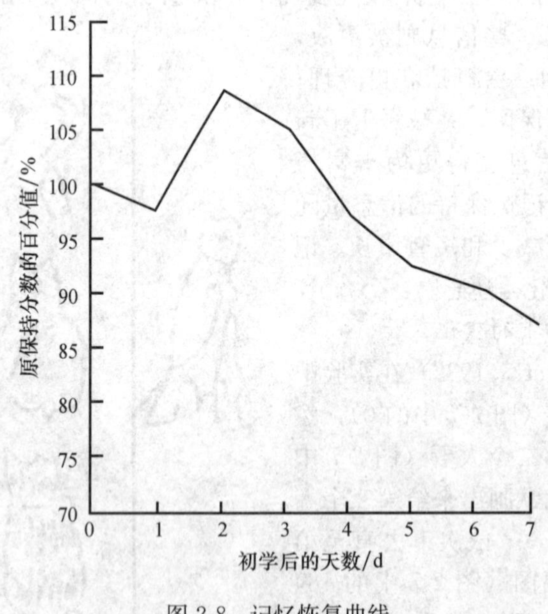

图 2-8　记忆恢复曲线

对于记忆恢复现象有着不同的解释。一种观点认为，识记后立即进行回忆，学习者对学习材料还没有形成一个整体的认识，材料的储存也是零散的，因而回忆成绩低；过后学习者经过思考，把学习材料作为一个整体来认识，这样回忆的内容就更充分了。另

① 黄希庭. 心理学导论（第二版）[M]. 北京：人民教育出版社，2007：368.

一种观点认为儿童记忆恢复的内容大部分都集中于学习材料的中间部分，由于识记时有累积抑制，影响了识记后的立即回忆成绩，经过充分的休息之后，抑制解除了，记忆的成绩也就提高了。

(2) 遗忘

随着时间的推移，记忆的内容更多的不是短暂增加了，而是逐渐减少了。德国心理学家艾宾浩斯最早对记忆保持量的变化进行了系统的实验研究①。他以自己为被试，为了使记忆尽量避免受旧经验的影响，以无意义音节（在他的实验中是由三个字母构成的、无意义的“单词”，如 FLW、BOZ、CEF 等）作为记忆材料，以再学法的节省率作为保持量的指标。结果发现：学习一结束，遗忘就开始。在学习结束后的 20 分钟，遗忘了 41.8%；1 小时后遗忘了 55.8%；8 小时后遗忘了 64.2%；9 小时后，遗忘的速度变得逐渐缓慢；若干天后，遗忘渐趋平稳，最终到达一个变化很小的状态。这条曲线被称为保持曲线，也常常被称为遗忘曲线（图 2-9）。艾宾浩斯的遗忘曲线揭示了遗忘在数量上受时间因素制约的规律：随时间的递增，遗忘量也在增加，其速度是先快后慢，在短时间内遗忘特别迅速，然后逐渐缓慢。也就是说，遗忘的进程是不均衡的，先快后慢。

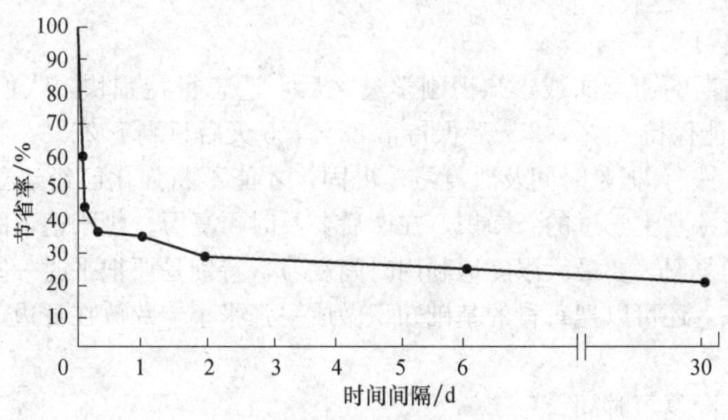

图 2-9 艾宾浩斯的遗忘曲线

艾宾浩斯之后，许多人用无意义材料和有意义材料对遗忘的进程进行了进一步的研究，并采用不同的测量方式，遗忘曲线有所不同，但它们的总趋势还是和艾宾浩斯的遗忘曲线一致，这表明了人类遗忘过程的基本趋势。

影响遗忘的主要因素有：

第一，时间。遗忘的规律是随着时间的递增，遗忘量也在迅速地增长。

第二，学习材料。学习材料的种类、长度、难度、系列位置以及意义都会影响记忆效果。从材料的种类来看，有意义材料要比无意义材料保持得好，形象、直观的材料要比抽象的材料保持得好。从材料的长度、难度来看，较长、较难的材料要比长度、难度适中的材料遗忘得快。从材料的系列位置来看，由于前摄抑制和倒摄抑制的影响，材料

① 杨治良，等. 记忆心理学（第二版）[M]. 上海：华东师范大学出版社，1999：9.

的中间部分要比开头和末尾部分遗忘得快。前摄抑制是指先前学习的信息对新近学习材料的干扰作用。倒摄抑制是指后来学习的信息对先前学习材料的干扰作用。学习的开头部分只受倒摄抑制的干扰，末尾部分只受前摄抑制的干扰，而中间部分同时受到前摄抑制和倒摄抑制的双重干扰。如记忆一篇课文，一般总是开头和结尾部分容易记住，而中间部分容易遗忘，其原因在于中间部分受前后学习材料的干扰。从材料的意义看，重要的学习材料，一般不容易遗忘。那些对于学习者具有重要意义、符合需要和兴趣、在生活和工作中有着重要价值的材料，最不容易遗忘。

第三，学习程度。低度的学习材料容易遗忘，过度学习了的材料要比刚能回忆出来的材料保持得要好一些。过度学习也叫超额学习，是指一种材料的学习次数超过那种刚好能回忆起来的程度的次数。研究表明，过度学习使保持的效果良好。学习量达到一般学习量 150%的过度学习，保持效果最佳。

3. 避免遗忘的方法——科学复习

为什么有的同学学习很刻苦努力，效果却不明显，而有的同学只花很少的时间就能收到事半功倍的效果？这与怎样记忆有密切的关系。现代认知心理学不再把学习与记忆看作两个阶段，而是把学习与记忆视为同一过程[①]。复习是学习的重要环节，是与遗忘斗争的有力武器。

（1）及时复习

根据艾宾浩斯的遗忘曲线，知识刚学过之后，遗忘得特别快，人们对学到的新知识，1 小时后只能保持 44%，2 天后保持量 28%，6 天后只剩下 25%。我们学过新知识后，要“趁热打铁”，抓紧时间及时复习、巩固，才能不断强化已经建立起来的神经联系。因此，当天课堂上学过的新知识，在课后要及时再复习；刚刚记下的材料，要在头一个小时内做到复习。要最大限度地利用时间复习，特别是要把平时一些闲散、短暂的时间都利用起来，还可以把每科的基础知识做成一张张小卡片放在身边，以便随时拿出来复习、巩固。

（2）合理分配复习时间

在时间上，要对复习进行合理和正确的分配。复习既可以连续、集中地进行，也可以在不同的时间间隔内分散进行。一般来说，复习的时间过分集中，容易互相干扰；时间过于分散，又容易发生遗忘。时间的分配要适中。实验证明，分散复习要比集中复习效果好。对于需要机械识记的内容，分散复习比集中复习要好；学习复杂、需要思考的内容，则应该比较集中地来学习。对较难的知识内容，在缺乏兴趣和容易疲劳的情况下，还是分散复习为好。但是，在时间上不宜对复习过于分散，要根据材料的性质、数量、已经达到的记忆程度合理地安排复习时间。一般而言，开始复习时，时间间隔要短，随后，慢慢地延长间隔的时间。识记有意义材料，开始的间隔时间短些，以后时间可以长些。总之，复习的时间间隔先短后长，随着记忆巩固程度的加深，每次复习的间隔时间也可越来越长，到了一定的时候，知识就能牢固记忆，不复习也不会忘记了。

---

① 张春兴. 现代心理学：现代人研究自身问题的科学（第 2 版）[M]. 上海：上海人民出版社，2005：219.

(3) 复习时要做到“五到”

在复习时要做到“五到”，不但要眼到，还要耳到、口到、手到和心到，尤其以心到最为重要。有心理学家证明，只靠听觉，一般能记住15%；只靠视觉，一般能记住20%；如果眼看、耳听、手写、脑思同时并用，能记住65%。因此，通过全身心的投入，多种感官的参与能有效增强记忆。

(4) 复习方法多样化

有人把复习当作单纯的重复，这是不对的。复习方法单一，容易使人产生消极情绪和疲劳感。复习方法多样，可以使学习者感到新鲜，也容易激起学习者的积极性。学生简单、多次地重复某一个概念，并不容易记住，如果通过多种形式的练习来掌握和运用概念，就能够牢固地记住它。例如，在识记材料还没有完全记住前，可以采用尝试回忆的方法进行复习，当回忆不出来时再阅读；重点复习尝试回忆时想不起来、记不清楚、印象模糊的部分；复习时，用红笔把记忆材料的重点部分、或容易忽略的部分勾画出来；在记忆材料的四周空白部分用自己的话简要记下的体会和理解，这些话应该是能高度概括材料的内容，或是有利于记忆、带提示性的语句，以便以后复习时能迅速抓住要点，回忆起关键的内容。

(三) 再认和回忆

再认和回忆是记忆的第三环节，是对自己所保持的信息进行提取的过程，是指在需要的时候将储存在记忆中的信息予以解码输出并通过反应表现出来的过程。

1. 再认

经验过的事物再度出现在眼前，能做出正确的识别和辨认过程，称为再认。原有经验的巩固程度会影响再认的效果。对旧事物的保持越为巩固，再认就越为容易，否则再认就困难。再认的准确与否和速度的快慢还取决于当前呈现事物同已感知过的事物的相似程度。如果当前呈现的事物或材料与过去识记过的事物或材料变化不大，就容易再认；如果发生了很大的变化，就难以再认。在再认发生困难的情况下，就转化为回忆。再认需要依靠各种线索，它的一部分出现可以唤起对其他部分的记忆。因而，由当前事物作线索辅助再认，要比回忆容易。

2. 回忆

经验过的事物不在眼前，能把它重新回想起来的过程，称为回忆。回忆依据有无目的分为有意回忆和无意回忆。有意回忆是指有回忆任务而自觉回忆已往经验的过程；无意回忆是没有预定目的，已往经验不由自主地重新出现的现象。考试时回忆、工作的总结汇报等都属于有意回忆，“触景生情”是常见的无意回忆。

一般说来，联想是回忆的基础，因为事物是有联系的，在头脑中贮存的经验也是以网络的形式互相联系着的。在识记材料时，建立它们之间以及它们和已有经验之间一种或多种联想线索，那么在回忆时，只要记住某一线索，就能联想出一连串材料，这样可以大大改善回忆效果。

情绪状态也对回忆效果具有较明显的影响，这种影响突出地表现在情绪的紧张度方面。一般来说，良好的情绪状态，如愉悦、轻松、平和的情绪有利于回忆；而负情绪，尤其是紧张情绪对回忆会产生明显的抑制作用。例如，在考试时，对于学过的内容可能由于一时紧张而想不起来，出了考场就想起来了，这种事情时有发生。在吵架时，由于气愤，容易出现张口结舌、有理也讲不清了的现象也是这种作用的体现。

记忆规律在自我教育中的运用①

1. 记忆个体的心身调节策略

(1) 要增强自信心

在识记材料时，首先自己要有一定能记住它的信心，如果对自己的记忆力都缺乏信心，则会导致真正的失忆和健忘。因为这种信心缺乏与否的意念会对自己产生暗示作用，引起大脑皮层相应的兴奋或抑制，从而影响个体内在潜能的发挥。

(2) 要调动积极性

这涉及个性动力系统的调节，但主要集中于动机的激发上。有明确的记忆目的，确定具体的记忆目标，定有长久的记忆任务等，都是调动个体记忆积极性的具体而有效的措施。

(3) 要调节情绪状态

情绪不仅对认知活动具有动力功能，而且还有调节功能。如前所述，过分紧张或低沉的情绪会抑制人的记忆活动，只有在愉快、有兴趣而较平静的情绪背景下，带有对当前记忆适度的紧迫感和焦虑感，才能更有利于提高记忆的效率。并且每人应该根据自己的特点，调节其最佳点。

(4) 要集中注意力

注意是心灵的门户，其对心理活动的选择、保持和调控作用，同样表现于记忆过程之中。特别是注意的集中程度，对识记的效果有直接的影响。因此，在记忆时，要尽力做到集中注意力。

(5) 要保证充分睡眠

睡眠的充分与否不仅取决于时间，也取决于质量，尤其是看睡眠中含快速眼动波的多少（睡眠是由快速眼动波和慢速眼动波两种状态反复交替组成的，其中快波睡眠也即有梦睡眠，与恢复大脑机能关系密切，青、少年的快波睡眠约占 20%、25%）。充分的睡眠对识记时的注意和保持的巩固有积极作用，是提高记忆不可忽视的方面。

2. 记忆材料的优化处理策略

对记忆材料的处理，是决定记忆效率和效果的关键，记忆规律的运用、记忆方法的选择，也主要集中于此。该策略可细分为三个方面。

(1) 记忆材料的性质转化

记忆材料性质是影响记忆的一个重要因素，因此，在对记忆材料进行加工处理时，要尽可能将材料性质转化为有利于记忆的。

记忆材料的操作化，即把要记忆的材料转化为操作活动的对象。例如，活动记忆法——通过手操作来记住有关材料；笔记记忆——通过抄写、批语、做卡片等笔记形式来记住

① 卢家楣. 普通心理学（第九版）[M]. 上海：上海师范大学出版社，2000.

有关材料；朗读记忆法——通过出声朗读来记住有关材料等。

记忆材料的形象化，即要把要记忆的材料转化为形象材料。例如，在记一些易写错的字，如“纸”时，头脑中就可出现一张白纸的形象，心里马上想到：“白纸怎么会有污点呢?”这样就不会犯“纸上加点”的错误了。

记忆材料的诗歌化，即把要记忆的材料转化为诗歌。例如，我国历史朝代比较复杂，硬记不易，但编成诗歌则朗朗上口而不忘：“夏商周秦西东汉，三国两晋南北朝，隋唐五代有两宋，元明以后是清朝。”教学中流传的《英语字母歌》《汉语拼音歌》、《珠算口诀》等都是运用此法的成果。

记忆材料意义化，即把要记忆的材料转化为意义材料，也就是赋予机械性材料以一定的意义性。例如，采用谐音法，借助谐音赋予材料以意义，把化学中用石蕊试纸鉴定碱性溶液呈蓝色的规律用“橄榄”（碱蓝）这一谐音词记忆，不仅不会忘记，而且“酸红”的记忆也简单化了。采用数字记运算法，使原无意义的数字也产生意义：秦统一中国于公元前221年，可想为2/2=1；爱因斯坦把朋友家的电话号码24361，记为两打加19的平方（12+12=24，19×19=361）；采用数字—字母转换法，将0～9数字转换成不同的字母，如0—t，1—e，2—n等，那么210就变成net，使用时按规则转换回去。由于字母容易产生意义，便可使无意义数字被赋予一定意义。采用联想法，把原来没有意义上联系的材料赋予意义上的联系：英语中以O结尾的名词复数一般都是加s，只有hero、negro、tomato、potato四个单词的复数是加es。为此，将为四个无联系的词赋予人为的联系，形成一个句子“黑人英雄吃罗宋汤”，便于记忆。

（2）记忆材料的数量简化

记忆材料的数量是影响记忆效率的一个因素，一次识记的数量越多，记忆的效率越低。同时，人的记忆潜力虽然很大，但毕竟时间和精力有限。因此在对记忆材料进行加工时有必要加以简化。

记忆材料的概括化，即对记忆材料进行提炼、抓住关键进行记忆。它包括主题概括、内容概括、简称概括、顺序概括、数字概括、文字概括等。例如，将中国古代的井田制方面的内容概括为国君所有、诸侯享用、奴隶耕作、形似井字，也可进一步概括为君有、侯用、奴耕、井形。

记忆材料的规律化，即对记忆材料进行分析、抽象，以便抓住规律进行记忆。例如，三角函数中有54个诱导公式，孤立记忆这些公式比较繁复。但仔细分析能从中找出一个共同的规律——奇变偶不变，符号看象限。记住这句话，有助于推导出全部诱导公式。

记忆材料的特征化，即抓住记忆材料中的特征来加强记忆。例如，记忆戊、戌、戍三个字时，抓住他们的共同特征和区别特征来记，效果要好得多。在一些历史年代的数字中也有特征可寻：努尔哈赤建立后金是1616年，马克思诞生是1818年，共产国际建立是1919年。

（3）记忆材料内容的系统化

头脑中记忆材料的储存犹如资料室里的文件存放，资料室里的文件只有按序分类分目摆放，才能方便寻找，否则缺乏系统管理，则无法查找；人们头脑中的记忆材料同样需要有条有理储放，否则很快就会忘记。这里就涉及记忆材料的内容系统化问题。所谓记忆材料的内容系统化，就是在头脑中把识记的材料归入一定的顺序使彼此发生一定的联系。

记忆材料的归类化，即把识记材料按一定的标准组成或纳入不同的类别。其中把记忆材料组成类别，也就是分类记忆，而把识记材料纳入类别，便是归类记忆。可把已识记的材料归入头脑中已有的类别，使之保持长久，使用方便。例如，在英语单词学习中，可以把所学得的 preserve 一词，归入头脑中 reserve、observe、deserve 这一词形相似类里储存，把 acquire 一词，归入 get、abtain、gain 这一词义接近类里储存；把 black、short、fat 等词分别与头脑中 white、long、thin 等相反词义的词联系，归入由此组成的词义对比类里储存。

记忆材料的网络化，即把识记材料编成或织入某一网络。其中把识记材料编成网络，也就是形成一种认知结构，而把识记材料织入网络，便是纳入某种认知结构。例如，学习政治经济学中生产力和生产关系、生产关系和经济基础、经济基础和上层建筑等一系列概念时，可把这些概念的内在联系编成网络来记忆：如果以后又学了“科学技术是第一生产力”这一观念后，便可把“科学技术”纳入网络中“生产力”这一节点上，大大减轻记忆负担，提高记忆效率。

3. 记忆痕迹的有效建立策略

加工处理后的记忆材料以怎样的方式迅速储入头脑并得以牢固保存呢？这便涉及记忆痕迹的有效建立问题。这一策略包括记忆痕迹的初建、加固和不断强化三个方面。

(1) 初建痕迹

要尽可能快而准确地初步识记材料。首先，在识记的总体安排上，可采用综合识记法，即进行整体—部分—整体的识记，使人在相互联系中对各部分材料的理解与记忆变得较为容易。其次，在具体识记时，又可采用试图回忆法、交替进行识记和尝试回忆，使人能及时了解识记对错，以提高每次识记的针对性和积极性。实验表明，无论是识记无意义材料或是传记文，无论是立即回忆还是 4 小时后回忆，尝试回忆都有利于记忆，其中将全部学习时间的 4/5 用于尝试回忆的记忆效率最高。

(2) 加固痕迹

要尽可能当场巩固识记材料。如前所述，识记越巩固，日后回忆效果越好。这里可采用过度学习法。若以初步识记（即刚能背出）所需花的识记次数为 100%计算，那么在达到初步识记后应再花上 50%的识记次数来巩固识记内容。实验表明，过度学习 50%的识记是经济而有效的，不到 50%效果明显受到影响，而超过 50%则不经济。

(3) 强化痕迹

要尽可能不断复习识记材料。根据前述复习对记忆的诸多影响，可采用超比例循环记忆法。这一方法的特点是做到及时复习、先密后疏，恰能对先快后慢的遗忘过程进行强化。据说电话局接线员就用此法在较短时间内记住大量电话号码。

第三节 思 维

一、思维概述

（一）思维的概念

思维（thinking）是人脑对客观事物的本质属性和内部规律间接和概括的反映。我们解决一道数学应用题，想办法摆脱一些烦心事，下棋，猜谜语，医生确诊病因时，都在思维。它是认识过程的高级阶段。人类通过思维，能够获得对事物的本质属性、内在联系和发展规律的认识。

间接性和概括性是人类思维的两个基本特征。

间接性是指思维总是以一定事物为媒介来反映那些不能直接作用于感官的事物。例如，考古学家通过挖掘的文物，而推断出发生在几千年前的历史事件；气象学家根据卫星云图的变化而预测未来几天的天气；电脑修理人员根据电脑的运行速度明显比以前慢了而推断"电脑中毒了"。由于思维的间接性，人们可以超越感知觉提供的信息，认识那些没有直接作用于人的事物，并揭示出事物的本质及其规律。

概括性是指思维能够把同类事物共同的、本质的特征抽取出来并加以概括，反映事物间规律性的联系。思维的概括性是借助概念来实现的。例如，狗有不同的颜色、不同的大小、不同的形态，但人们通过思维概括出"狗是一种犬科哺乳动物"，并把这种认识推广到同类事物中去，进而认识各种各样的狗。思维的概括性使人们的认识摆脱了具体事物的局限，这不仅扩大了人们的认识范围，也增加了人们认识的深度。

（二）思维与感知觉的关系

思维同感知觉一样都是人脑对客观现实的反映，但又与它们有根本的区别。表现为以下几点：

首先，从反映的内容来看，思维是对事物的共同的、本质的属性及其内在联系的反映，感知觉反映的是客观事物的外部特征和外在联系。

其次，从反映的形式来看，思维是对客观事物间接和概括的反映，感知觉只是对当前事物的直接反映。因此，通过思维活动，人就可以运用概念、定理、定义、定律等来解释与理解客观事物。可见思维是我们认识的高级阶段，即理性阶段的集中体现。

最后，从反映的阶段来看，感知觉属于感性认识，它是借助于形象系统对直接作用于感官的事物进行反映，反映范围很小，是认识过程的初级阶段，而思维属于理性认识，它是借助于概念系统对客观事物进行反映，它可以反映任何事物，反映范围很大，是认识过程的高级阶段。例如，对圆的认识，感知觉只能反映各种具体的圆的形状和大小，而思维则能舍弃圆的具体形状和大小等非本质特征，把"任何圆都具有从圆心到圆上的任何一点的距离都相等"这一共同的、本质的特征概括出来。前者是对事物现象的反映，后者是对事物本质的反映。

思维虽是超出感知范围的理性认识阶段，是更高级更复杂的心理活动过程，但它是以感性材料为基础，与感知、记忆等认识过程密不可分的。感性认识是思维活动的源泉和依据。思维无论多么抽象，它的加工材料还是对个别事物的多次感知，从对个别事物多次感知中，概括出他们的本质和规律。同时，感性认识的材料如不经思维加工，就只能停留在对事物表面现象的认识上，而不能认识客观事物的本质和规律。

（三）思维与语言的关系

思维不仅与感性认识相关联，而且与语言也具有密切联系。人类思维最主要的特点就在于使用语言。思维与语言既有联系，又有区别。

1. 思维与语言的联系

首先，语言是思维的工具。思维的活动主要是靠语言这一载体来实现的。人类思维最主要的特点就在于使用语言。有了语言，人脑反映事物的本质属性与事物之间的内在联系才有了可能。正如马克思所说："语言是思维的直接现实。"人类的抽象思维，总是借助语言的思维。这是由语言本身具有的概括性、间接性和社会性所决定的。通过语言，人们才可把一类事物共同的本质属性概括出来。

其次，语言是思维的结果。语言的存在离不开思维的作用，构成语言的词汇和语法是长期以来人们在相互交流的过程中通过思维而形成的。语言和词的意义就是思维的内容。语言和词的意义正是靠思维的日益发展而不断丰富和深化的。

2. 思维与语言的区别

思维与语言虽密不可分，但不等于二者可以混为一谈。语言就是语言，思维就是思维，语言不是思维。

1）它们的本质属性不同。思维是一种心理现象，是揭示客观事物的本质及其规律的认知活动，以意识的形式存在；语言是一种符号系统，是人们进行思维和思想交流的工具，以声、形的物质形式存在。

2）它们与客观事物的关系不同。思维与客观事物之间是反映与被反映的关系，两者有着本质的、必然的联系；语言与客观事物之间是标志与被标志的关系，二者无必然联系，是人们约定俗成的。我们可以用不同的词代表同一事物，例如，红薯还可称山芋、地瓜。

3）思维中的概念与语言中的词相关，但并非一一对应。概念是用词来表达的，但同一个概念可以用不同的词来表达；同样，同一个词也可以表达不同的概念。

4）思维规律具有全人类性，语言的语法结构具有民族性。思维具有全人类性，无论国籍、民族、职业、性别如何，其思维都遵循着从感性到理性、从具体到抽象的过程；而语言具有民族性，不同民族的语言有着不同的语法结构。

（四）思维的分类

1. 根据思维的凭借物，可以把思维分为动作思维、形象思维和抽象思维

（1）动作思维

动作思维是指依赖身体的具体动作进行的思维。2 岁前幼儿尚未掌握语言，他们主

要通过摆弄实物，在实际操作中认识物体的属性，动作停止，思维随即停止。因此，动作思维在婴幼儿身上较为常见。成人也有动作思维，如修理自行车时，一边检查一边思考，直至发现问题排除故障为止，在这一过程中动作思维占据主要地位。

（2）形象思维

形象思维是指凭借事物的表象进行的思维。表象是当事物不在眼前时，在个体头脑中出现的关于该事物的形象。这是3～7岁学龄前儿童的主要思维方式。游戏是最好的例证，儿童经常模仿他人的活动，进行角色扮演。成人也经常运用形象思维来处理问题，如装修房屋、服装设计、艺术创作等。

（3）抽象思维

抽象思维是以概念、判断、推理的形式认识事物的本质特性和内在联系的思维。人的思维大多是以语言概念和符号进行的抽象思维，这是人类所特有的、复杂而高级的思维形式，是人类思维的核心形态。到了小学高年级，学生的抽象逻辑思维得到了迅速发展。在初中阶段，抽象思维已开始占据主导地位，如初中一些学科中的公式、定理、法则的推导、证明与判断等，都需要抽象思维。

儿童思维的发展，一般都经历从动作思维、到形象思维、最后到抽象思维的三个阶段[①]。成人在解决问题时，这三种思维往往相互联系，相互补充，共同参与思维活动。例如，科学家在进行科学实验时，既需要高度的科学概括（抽象思维），又需要展开丰富的联想和想象（形象思维），同时还需要进行动手操作（动作思维）。

2. 根据思维结论是否有明确的思考步骤和思维过程中意识的清晰程度，可以把思维分为直觉思维和分析思维

（1）直觉思维

直觉思维又称非逻辑思维，它是未经逐步分析就能迅速对问题答案做出合理的判断，或突然领悟的思维。例如，遇到一道数学难题，冥思苦想还是不得其解，在你几乎就要放弃的一天，突然间有一个解决这道难题的办法闪现在你的脑海里。历史上，阿基米德在浴缸洗澡时突然发现浮力定律就是一个直觉思维的典型例子。

（2）分析思维

分析思维又称逻辑思维，它是严格遵循逻辑，经过逐步分析与推导后，对问题解决做出明确结论的思维。例如，学生通过逐步推理和论证而解决一道几何题，医生对疑难病症的多种检查、会诊，都采用了分析思维。

3. 根据解决问题时的思维方向，可以把思维分为聚合思维和发散思维

（1）聚合思维

聚合思维又称求同思维、集中思维、辐合思维、会聚思维，是把问题所提供的各种信息集中起来，朝着同一个方向得出一个正确的或最好的答案的思维，其主要特点是求同。例如，学生在计算时，通过各种方法的比较找出最为简便的运算方法；设计人员对各种设计思路进行严格的筛选和比较而找出最佳的方案。这些强调的都是聚合思维。

---

① 刘金花. 儿童发展心理学（修订版）[M]. 上海：华东师范大学出版社，2006：82-90.

(2) 发散思维

发散思维又称求异思维、分散思维、辐射思维，是从一个目标出发，沿着各种不同途径思考，寻求各种答案的思维，其主要特点是求异。例如，计算教学中追求算法的多样化；公司研发部门要求设计人员提出各种设计思路和创意；经济改革的多种方案的提出。这些强调的都是发散思维。

聚合思维与发散思维都是智力活动不可缺少的思维，都带有创造的成分，而发散思维最能代表创造性的特征。

4. 根据思维中创新成分的多少，可以把思维分为常规思维和创造性思维

(1) 常规思维

常规思维是指人们运用已获得的知识经验，按现成的方案和程序，用惯常的方法、固定的模式解决问题的思维。例如，学生按例题的思路去解决练习题和作业题，利用学过的公式解决同一类型的问题等。

(2) 创造性思维

创造性思维是指以新异、独创的方式解决问题的思维。例如，作家写出一本新小说，科学家发明一台新机器，飞机、核潜艇、航空母舰等的出现都是创造性思维的结果。

二、思维过程

(一) 思维的心智操作

1. 分析与综合

分析与综合是思维过程的基本环节。

分析是在头脑中把事物的整体分解成各个部分，把复杂的事物分解成简单的要素的心智操作。例如，为了帮助学生理解一篇课文，老师将一篇课文分解为若干段，将一段分解为若干句；为了研究地球，我们把地球分为海洋和陆地；为了研究植物，我们把植物分解为根、茎、叶、花、果实、种子。

综合是在头脑里把事物的各个部分、方面、各种特征结合起来，了解它们之间的联系，以形成一个整体的心智操作。例如，把文章各个段落的内容综合起来，从整体上把握文章的中心思想；把一个人的人品、性格、气质、能力、外貌等方面综合起来，得出对某人的整体印象都属于综合过程。

分析与综合是同一思维过程中彼此相反而又紧密联系的过程。它们相互依存、对立统一。综合是以对事物的分析为基础的。分析越细致，综合越全面；分析越准确，综合越完善。对事物不能只有分析而没有综合，那样只能形成片面的、支离破碎的认识，这就是“只见树木，不见森林”；也不能只有综合而没有分析，那只能形成表面的认识，对事物的整体认识就不可能深入。因此，分析与综合是辩证统一的，只有把分析与综合有机地结合在一起，才能发现事物的联系和关系，才能更好地认识事物。例如，学生读一篇课文，既要分析，也要综合。经过分析，理解了词义和段落大意；经过综合，掌握了文章的中心思想，便获得了对文章的整体认识。

2. 比较与分类

比较是在头脑中对各种事物或现象加以对比，确认认识对象之间的差异点和共同点的心智操作。通过比较，找出事物间的异同点，我们才能更好地识别事物，才能更好地把握事物的属性、特征和相互关系。例如，为了弄清“知觉”的涵义，我们应该把“知觉”与“感觉”进行比较，找出它们的共同点和差异点。它们的共同点都是对直接作用于感觉器官的事物的反映；它们的差异点是知觉和感觉是两个不同的心理过程：知觉是对感觉属性的整体概括，而感觉只是对事物个别属性的反映；知觉反映的是事物的意义，而感觉只是个别属性的信息摄入。通过比较，对知觉这一概念的认识就更加准确了。

比较与分析、综合是紧密联系的。比较总是对事物的各个部分、各种属性或特性的鉴别与区分。因此，没有分析就谈不上比较，分析是比较的前提。然而，比较的目的是确定事物间的异同，因此比较也离不开综合。要比较事物，既要对事物进行分析，又要对事物进行综合，离开分析与综合，比较难以进行。

分类是在头脑中根据事物或现象的共同点和差异点，把它们区分为不同种类的心智操作。在比较的基础上，我们认识了事物之间的异同点，就可以根据共同点把事物归为较大的类，根据差异点把事物分为较小的类。例如，学生认识数的概念时，可以把数分为实数和虚数；实数又可分为有理数和无理数；有理数又可分为整数和分数等。

分类的水平受学生年龄和思维发展水平的影响。小学生往往不是根据事物的本质特征，而是根据事物的外部特征和事物的功能进行分类；中学生容易把本质特征与非本质特征并列来进行分类；而高中生则会按事物的本质特征进行分类。

3. 抽象与概括

抽象是在头脑中把同类事物或现象的共同的、本质的特征抽取出来，并舍弃个别的、非本质特征的心智操作。例如，通过认识形形色色、各式不同的鸟类：有红色的、白色的、黑色的……；有很高大的，也有非常矮小的；有的鸟会飞，有的鸟不会；有会游泳的鸟，也有不会的；鸟能吃饭，能睡觉，能喝水，能活动，甚至有的鸟还能制造工具和使用工具；鸟有羽毛、有翅膀、卵生、是动物。通过分析、比较，抽取出鸟具有的共同的、本质的属性，即有羽毛、有翅膀、卵生、是动物等，舍弃羽毛的颜色、大小、能吃饭、能睡觉、能喝水、能活动等其他动物也有的非本质属性，这就是抽象过程。

概括是在头脑中把抽象出来的事物的共同的、本质的特征综合起来并推广到同类事物中去，使之普遍化的心智操作。例如，我们把“鸟”的本质属性——有羽毛、有翅膀、卵生、是动物综合起来，推广到一切鸟的身上，指出：“有羽毛、有翅膀、卵生的动物都是鸟”。这就是概括。

抽象与概括的关系十分密切。如果不能抽出一类事物的本质属性，就无法对这类事物进行概括。而如果没有概括性的思维，就抽不出一类事物的本质属性。抽象与概括是相互依存、相辅相成的。抽象是高级的分析，概括是高级的综合。抽象、概括都是建立在比较基础上的。任何概念、原理和理论都是抽象与概括的结果。

4. 具体化与系统化

具体化是指把抽象、概括出来的一般认识应用到具体对象的心智操作，即将一般原理应用于解决具体问题，用理论指导实践的过程。具体化是抽象与概括的相反过程。例如，我们运用遗忘的规律去进行科学的复习，教师利用注意的规律避免学生受无关因素的干扰，学生运用面积公式计算出房间的面积。

系统化是指在头脑里把学到的知识分门别类地按一定程序组成层次分明的整体系统的心智操作。例如，我们在学习了感觉、知觉、注意、记忆、思维与想象之后，可以把它们概括归纳为认知过程；当我们学习了情绪与情感、意志之后，又可以把认知过程、情绪过程和意志过程概括为心理过程，这样我们就掌握了系统的有关心理过程的知识。系统化是在分析、综合、比较和分类的基础上实现的。只有掌握了系统的知识结构，才能真正理解知识，才能在不同条件下灵活运用知识。因此，在学习时，我们应该使习得的知识形成一个系统。

（二）问题解决的思维过程

1. 问题与问题解决

思维往往起于有待解决的问题。虽然我们每天都会碰到各种各样的问题，但这里所讲的问题是指疑难问题，也称难题。所谓问题是指个人不能用已有的知识经验直接加以解决并因而感到疑难的情境[①]。例如，像“你今天吃饭了吗?”、“中午遇到谁了?”这类问题，就不是这里所讲的问题，因为它只需从记忆中提取出信息即可，无须有思维活动的参与。但像“吃红薯为什么有利于身体健康?”这类问题，个体记忆中未必有现成的答案，于是思维就被引发，而努力寻找问题的答案。这类问题才是这里所讲的问题。

无论问题是简单还是复杂、是抽象还是具体，每一个问题都必须包括三种成分：给定信息，是指有关问题初始状态的描述；目标，有关问题结果状态的描述；障碍，是指问题解决过程中需要加以克服的因素[②]。按照问题的组织程度可以把问题分为结构良好的问题和结果不良的问题。所谓结构良好问题是指起始状态、目标状态和操作都很明确的问题。学生在学科学习中遇到的问题都是此类问题，如求半径为 4 厘米的圆的面积。所谓结构不良问题是指没有明确结构或解决途径的问题。生活中遇到的许多问题属于此类，例如找一份工作，组建一个家庭。

问题解决是指对问题空间进行搜索，并进而完成从问题的起始状态到目标状态的过程。问题解决者的最初状态称为当前状态，而所要达到的目标称为目标状态。要将当前状态转变为目标状态，中间必须经过一系列操作步骤，也称为中间状态。人类文明的发展过程，可以说就是一个问题解决的过程。

2. 问题解决的思维过程

思维总是与问题解决密不可分，可以说问题解决是思维活动的普遍形式。一般而言，问题解决包括发现问题、明确问题、提出假设、检验假设四个基本步骤。

---

① 皮连生. 教育心理学［M］. 上海：上海教育出版社，2004：159.

② 皮连生. 教育心理学［M］. 上海：上海教育出版社，2004：160.

(1) 发现问题

发现问题是指对那些常人习以为常、司空见惯，但并未被正确揭示其本质规律的事物与现象的觉察。发现问题是问题解决的开端，也是问题解决的动力。只有发现问题，才能激励和推动人们投入问题解决的思维活动之中。能否有效发现问题，尤其是具有重大科学和社会价值的问题，取决于个人思维活动的积极性、认真负责的态度、兴趣爱好和求知欲望、以及知识经验的丰富程度。一个人越是勤于思考、善于钻研，并具有强烈的求知欲望、认真负责的态度，以及渊博的知识和丰富的经验，才能见人所未见、想人所未想，从细微平凡的事件中提出深刻的、有价值的问题，不然就会面对周围的一切问题而熟视无睹。

(2) 明确问题

所谓明确问题就是找出问题的症结所在，并分析解决问题的条件及可能性。在这个阶段，要对问题作进一步的思考，找出问题的性质和产生问题的原因，在分析问题的已知条件和将要达到的目标的基础上，明确解决问题的思路和步骤。

对问题的分析与明确取决于是否全面系统地掌握感性材料，是否具有丰富的知识经验。只有当具体事实的感性材料十分丰富且符合实际时，才能通过分析、综合、比较等，使问题充分暴露并找出问题的症结。这是明确问题的关键。知识经验越丰富，就越容易分析问题并抓住主要症结，就越容易对问题进行归类，以便于有选择性地应用已有的知识经验来解决当前的问题。

(3) 提出假设

提出假设是指在明确问题的基础上，提出解决问题的原则、途径和方法。问题解决的方案常常是先以假设的方式出现，经过验证逐步完善的。假设是人们推测、假定和设想问题的结论与问题解决的原则、途径和方法。在人类的科学发展史上，许多重大的科学发现最初都是以假设的形式出现的，如牛顿的万有引力定律、爱因斯坦的相对论。假设的提出取决于个人已有的知识经验、智力水平、创造想象力、直观的感性形象、尝试性的实际操作、言语表达和创造性思维。

(4) 检验假设

假设只是对问题解决的一种推测，正确与否还有赖于实践的检验。检验假设就是对假设进行验证的过程，它是问题解决的最后步骤。检验假设的方法有两种。一种是直接检验，即通过实验和实践活动来检验。这是检验的最根本、最有效的手段。早在1890年，美国心理学家詹姆斯就提出了“双重记忆理论”。后来有许多心理学家对这一假设进行了验证，系列位置效应就有力地证明了短时记忆的存在，从而使双重记忆理论得到了直接的验证。另一种是间接检验，即在头脑中根据已掌握的科学原理、原则，利用思维对假设进行论证。对于那些不能立即通过实践直接检验的、复杂的假设常采用间接检验。宇宙的黑洞理论目前还无法得到直接的验证，目前我们只能根据爱因斯坦的相对论而进行间接的验证。

实践是检验真理的唯一标准，任何假设的正确与否最终都要接受实践的检验。其结果可以有两种情况：一是假设与检验的结果符合，这样的假设是正确的；二是假设与检验的结果不符合，这样的假设就是错误的，这种情况下就要重新提出假设。正确的新假设的提出有赖于对以前失败的原因进行充分的了解和分析。检验假设直到结果正确为止。

3. 影响问题解决的因素

(1) 问题情境

问题情境是指呈现给问题解决者的客观情境或刺激模式[①]。呈现在问题解决者面前的事物如果超出了他已有的知识经验就构成了问题情境。一般地，刺激模式与个人的知识经验相差越大，问题就越难解决。问题情境的特点，如情境中物体和事物的空间排列对问题的解决有重要的影响。问题情境中所包含的物件或事实太少或太多也不利于问题的解决。太多则会产生干扰，太少则可能遗漏事实。

(2) 动机强度

动机是促使人们问题解决的动力因素，对问题解决具有重要影响。一般情况下，当人具有某种问题解决的强烈动机时，人的思维才活跃，才能以积极的态度去寻求问题解决的途径、方法；相反，动机太弱，对问题漠不关心，自然不能调动个体问题解决的积极性，就不会主动、积极地寻求问题解决的途径、方法，不利于充分活跃个体的思维活动和人的能力的发挥，这时易产生畏难、退缩行为。

动机强度会影响问题解决的进程。动机强度是指解决问题时的迫切程度。人们一般认为，个体的动机越强，就越有利于问题的解决。但是，事实并不如此。心理学家的研究表明，动机强弱与问题解决的关系，可以描绘成一条"倒U形曲线"。动机强度对问题解决效率的影响与问题的难度有关。如果面对的问题较为容易，个体的动机就要强些，这样才有利于问题的解决。例如让一个成人去做四则混合运算，则往往容易出错，其原因就是这个问题对于成人而言，太过容易，没有引起他足够的重视。如果面对的问题较难，个体的动机反而要弱，如高考越是想把它考好，结果考得越不理想，其原因就是考生的动机过强，如果抱着一种平常的心态进入考场，反而能考出理想成绩。

(3) 原型启发

在问题解决过程中，对新假设的形成具有启发作用的事物就是原型。原型启发是指在其他事物或现象中获得的信息对解决当前问题的影响。日常生活中的许多事物，如自然现象、日常用品、语言文字、行为动作，都可以起着原型启发的作用。例如，人们通过对鸟翅膀构造的研究，发明了飞机；通过对蝙蝠超声波定位的仿效，制造出雷达；通过对狗鼻子构造的分析，发明了比狗鼻子更灵敏的电子嗅觉器，传说鲁班爬山时被茅草割破了手，而发明了锯。从本质上说，原型之所以具启发作用，主要是因为原型本身的属性和特点，以及原型与所要解决问题有相似之处。相似度越高，启发作用就越大。

(4) 定势

定势是指由先前的活动所形成的并影响后继活动趋势的一种心理准备状态，它使人们按照某种比较固定的方式去解决问题。定势有时有助于问题的解决，有时却会干扰问题的解决。当问题情境不变时，定势对问题的解决有积极的作用，有利于问题的解决；当问题情境发生了变化，定势对问题的解决有消极影响，不利于问题的解决。破除定势

---

① 皮连生. 教育心理学［M］. 上海：上海教育出版社，2004：160.

消极影响要具体情况具体分析，一旦发现自己以习惯的方式解决问题发生困难时，不要执意固守，应换一种思路，寻求新方法。

（5）功能固着

功能固着是指个体在解决问题时往往只看到某种事物的通常功能，而看不到其他方面可能有的功能。例如，钥匙是用于开锁的，没想到还可以用来导电；发卡是用来卡头发的，没想到它可以充当螺丝刀拧螺丝钉；衣服是用来遮挡风寒，很少想到它还可用于扑灭烈火。消除功能固着的消极影响能消除一个人对物体用途方面呆板、机械的认识，使其对物体的用途认识更丰富、更全面，使思维变得灵活和敏捷。

怎样才能消除功能固着的消极影响？我们可以尝试以下方法：第一，遇到问题时能随机应变，多变换角度去思考问题，寻找答案，锻炼思维的灵活性；第二，善于运用问题现场所提供的条件和物品，因地制宜、因陋就简地解决当前所面临的问题；第三，在思考和解决问题的过程中，能够把有关的信息向各个方向、各个方面扩散，以此引出更多的信息，以多种设想，找出多项解决问题的方法，而且每个方案都切实可行；第四，丰富自己解决实际问题的经验，因为解决问题是以知识和实际经验为前提的。这就要求我们不仅对周围事物的通常用途特别熟悉，而且对其他用途也十分清楚，只有这样才能在解决问题的过程中应付自如；第五，我们既要有常规的解决问题的方法，又要养成勤于动脑和善于思考的好习惯。

（6）迁移

迁移是指已获的知识、技能和方法对解决新课题的影响。例如，学会骑自行车有助于学习驾驶摩托车；学会一种语言有助于掌握另一种语言；儿童在做语文练习时养成爱整洁的书写习惯，有助于他们在完成其他作业时形成爱整洁的习惯。迁移有正迁移和负迁移之分。正迁移是指已获得的知识经验对解决新问题有促进作用。例如，数学学得好，物理、化学往往也不错。负迁移是指已获得的知识经验对解决新问题有阻碍或干扰的影响。例如，学过分数除法应用题后，以前会做的分数乘法应用题反而不会做了。一般来说，先前的知识经验越丰富、两个问题情境之间的共同因素越多，问题解决者越是主动参与和发现，就越易于将知识经验迁移到解决新问题的情境中去，对后续问题的解决产生促进作用①。

（7）个性特征

人的个性特征对问题解决也具有直接的影响。一个有远大理想、富于自信、有创新意识、勤奋、乐观、勇敢、顽强、坚韧、果断、勇于进取和探索的人，能克服困难去解决许多疑难问题；而一个鼠目寸光、畏缩、懒惰、畏难、拘谨、自负、自卑、遇事动摇不定的人，往往会使问题解决半途而废。研究表明，绝大多数有重大贡献的科学家、发明家和艺术家，都有强烈的事业心和积极的进取心。他们善于独立思考，勤于钻研，富于自信，勇于创新，有胆有识，有坚持力等。

此外，人的能力、认知风格、注意力和自信心也影响对问题的解决。

---

① 皮连生. 教育心理学［M］. 上海：上海教育出版社，2004：277.

三、创造性思维

（一）创造性思维的概念

创造性思维是指一种以新异、独创的方式解决问题的思维方式，它是一种新颖的、独特的并具有社会价值意义的思维活动。通过这种思维不仅能揭露客观事物的本质及其内部联系，而且能在此基础上产生新颖的、独创的、有社会意义的思维成果。它是人类思维的高级过程，是人类意识发展水平的标志。人类科学的发明、文学艺术作品的创作、科学中新概念、新理论的提出，都是人类在不同实践领域中的创造活动。

创造性思维需要人们付出艰苦的脑力劳动。一项创造性思维成果的取得，往往要经历长期的探索、刻苦的钻研、甚至多次的挫折，而创造性思维能力也要经过长期的知识积累、素质磨砺才能具备，至于创造性思维的过程，则离不开诸多的推理、想象、联想、直觉等思维活动。

创造性思维具有十分重要的作用和意义。首先，创造性思维可以不断增加人类知识的总量；其次，创造性思维可以不断提高人类的认识能力；再次，创造性思维可以为实践活动开辟新的局面。此外，创造性思维的成功，又可以反过来激励人们去进一步进行创造性思维。正如我国著名数学家华罗庚所说："'人'之可贵在于能创造性地思维。"

（二）创造性思维的评价指标

具有创造性的人在行为上具有如下的一些特点，它代表了一个人的创造力，这种能力具有如下的三个特征，亦可很好地用来作为对创造性思维质量评价的指标。

1. 流畅性

流畅性，也叫丰富性，是指在限定时间内产生观念数量的多少。在短时间内产生的观念越多，思维流畅性就越大；反之，思维缺乏流畅性。吉尔福德把思维流畅性分为四种形式：①用词的流畅性，是指一定的时间内能产生含有规定的字母或字母组合的词汇量的多少；②联想的流畅性，是指在限定的时间内能够从一个指定的词当中产生同义词（或反义词）数量的多少；③表达的流畅性，是指按照句子结构要求能够排列词汇的数量的多少；④观念的流畅性，亦即能够在限定时间内产生满足一定要求的观念的多少，也就是提出解决问题答案的多少。前三种流畅必须依靠语言，后一种既可借助语言，也可借助动作。

2. 变通性

变通性，也叫灵活性，是指朝着不同方向发散的能力。变通性是用来衡量思维活动能够触类旁通、举一反三、是否具有变异的能力。触类旁通，随机应变，不受功能固着、定势的约束，因而能产生超常的构思，提出不同凡响的新观念。例如，让被试"尽可能举出砖头的用途"，他可能会有"盖房子"、"筑围墙"、"当坐骑"、"铺路"、"御敌"、"压纸"、"做支架"、"垫物"、"防卫工具"等各种各样的答案。这就表明他具有较好的变通性。他不但能够回答砖头普通用途——建筑材料，还可以回答出砖头在非常规下的用途。富有创造力的人，其思维要比一般人更易发散，更能打破常规的影响，而缺乏创造力的人通常只想到一个方面而受固定思维和定势的影响。

3. 独特性

独特性，是指产生不寻常的反应和不落常规的思维能力，此外还有重新定义或按新的方式对我们的所见所闻加以组织的能力。例如，在吉尔福德的“命题测验”中，向被试提出一般的故事情节，要求他们按照自己的意思给出一个适当的题目，富有创造力的人给出的题目更为独特。而缺乏创造力的人常常被禁锢在常规思维之中。

（三）创造性思维的特点

1. 发散思维和辐合思维的统一

尽管心理学家一般都以发散思维的三个指标（流畅性、变通性、独创性）作为衡量创造性思维的指标，但我们并不否认辐合思维在创造性思维的作用。在创造性思维中，发散思维和辐合思维都是非常重要的，二者缺一不可。我们要解决某一创造性问题，首先进行发散思维，设想种种可能的方案；然后进行辐合思维，通过比较分析，最后确定一种最佳方案。但是，相对而言，发散思维更为重要，它是创造力的主要体现，因为发散思维可以突破思维定势和功能固着的局限，重新组合已有的知识经验，找出许多新的可能的解决问题方案。没有发散思维就不能打破传统的框架，就不能提出全新的解题办法，最终也就不可能有人类伟大的发明创造。

2. 多有直觉思维出现

直觉思维是指不经过逐步的逻辑分析，而迅速地对问题做出合理猜测、设想或突然领悟的思维。

许多科学家认为直觉是发现和发明的源泉。诺贝尔奖获得者、著名物理学家玻恩说：“实验物理的全部伟大发现，都是来源于一些人的‘直觉’”。美国化学家普拉特和贝克曾对许多化学家进行填表调查，在收回的232张调查表中，有33%的人说在解决重大问题时有直觉出现。有50%的人说偶尔有直觉出现。只有17%的人说没有这种现象。

美籍华裔物理学家丁肇中在谈到“J”粒子的发现时写到：“1972年，我感到很可能存在许多有光的而又比较重的粒子，然而理论上并没有预言这些粒子的存在。我直观上感到没有理由认为这种较重的发光的粒子（简称重光子）也一定比质子轻。”这就是直觉。正是在这种直觉的驱使下丁肇中决定研究重光子，终于发现了“J”粒子，并因此而获得诺贝尔物理学奖。

3. 创造想象的参与

具有高创造力的人都有丰富的创造想象能力。爱因斯坦说过：“想象力比知识更重要，因为知识是有限的，而想象力概括着世界的一切，推动着进步，并且是知识进化的源泉。”严格地说，想象力是科学研究的根本因素。1861年的某一天，法国男医生雷克给一位心脏有病的贵妇人看病时遇到了困难。正在为难之际，他忽然想起了自己在参与孩子游戏活动中的一件事情，孩子们在一棵圆木的一头用针乱划，另一头用耳朵贴近圆木能听到搔刮声，而且还很清晰。在此事的启发下，他请人拿来一张纸，把纸紧紧卷成一个圆筒，一端放在那妇人的心脏部位，另一端贴在自己的耳朵上，果然听到病人的心跳声，甚至于比直接用耳朵贴着病人胸部听的效果更好。后来他就根据这一原理，把卷纸改成小圆木，再改成现在的橡皮管，另一头改进为贴在病患者胸部能产生共鸣的小盒，就制成了现在的听诊器。曹冲在不满 10 岁时，凭其丰富的想象，把大象通过船只与石块联系在一起，解决了曹操悬赏的一大难题。

4. 多有灵感出现

灵感是指由于艰苦学习、长期实践，不断累积经验和知识而突然出现的富有创造力的思路，是一种新的思路突然接通。灵感，是人们在艺术构思探索过程中由于某种机缘的启发，而突然出现的豁然开朗、精神亢奋，取得突破的一种心理现象。灵感给人们带来意想不到的创造，然而它的产生却是突然而来、倏然而去，并不为人们的理智所控制，具有突然性、短暂性、亢奋性和突破性等特征。对许多科学家的调查表明，他们的发明创造过程中，大多出现过灵感。当代世界最伟大的科学家霍金说："推动科学前进的是个人的灵感"。美国创意顾问集团主席汤姆森说："灵感成了最具决定性的创造力量。"19 世纪德国的化学家凯库勒在研究有机物苯的化学结构时，每天都废寝忘食。这样长期的工作并没有得到什么突破性的进展。一天傍晚，凯库勒乘着马车回家。他太疲倦了，居然在颠簸的马车上打起盹儿来。在惶惶忽忽之间，他好像看见有条蛇在空中飞舞。一会儿，这条蛇好像变成了一个个飞舞的原子。一会儿，这条蛇突然咬住了自己的尾巴，形成了一个圈。他不禁好奇，想看个仔细。就在这时，他从睡梦中醒来。可是，梦中这条首尾相衔的蛇启发了凯库勒，使他最终设想出了苯的六角形环状结构。

研究表明，灵感的出现有一定的规律性①。首先，灵感出现的基本条件是，个体对所要研究的问题有一个长时间的思考，要反复考虑所要解决问题的一切方面、一切角度及一切可能。这种苦思冥想是灵感产生的前提。其实灵感的出现是对某问题的一切方面经过深入考虑之后达到的瓜熟蒂落、水到渠成的境界。其次，注意力高度集中在所要解决的问题上，甚至达到痴迷的程度。这样可以全心投入思考，使要解决的问题时时萦绕在心。第三，灵感出现的最佳时机是在长期紧张思考之后的短暂松弛状态下出现的，可能是在散步、洗澡、钓鱼、交谈、舒适地躺在床上的时候或其他比较轻松的时刻。因为紧张后的轻松之时，大脑灵活，感受力强，最易产生联想、触发新意。

（四）创造性思维的过程

创造性思维在解决问题的活动中，需要一定的过程。心理学家对这个过程也做过大量的研究。比较有代表性的是英国心理学家华莱士所提出的四阶段论。华莱士认为任何创造过程都包括准备期、酝酿期、明朗期和验证期四个阶段。

1. 准备期

准备期是创造性思维活动过程的第一个阶段。这个阶段是搜集信息，整理资料，作前期准备的阶段。由于要解决的问题存在许多未知数，所以要搜集前人的知识经验，来对问题形成新的认识。从而为创造活动的下一个阶段做准备。如：爱迪生为了发明电灯，据说光收集资料整理成的笔记就 200 多本，总计达四万多页。可见，任何发明创造

---

① 姚本先. 心理学新论（修订版）[M]. 北京：高等教育出版社，2005：156.

都是在日积月累大量观察研究的基础上进行的。

2. 酝酿期

酝酿期主要对前一阶段所搜集的信息、资料进行消化和吸收，在此基础上，找出问题的关键点，以便考虑解决这个问题的各种策略。在这个过程中，有些问题由于一时难以找到答案，通常会把它们暂时搁置。但思维活动并没有因此而停止，这些问题会无时无刻萦绕在头脑中，甚至转化为一种潜意识。这个过程，容易让人进入狂热的状态，如“牛顿把手表当成鸡蛋煮”就是典型事例。所以，在这个阶段，要注意思维松紧有度，使其向更有利于问题解决的方向发展。

3. 豁朗期

豁朗期又称顿悟期。经过前两个阶段的准备和酝酿，思维已达到一个相当成熟的阶段，在解决问题的过程中，人常常会进入一种豁然开朗的状态，这就是前面所讲的灵感。如：耐克公司的创始人比尔·鲍尔曼，一天正在吃妻子做的威化饼，感觉特别舒服。他产生了灵感：如果把跑鞋制成威化饼的样式，会有怎样的效果呢？于是，他拿着妻子做威化饼的特制铁锅到办公室研究起来，之后，制成了第一个鞋样。这就是耐克鞋发明的故事。

4. 验证期

灵感产生的新观念并不一定是正确的，验证期就是对豁朗期提出的想法给予评价、检验或修正。验证期主要是把通过前面三个阶段形成的方法、策略，进行检验，以求得到更合理的方案。这是一个否定—肯定—否定的循环过程，是通过不断的实践检验得出最佳结论的创造性思维过程。

（五）创造性思维的培养

1. 激发强烈的求知欲

要有强烈的求知欲望和好奇心。积极的创造性思维，往往是在人们感到“惊奇”时，在情感上燃起对这个问题追根究底的强烈的探索兴趣时开始的。因而要激发自己创造性学习的欲望，首先就必须使自己有强烈的求知欲。年轻人常常有较强的好奇心，应当有意识地将其转到对知识的渴求上去。求知欲会促使人去探索科学，进行创造性思维。儿童的好奇心、求知欲以及由此引起的各种探索活动，应得到鼓励和保护。教师在教学过程中要创造条件，积极促进学生好奇心、求知欲的发展。古人说：“学贵知疑，小疑则小进，大疑则大进。”“疑”是打开知识宝库的钥匙。亚里士多德曾说过：“思维是从疑问和惊奇开始的。”在教学过程中，往往因为“疑”使学生心理上产生了认知冲突，激起学生的求知欲望，从而积极思维。可以说，学生质疑是创造性学习的基础，也只有当学生有质疑的时候，创造才有可能实现。

2. 加强发散思维的训练

在创造性思维中，发散性思维是至关重要的方面。发散性思维即求异思维，是一种从不同途径、不同角度去探索多种可能性，探求答案的思维过程。在教学中有意识地训练学生的发散思维，有助于学生创造性思维的培养。培养学生的发散思维，主要是通过加强学生思维的流畅性、变通性和独特性的训练，限制与排除心理定势与功能固着的消极作用。教学中注重发散思维的训练，不仅可以使学生的解题思路开阔，妙法顿生，而且通过引导学生就不同的角度、不同的方位、不同的观点分析思考同一问题启发学生对一个问题做多种回答，可以很好地锻炼他的发散性思维。比如，让学生回答："手帕有什么用?"、"迷路以后怎么办?"、"筷子的用途有哪些?"、"水可以用来做什么?"。设计一些具有多种解决方法的生活趣题，让孩子思考。如请他们10秒钟内想出10种以上使热汤很快变冷的方法；设想如果在商店里走丢了，有多少种回家的办法等。

3. 展开"想象"的翅膀

"创造"一般是运用自己的知识和经验，通过有意识的想象得到尚不存在的事物，因而想象是创造心理活动的起点和必经过程。事实上，大多数创造都是经过"想象—假设—实践"这样的三段式递进实现的。爱因斯坦的"狭义相对论"就是从他幼时幻想人跟着光跑，并能努力赶上它开始的。世界上第一架飞机，就是从人们幻想造出飞鸟的翅膀而开始的。幻想不仅能引导我们发现新的事物，还能激发我们做出新的努力和探索。

4. 注重直觉思维的培养

直觉思维对培养学生的创造性思维具有重要作用。有意识地培养和发展学生的直觉思维能力，是培养学生创造性思维的一个重要环节。扎实的基础是产生直觉的源泉。直觉不是靠"机遇"，直觉的获得虽然具有偶然性，但绝不是无缘无故的凭空臆想，而是以扎实的知识为基础。没有深厚的功底，就不会迸发出思维的火花。直觉突出的特点是其洞察力及穿透力，因此，直觉与人们的观察力及视角息息相关。观察力敏锐的人，其直觉出现的几率更高，直达事物本质的效果更强。因此，要有意识地培养自己的观察力，特别是提高对那些不太明显的事实，如印象、感觉、趋势、情绪等无形事物的观察力。这需要细心体会、领悟，去倾听直觉所传递和发出信息、呼声。当直觉出现时，不必迟疑，更不能压抑，要顺其自然，顺水推舟，做出判断、得出结论。

5. 塑造具有创造性的个性品质

创造性思维的发展不仅和智力因素有关，而且与个性因素也有密切关系。所谓创造性个性品质主要是指具有创造的意向、创造的情感、创造的意志和创造的性格等独特的心理品质[①]。它包括自信、勇敢、独立性强、有恒心、一丝不苟等良好的人格特征。研究表明，人的意志力、自信心、独立性等个性因素在创造性活动中起着重要作用。创造的过程总是伴随着困难与挫折，因此创造者应该是不畏艰难勇于承担失败后果，具有坚持不懈直至取得成功的人。学生创造个性的培养和发展，与教师能否创设创造力发展的环境气氛密切相关。这就要求教师在教学中，必须与学生建立民主、平等、合作的师生关系，加强师生之间、生生之间的情感交流，创置一种宽松自由、思维活跃、生动活泼的教学环境。教师要充分挖掘教材中的各种教育因素，鼓励学生"多想想"、"你能行，试试看"、"不要怕失败"。还应教育学生克服各种消极心境的影响，学会控制和调节不良的情绪，鼓励学生尝试对未知世界的探索和冒险。只有在教师和伙伴中间感到理解和

① 郭黎岩．心理学［M］．南京：南京大学出版社，2006：169．

同情时，学生的创造个性才能得到健全的发展。

第四节 想　象

一、想象概述

（一）想象的概念

想象（imagination）是人对头脑中已有表象进行加工改造，创造出新形象的心理过程。所谓表象是指事物不在眼前时，人们在头脑中出现的有关事物的形象。想象是在表象的基础上形成的，但并不是表象的简单再现，而是对头脑中贮存的表象进行加工、重新组合、创造出新形象的过程。

人脑以感知过的事物形象为基础，不仅能够产生过去感知过的事物形象，而且能够产生过去从未感知过的事物形象。我们没有去过草原，但当我们读到"天苍苍，野茫茫，风吹草低见牛羊"时，头脑中就会浮现出一幅草原牧区的美丽景象：蓝蓝的天空，一望无际的大草原，微风吹动着茂密的牧草。这就是我们根据所熟悉的蓝天、草地、微风、牛羊等记忆表象而形成的从未见过事物的形象。我们还能创造出与现实完全不同，甚至是现实中根本就不存在的形象。例如，《西游记》中的孙悟空、猪八戒、沙和尚、铁扇公主、红孩儿等；神话传说中的牛郎织女、嫦娥奔月等都是我们生活中根本就不存在的形象。

（二）想象的作用

想象对科学的发展、人类的学习和进步非常重要。爱因斯坦说："想象力比知识更重要，因为知识是有限的，而想象力概括着世界上的一切，推动着进步，并且是知识进化的源泉。"想象的作用具体表现在以下几个方面。

1. 想象的预见功能

人们通过想象可以预见活动的结果，指导活动进行的方向。在工作与学习中，通过对自己的行为做出计划，从而克服了行为的盲目性。例如，如果没有想象的预见功能，科学家就不可能设计出电话、电灯、飞机、火箭等。

2. 想象的补充功能

人们通过想象可以补充不可能直接感知的客观事物，如远古的人类生活，宇宙间的变化等，从而扩大了人们的视野，弥补了知识经验的不足。

3. 想象的替代功能

当人们的某些需要因条件限制不能得到满足时，可以通过想象的方式得到满足，从而减少了因愿望不能实现而带来的焦虑和不安。

二、想象的加工方式

想象是一个对已有形象进行分析、综合的过程。与感知觉、记忆、思维不同，它们是按照事物本身固有的特征、关系而进行的分析和综合。想象打破原有事物的联系，按照新的构思，重新创造出新形象。想象对原有形象进行重新组合的加工方式主要有以下几种。

（一）黏合

黏合是简单地把两种或两种以上客观事物的属性、元素、特征或部分结合在一起而形成新形象的过程，如神话传说中的玉帝、白骨精、猪八戒、嫦娥、二郎神等的形象。黏合方式是想象过程中最简单的一种，多用于艺术创作和科技发明。

（二）夸张

夸张又称强调，是通过改变客观事物的正常特征，而使事物的某一部分或一种特性增大、缩小、数量加多、色彩加浓等在头脑中形成新形象的过程，例如，人们创造的千手佛、顺风耳、三头六臂、小人国等。还有，许多漫画和动画片中的主人公都是通过夸张或强调而创造出来的。

（三）拟人化

拟人化是把人类的形象和特征加在外界客观对象上，使之人格化的过程。例如，《封神演义》、《西游记》、《聊斋》等古典名著中的许多形象，都采用了拟人化想象的创作手法。雷公、风婆、花仙、狐精、白蛇与青蛇等均是拟人的产物。拟人化也是文学和其他艺术创作的一种重要手段。

（四）典型化

典型化就是把某类事物最典型、最有代表的特性集中在某一类事物的形象上的过程。典型化是文学艺术创作中经常被普遍采用的方法。例如，鲁迅在《阿 Q 正传》中刻画的阿 Q、祥林嫂的形象，就是通过典型化的手段创造出来的。

三、想象的分类

根据想象产生时有无目的性，可以把想象分为无意想象和有意想象。

（一）无意想象

无意想象又称不随意想象，是指没有预定目的，不由自主地产生的想象。例如，我们看到夜空中的漫天繁星，不自觉地把它想象成狮子、勺子、河流等；我们看到远处的山峰，不自觉地把它想象成美丽的少女、白蛇、乌龟等。

梦是无意想象的极端情况。它是人在睡眠状态下的一种漫无目的、不由自主的奇异想象。人在睡眠时，大脑皮层产生一种弥漫性抑制，由于抑制发展不平衡，皮层的某些部位出现活跃状态，暂时神经联系以意想不到的方式重新组合而产生各种形象，就出现了梦。由于意志控制力的减弱，那些往常的经验被不随意、不规则地结合在一起，形成了一个个荒诞离奇的梦境。所谓“日有所思，夜有所梦”。无论梦境有多离奇，它也来源于客观现实，是对个体生活的一种典型的无意想象。

（二）有意想象

有意想象也称随意想象，它是有预定目的、自觉进行的想象。

人在多数情况下，总是根据一定的目的、自觉地进行想象活动。例如，科学家提出的各种发明创造、文学家对小说的创作、设计师对新概念汽车的设计等都是有意想象的结果。

按照有意想象的新颖性、独特性和创造性的不同，有意想象又可进一步分为再造想象和创造想象。幻想是创造想象的一种特殊形式。

1. 再造想象

再造想象是根据语言的描述或非语言（图样、图解、符号等）的描绘，在头脑中产生有关事物新形象的过程。例如，建筑工人按图施工建成大厦，医学生通过解剖挂图想象人体的实际结构；读完鲁迅先生的小说《阿Q正传》后，我们头脑中出现一个身着长衫、站着喝酒的人物形象。总之，我们在阅读文艺作品、历史文献、各种图纸，以及听到他人生动形象的描述时，头脑中出现的有关事物的形象，都属于再造想象。

再造想象所生成的新形象是相对的，只是相对想象者本人而言是新的，但实际上是生活中已经存在的事物形象。因此，再造想象的新颖性、独立性、创造性成分比较低。而且，由于经验、兴趣、爱好和能力不同，人们通过再造想象所产生的新形象之间差异较大。

再造想象的产生依赖于以下两个条件。

（1）要正确理解词语与实物标志的意义

再造想象是由语言的描述和图样的描绘而产生的。如果想象者不能理解其语言、或者不能理解实物所标志的意义，想象活动就不可能产生。幼儿尽管能背诵李白的《望庐山瀑布》，但并不理解其含义，自然不可能在脑中出现瀑布的形象；一名小学生，如果不懂得有关地图的知识，就无法看地图，头脑中也不会出现祖国到处湖泊密布、山峰绵延千里的壮丽景象。

（2）丰富的表象储备

表象是想象的基本材料。一个人的知识经验越丰富，表象储备越多，再造想象的内容也就越丰富。再造想象对已有表象不仅有数量上的要求，更有质量上的要求。正确反映客观现实的材料越丰富，再造出来的想象内容就越生动、正确。如果缺乏必要的表象材料，在想象时就有可能歪曲事物形象，或者无法产生所要求的形象。

2. 创造想象

创造想象是不依据现成描述而独立地创造出新形象的过程。文学家、科学家、发明家、设计师、诗人、研究人员的创新都需要创造想象的参与。与再造想象相比，它的特点是新颖、独创、奇特。

创造想象是人类一切创造性活动的必要组成部分，它在人类的实际创造活动中发挥着极其重要的作用。科学领域里的一切发明，艺术领域里的一切文艺创作都必须借助于创造想象。创造想象是创造活动的必要环节。没有创造想象，创造活动就难以顺利完成。

要有效进行创造想象，需要具备以下条件。

(1) 积极的创造动机

一个人只有在社会生活与实践中，对社会不断地提出创造新事物、解决新问题的要求，才会有进行创造想象的愿望与需要，才会有进行创造活动的动力。因此，个人需要将自身愿望与社会需求紧密联系起来，才可能在丰富的社会需求中寻找强大的创造动力。

(2) 丰富的表象和知识储备

表象和知识是从事创造想象的材料。因此，表象和知识的丰富程度、质量高低会影响人们的创造想象。表象材料越丰富，质量越高，人们的想象也就会越开阔、越深刻，其形象也会越逼真；表象材料越贫乏，想象就越狭窄、肤浅，有时甚至完全失真。要进行创造想象，还必须对有关领域进行深入研究，掌握必要的知识。每一个发明创造都是发明者对相应领域深入研究的结果。鲁迅曾说过："如要创作，第一须观察，第二是要看别人的作品……必须博采众家，取其所长，这才后来能够独立。"

(3) 原型启发

所谓原型，就是起启发作用的事物。任何一项伟大的发明创造都不是凭空想象出来的，在开始时总要受到某种类似的事物或模型的启发。例如，传说中鲁班从丝草割破手得到启发，发明了木锯；阿基米德在浴缸洗澡时看见水溢出盆外得到启发而发现了浮力定律；瓦特受到蒸汽冲开壶盖的启发而改造了蒸汽机。

(4) 积极的思维活动

创造想象不是一般的想象，而是一种严格的构思过程，必须在思维的调节支配下进行。积极的思维活动就是在创造想象过程中，要把以表象为基础的形象思维与以概念、判断、推理为手段的逻辑思维结合起来。一方面，有理性、有意识地支配调节；另一方面，积极捕捉生活经历中各种有利于主体目标形象产生的表象，并迅速地把它们组合配置，完成新形象的创造思维活动。

(5) 灵感的作用

灵感是指由于艰苦学习、长期实践，不断累积经验和知识而突然出现的富有创造力的思路，是一种新的思路突然接通。我们有的时候写文章，虽然经过长期构思酝酿，但久久不能落笔，突然某一天灵感来了，文章就一气呵成。

此外，创造思维能力、高水平的表象改造能力、丰富的情绪生活、正确的理想和世界观也是创造想象的条件。

3. 幻想

幻想是与个人愿望相联系并指向于未来事物的想象。由个人愿望或社会需要而引起，是一种指向未来的想象。积极的、符合现实生活发展规律的幻想，反映了人们美好的理想，往往是人的正确思想行为的先行。童话中充满丰富诗意的幻想，作家利用幻想手段借以寄托自己的情感和理想，表达对真、假、善、恶、美、丑的审美评价。

幻想是创造想象的特殊形式，但它又不同于创造想象。幻想与创造想象既有异同，又有联系。幻想与个人的愿望相联系，幻想的事物是个人追求、向往憧憬的，而创造想象未必就是创造者所赞美、向往的形象；幻想和创造活动没有直接的联系，它不一定产生现实的创造成果，仅是未来创造活动的前奏和准备，而创造想象与创造活动密切相关。

根据幻想的社会价值和有无实现的可能，可以把幻想分为积极的幻想和消极的幻想。积极的幻想是符合事物发展规律，并具有一定的社会价值和实现可能的幻想，一般称为理想。理想是指引人们前进的灯塔，能使人们对未来充满憧憬，而激发人们朝着目标不断前进。例如，青少年幻想将来当科学家、宇航员、诗人，这是符合社会发展规律的，经个人努力能够实现的。而消极的幻想是完全脱离客观现实的发展规律、毫无实现可能的幻想，一般称为空想。空想是一种无益幻想，它使人脱离现实，想入非非，往往把人引向歧途。例如，有人想入非非，幻想长生不老，到处寻找灵丹妙药；有人幻想不劳而获，而想着飞来横财，这些都是不切实际的。

思考题：

1. 什么是感觉？它在人类的生活和工作中有什么意义？
2. 试分析感觉阈限与感受性的关系。
3. 简述不同感觉的相互作用。
4. 简述感觉与知觉的联系与区别？
5. 知觉的对象与背景的关系怎样？
6. 什么叫知觉的整体性、理解性与恒常性？
7. 感知觉有何规律？如何根据感知规律进行教学？
8. 说明记忆及其记忆的信息加工过程。
9. 记忆的种类有哪些？它们各有什么特点？
10. 什么是识记？如何提高识记的效果？
11. 试述遗忘及影响遗忘的因素。
12. 如何有效地组织复习？
13. 什么叫思维？它有哪些种类？
14. 简述思维的过程。
15. 什么叫问题解决？影响问题解决的因素有哪些？
16. 创造性思维与一般思维有何区别？如何培养学生的创造性思维？
17. 什么是想象？它具有哪些功能？
18. 什么是有意想象？它有哪些种类和特点，各自产生的条件分别又是什么？

参考文献：

[1] 叶奕乾，等. 普通心理学（第三版）[M]. 上海：华东师范大学出版社，2008.
[2] 彭聃龄. 普通心理学（修订版）[M]. 北京：北京师范大学出版社，2004.
[3] 黄希庭. 心理学导论（第二版）[M]. 北京：人民教育出版社，2007.
[4] 郑雪. 心理学（第二版）[M]. 北京：高等教育出版社，2006.
[5]（美）库恩. 心理学导论：思想与行为的认识之路（第九版）[M]. 郑钢，等译. 北京：中国轻工业出版社，2004.

[6] 姚本先. 心理学:《心理学新论》修订版 [M]. 北京:高等教育出版社,2005.
[7] 沈德立. 基础心理学 [M]. 上海:华东师范大学出版社,2003.
[8] 张厚粲. 大学心理学 [M]. 北京:北京师范大学出版社,2002.
[9] 李小平. 新编基础心理学 [M]. 南京:南京师范大学出版社,2005.
[10] 张春兴. 现代心理学:现代人研究自身问题的科学(第二版)[M]. 上海:上海人民出版社,2005.
[11](美)斯腾伯格. 认知心理学(第三版)[M]. 北京:中国轻工业出版社,2006.
[12] 杨治良,等. 记忆心理学(第二版)[M]. 上海:华东师范大学出版社,1999.
[13](美)詹姆斯. 心理学原理 [M]. 北京:中国城市出版社,2010.
[14] 皮连生. 教育心理学 [M]. 上海:上海教育出版社,2004.
[15] 刘金花. 儿童发展心理学(修订版)[M]. 上海:华东师范大学出版社,2006.
[16] 郭黎岩. 心理学 [M]. 南京:南京大学出版社,2006.
[17] 林崇德. 发展心理学(第二版)[M]. 北京:人民教育出版社,2009.

第三章　青少年的注意

注意是一个十分普遍的现象，它是认知过程中的一种特性，即心理活动中的一种组织特性。注意并不是一个独立的心理过程。缺少注意，就没有感觉、知觉、思维和想象等心理活动的深入和发展；没有注意，即“心不使焉”，就会“白黑在前而目不见，雷鼓在侧而耳不闻。”在青少年的学习中，学生注意力的发展水平和注意的品质对学习有着重要的影响。本章主要论述注意的概念、注意的品质、青少年注意力的培养以及注意规律在教育、教学中的运用等问题。

第一节　注意的概述

我们的感官随时都在接收着难以计量的庞杂信息。但我们只对其中最有意义的极少的一部分加以反映。这种认知性的心理倾向就是注意。

一、什么是注意

1. 注意的定义

注意是心理活动对一定事物的指向和集中[①]。我们通常所说的“专心致志”、“聚精会神”主要就指“注意”。注意是一切心理活动的重要组成部分，但它总是伴随在人的心理过程之中，如果人的心理活动过程少了注意，那其他心理活动就难以保持与继续。例如儿童多动症就与注意的不集中有关，注意的缺陷和活动过度（一般在 7 岁前表现出来，典型年龄为 3 岁，8～10 岁为发病高峰，男多于女）；从反映论的角度来看，注意并不是一个独立的心理过程，注意都有其特定的内容。离开了具体的内容，注意则无法存在。我们通常所说的“请注意”、“注意了”，其实质是指注意“看”黑板、注意“听”这段音乐的意思。人们平时所讲的“没注意”并非是人在清醒状态下什么都不注意，只是没有注意应当注意的事物，而注意了当前不应注意的内容；当然，从心理健康的角度看，注意还具有否定的作用，例如，在生活中，有这样一种现象：年幼的儿童不慎将花或杯子弄破后，知道闯了祸，会用双手把眼睛蒙起来，不敢看被打破的东西，以减轻心理痛苦；又如，沙漠里的鸵鸟当被人追赶而难以逃脱时，就把头埋在沙子里，“眼不见，心不烦”。所以动物和人类一样，在面临挫折或者危险时，情感上难以承受，把眼蒙起

---

① 王雁. 普通心理学［M］. 北京：北京师范大学出版社，2002：202.

来，不去注意，以减轻心理的痛苦。

2. 注意的基本特征

(1) 指向性

指向性，也即选择性，是对内外信息的选择。现代社会是信息社会，人们根据自身的需要、动机以及职业等对信息进行不同的取舍，这是对外的选择，同样，注意也可以是指向内部的选择，比如学生上课想心事，即是对内的注意。

(2) 集中性

集中性，不仅是指注意离开了无关事物，还包括抑制无关活动。注意的集中性保证了人的认知活动的深入和持久。教育中的分心现象表面上看起来是集中性的反面，但其实质也是注意的集中的体现，只不过对于课堂教学目标来说是“分心”而对于学生本人而言则有可能是“高度集中”。

二、注意的功能

注意是人的心理活动的重要组成部分，但并不是一种独立的心理过程，它总是伴随在人的心理过程之中。注意参与到感知、记忆、思维、想象、情感和意志之中。既然注意不属于心理过程，那么它是一种什么样的心理现象呢？我们可以把注意看作是心理活动的一种倾向，或者一种积极的状态。这种积极状态具有下列功能：对心理活动起着选择、保持、调节和监督的作用。

1. 选择功能

注意的对象既可以是外部世界的对象和现象，也可以是我们自己的身体、行为和观念。人在任何特定的时刻都可以接收到围绕着自身的无数刺激。但是，人并不是对所有的刺激都加以反应的。他只对某些刺激发生反应而对其他所有刺激不发生反应。这就是心理活动的选择性。心理活动的选择性表现为人脑信息加工时对刺激的随意的（有意的）选择和不随意的（无意的）选择两种形式。

2. 保持功能

无论是哪一种选择形式，在特定的时间内，人对刺激进行有意识反应的能力总是有限的。在注意状态时，心理活动不仅选择、指向于一定的刺激，还集中于一定的刺激。我们从外界获得的感知信息、从记忆中提取的信息只有加以注意才能保持在意识中或进行精制的加工，转换成更持久的形式存储在记忆中。没有注意的保持功能（即不加以注意），头脑中的信息就会很快在意识中消失，人脑的加工活动就无法深入和持久。

3. 对活动的调节和监督功能

在注意状态下，我们才能对自己的行为和活动进行调节和监督。人的生活是有目标的，无论是积极的目标或是消极的目标，因为有了对于自我与活动的注意，才使人有可能将自己的行为与特定的目标相比较，注意反馈信息，并相应地调节、监督自己的行为，使之与特定的目标相一致。如果行为与目标不一致就进一步加以调节，在反馈中进行不断地调节直至达到目标为止。

三、注意的类型

1. 无意注意、有意注意和有意后注意

根据产生和保持注意时有无目的性和意志努力程度的不同，把注意分为：无意注意、有意注意和有意后注意三种。

(1) 无意注意

这是事先没有预定的目的，也不需要意志努力的注意。例如，在安静的教室里，突然一位同学的文具盒掉在地上，大家都会不由自主地向他望去。刺激物的特点和个体的主观状态是引起无意注意产生的两个基本条件。

影响人的无意注意的因素一般有以下两个：一是刺激的强度（包括绝对强度和相对强度）。刺激的强度越大，越易引起无意注意。任何强烈的刺激，例如，强烈的光线，巨大的声响，浓郁的气味，都会吸引人们的注意。二是刺激之间的差异程度或者对比关系。差异越显著，对比越明显，越易引起无意注意。强烈的刺激固然能引起人的注意，但对引起无意注意起主要作用的是刺激物的相对强度，即与这个刺激物同时出现的其他刺激物在强度上的对比。一个强烈的刺激如果在其他强烈刺激背景上出现，可能不会引起人的注意；相反，一个弱的刺激出现在没有其他刺激的背景上，则会引起人的注意。例如，在喧嚣的工地，甚至很大的声音也不会使人们注意；而在寂静的夜晚，轻声细语也能引起人们的注意。再如，在教学中，课堂较为吵闹时，教师教学声音的提高并不能引起学生的注意，反而这时教师降低教学的声音反而能引起课堂学生的关注，使得课堂重新恢复安静。三是刺激的活动和变化状态。活动的刺激比静止的刺激更易引起无意注意。四是刺激物的新异性。新奇的刺激容易吸引人的注意，而刻板的、千篇一律的、多次重复的习惯化刺激不易吸引和维持注意。刺激物的新异性是相对于个人的经验而言的。可以把刺激物的新异性分为绝对新异性（该刺激物在我们的经验中从未有过）和相对新异性（该刺激物在我们经验中有些熟悉但又感到新奇）。对新异刺激物的注意和探究称为好奇心。新异刺激物对注意力的吸引和维持，与我们对它的理解程度有关。如果我们对这种新异刺激物毫不理解（绝对新异性），虽然可以引起一时的注意但却难以维持长久的注意。如果我们对新异刺激物有一些理解，但又不完全理解（相对新异性），为了求得进一步的理解，就会引起强烈的注意，长时间地维持注意。可以认为，引起注意更多的是刺激物的相对新异性。因此，教师在讲课时，一方面应当改变说话声音的大小和快慢、突出重点、加强语气并辅以必要的手势；另一方面教师在讲述教材时每次都可以增加新内容，变更讲述的方式，同时讲述新内容又不能脱离学生已有的知识基础，与学生的已有知识联系起来。这样，不仅可以从外部吸引学生的注意，而且可以长时间地维持注意。

无意注意虽然主要是由外界刺激物引起的，但也取决于人本身的状态。同样一些刺激物，由于感知它们的人本身的状态不同，可能引起有的人注意而无法引起其他人的注意。属于人本身的状态有以下几个方面：一是需要和兴趣。凡能满足人的需要（不论是机体的、物质的需要或者是精神的需要）、符合人的兴趣的刺激物容易成为无意注意的对象。请回想一下在某次旅行快结束时，你感到非常饥饿却又找不到餐馆，这时你对周围环境感到了什么？你可能很注意路旁的食品广告、店铺里散发出来的食品气味，甚至也许把所看到的每一家店铺都看成是餐馆。这正是需要和期待等心理因素对无意注意的制约作用。你阅读中国的章回小说时往往十分投入，你可能注意到作者常常在描写关键而紧张的情节时，突然有意停止写道“欲知后事如何，且听下回分解”。对后事的兴趣引起了你对小说的持久注意。二是情绪和过去经验。回想一下，你最近感到喜悦或闷闷不乐时的情绪状态是怎样影响你对周围事物或对他人的注意的？你可能觉得人们对你赞赏或不理睬，其实，正是情绪影响了你的注意的选择方向，使你戴上“有色眼镜”对世界进行观察。过去经验也明显影响着注意的指向。人们看报时所注意的消息往往不同，这多半是由于其知识经验不同。三是人对于所期待的事物，容易形成无意注意。

（2）有意注意

这是有预定目的的，需要作出意志努力的注意。有意注意是一种高级的注意形式，它是在人的实践活动中发展起来的。在个体发展的过程中，有意注意最初是通过儿童与成人的交往而实现的。成人的言语指示儿童从周围对象中找出某种由成人命名的物品，使儿童的注意产生选择性的指向并使儿童的行为服从于活动或与该物品相联系的任务。随着儿童的成长，通过独立提出任务，儿童开始把自己的行为建立在自我命令的基础上。这种外部支持便逐渐内化、简约化，转变为内部言语的方式来控制、调节和维持意识的稳定选择。

有意注意虽然也像无意注意一样受人的情绪、过去经验和兴趣的影响，但是这种影响是以间接的方式表现出来的，而不像它们对无意注意的影响那样是以直接的方式表现出来的。例如，无意注意受直接兴趣的制约，但是制约有意注意的却是间接兴趣，即对活动的目的和结果的兴趣，而活动本身可能并不直接吸引人。有意注意的维持必须作出一定的意志努力。要维持稳定的有意注意依赖于以下一些条件：一是加深对从事的某项活动的目的和任务的理解。有意注意是服从于活动目的的注意。对活动目的的意义理解得越清楚、越深刻，完成任务的愿望越强烈，为完成这项活动任务所必需的一切就越能引起有意注意。二是培养间接兴趣，间接兴趣是个体对活动结果的兴趣。间接兴趣越浓厚，就越能集中注意。三是合理的组织活动，有意注意是需要付出意志努力的，意志努力的付出意味着心理能量的不断减少，有效、合理的组织活动可以节约心理的资源，延长有意注意的时间。四是减少干扰并培养坚强的意志品质，从而与内外干扰作斗争，创造习惯的工作条件。干扰不利于注意的坚持，应设法采取措施，排除与完成活动任务无关的干扰。例如，保持环境的安静，降低干扰声音的强度；预先把工作地点收拾整齐，把一切可能妨碍工作的东西都去除，把工作需要的一切物品都准备齐全，布置好适当的照明条件以及建立起习惯的工作条件，都有助于注意的集中和维持；意志品质也是排除干扰的重要内在因素。当然，在活动中，运用自我提醒和自我命令，经常提醒自己，要求、约束自己，对组织注意起着重要的作用。

有意注意的意志性（抗干扰性）实验：心理学家何威（HB Hovey）做过这样的实验：首先对大学二年级一个班学生进行智力测验，然后根据测验成绩，把他们分成平均成绩相等的两个配对组。六个星期后，控制组在正常情况下接受另一种智力测验，而实验组在有干扰的情况下接受同样的测验。给实验组安排的干扰有：七个不同声音的电铃在房间的不同地方断断续续地响着，四个响亮的蜂鸣器、两只风琴管、三只口笛、一个随时被敲打的圆盘锯和一台留声机不停地发出声音；房间后面安着一个聚光灯，不停地到处照射；实验者的同伴穿着奇装异服，手里拿着新奇古怪的仪器吵吵闹闹地走进走出。这些强大的干扰因素足以使参加实验的人感到厌烦与疲乏，但是两组的第二次智力测验的成绩却相差无几，控制组得了 137.6 分，实验组得了 133.9 分。实验组由于干扰所造成的损失仅 3.7 分。

(3) 有意后注意

这是指有明确的目的但不需要或者很少需要意志努力参与的注意。有意后注意是有意注意高度发展后的一种特殊的注意形式。它一方面类似于有意注意，因为它和目的、任务联系着；另一方面类似于无意注意，因为它不需要或者很少需要人的意志努力。有意后注意个人的心理活动对有意义、有价值的事物的指向和集中，是在有意注意的基础上发展起来的。有意后注意是一种高级类型的注意，具有高度的稳定性，是人类从事创造性活动的必要条件。

三种注意虽然产生的条件和性质都不相同，发展过程也有明显差异。但在实践中无意注意、有意注意和有意后注意相互紧密联系。心理学的研究表明：学生在学习过程中，如果只凭无意注意去学习或活动，虽然轻松，但会使学习或活动杂乱无章，难于形成完整的知识结构，一遇干扰就不能顺利进行活动。而如果学生只凭有意注意去学习或活动，时间长了会感到精神紧张，因而导致活动效率降低，同时也会影响创造性的智力活动。而有意后注意也不能脱离与无意注意或有意注意的联系，在任何活动中，没有无意注意的支持，有意后注意就会失去活泼性，而缺乏有意注意的支持，则有意后注意会失去严肃性。

三种注意可以相互替换。譬如，有人最初只凭直接兴趣学习弹奏钢琴，后来认识到弹钢琴对陶冶情操、增长知识和才能都有重大意义，于是认真地钻研有关的理论，克服指法、乐理、识谱上的种种困难，保持了对这项活动的高度注意，这是无意注意被有意注意替换的情况。随着学习的进步，弹奏技巧越来越纯熟，练习的自觉性也提高了，对活动的目的、意义的认识也越来越明确。这时，他无需作过多的意志努力就能维持稳定的注意，而且不会感到疲劳，这是有意注意被有意后注意替换的情况。任何一种注意形态都可能被另一种注意形态所替换。

三种注意也可以相互转化。虽然三种注意是相对独立存在的形态，具有一定的稳定性。但是，在实践活动中它们经常打破各自的稳定性朝着某一顺序的发展趋势转化。譬如，在教学过程中，教师生动的讲解引起了学生的无意注意。当教师深入地分析知识的重点、难点时，学生一方面要检索已有的知识来帮助理解，另一方面要把新知识纳入自己的知识结构体系，这就要付出一定的意志努力，此时依靠的是有意注意。而随着教学的深入，学生顺利地接受了知识，扩大了知识领域，对教师传授知识的方式方法也产生了兴趣，感到上课是轻松愉快的事，这时依靠的是有意后注意。这种转化有的是自然而然地进行的。有的则需要一定的诱发因素的帮助。教师善于促成三种注意的转化是提高教学效率的一种艺术。

2. 环境注意和自我注意

根据注意指向对象的不同，可以把注意区分为环境注意和自我注意。环境注意和自我注意也称为外部注意和内部注意。对外部世界的对象和现象的注意称为环境注意。对自己的身体、行为和观念的注意称为自我注意。把注意区分为环境注意和自我注意仅具有相对的意义。人的注意往往不断地、迅速地转换对象，而不是长时间地全部集中于环境或集中于自我的。例如，当你想起或经人提醒想起你将要去参加演讲比赛时，你可能把自己作为注意的中心；而当你进入会议厅开始演讲，关注听众的反应和自己的发言稿时，你可能忘掉了自己，此时环境便成了你注意的中心。同时，外部刺激会导致注意指向自我，内部注意也会导致注意指向外部刺激。当你在观看十分感兴趣的关键性比赛时，你觉察不到自己的内心状态，甚至不会注意到身体不适；而在一个单调的环境中，你更容易注意到自己的机体感觉。

在一项研究（Pennebaker & Lightner，1980）中，让被试跑相同的距离，一种情景是“跨园”跑，风景不断地变，另一种是在枯燥单一的环境中跑，结果是被试虽然都感到累，但在不断变化的环境中跑时速度更快、不易感到疲劳。

在教学中，我们可以看到，考试焦虑的学生特别容易自我注意，过多注意自己，因而分散了对当前工作的注意，结果反而降低了成绩。口吃的学生也特别容易自我注意，导致口吃加重。对于这些学生，有效的心理治疗方法是使他们的自我注意转向对环境的注意或对工作的注意。

第二节　注意的品质特征

注意的品质即平时所指的注意力，包括注意的范围、注意的稳定性、注意的分配和注意的转移。注意的品质（注意力）的发展水平直接影响着人的学习、工作和生活。

一、注意的广度

注意的广度也叫注意的范围，是指同一时间内能清楚地把握对象的数量。最早进行注意广度实验的是哈密尔顿（Hamilton，1859）。他在地上撒一把石弹子让被试即刻辨认，结果发现被试很不容易立刻看到 6 个以上的弹子，如果把石弹子以 2 个、3 个或 5 个放成一堆，被试能掌握的堆数和能掌握的单个石弹子数一样多。以后，心理学家用速示器在 0.1 秒的时间内呈现彼此不相联系的数字、图形、字母或汉字，研究结果表明，成人注意的平均广度是：黑色圆点 8～9 个，外文字母 4～6 个，几何图形 3～4 个，汉字 3～4 个。影响注意广度的重要因素有两个。

1. 知觉对象的特点

在知觉任务相同时，由于知觉对象的特点不同，注意的范围会有很大的变化。例如，让被试注意用速示器呈现不同特点的外文字母，结果发现，对颜色相同的字母要比对颜色不同的字母的注意范围要大一些；对排列成一行的字母，比对分散在各个角落上的字母的注意数目要多一些；对大小相同的字母，比对大小不同的字母所能注意的数量要大得多；对组成词的字母的注意范围，比对孤立的字母所注意的范围大得多。即是说，知觉对象越集中，排列越有规律，越能成为相互联系的整体，注意的范围就越大。

2. 个人知觉活动的任务和知识经验

知觉对象相同，如果人的活动任务不同或知识经验不同，注意的范围也会有变化。用速示器呈现不能构成词的一些字母，要求受试者说出字母写法上的错误，这时，他能知觉到字母的数量，比单纯要求他说出有些什么字母时知觉到的要少得多。这是因为要说出字母写法上的错误，就要更仔细地辨别每个字母的细节，其任务要困难得多。又如，用速示器呈现一句中文句子，我们的注意范围就远比不懂中文的外国人要大得多。这是知识经验不同之故。

二、注意的稳定性

注意的稳定性是指在同一对象或同一活动上注意所能持续的时间。注意的稳定性有狭义和广义之分。狭义的注意稳定性是指注意保持在同一对象上的时间。要使注意持久地集中在一个对象上，是很困难的。例如，当我们倾听一种微弱的刚刚能听见的声音（如钟表的滴答声）时，我们时而能听见这个声音，时而又听不见，尽管我们这时仍集中注意倾听着。短时间内注意周期性地不随意跳跃现象称为注意的起伏（或注意的动摇）。注意的起伏周期一般为 2～12 秒。研究表明，对于不同的刺激，注意起伏周期的持续时间是不同的，对声音刺激起伏周期时间最长，其次是视觉刺激，而触觉刺激起伏周期最短。注意周期性的短暂的变化，我们主观上是觉察不到的，并不影响许多种活动的效率。广义的注意稳定性是指注意保持在对一定活动的总的指向上，而行动所接触的对象和行动本身可以发生变化。例如，学生在完成作业的过程中，可能要看教科书，要写字或演算，虽然他所接触的课文，所写的字句或数字在时刻变化着，但是他的注意仍集中于完成作业这一项总任务上。这时，他的注意是稳定的。

注意稳定时间的长短与年龄有关。一般 5～7 岁的儿童每次注意稳定的时间约 15 分钟，7～10 岁儿童每次注意稳定的时间约 20 分钟，10～12 岁儿童每次注意稳定的时间约 25 分钟，12 岁以后的人每次注意稳定的时间约 30 分钟。

注意的稳定性与注意对象的特点有关。如果注意的对象是单调的、静止的，注意就难以稳定；如果注意的对象是复杂的、变化的、活动的，注意就容易稳定。注意的稳定性更主要的是与人的积极性有关。如果人对所从事的活动持积极的态度，有浓厚的兴趣、并借助有关动作维持知觉或思想进程，或从各种不同的角度进行观察和思考，那么注意就容易稳定、持久；相反，如果人对所从事的活动持消极态度，缺乏兴趣，注意就容易分散。

注意不稳定表现为注意分散（也叫分心）。注意分散是指注意不自觉地离开当前应当完成的活动而被无关刺激所吸引。注意分散的原因，主要是无关刺激的干扰，或单调刺激长时间作用的结果。无关刺激对注意的干扰，既可以是外部的无关刺激，也可以是内部的无关刺激。那些与当前活动任务无关的突然的、意外的附加刺激，以及与个体情绪有关联的干扰都能引起注意的分散。研究表明，与注意对象相类似的刺激，比不同种类的刺激干扰作用大；同样的干扰刺激对思维活动的影响大，对知觉的影响小；在知觉过程中，听觉受附加刺激而分心的现象比视觉所受的影响更明显。在长时间从事单调的工作时，附加刺激的作用由于疲劳的增长而得到加强。在这种情况下，头脑中可能浮现各种杂念使注意分散。事实上，在外界缺乏刺激的情况下保持注意也是很困难的。因为外界缺乏刺激，大脑的兴奋就难以维持较高的水平，这样就容易导致注意的分散。要说明的是，并非任何无关刺激物都会引起注意的分散。有时微弱的刺激物不仅不能减弱注意，反而会加强注意。譬如，有人在思考问题时，习惯开着轻微的音乐，或者习惯于在房间里走来走去等。因为如果缺乏外界的刺激，大脑的兴奋就难以保持较高的水平。这说明无关刺激物引起注意分散是有条件、有限度的。

对于注意分散的克服，一般要考虑下列方面：①使活动与活动对象丰富多彩，生动有趣，有吸引力，借此来引起和保持注意。②排除无关刺激的干扰，保持学习、工作环境的安静。③调动和发挥个体的积极性和主动性，这是克服注意分散的重要心理条件。④提高思维活动的积极性，动员多种感官参与反映活动。⑤保持良好的身体健康状况。要劳逸结合，防止过分疲劳，注意加强体育锻炼。⑥保持稳定积极的情绪，培养坚强的意志力等。

三、注意的分配

注意的分配是指人在进行两种或多种活动时能把注意指向不同对象的现象。有记载的最早进行这个问题实验的是我国北齐时文学家刘昼（514～565），所谓“左手画方，右手画圆”，实难两成（《刘子新论》卷一・专学篇）。在西方，波尔哈姆（Paulham）最早进行了针对这个问题的实验。他试图一边口诵一首熟悉的诗，一边手写另一首熟悉的诗，发现这是可以做到的。虽然有时他也会写出一个正在口诵着的词，但总的说来，这种相互干扰作用并不大。后来，类似的研究报告也有很多。比纳（Binet，1890）观察到，要两手同时各做不同的动作是困难的。不过，他认为，如果两手的动作能组合成像扫地、劈木头或其他类似的协调动作，就不会有干扰。

注意的分配是有条件的。同时进行的几种活动的复杂程度、熟悉程度和自动化程度都会影响注意分配的难易程度。同时进行的几种活动愈是复杂、愈不熟悉、愈不习惯，注意分配就愈困难；相反，注意分配就容易一些。既进行智力活动又进行动作操作，智力活动的效率可能比动作操作的效率有明显的降低。两种生疏的复杂的智力活动是无法同时进行的。注意分配的最重要条件是，在同时进行着的几种活动中，每一种都必须是相当熟悉的，其中一种是自动化或部分自动化的。人对于自动化或部分自动化的活动，不需要更多的注意，而把注意主要指向较不熟悉的活动上。这样，同时输入的两种信息才不会超过人脑的信息加工容量，因而都能进行反应活动。其次，同时进行的几种活动如果建立起联系形成了某种反应系统，注意分配就能够实现。例如司机驾驶汽车的复杂动作，通过训练后形成一定的反应系统，就可以不费力气地完成各种驾驶动作，并且把注意分配到其他与驾驶有关的事情上。

注意分配的实验，并没有排除注意迅速转换的可能性。因为严格地同时给被试以两种不同的刺激，注意的分配是很困难的。因此，同时完成的两种活动所需要的注意很可能既有注意的转移也有注意的分配，是二者的结合。

用复合器做的实验表明，严格地同时给被试以两种不同的刺激，注意分配是很困难的。复合器的构造是在一个划分为100格的圆刻度盘的表面，有一根迅速转动的指针，当指针经过某一刻度时就响一下铃声。要求被试在听到铃声的同时，指出指针所指的刻度数。结果表明，被试所指的度数总是大于或小于铃声响时指针所指的实际度数。这说明，人通常是先注意一个刺激，经过短暂的时间间隔后再注意另一个刺激的。

四、注意的转移

注意的转移是指注意的中心根据新的任务，主动地从一个对象或一种活动，转移到另一对象或另一活动上去。注意转移的快慢和难易取决于原来注意的紧张程度和引起注意转移的新对象（新活动）的性质。例如，前两节课听一门课，后两节课又听另一门课，根据新的任务把注意从一门课转移到另一门课上，这就是注意的转移。注意转移的测量指标，可以是从一种活动过渡到另一种活动所花费的时间，也可以是单位时间内工作的转换次数和工作的正确性。例如，普拉托诺夫（1949）设计的一个实验程序是这样来测量被试注意转移特点的。在该实验中向被试呈现一张有49个方格的纸页（大小为60cm），方格内随机地印有黑色的阿拉伯数字1至25和红色的罗马数字Ⅰ至ⅩⅩⅣ。要求被试找出阿拉伯数字并以递增某数（如1或2）的顺序排列，同时找出罗马数字并以递减某数（如1或2）的顺序排列。例如，以递增和递减1将阿拉伯数字和罗马数字排列如下：1，ⅩⅩⅣ，2，ⅩⅩⅢ，3，ⅩⅩⅡ，4，ⅩⅩⅠ等。记录和分析被试寻找排列数字的速度、错误数和运用的策略，就可以探明其注意转移的特点。

注意转移的快慢和难易，依赖于原来注意的强度。原来注意强度越大，注意的转移就越困难、越缓慢；反之，注意的转移就越容易。有的教师喜欢一上课就测验或发试卷，然后进入新课，这样做教学效果往往不好，其主要原因是学生对测验或试卷上的分数十分注意，以致很难把学生的注意力转移到新课上来。注意转移的快慢和难易，还依赖于新注意的对象的特点。新注意的对象愈符合人的需要和兴趣，注意的转移愈容易。反之，注意的转移就愈困难。

注意的转移和注意的分配彼此密切联系着。注意转移了，注意的分配也必然发生变化。每当注意中心的对象转换后，必然出现新的注意分配。

注意的转移与注意的分散是根本不同的，前者是有意地根据活动任务的需要把注意从一个对象转向另一个对象；而后者则是在需要注意稳定的时候，有意地改变了注意的对象。

注意的上述特征是密切联系的。活动的效率不仅取决于是否具有注意的某一特征，而且取决于在完成一定活动时如何把它们正确地结合起来。同时，通过生活实践的训练，人的注意的特征也是可以得到改善和提高的。在生活实践中所表现出来的注意的上述特征，也反映了人们的个性差异。

不同个性类型者的注意特点[①]

不同个性类型的人的注意特点有明显的差异。这种差异表现为个人在注意的风格和中心方向上的稳定特点。有人（Fenigstein，Schemer & Buss，1975）将个人自我意识的稳定特点区分为公我意识（public self-consciousness）和私我意识（private self-consciousness）并设计出问卷来测定自我意识的不同类型。公我意识强的人将注意力集中于“在社会场合中别人怎样看自己”这个焦点上，注意自己的外部言行和他人对自己的看法。当他知道将和不同意自己意见的人交往时更容易调节自己的表达态度，以便友好平静地相处，在外部压力下易受暗示。而私我意识强的人则把注意力集中在自己的能力、性格和感受上。当与不同意自己意见的人交往时，他更可能始终如一地表达自己的态度，而不顾及他人的态度反应，在外部压力下不易受暗示。

归因控制点的研究表明，有的人常常把行为的因果关系归因于对自己来说是外部的东西（如工作难度、运气等），认为自己对于环境是无能为力的，自己是莫名其妙的环境的牺牲品。这种人的归因控制点在外部，称为外部控制者。有的人经常把行为的因果关系也归因于对自己来说是内部的东西（如性格、能力、态度、努力等），认为自己是可以控制环境的，自己不是环境的牺牲品。这种人的归因控制点在内部，称为内部控制者。许多研究表明，内部控制者比外部控制者更善于控制自己的注意方向，更积极地选择和构造输入的信息（Wolk & Ducette，1974）。因而，内部控制者更敏感地注意手头的工作，更能有效地集中注意做好工作（Davis & Phares，1967；Lefcourt，Lewis & Silverman，1968；Lefcourt & Wine，1969）；而外部控制者更倾向于被新异的无关刺激所分心。

有人（Byrne，1964）观察到人们对待危险刺激时控制注意在忍受—敏感维度上的两种行为方式。对危险刺激敏感者，可能更主动地观察环境中是否有危险物，而忍受者则倾向于避开危险物。对于心理上的危险（如不愉快、矛盾心理）敏感者通常对它进行仔细的考察形成理智的解释。而忍受者则企图不去想它，寻找借口忘掉它以回避心理上的危险。因此，当他们接收到与自己态度相对立的信息时，其反应就不同：忍受者集中注意于支持自己的信息，回避与自己态度对立的信息，他们还回避注意自己疾病的最初症状，甚至还回避关键性反馈信息。这样，忍受者的注意风格使得他们愈益与多数人不同，更不愿意正视生活中不愉快的方面（Olson & Zanna，1979，Mischel，Ebbesen & Zeiss，1973，Graziano，Brothen & Bercheid，1980）。

注意的另一个性差异是对刺激的需求（Sales，1971）。有一种人寻求复杂的、奇异的和强烈的刺激。这种人称为感觉衰减者或高感觉寻求者。他们对输入的感觉刺激的神经传递的衰减水平很高，他们的耳朵好像塞了棉花，眼睛好像蒙上了毛玻璃，因此，要维持经验到的刺激水平，就要增加外部刺激的强度。相反，感觉扩大者（低感觉寻求者）的内部加工器似乎一直在放大输入的刺激，因而对外部刺激的需求低，喜欢细微的刺激，喜欢轻音乐和宁静的环境。当环境缺乏刺激（如感觉剥夺情境）时，高感觉寻求

① 黄希庭. 心理学导论（第一版）[M]. 北京：人民教育出版社，1991：256.

者就以各种可能的方式寻求刺激，如吹哨、围绕着床转圈子、触摸墙壁或陶醉于丰富的幻想世界里。他们对自己的内部感受十分敏感，痛阈极低，难以坚持单调的实验作业(Zuckerman，1974；陈仲庚、张雨青，1988)。

A 型性格者争强好胜，有很强的时间匆忙感和紧迫感，总是催促自己更多更快地完成工作。他们的注意总是集中于与手头工作有关刺激，而较少注意工作之外的边缘刺激(Humphries，Carver & Neumann，1983；Matthews & Brunson，1979)。他们的注意具有很强的抗干扰性，甚至在飞机上也能安心写作，并能很好地完成。由于忽视边缘刺激包括忽视自己身体的不适，他们往往会延误对自己疾病的觉察。甚至当医生建议其适当休息以消除疲劳时，他们可能也很少照办。这样，长年累月集中注意于工作的觉醒水平，导致心血管系统的过度紧张，因而可能危及寿命。

形成注意个性差异的原因，是很复杂的。对这个问题，目前还研究得很不够。前苏联学者认为，人的神经系统活动的一般类型特征是注意个性差异的基础。能长时间集中注意是神经过程强度的表现。注意的转移依赖于神经过程的灵活，即依赖于兴奋与抑制交替的速度。神经过程的惰性使注意难以转移。然而，与个性的其他特征一样，注意的个性差异也是在人的生活实践中形成的；并且注意的稳定特点与人的需要、职业有密切的联系。因此，注意的个性差异是人在生活实践中与社会环境交互作用的结果。此外，还应看到，有的人的注意的稳定特点可能是一种病理现象。例如，精神分裂病患者对新异刺激的注意就比正常人明显衰减。

第三节　青少年注意力的培养

注意力是指集中注意的能力，必须经过学习和训练才能掌握，在人们的生活、学习和工作过程中，注意力起着非常重要的作用。有位专家说：“注意力是学习的窗口，没有它，知识的阳光就照射不进来。”对学生的学习来说，注意力的好坏也是至关重要的。有经验的教师在总结教学经验时，都知道学生学习成绩不理想可能与注意力不稳定、不集中、分配不合理有关。有人做过这样的实验：被试在注意力高度集中时背课文，只需要读 9 遍就能达到背诵的程度，而同样的课文，在注意力涣散时，竟然读了 100 遍才能记住。可见，它与人的学习效率和工作效率有着非常密切的关系。因此有的专家说：“哪里有注意，哪里才会有思考和记忆。”注意是认识和智力活动的门户。

教育心理学家说：“注意是保证学生顺利学习的重要前提。”实验和教学实践表明，学习成绩好的学生与学习成绩差的学生之间明显的差别之一就是注意力。学习成绩好的学生，能集中注意听讲阅读，独立思考问题，认真做作业。他们在学习时很少受外界干扰，即使有时老师的课讲得并不那么生动，他们也能自我约束，有意识地组织注意力，不让自己的思想开小差。许多学习落后的同学恰恰相反，他们注意力涣散，不能全神贯注地听讲，时而做小动作，抠耳朵，挖鼻孔，抓抓头皮，时而与同学交头接耳，逗闹一下，有时貌似听课，实则思想离开课堂，开了小差。读书时也一样定不下心来，做作业东抄西看。有的甚至在上课或复习课时没有精神，打起了瞌睡。那么如何来培养青少年的注意力，形成良好的注意品质呢？

注意力的好坏并不是先天遗传的，而是靠后天的学习培养和训练得来的。在教育教学活动中，培养良好的注意品质应做到以下几点。

一、训练学生利用课堂听讲锻炼自己的注意力

课堂听老师授课是学生学校学习的基本方式，占学生学习时间比重较大，如能重视课堂学习，注意听讲，不仅能掌握好课堂知识，还能发展自己的认识能力，长期坚持专心听讲，还会培养良好的注意的品质。

课前要认识到这堂课的重要，因为每堂课的内容都有它的重要性和意义，都有一部分新的知识要我们去掌握。多想这些重要性，并以此引起我们对课堂的兴趣和注意，我们就能专心听讲。

要认识老师讲课的重要性，适应老师的讲课方式。一般说来教师都具有比学生丰富得多的经验和专业知识，而且常常讲些书本以外的知识，有经验的教师还能教给学生怎样去学习知识和发展自己的能力，要认识到没有老师的授课和指导，学生学习的困难就会增大，甚至学不下去。作为学生，你要常提醒自己，要听好老师的讲课，向老师学习，不能错过学习的好机会！

排除干扰不受内外影响。当你发现自己有轻视讲课内容的苗头，或教师讲课方式不适合自己口味，或思想不自觉开小差的时候，要及时纠正过来，不能任其发展。当课堂上受到诸如不安静、其他同学干扰或外界影响时，也要排除干扰，不受影响，保持集中注意的心理状态。上课不是看电影听故事，没有强烈的故事情节和鲜明的形象去吸引你的注意。课堂讲授的各种科学知识有它的知识体系，概念系统，比较抽象概括，它需要借助意志力的帮助，自我控制，去战胜分散注意的各种内外干扰因素，做到有意识的注意，有目的学习。

为提高课堂学习效率，学生还应该有意追踪课堂内容和老师的思维活动。如果在课堂上只将注意力集中在听老师的讲课，不思考、不理解老师授课的内容，那么老师的讲授会变成催眠曲，使你慢慢进入瞌睡状态。所以上课专心于听懂，一边听讲，一边很快地思考，弄懂所讲的意思，如此跟随老师讲解进行积极思考和对问题的探究，则会使你的大脑处于兴奋状态，也就是使你的注意力集中在讲解的内容上。有教学经验的老师说："会听课的同学，总是听老师怎样提问题，分析问题，他的思维总是像一个探照灯的光束，紧紧地追踪着老师的思路。"

课堂上边听边想，这种思考是快速的，若思考过深过慢则会影响后面的听讲。所以细细地咀嚼，深刻地思考和归纳，疑点的解决主要靠课后复习或向老师同学请教。

课堂上要善于分配注意。课堂上不仅要听、看、想，而且还要记笔记，怎样合理地分配注意力，而不至于顾此失彼，也是很重要的。有些同学只顾一字不漏地记老师讲的内容，但没有功夫思考；有些同学仅顾听，不愿思考一下，听而无味；也有的只顾着想，忘了听下去，或记笔记，其结果都会影响上课的效果。有经验的同学善于转移和分配注意，他听讲时还要快速地思考，当听到重点内容，或老师补充教科书上没有的材料时就简要地记一下，以帮助课后复习和理解。如此分配注意于听、想、记上，以理解内

容为重点，兼顾各方面，结果大大提高了课堂学习的效果，还培养了良好的注意的转移和合理分配能力。

在学校学习中，能够全神贯注、集中注意力和合理分配好注意力，搞好课堂学习，不仅是提高学习效果和提高学习成绩的关键一环，通过课堂学习训练也能培养良好的注意品质，从而促进注意力的发展。

二、训练学生在阅读中培养自己的注意力

1. 阅读目的明确

研究指出，注意力是集中还是涣散直接影响着读书的效果。读书的目的就是理解书的精神实质，记住书的主要内容，要做到这些，就必须集中注意力，特别是在深入思考书中所讲内容的深刻含义时，必须聚精会神，高度集中注意力。所以在阅读过程中集中注意力是理解和记忆的前提条件。那种随意乱翻、心不在焉的读书是没有什么收获的。

2. 适当做好记录

阅读教材或有关参考资料，精读其他书籍时，要想获得好的学习效果，就必须集中注意力，并把读书与训练注意力结合起来。许多著名的学者都很注意这方面的自我训练。如有的人在读书时，就经常在一些重要内容旁边写上注意，特别注意等。也有的用划符号或用“!”“?”以及“☆”作记号以引起注意。

3. 适当的选择性的阅读

梁启超是我国近代一位大学问家。他曾经告诫学生，如果想要学会读书，就要读书读到能将书平面的字句浮凸出来为止。书平面的字句会浮起来吗？他的一个学生听了很纳闷。许多年过去了，这位学生在广博地读了许多书之后，终于明白“使平面的字句浮凸出来”，指的是在读书过程中要对阅读材料选择性地给予不同程度的注意。那些不重要的字句浏览一下就放过去了，而对那些重要的关键字句，则要给予充分的重视，甚至做到在读某一篇文章时，能一下子注意那些最重要最关键的字句，好像这些字句是有别于其他字句浮凸在书面上似的。梁启超的读书法很有效。因为它能提纲挈领地使人马上掌握某一篇文章的重点和关键。掌握这个读书法的一个技巧，就是训练对关键词句集中注意力。事先确定一个阅读范围，阅读时，只对最重要和最关键的部分给予最集中的注意，天长日久，每读一遍文章时，你就会发现书上总有某一个重要的注意点浮凸出来。

三、教会学生使用根特的集中注意训练法

根特是德国著名哲学家，根特在读书时经常使用一种精神集中法。其做法是，读书前，或者在书房里深思冥想问题时，他必定是透过窗户凝视着远方屋顶上的一个随风摆动的风向标箭头，他一边盯着风向标，一边下意识地沉浸于深深的思考之中。这种方法大大帮助了他，他的许多理论就是这样得出来的。这种方法看似平常，我们这些读书人，也有这方面的经验：当两眼凝视着某一点时，一边对着视点出神，一边思考着所要解决的问题，或者思考已读过的内容，无形之中，注意力就集中在一起，加大了思考的深度。

这种做法所以会产生如此好的效果，也还是有其道理的。当人的双眼长时间地凝视一点时，视野就会变得狭窄，那些容易吸引你并导致注意力分散的事物就不会进入眼

帘，因此人的意识范围也随着变窄，从而使人达到注意力集中的心理境界。

有一位获得较大成就的科学家说：他读书之前，或在思考问题时，喜欢双眼盯着窗外的松树枝，目不转睛地望着，望着，很快地就集中起精神来，不自觉地进入了学习的遐想，这种方法对他的读书或思考问题很有帮助。

学生也可以像这些学者一样，一坐在书桌前，就习惯地把面前某一件东西作为注意的靶子，例如屋外的天线、树枝、电线杆，或书桌上的台灯开关、铅笔、台笔、自己的手指等，然后用双眼凝视它。经常做这种练习，定会有好的效果。

下面介绍一个练习凝视并取得奇效的故事。梅兰芳是一代京剧宗师，是梅派人创始人，“四大名旦”之首。作为名声盖世的京剧大师，他的戏得到中国乃至全世界戏剧界的尊崇，即使我们这些不懂京剧的人，也为他的演技所倾倒，特别是他那优美的身段、悦耳的唱腔和活灵活现的眼神都给人以美的享受，使人为之倾倒。梅兰芳小时候，家庭多灾多难，父母早亡，家道早衰，而自己资质并不高。第一位启蒙老师看到 8 岁的梅兰芳：小小的圆脸，相貌平常，而且眼皮下垂，两眼无神，呆滞近视，就觉得这孩子不是唱戏的料。在教戏时，一个上午只教四句，教了一遍又一遍，可是这个学生对这四句唱腔不是忘了词儿，就是唱错了腔，一次也没有唱好。这位先生一气之下，拂袖而去，赌气再也不教他了。梅兰芳后来发奋学戏，博采众家之长，融为一体，形成自己的风格。发展为梅派。所以说梅兰芳的成功完全是勤学苦练的结果。梅兰芳大师在舞台生活四十年时说：“我是个拙笨的学艺者，没有充分的天才，全凭苦学。”

梅兰芳先生从一个资质平常的孩子成长为世界著名艺术家，他的成功值得我们深思。

眼神是演员表演的关键之一，梅兰芳先生是如何将自己呆滞的眼睛治好的呢？说来也有点戏剧性，他是通过放鸽子治好的。

以前北京有许多人爱养鸽子，梅兰芳先生小时候也非常爱养鸽子。养鸽子的人每天把自家的鸽子放出去，鸽子在天空飞翔，养鸽者在地面观察指挥，用一杆长竹竿，上面拴一条红绸子，指挥鸽子起飞，换成绿绸子，就是发出要鸽子下降的信号。而鸽子也有个有趣的习性，爱相互串飞，如果自家的鸽子训练得不熟练，很可能给人家鸽子“拐走”。梅兰芳要手举高竿，不断摇动，给鸽子发出信号，同时还要仰着头，抬着眼，注视着高空中的鸽群，要极力分辨出鸽群中有没有混入别家的鸽子。天长日久地练下来，梅兰芳先生的眼皮下垂竟然治好了，呆滞的眼神变成灵活传神了，视力得到了极大的提高，臂力和腰劲大有增长，注意力也更加容易集中了，学戏的效率提高了，思考能力增强了。

据说以前练习射箭的人，将一个中间空的小铜钱挂在远处，经常远远注视它，分辨出铜币的空心，练到一定的时候，再练习注视高空中的飞鸟，极力分辨鸟的头和身子及其他部位，长期坚持训练，结果不仅增强了视力，还增强了集中注意的能力。据说这是训练神箭手的方法和梅先生的方法异曲同工①。

① http://zhouying1971.blog.hexun.com/14033455_d.html.

四、训练学生克服注意力分散的毛病

许多学习成绩不理想的学生，都存在一个共同的缺点，就是注意力涣散，上课时思想容易开小差，阅读时不专心，做习题时精力不集中，做什么都漫不经心，懒懒散散，粗心大意。这些同学只有改掉注意力涣散的毛病才能把学习搞好。怎样做才能克服这种缺点呢？

首先，在上课或做作业时，你要不断对自己强化这两件事的重要性。“这堂课的内容很重要啊！注意听！”又如“这本书很有意思呀！我要好好读。”“独立完成作业是件愉快的事呀！我要出色地完成它。”由此能产生学习兴趣，引发注意力。

第二，当你发现思想开小差时，立刻把它“叫”回来。利用个人意志的力量也能控制自己的注意力。有意识地控制自己的注意力，不许注意力涣散，开始有点困难，一旦养成习惯，反而感到集中精力干事或学习是件很愉快的事，当你有这种体会时，就说明你的注意力水平提高了。

有位专家说：“专心本身并没有什么神奇，只是控制注意力而已。”

第三是培养注意重点的习惯。不管是听课，或者是作业，还是做别的什么事情，都要动脑子分析、综合和比较，通过思考区别出所学内容的重点和非重点，本质和现象。动脑子思考，不仅能把注意力吸引过来，而且一旦区别重要的与一般的内容，便能使认识得到加深，还会产生愉快地体验，使注意力稳定更加持久。

训练自己的注意力，一方面要将注意力稳定于注意对象不断发展的整个过程，并要注意各个过程的系统性练习，同时还要在每一过程的练习中区别出主次、轻重、缓急。开展注意力训练不仅要把课堂当作练习注意的场合，还要把校外活动当作练习注意的场合。在每次活动或上课时，都要动脑分析内容的主次。坚持下去就能增强你的注意力。

有的专家认为，集中注意力就是将精力指向特定的对象，专心的意思主要指专注地思考，对有关的事物进行分析综合、比较归纳、抽象概括和系统化、具体化的思维。可以说所有伟大的科学家、艺术家和学者都具有高度集中注意于思维的非凡能力。同学们要想成为人才，就必须训练自己的注意力，特别要训练自己专心进行思维的能力。

有的心理学家指出，具体训练应该这样做：要将对每一客体的知觉都保持得相当好，同时还要分清主次，把注意力集中在主要的部分。

第四，培养自己注意力的可靠途径就是，训练自己能在各式各样的环境条件下，专心学习或工作。一旦确定了要干的事，就有计划有目的地集中注意力，去干好要干的事，不受其他刺激的影响和干扰。据说毛泽东青少年时代为了锻炼自己的注意力，就常到繁华闹市去读书，训练自己不受周围环境的影响的能力。坚持无论读书学习，还是干事情，都把它们当作锻炼注意力的机会和场合，久而久之，良好的注意习惯就逐步形成了。

前苏联心理学家普拉托诺夫说：“要想使自己成为一个注意力很强的人，最好的方法是，无论干什么事，都不能漫不经心！”

五、训练学生提高注意力的几点技巧

注意力是指在认识事物的过程中，人的身心稳定和集中地指向一定事物的意向活动。注意力在认识和学习活动中都起着主导和保证作用。有人说注意是智力活动的警卫、组织者和维持者，可见注意与智力活动关系之密切。

在智力活动中如何才能发挥好注意力的作用？这是一门学问，下面我们介绍两点。

1. 学会不想自己

很多人都有这样一个毛病，常常以为自己是被注意的中心，因此不自觉地把注意力指向自己。例如，当我穿一件新衣服，或者戴一顶新帽子，总以为众人都在注视自己。当一个学生考试不理想，或做了件错事，就觉得众人在议论自己，看不起自己，甚至觉得没脸见人。一个同学在座位上回答问题，虽紧张还能答出来，如果站到讲台上面对着全班，会吓得张嘴结舌。他害怕答错了惹人耻笑，怕老师批评，怕同学议论等，其结果是越想越怕，以致吓得连话都说不出来。其实这种以为众人在注视着自己的想法多半或完全是自己的臆想，自己的许多不自然的态度和表现是自己遐想的结果。每个人都有自己的任务，有自己的事，每个人的思想重点或注意指向都不相同，他们不可能有那么多时间注视你，你自己常常把注意力指向自己，可能众人还未顾得上注意你呢？即便众人注意你也没有什么可怕的。

有位学者说："自我的感觉是一种形式。别人并不会如你所想象的那样关心你。他们有各自的事要忙。记住这一点，你在他们面前便不会感觉不舒服了。"

克服这种恐惧感的方法首先是不想自己，不要把注意力放到自己身上。第二是把注意力集中在眼前要解决的任务上，专心致志做事的人，不会为其他事不安。有人说："专心想到自己是不能增加做事的效率和减少自我感觉的，专心于工作却能做到这点。"第三就是，如果眼前没有任务，那么你不妨想点别的事，把注意力引到其他事上去。有位专家说："不想自己的方法是要寻一点别的事来想。你必须寻找一种代替物。寻得代替物之后，想自己的毛病便可毫不费力地除去。假如你坐在礼堂的讲台上，当你看到台下坐满了人，你可能觉得大家在注意自己，在议论自己，在笑自己，你越觉得坐在台上不舒服，就越感到紧张，甚至准备的演讲都忘了。假如你不想自己，把注意力转移到别处，就不会产生紧张害怕的心理。"考试也是如此，如果考前老是想，我考得不好会怎么样，同学老师会如何看我等，也会增加人为的紧张，倒不如把注意力转移到别处，转移到代替物上，如眼前的钢笔、手指之类，再配合着用深呼吸放松法，使紧张的情绪得以消除。

2. 学会听的技巧

学会听是很重要的。听是个体认识世界的重要方式之一。倾听也是人际交往中的重要方式之一。在人际交往时首先要倾听，只有认真听人讲，才能了解他人，学习他的知识，从而丰富自己；也只有通过倾听，才能理解他人，理解人格，理解人际关系的深层含义。这里所说的倾听就是指要深入地听，要听出深藏在表面语言下的人心灵深处的呼唤，一个善于倾听的人，在听他人讲话时，要反问自己，能不能觉察出讲话者内心世界的状态？倾听他人讲话不仅能使听者真正理解一个人，而且对于倾诉者也有奇特的效果。倾诉者被认为已被人理解，似乎得到了解脱，从而消除了个人的孤寂感，使其心情得到了安慰和满足。因此，现代心理学家认为，倾听，不论是倾听他人或者是接受他人的倾听在人际关系中都是极为重要的，在双方体验的充实和人格的发展中都是不可缺少的。对于学生来说，学校学习的主要方式是课堂学习，课堂学习时间占据了学生学习的大部分时间。学会听课对于学生的学习和个人发展是至关重要的。

第四节 注意规律在教学中的运用

一、注意规律在教学中的运用

（一）无意注意的规律在教学中的运用

无意注意在教学中的作用有消极和积极两个方面。其消极作用是导致学生离开当前应注意的对象而转向与教学活动无关的活动，从而干扰影响教学效果。其积极作用是帮助学生不费气力地掌握和获得一些知识和经验，对新异事物发生直接定向。因此，教师在教学中要创设条件，避免无意注意的消极作用，充分发挥无意注意的积极作用。具体工作中，应考虑采取以下措施。

1. 创设良好的教学环境，尽量避免引起学生注意分散的刺激出现

教学环境包括教师自身的“包装”，校园、教室布置以及能够对视觉、听觉产生刺激的各种因素。教师的衣着应当整齐清洁，不要过于艳丽奇特；发型要端庄素雅，不要过于招摇；教师的言谈举止要朴实大方。校园环境应当安静整洁，具有绿化、美化、净化的文明气氛和高雅的文化情调；教室应远离市场、马路、运动场、音乐教室，尽量保持教室周围环境的安静；教室的布置应当简朴而具有教育意义，尽量避免不必要的张贴或过多的装饰；教室要保持清洁，空气清新，光线充足；教室内的设施要符合卫生要求。教师要教育学生遵守课堂纪律，不迟到、不早退，不随意喧哗和走动，以免干扰别人注意的稳定与集中。

2. 精心组织教学内容

精心组织教学内容是自然而然地吸引学生注意的重要条件，因此，教师在组织教学内容时，必须注意几个问题：①教材要有科学性。这对培养学生的辩证唯物主义观点和热爱科学、坚持真理的精神具有重要的作用。②教材要具有实践性。学生学习知识的目的是为了应用，为了解释或解决实际问题。如果学了语文，而不会写请假条，学了物理而不懂得用杠杆去移动大石头，学了历史而不能激发起爱国主义情感，那么对这样的教材，学生是不会感兴趣的。③教材的深度、广度要适当。教材有适当的深度和广度，才有利于开发学生的潜能和智力。喜欢涉猎比较深奥的或广博的知识是少年期学生的一种突出的心态。这个阶段的学生渴望好奇、好强、好胜心理能得到表现的机会。调查发现，他们的这种心理尤其喜欢在学习上表现出来。所以，对教材深度、广度进行合理组织，最有利于无意注意发挥其应有的积极作用。④教材的难度要合理搭配。心理实验表明，最能引起学生无意注意的知识，既不是他们完全不懂的知识，也不是他们完全懂了的知识，而是与他们已有的知识有联系的难度适中的知识。因为这种知识有助于激发他们期待的心理悬念，学生认为难度大的内容，通常是指那些抽象而枯燥的知识。所以，必要时教师除应当补充某些与原教材有关、内容健康、有注解性的知识外，还要掌握把教材化抽象为具体、变枯燥为生动与化难为易的教学艺术。

3. 讲究教学方法，不断提高课堂教学的艺术

恰当的教学方法，不仅是保证教学质量的重要手段，在引起无意注意方面也具有重要作用。所以，教师应当改变那种备课时不备教法与学法的陋习。教师备课时应当认真考虑用什么方法最能启发学生感知，启发记忆，启发想象，启发思维；启发学生动脑、动手，让学生的智慧主动发挥出来。教师讲课时，语言要生动形象、简洁流畅、抑扬顿挫、快慢适中、有趣味；要有适当的表情和必要的手势，以增强讲授内容的情绪感染力；要适时地呈现直观教具，利用感性材料的吸引力；在课堂秩序发生问题时，教师要善于通过故意停顿来引起学生的注意。

总之，教师在教学中，教法要灵活多样，要注意采用启发式的教学，尽量避免单调死板。但是过于频繁地改变教法也是不恰当的，学生容易被教师游戏般的新奇教法所吸引而忘记了主要的学习任务。

（二）有意注意规律在教学中的运用

学生的学习是一项社会义务，并不像游戏那样轻松、愉快、有趣，有时它是一种非常紧张、艰巨、枯燥的活动。必须依靠有意注意参与才能实现。教师为了有效组织与运用有意注意，在教学中可以采取以下的措施。

1. 加强目的性教育，培养学生的间接兴趣

明确目的任务乃是唤起和保持有意注意的一个重要条件。对于学生来说，只有求知的心理愿望是不够的，应当在这个基础上发展求成的远大理想。譬如，外语和数学的学习是较枯燥的，但如果学生了解到外语是一门重要的工具，数学在日常生活中具有重要的作用，那么那些抽象的符号，也会引起学生的有意注意。因此，教师要善于帮助学生把模糊的、抽象的学习目的化为清晰的具体的学习目的，把单纯得到考试成绩的暂时兴趣化为追求运用知识的永久兴趣，把学习的每一个课题都与实际生活联系起来。这样，学习目的明确了，有意注意就可以得到长时间的保持。

2. 培养学生抗干扰的能力

有意注意是需要一定意志努力的注意。在学生学习的过程中，常常会出现各种各样的干扰，有来自外界的，也有来自学生自身的。要保持有意注意，必须培养学生与干扰做斗争的能力，养成抗干扰的习惯。生活中发现，养成了与干扰做斗争习惯的学生，在遇到干扰时，懂得用语言提醒自己注意，能习惯性地运用实际动作来支持有意注意。同时，为了保持长久的有意注意，他们也会用不断地给自己提出新问题的方法，为自己设定一个又一个的学习任务，以增强抗干扰的有意注意成分。

3. 加强对学生的组织性与纪律性教育

这是维持有意注意的心理基础。心理学的研究表明：人外在庄重和严肃，能够促进其内心世界富有协调性和组织性。加强对学生进行组织性与纪律性教育的目的，是使学生能够自觉地依靠有意注意去协调内心世界与外部行为，使其言行举止有意化、自动化。与此同时，教育者也必须自我教育，养成更高水平的组织性和纪律性，遵守教学过程的各项规章制度，为学生提供保持有意注意的榜样。

4. 尊重学生的主体地位，调动学生的积极性

在教学中，教师要尊重学生的情感、需要、价值观并建立融洽的师生关系，相信学生自己能主动发展他们的潜在智能。实践证明，如果教师能真正把学生当作学习的主体，学生也就会成为有意注意的主人。

（三）有意后注意的规律在教学中的运用

1. 设法使有意后注意成为教学活动的主要形式

在教学活动中，无意注意如果不能及时地转化为有意注意，就会影响教学质量；同样，有意注意如果不能适时地转化为有意后注意并成为主要的注意形式，也不利于组织生动活泼的教学活动。因此，教师要事先设计好注意转化的方案。有目的地促使学生的注意转化为对学习既心驰神往，又视其为乐事的有意后注意的形式。

2. 重视培养与激发学生正确、高尚的学习动机

教师要引导学生把学习活动体验为履行社会职责的责任感，激发其自觉进取的学习动机。并依靠这种动机调整自己的注意，使自己经常处于最佳的有意后注意状态。

3. 培养学生创造性地进行学习

能进行创造性学习的学生，一般都具有良好的个性意志品质。在遇到挫折时，他们都有克服困难并继续努力去取得更大成绩的自信心；同时他们也善于通过学习结果的反馈效应来激励自己实现更高的期望目标。这样的学生，只要学习活动一开始就容易很快地进入有意后注意状态。

（四）利用注意转化的规律组织教学

在教学工作中，单纯地依靠无意注意组织教学，就会使教学活动缺乏目的性和计划性，难以使学生掌握系统的完整的知识。而且，不能发挥学生学习的积极性和主动性，容易使他们养成意志薄弱、缺乏明确学习目的的习惯。如果只依靠有意注意来组织教学，学生就会失去必要的学习兴趣，容易增加学生的负担，使其产生疲劳，造成注意的分散。因此，教师要善于运用无意注意、有意注意和有意后注意的相互转化或交替的规律组织教学，即使学习活动成为学生心驰神往、乐而为之的事，又能够激发学生的学习动机，使其凭借坚强的意志来克服困难，完成学习任务。这是保证学生注意稳定、集中的重要而有效的措施。

二、控制与减少分心

（一）分心的概述

分心是与注意相反的心理现象，指人的心理活动在必要的时间内不能充分地指向与集中，或者完全离开当前应当指向和集中的事物，而转移到无关的事物上去的心理现象。在教学过程中，学生分心表现常见的有以下几种：①注意的警觉水平降低，对事物和活动不能产生清晰的反应。②注意的稳定性差，经常变换注意的对象，不能把注意长久地指向或集中于任何必须注意的事物或活动上，心理活动处于频繁动摇的状态。③注

意分配与转移困难，缺乏灵活性和必要的紧张性，不能根据需要分配注意或者不能及时地转移注意。④指向与集中水平低，心理活动完全离开当前所应指向与集中的对象并指向或集中于无关的事物或活动上。

引起学生分心的原因很多：一旦缺乏维持注意的条件，包括主观条件和客观条件，分心就不可避免地会产生。这些条件主要有：对学习不感兴趣，缺乏学习的自觉性；存在知识缺陷，不能理解知识；身体不适，情绪烦躁，过分疲劳；外界无关刺激的干扰等。

在教学过程中，学生的分心有偶发的，也有经常发生的；有时只是个别的现象，而有时可能是小组或集体的行为。教师应及时地探究其原因，消除分心的根源，采取有利于教学正常活动、可以避免与控制分心的措施，要防止由于采取的措施不当而中断教学活动。

（二）分心的控制

在教学活动中，控制分心的措施主要有下列几种。

1. 超前控制

学生的分心，有的是上课前就酝酿着的，有的是习惯性的。针对这些情况，教师应当事先做好控制分心的工作，及早消除“隐患”。

2. 信号控制

在教学过程中教师可以用举目凝视，变化表情、手势、语气、语速或暂时停止言语等暗示性符号，向有分心苗头的学生发出信号，及时阻止学生分心的出现。

3. 提问控制

教师在教学中，发现有的学生不注意听课时，可以结合教学内容巧妙地提出一个问题，用提问的方式来集中学生的注意。问题可以是面向全体学生的，也可以是面向分心的学生的。但要明确：提问的目的是集中学生的注意力，不是惩罚学生。

4. 表扬（批评）控制

即通过表扬专心上课的学生，而使分心的学生产生警觉，从而自觉改正错误，自动转入注意集中的状态。同时，恰当的批评也是避免与控制分心的有效措施。不过，批评要讲究方式方法和艺术[①]，以免因此而引起更多人的分心。

5. 特殊安排

对一些容易分心的或者存在注意缺陷的学生要采取特别措施。譬如，适当地调换座位，让他们坐在前排，或教师可以随时控制的地方等。

注意的生理机制[①]

人在注意时，可以从行为上观察到机体的各种定向反应，例如眼睛和头部朝向刺激物以及作出相应的表情动作。心理学家通过观测注意集中、分散转移时的生理变化来认识注意。衡量注意的生理指标有很多。例如心脏、血管、呼吸、内分泌腺分泌量、皮肤

---

① 黄希庭. 心理学导论［M］. 第二版. 北京：人民教育出版社，2007：273.

电反应、瞳孔大小以及脑电的变化等，都可以作为注意的生理指标。

1. 肾上腺素分泌量的变化

儿童集中注意时，肾上腺素的分泌量增加。在林文娟等（1985）的一个研究中，比较了正常儿童和多动症儿童在非注意—注意—非注意三种状态下肾上腺素分泌量的变化。结果表明，正常儿童在三种状态下，肾上腺素分泌量的变化幅度较大，注意状态和测试前后休息状态相比较，尿内肾上腺素含量有明显差异。而多动症儿童在三种状态下肾上腺素分泌量变化幅度较小；注意状态与测试前休息状态比虽有一定差异，而与测试后休息状态比，则无显著差异。

2. 瞳孔直径的变化

在一个研究（Kaheman，Beatty & Pollack，1967）中要求被试在记忆中保持一列数字，并测量其瞳孔直径。研究结果表明，随着被试力图把每一个数字存入记忆，其瞳孔变得越来越大。随着被试回忆这些记住的数字，将记忆库“倒空”，其瞳孔逐渐恢复到原来大小。该研究表明，瞳孔直径的变化可以用来测量一个人在操作一项任务时动用了多少注意能量。

3. 诱发电位（EP）的变化

关联负变化（contingent negative variation，简称 CNV）是一种与心理活动密切相关的脑诱发电位，最早由沃尔特（Walter，1964）发现，称为“期待波”。据罗尔博（Rohrbaugh，1976）的分析，CNV 可分为早、晚两种成分。晚成分在额叶处最显著，对警告刺激起反应，是期待的表现。早成分在顶叶处最显著，与随意运动密切相关。CNV 的早成分是注意水平、反应定势的良好生理指标。不少研究（Donchin，Kramer，Wickens，1986；Pritchard，1981；Squires et al.，1977）发现，诱发电位中的 P300 是在刺激之后 300 毫秒才出现的一种正向波，与注意密切相关。当被试全神贯注地读书时，每 2 秒一次的“滴答滴答”声没有诱发 P300，一旦被试的注意离开书本而指向滴答声，P300 就会变大。因此，P300 被认为是分心的一个生理指标（参见姜德鸣等，1987；张武田，1988）。

从注意时的适应性反应和表情动作很容易看出人的注意状态。但是，注意的外部表现和注意的内心状态也有不一致的情况。上课时有的学生貌似注意听讲，实则在做白日梦或注意其他事物，有经验的教师对学生貌似注意的现象是不难发现的。这时，学生注意的外部表现不是随着教师讲课内容的进展或教学方法的变化而变化，或者与教师讲课内容的变化不合拍，或者毫无表情地坐在那里。

思考题：

1. 举例说明什么是注意？注意在人们生活中有什么作用？
2. 引起无意注意的因素有哪些？
3. 保持有意注意的条件是什么？
4. 举例说明控制和减少分心的措施有哪些？
5. 在教学中如何运用注意的规律？
6. 衡量注意力好坏的品质有哪些？如何培养和训练青少年的注意力？

参考文献：

[1] 叶奕乾，等. 普通心理学（第三版）[M]. 上海：华东师范大学出版社，2008.

[2] 彭聃龄. 普通心理学（修订版）[M]. 北京：北京师范大学出版社，2004.

[3] 黄希庭. 心理学导论（第二版）[M]. 北京：人民教育出版社，2007.

[4] 郑雪. 心理学（第二版）[M]. 北京：高等教育出版社，2006.

[5]（美）库恩. 心理学导论：思想与行为的认识之路（第九版）[M]. 郑钢，等译. 北京：中国轻工业出版社，2004.

[6] 姚本先. 心理学：《心理学新论》修订版 [M]. 北京：高等教育出版社，2005.

[7] 沈德立. 基础心理学 [M]. 上海：华东师范大学出版社，2003.

[8] 李小平. 新编基础心理学 [M]. 南京：南京师范大学出版社，2005.

[9] 张春兴. 现代心理学：现代人研究自身问题的科学（第二版）[M]. 上海：上海人民出版社，2005.

[10]（美）詹姆斯. 心理学原理 [M]. 田平译. 北京：中国城市出版社，2010.

[11] 郭黎岩. 心理学 [M]. 南京：南京大学出版社，2006.

[12] 刘翔平. 分心不是我的错——注意力障碍儿童父母必读. 上海：华东师范大学出版社，2006.

[13] 杨其铎. 中国少年儿童 30 天注意力提升. 长沙：湖南科技出版社，2008.

[14] 帕拉迪诺. 注意力曲线——打败分心与焦虑（人生魔方）. 苗娜译. 北京：中国人民大学出版社，2009.

第四章 青少年的情感和意志

优美的情感故事千古传颂，理智感、道德感、美感的满足激发人们对真、善、美作不懈的追求。愉悦的情感、坚强的意志推动人们高效地运动。本章通过对情感、意志概念和原理的介绍，来帮助师范生运用情感、意志规律教书育人、自我教育。

第一节 情 感

一、情感概述

（一）情感的概念

情绪、情感是人对客观事物是否符合自己的需要而产生的态度体验。情绪、情感与认知以及其他心理现象一样，是人脑对客观现实能动的反映，但在反映对象和方式上有其特殊性：感知、记忆、思维等认知活动反映事物本身，情绪、情感则反映主体需要与客观事物之间的关系。人们觉得符合自己的需要，就会产生肯定情绪，如喜欢、快乐等；觉得不符合自己的需要，就会产生否定情绪，如厌恶、悲哀等。因为事物、需要、认知等因素本身以及它们相互之间关系是复杂的、变化的，所以情绪、情感有时也是丰富而多变的。

情绪与情感是对快乐、愤怒、恐惧、悲哀等内容的发生、发展、变化过程的描述，有时有微妙区别，可以根据主导需要、呈现特点、常描述对象的不同而加以区分：情绪通常是指生理需要主导的、具有情境性、冲动性和外显性的态度体验，在描述动物和人时共用；情感通常是指社会需要主导的、具有深刻性、稳定性和内隐性的态度体验，只用于描述人。人的情感、情绪互为依赖：情绪是情感的外部表现，情感是情绪的本质内容。基于此，情绪、情感常常通用，本章大、小标题中的“情感”即是取在此意义上共通的表达。

情绪、情感现象纷繁复杂、绚丽多姿，人们对多变的情绪充满好奇，对美妙的情感无比向往，“我的情绪我做主”是觉知者的渴望。人们通常愿意与肯定的情绪为友，打压否定的情绪，随着研究的深入，学者们发现，无论是肯定的情绪还是否定的情绪，都有一定价值，充分发挥其信号、组织、适应、动机等积极作用，或传达信息、或调动能量、或调整状态、或选择方向，经过整体调适，均可使个体获益。

（二）情感的特性

1. 极间摆动性

客观事物与主体需要、主观认知之间有不同的关系，可以从不同的维度研究情绪，从性质、动力方向、激动性、强度和紧张度等方面进行研究发现，情绪的变化幅度具有两极性，每个维度都存在两种对立的状态，人能够体验到肯定与否定、积极与消极、激动与平静、强与弱、紧张与轻松等两极，而更多时候情绪像钟摆在两极间摆动。

2. 生理伴随性

情绪总是与生理反应相伴随，既有机体的内部变化，又有机体的外部表现。机体的内部变化主要表现在呼吸系统、循环系统、消化系统以及内、外腺分泌的变化上。测谎仪（又叫生理多导仪）的使用就是基于这些机制的。机体的外部变化主要通过言谈举止表现出来，具体有言语表情、面部表情、体态表情、空间位置等表现形式。故而情绪与健康、容貌、察言观色、沟通表达等有紧密联系。

3. 认识基础性

（1）情感是建立在认识基础上的

所谓“知之深、爱之切”就是这一性质的表现之一。具体表现如下：①有什么样的认识就有什么样的情感。弥尔顿在《失乐园》中写道，“意识本身可以把地狱造就成天堂，也能把天堂折腾成地狱。②不同人对同一事物的认识不同，情感反映不同。面对黄昏将至，叶剑英慨而作书——老夫喜作黄昏颂，满目青山夕照明；另一些人则嗟然感叹——夕阳无限好，只是近黄昏。③同一人对同一事物的认识变化，情感反映随之变化。如，不同年龄听《命运》、《二泉映月》，感受不同；大学生在校学习和毕业参加工作后对星期五下午排课这件事的感受也会不同。

（2）情感反作用于当前的认识活动

以教育、教学为例，苏霍姆林斯基说，没有对学生的爱就没有教育。教师对学生的态度会影响教学，会潜移默化地影响学生的智力和非智力活动效果，“皮格马利翁效应”能很好地证明这一点；作为学生，几乎每个人都有过这样的感受：“亲其师、信其道”。对教师的亲切感，让学生愿意向老师敞开心扉，积极求教，教师可给予及时的、有针对性的帮助；对老师的好感还会迁移、投射到他所教的学科上，即所谓“爱屋及乌”，智力活动的积极性被极大地激发。相反，个体的消极情绪会阻碍认知，甚至造成认知障碍，因“恨屋及乌”而厌学、退学的事例也比比皆是。

另外，关于模仿的研究证明：人总是趋向于模仿爱他的和他爱的人，即爱能产生模仿的意向。学生会模仿他所喜欢的老师的表情、动作、性格、语言、思维方式、价值观等——如歌曲《长大后我就成了你》所唱的。因此，教师的“身正”、“学高”、“师表”何其重要！

（三）情感的类别

1. 按内容分，有四种原始情绪：快乐、愤怒、恐惧、悲哀

这四种情绪，在人类个体出生后不久就表现出来，这些原始情绪与人的基本需要相关。一般认为，这也是四种基本情绪，多种复杂情绪由这四种基本情绪构成。在基本情绪基础上派生出多种形式、不同强度的复合情绪，有时会被赋含不同的社会内容，如关心、同情、爱、嫉妒等。

2. 按状态分，有三种基本形式：心境、激情、应激

每种表现形式都可能发挥积极或消极作用。表 4-1 是依据情绪发生的强度、速度、持续时间和其他特征所列。

表 4-1 情感的不同状态

类别	强度	速度	持续时间	其他特征
心境	弱	慢	久	并具弥散性、感染性
激情	强	快	短	并具明显的外部表现
应激	最强	最快	最短	具体表现有明显的个别差异

(1) 心境

心境可由自然或社会等多种因素引起，并与个性密切相关。如隐隐的忧郁、淡淡的愉悦等，“感时花溅泪，恨别鸟惊心”、“喜者见之则喜、忧者见之则忧”、“登山则情满于山，观海则意溢于海”则体现了它的弥散性和感染性。

李白曾两次诗云三峡，第一次乘船过三峡时 25 岁，“仗剑去国、辞亲远游”，诗中充满希望、兴奋，体现出一往无前的精神。

早发白帝城

朝辞白帝彩云间，千里江陵一日还。
两岸猿声啼不住，轻舟已过万重山。

三十年后，李白又一次诗云三峡，惆怅、迷茫之情见诸笔端。

上三峡

巫山夹青天，巴水流若兹。
巴水忽可尽，青天无到时。
三朝上黄牛，三暮行太迟。
三朝又三暮，不觉鬓成丝。

由此，我们似乎看到了两个李白，一个爽朗、一个抑郁；一个掌控着命运的缰绳，一个戴着痛苦的枷锁。

(2) 激情

其诱发因素可能是一定强度的刺激（包括绝对强的刺激，如“范进中举”，也包括相对强的刺激，如“偶得 90 分”），还可能是矛盾的愿望与冲突、过度的压抑或兴奋，另外，神经类型的特点为兴奋且不平衡者（即胆汁质的人）容易激动，如忽而暴怒，忽而狂喜。激动的情绪发生时有明显的外部表现。如泪流满面、喜笑颜开……

辩论赛前热烈的掌声会激发参赛激情，体育比赛的喝彩声能使选手增添力量。但有现象表明：过于强烈的消极激情易使人降低自控力，所以，教师切忌在消极激情状态下处理师生间的重大冲突，尤其是与胆汁质类型学生的冲突。

(3) 应激

常发生在身心负担过重或个体觉察到危及重大利益及生命安全的事件发生时。如灾难

降临、亲人突发意外。应激的具体表现有明显的个别差异："512汶川地震"时，有人沉着冷静、有人慌乱无措；泰坦尼克号沉没时，有人"舍己救人"、有人"损人利己"……由上述事例可见：应激表现因人而异，主要受性格、经验、品德、理想、世界观等的影响。应激反应因紧急而难以掩饰，故能较真实地反映人的个性。应激对健康的影响尤为明显，有的健康测量工具把个体在该年度中经历的重大事件的次数作为衡量指标之一，因为应激会带来肾上腺激素、促肾上腺激素等的异常分泌，机体经常处于应激状态会导致身体机能的紊乱。

3. 按主导需要分，有三种高级社会情感：理智感、道德感、美感

理智感是因客观现实是否符合个体理智需要而产生的态度体验。包括求知感、惊讶感、怀疑感、坚信感、成就感等。教师教学成功、学生解出难题时常有这种满足，即认识需要得到满足后愉悦的体验。理智感的动力源自人类对真理的不懈追求。理智感不同于意志品质中的冷静。

道德感是因客观现实是否符合个体道德需要而产生的态度体验。包括义务感（责任感）、友谊感、同情感等。道德是一种社会行为规范，当个体多次感受到"遵守它于己有益、违反它于己有害"时，社会行为规范就有可能内化为个体的需要。当个体需要与社会需要高度一致时，个体易感觉到与社会合拍，被社会接纳。道德感的动力源自人类对善的不懈追求。

美感是因客观现实是否符合个体审美和创造美的需要而产生的态度体验。美的刺激源于自然、社会和艺术等，美的感受基于审美标准、审美技能，"世上不缺少美，缺的是发现美的眼睛"，美感的满足与否，取决于刺激、认识、需要的关系，如"情人眼里出西施"。美感的动力源自人类对美的不懈追求。美感具有民族性、社会性、个体差异性。

三种高级社会情感有时相通，如真、善、美的相通。人们常能感受到真诚是友谊的前提；人们常能发现遵循"黄金分割"定律的作品魅力长存，如"蒙娜丽莎的微笑"；雷锋虽然个儿不高，人们仍会觉着他"蛮帅"……

需要是多层次的，情感也是多层次的。高级社会情感的存在也许可以解释为什么会有人违背"趋利避害、趋乐避苦"的本能而舍己救人，也许可以解释许多优秀教师虽然一生清贫，却孜孜追求"桃李满天下"的快慰，也许可以解释科学家何以苦思冥想、废寝忘食地工作以求灵感一现的心旷神怡。

情绪、情感理论

自科学心理学诞生以来，情绪、情感一直是心理学研究的一个重要课题。在情绪、情感研究中有哪些重要理论呢？冯特把情感视为心理的两大元素之一，并提出情感三维度说，铁钦纳揭示情感有愉快—不愉快的两极性。1884年和1885年美国心理学家詹姆斯和丹麦心理学家兰格几乎同时提出著名的"詹姆斯—兰格情绪说"，即情绪是对外界事物所引起的身体变化的感知。英国心理学家麦独孤在《社会心理学引论》（1908）一书中提出人有7种不变的基本情绪，并把情绪看做是本能的核心。20世纪20年代以来特别最近几十年对情绪分类和情绪机制的研究日益深入，出现许多新的学说。情感心理

学研究的主要内容：①情感、情绪本质和来源，如情绪与需要、认知、体验、人格的关系等；②情绪的维度与分类，如美国心理学家H. 施洛伯格的三维理论（愉快—不愉快、注意—拒绝和激活水平）；R. 普拉切克的情绪结构三维说（强度、相似性和两极性）；C.E. 伊扎德的情绪四维说（愉快度、紧张度、激动度和确信度）等；③情绪的外部表现形式，从1872年达尔文出版《人类和动物的表情》以来，P. 艾克曼等人对面部表情的先天预成性与后天习得性的研究，发现西方人和原始部族人在表情模式上具有跨文化的一致性；④情绪的功能，如适应生存、组织活动、激发行为、人际沟通等功能；⑤情绪机制的理论，如美国生理学家W.B. 坎农和P. 巴德的丘脑情绪说，J. 奥尔兹和P. 米尔纳的下丘脑模式说，D. 林斯里的网状结构作用说（或情绪激活论），J.W. 帕帕兹的边缘系统结构说，R. 达维德森等人的大脑皮层最高调控说，M. 阿诺德和R.S. 拉扎鲁斯的评定—兴奋学说（或情绪认知理论），S. 沙赫特等的情绪三因素学说（或认知-激活归因理论），S. 汤姆金斯和C. 伊扎德的情绪动机说，R.T. 扬和K. 普里布拉姆的情绪不协调理论与信息加工理论等；⑥情绪调节与情绪健康，如情绪适应与适应不良（心理应激、抑郁、焦虑），情绪调节与情绪健康机制（紧张释放、建立目标与维持优势兴奋、自我认知与自我规范等机制）等[①]。

在心理学中，除格式塔心理学家外，几乎所有心理学派别都很重视对情绪的研究，并以自己的理论观点来解释情绪。构造心理学把感觉和情感作为心的基本元素，机能主义把情绪定义为“机体再调整”，行为主义把情绪看作“遗传的模式反应”，而精神分析学派则把注意力集中在本能和焦虑问题上。由于情绪问题的复杂性以及研究者的观点和方法上的不同，现代心理学家对情绪的解释是多种多样的。这里仅讨论几个较有影响的情绪理论和当前的某些研究趋向。

1. 情绪的早期理论

(1) 詹姆斯—兰格的“生理唤起”说

这是美国心理学家詹姆斯（W. James）和丹麦生理学家兰格（C. Lange）两人于1884年和1885年先后提出的一种关于情绪的学说。认为产生情绪的原因是内部生理的或神经的过程，而不是心理的或精神的过程。詹姆斯认为情绪是对外界事物所引起的身体变化的感知。一般认为人先有情绪如惧怕，然后才有情绪的生理和身体的表现如发抖、逃跑。而詹姆斯则认为人遇到某种情境时，先有身体的反应如发抖、逃跑，然后这些反应所引起的内导冲动传到大脑皮层时所引起的感觉就构成情绪。兰格认为情绪体验产生的过程有三个依次发生的因素：首先是对兴奋的事件或情境的知觉，然后是身体器官、内脏和肌肉的反射性的变化，最后才是心理的感情或情绪的体验。该理论重视情绪与机体变化的密切关系，但夸大了外周器官和植物性神经系统的作用，忽视了中枢神经系统（大脑）的控制和调节作用。这种早期情绪理论引起了生理学家和心理学家的长期争论，促进了对情绪生理机制的大量研究。因主张情绪依赖于反应，表明它是一种有关情绪的行为学说，它预示了20世纪行为主义的产生[②]。

---

① 车文博. 当代西方心理学新词典［M］. 长春：吉林人民出版社，2001，272-273.

② 车文博. 当代西方心理学新词典［M］. 长春：吉林人民出版社，2001，457-45.

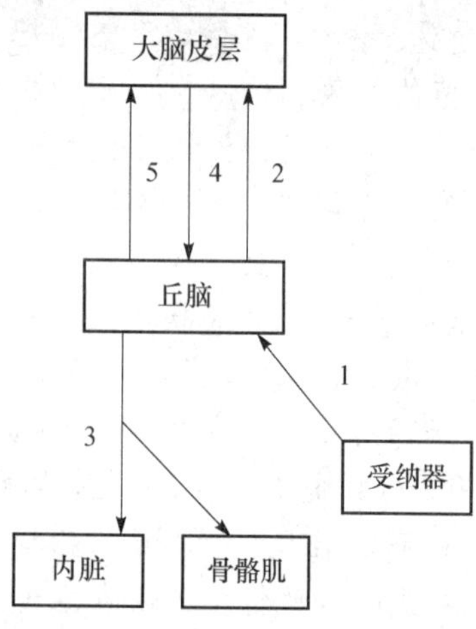

图 4-1 坎农—巴德理论示意图

(2) 坎农—巴德的情绪"丘脑中枢"说

一种强调丘脑在情绪中的作用的学说。1927 年美国心理学家坎农（W. B. Cannon）提出了情绪的丘脑学说。他根据丘脑受损伤或丘脑活动在失去大脑皮层控制时，情绪变得容易激动或发生病理性变化这样一些事实，认为丘脑在情绪的发生上起着最重要的作用。他说："当丘脑过程被激动起来时，专门性质的情绪才附加到简单的感觉上。"这意味着当丘脑释放时，人们体验到情绪，与此同时，产生身体变化（图 4-1）。

箭头表示作用的方向。外周刺激引起受纳器的兴奋沿着神经通路 1 达到丘脑，再经 2 达到大脑皮层的条件反应，兴奋经过通路 4，释放到经常处于抑制状态的丘脑中心，引起丘脑中的一种情绪模式，丘脑的神经冲动经通路 3 引起内脏和骨骼肌的活动，从内脏和骨骼肌肉系统来的内导感觉达到丘脑，并经通路 5 转到大脑皮层，在皮层与最初发生的知觉相结合，就使对象的知觉获得情绪色彩。

坎农的学说有两个特点：①与詹姆斯—兰格强调身体变化与外周神经系统在情绪产生方面的作用不同，坎农强调情绪的中枢定位，强调中枢机制在情绪产生上的作用。②坎农强调解除大脑皮层对丘脑的抑制，也就是使大脑皮层抑制而让丘脑发生兴奋是情绪的机制。坎农的丘脑学说强调了大脑皮层对丘脑抑制的解除是情绪产生的机制，但是他忽略了外周性变化的意义，以及大脑皮层对情绪发生上的作用。坎农也遭到批评，因为当神经系统其他部位损伤时，也可引起丘脑损伤时相类似的症状（如强迫性笑和哭）。此外许多有丘脑损伤的病人有情绪表现，但并无主观的情绪体验。如一个病人可能哭，但并不悲伤。巴德研究发现切除大脑皮层的动物，再切除全部丘脑后，情绪反应仍然存在，只有当下丘脑也切除后，情绪反应才消失。后来，美国生理学家巴德（P. Bard）发展了坎农的学说，成为坎农—巴德学说①。

2. 情绪的认知理论

(1) 阿诺德的"评估—兴奋"说

美国心理学家阿诺德在 1950 年提出了情绪的评估—兴奋学说。她强调大脑皮层对刺激影响的评价与估量在情绪产生中的作用。她给情绪下定义为：情绪是对趋向知觉为有益的，离开知觉为有害的东西的一种体验的倾向，这种体验倾向被一种相应的接边或退避的生理变化模式所伴随。这种模式在不同的情绪中是不同的。很明显，她强调了来自外界环境的影响要经过人的评价与估量才产生情绪，这种评价与估量是在大脑皮层上产生的。情绪是由这种评定引起的。对情景的认知估价不同，就会产生不同情绪，这种估价的实质是刺激情景对人具有的意义，及是否符合人的需要、愿望或渴求。例如，在森林里看到一个熊引起恐惧，而在动物园里看到一个关在笼子里的熊就不产生恐惧。这个区别明显地存在于对情景的认知和评价之间。阿诺德的理论，是把大脑皮层与皮层下

① 李春生. 中国成人教育百科全书·心理·教育［M］. 海口：南海出版公司，1994，46-47.

活动联系在一起的。她认为情绪反应包括机体内部器官和骨骼肌的自主变化。她认为对外周变化的反馈是情绪意识的基础。阿诺德的反应序列为情景——评估——情绪。由于阿诺德认为情绪的来源是对情景的评估，而认识与评估都是皮质过程，因此，皮质兴奋是情绪的主要原因。她的学说称为评估—兴奋学说（图 4-2）。

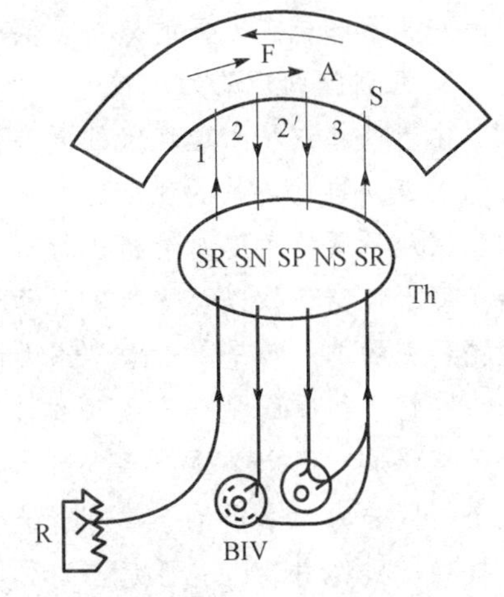

图 4-2　阿诺德的评估—兴奋学说模式图

此模式图说明：感受器的刺激（R）输送不同的冲动，通过丘脑（Th）的感受接力站（SR）通过通路 1 到达大脑皮层（C），在皮层水平，情景被估价（EV），一种特殊的态度，诸如怕（F）或怒（A），在这里形成。皮层态度通过通路 2 输送一种冲动的模式，达到丘脑中心的交感神经系统的接力站（SNS），或通过通路 2′达到副交感神经系统的接力站（PNS），或二者兼有。于是兴奋发放到血管（BIV）和内脏组织。从外周而来的不同冲动，通过丘脑的感觉接力站（SR）由 3 达到皮层，在这儿形成内脏变化的感觉（S）。这种从外周来的反馈在皮层被估价，像詹姆斯所假设的，把纯粹的认识经验转化为感受到的一种情绪（模式图引自 B. B. Wol-man，Hand Book of General Psychology，第 760 页）。阿诺德的情绪评估—兴奋说概括了以前情绪生理学的成就，有助于对情绪本质的了解。她的学说和詹姆斯—兰格情绪说共同之处表现在情绪反应包括内脏和骨骼肌的自主变化。而对外周变化的反馈是情绪意识的基础。不同之处在于詹姆斯—兰格情绪说认为反应序列是：情景——机体表现——情绪，而阿诺德认为是情景——评估——情绪。一个强调外周机体变化，一个强调对情景皮层评估①。

（2）沙赫特的“认知—生理”说

亦称“情绪二因素”、“情绪归因论”、“认知激活论”。由美国心理学家沙赫特和辛格（S. Schachter & J. Singer）于 1962 年正式提出。主张情绪是由两个彼此相关但又各自独立的因素所形成。其两个因素是：①个体对刺激引起他生理变化的认知，即对情绪的生理唤醒状态的认知，是情绪构成的起始因素；②个体对自己身体变化感受的解释，即对自己情绪状态的认知，是情绪内涵的决定因素。例如，警察追一逃犯，拔抢射击，过路一行人应声倒地。此一刺激情境引起路人惊恐反应（第一个认知），继而仔细观察，才知那是宣战（第二个认知），结果最后表现出来的并非恐惧情绪。故情绪的产生不单纯决定于外部刺激和机体内部的生理变化，而是外部刺激、机体内部的生理变化和认知因素相互作用的结果。他们认为认知因素对于情绪的体验有很大的影响力，先后不同的情绪反应也是由认知因素所引起。这一理论提供了情绪认知理论最早的实验根据，对认知理论的发展起了一定的推动作用。但也受到伊扎德（C. E. Izard）等人的批评，认为

① 李春生. 中国成人教育百科全书·心理·教育［M］. 海口：南海出版公司，1994：46-47.

缺乏对实验的先在效度的分析，实验设计复杂，后人难以得出相同的结果①。

3. 几种情绪理论的比较

由于情绪这种心理现象的复杂性，心理学家对它的理论解释是多种多样的。早期的心理学家从自己学派的观点出发来解释情绪，把它纳入自己的理论体系之中。后来，心理学家从不同的角度对情绪进行研究，于是就出现了从情绪的各个侧面如情绪行为、情绪生理、情绪认知以及情绪表现和情绪识别等方面提出了种种情绪理论解释。当代情绪理论研究的总趋势是，心理学家力图将各种研究成果加以综合，形成一个完整的情绪概念，并将情绪看成是个人心理结构的重要组成部分。例如，伊泽德（Izard，1977）认为，情绪这一概念必须包括情绪体验、脑和神经系统的活动以及面部表情三个方面；他把个性区分为六个子系统，情绪是个性结构中的一个重要子系统，并认为情绪对个性整合提供动机作用。这一研究方向，应引起我们的注意。此外，情绪与认知关系的文献，近几年来与日俱增，例如布克（Buke，1985）研究了认知和情绪的相互作用，提出了“启动模型”；鲍尔及其同事研究了心境与认知系统相互作用的各个方面，提出了“情绪网络模型”等。这些动向也是值得注意的。

二、青少年情绪、情感的特点

1. 情绪兴奋性高且易波动起伏

青少年在情绪方面给人留下的第一个印象便是容易激动，即我们所说的兴奋性高。保加利亚心理学家皮罗夫等人研究5～17岁个体的情绪反应时发现，神经活动的最兴奋型多见于5岁儿童，随着年龄渐增，兴奋型的比例下降，平衡型比例上升，但到了青少年期（女子11～13岁，男子13～15岁），兴奋型重新增多，到青春期结束再次减少。因此，同样的刺激情境，对成年人来说，可能不至引起明显的情绪反应，但都能激起青年人较强烈的情绪体验，甚至导致冲动。也正因为如此，青少年容易爆发激情。同时，青少年的情绪又容易波动起伏。这表现为，一方面青少年会因一时成功而欣喜若狂、激动不已，又会因一点挫折垂头丧气，懊丧不止，从而出现情绪两极间的明显跌宕；另一方面，青少年还常会出现似乎莫名其妙的情绪波动、交替，给人以变化无常的感觉。我国心理学工作者（沈家鲜）对高中生的一次调查也发现，在被调查学生中有70%的学生承认经常出现情绪波动，如果考虑到出现波动但自己还未意识到，或不愿承认的情况，其比例可能更高。

2. 情绪出现心境化和文饰现象

如果我们把青少年的情绪都视为急风暴雨、骤然突变的模式，那么我们将会忽略青少年情绪特点的另一个侧面——心境化和文饰现象。

如前所述，心境是一种比较微弱而持续时间比较长的情绪状态。这与猛烈而短暂的激情现象正好相反。青少年，尤其是进入青年早期的高中生，会出现情绪反应时间明显延长的情况。这种延长表现在两个方面，一是延缓作出情绪反应，二是延长情绪反应过

① 车文博. 当代西方心理学新词典［M］. 长春：吉林人民出版社，2001：276-278.

程，从而出现情绪反应心境化的趋势。例如，有的中学生在班上受到老师的批评，心里很不愉快，但当场并没有发作，老师也不在意，谁知事后他（她）竟会为此闷闷不乐好几天甚至个把星期。这种情况在儿童时期是没有的，儿童的情绪反应快，转变也快，缺乏心境状态，但到了青少年期，这却成为常有的事。

与此相联系的另一种情况便是情绪文饰现象。即个体内部的情绪体验被外部的情绪表现所掩饰，出现表里不一致的情绪现象。幼儿的情绪表现是明显而真实的，高兴就是高兴的样子，不高兴就是不高兴的神态，外部的情绪表现与内部的情绪体验是一致的。但青少年则会出现内心很难过却面带微笑，明明很得意却装得若无其事，心里爱上班上的某位异性同学却又在公开场合表现得十分冷漠，从而使青少年的情绪生活变得复杂化，令人难以捉摸。与此同时，青少年的情绪又表现出矛盾的特点，他们的内心非常渴望能与别人交流，吐露心声，但一见到熟悉的人特别是长辈的时候，又难以鼓起倾诉的勇气。对于自己很想了解的事情也往往绕圈子，不肯直言。从表面上看，这种情绪特点与前面提到的兴奋性高、易波动起伏的特点都存在于青少年之中，似乎是对立而不可思议的，其实这恰恰是个体从儿童向成人过渡过程中，情绪由不成熟向成熟发展的表现。造成情绪心境化和文饰现象的直接原因是青少年社会意识和自我意识发展的结果，使他们既注意到自己的情绪在特定社会情境中表达的适当性，以保持自己在他人心目中良好的形象，又逐渐具有了情绪的自我控制能力，使强烈的情绪反应得到一定的调节。

3. 自尊感强烈、过敏而易波动

自尊感是与人们要求他人尊重自己的需要相联系的一种情感。它在儿童生活早期就已展露，只是随着个体进入青少年期，自我意识发生分化，出现建立在主体自我对客体自我的评价基础上的一种自我体验——自尊心，使自尊感获得内在调节，并在青少年身上表现出一系列特点。

首先，青少年自尊感强烈。这表现在两个方面：一是青少年往往把自尊感放在其他一切情感之上，当自尊感与其他情感发生冲突时，他们常会毫不犹豫地为维护自尊感而牺牲其他情感。例如，青少年十分珍惜朋友间的友谊情感，但一旦发生彼此间有损自尊感的行为，往往会从根本上动摇友谊。二是青少年对自尊感的情绪体验特别强烈，当自尊感受到损害时，常表现出极大的愤怒、恼羞等情绪反应，甚至为此爆发激情，干出不顾自身安危、无视社会法纪的事情。青少年的这一特点与其自尊需要日益发展有着直接关系。

其次，青少年的自尊感往往过分敏感。有的青少年会为一件小事争得脸红耳赤，有的则为此闷闷不乐或耿耿于怀，还有的甚至发生殴斗，不惜诉诸武力。细析原因，这些小事在那些青少年心目中都是涉及维护自尊感的“重大原则问题”，绝不能等闲视之。例如，一位男学生在文艺晚会上因唱歌走调被大家哄笑，自觉当众受辱，自尊感受损，竟回到家用猎枪自杀。造成这种过敏现象的原因，除青少年本身自尊感强烈外，主要与青少年的认识问题有关，诸如什么叫自尊、什么叫他尊（尊重他人）、自尊与他尊的关系怎样处理，什么样的事才涉及自尊问题等，青少年往往在实际中难以把握。

第三，青少年自尊感极易波动。遇到顺境易产生优越感，遭遇逆境又易顿生自卑感。他们会在日常生活中因几次考试成功、工作受到一些表扬、谈恋爱顺利、力气比同伴大、身材比别人好等等，而骄傲自大，不能容忍他人一点“冒犯”自尊的任何行为，也会因学业一时落后、友谊稍稍有挫折、受到他人冷落、挨了老师批评、甚至因身高不够、外貌不佳而悲观失望、自暴自弃。这既思想方法有关，但最终源于青少年自我评价的不成熟。这种情况在初中生中尤为突出，在高中生中有所改善，这也与高中生自我评价适当性提高有着直接关系。在一项研究中发现，初二学生对自己的性格评价偏高和偏低的比例分别为34.6%和3.8%，而高三学生分别为10.2%和12.12%；初二学生对自己的能力评价偏高和偏低的比例分别为51.9%和7.7%，而高三学生分别为8.2%和16.3%（左其沛，1985）。

4. 道德感、理智感和美感有一定发展

作为高级的情感，道德感、理智感和美感是个体接受社会教育的结果，在个体身上发展相对较晚。心理学研究表明，“在正确教育下，学龄晚期的儿童，社会性的情感，如道德感、理智感和美感也逐渐产生和发展起来”（朱智贤）。而进入青少年阶段，随着个体社会性发展和教育影响的积累作用，这些高级情感逐步达到相当的水平。对初中学生的调查表明，道德感和理智感的发展又相对更优于美感的发展水平（黄烃岭、雷雳，1993）。在另一项研究中，对高中学生这一情感进行更细化的调查。在道德感方面，高中生爱国感、集体感、荣誉感、友谊感等情感体验上，选择代表积极情感的答案的人数占了最大比例，这表明高中生道德感的发展以积极的、正确的情感为主，在运用道德标准评价自身或他人的行为时，已形成了较正确的稳定的反应或体验倾向，处于履行准则与守法的道德定向以及良心或原则的道德定向阶段，即何尔伯格（L. Kohlberg，1969）关于道德发展阶段理论中所说的“后习俗道德水平”。当然，在道德感的各个方面，可能发展也并不平衡。在上述调查中也发现，责任感的正确的选择率较低，其中情感状态占较大比例，只是随着年级的升高，这方面的积极情感又得到较快发展（郑和钧、邓京华，1993）。在理智感方面，高中生的求知感最为强烈，喜悦感、坚信感。其次，疑问感较弱，而坚信感的消极情感的选择在理智感的各项内容中为最高，反映了高中生在求知过程中害怕失败、易因挫折丧失信心。其中以高三学生为甚。这可能与频繁的考试、激烈的竞争有关（郑和钧、邓京华，1993）。

三、情感规律在教育中的运用

（一）情感规律在教书育人中的运用

学校教育是教师和学生共同参与的双边活动，也是特定情境中的人际交往活动。无论是处于教育主导地位的教师，还是处于教育主体地位的学生，都是有血有肉、有情有感的个体。因此，在教育活动中师生之间不仅有认知方面的信息传递，而且也有着情感方面的信息交流，形成“一个涉及教师和学生在理性与情绪两方面的动态的人际过程”，或称为“与个性或社会心理现象相联系的情感力量和认知力量相互作用的动力过程”（Chavez & Cardenus，1980）。如何重视教育中的情感因素，发挥其积极作用，以增进教育活动的科学性和艺术性，优化教育效果，也就成为现代学校教育改革的一个重要课题，是教师在日常的教书育人工作中不可忽视的一个重要方面。这里仅就学校教育的最主要途径、也是最易出现重知轻情现象的领域——教学，谈谈情感规律的实践应用。

1. 在教学中确定情感目标

人们在分析教学过程时，总倾向于把注意力集中于教学中的认知系统，而往往忽视情感系统。事实上，教师、学生和教材既是构成教学中认知系统的三个基本要素，也是构成教学中丰富而复杂的情感现象的三个源点。教师的情感包括对教育和教学工作的情感、对所教学科及其有关知识内容的情感、对学生的情感、主导情绪状态和情绪表现（即表情运用状况）等。学生的情感包括对学校学习活动的情感、对所学课程及其有关知识内容的情感、对教师和其他同学的情感、主导情绪状态、课堂情绪气氛和情绪表现等。教材虽是物，但其内容直接或间接地反应了人类实践活动的情况，又是教育者按一定社会、阶级、时代的要求编写而成，在不同程度上体现了教育者的意志。因而其内容本身也不可避免地蕴含大量的情感因素。因此，当教师和学生围绕着教材内容展开教学活动时，不仅认知因素，而且情感因素也被激活了，形成情知信息交流的回路。在教学中对情知回路的有效调控，自然同时能产生认知和情感两方面的教学效果。正如美国教育心理学家布鲁姆在描述学校学习模型（model of school learning）时所指出的那样：学生是带着原先的认知行为和情感特点来接受教学的。因此，教学不仅要有认知目标，也要有情感目标。在布鲁姆的领导下，由克拉斯沃尔（Krathwohl，1964）负责制定了情感领域的目标分类。它有五个由低级到高级的阶梯式水平，每一水平又分若干层次，形成一个纵向的目标体系，为教师在教学活动中引导学生逐步达到最高情感目标提供了一个个具体的渐进的努力台阶。这五个水平是：①接受——指学生愿意注意特殊的现象或刺激，它包括从意识一事物的有关的简单觉察，到愿意接受，直至有控制地或有选择地注意三个逐级升高的层次；②反应——指学生主动参与，它包括从默认反应到愿意反应，直至在反应中得到满足三个层次；③价值化——指学生将所学习的内容与一定的价值准则相联系，使价值逐步内化，它包括从接受某种价值准则，到偏好某一价值准则，直至信奉三个层次；④组织——指学生将各种价值组成一个价值复合体，即建立内在和谐和一致的价值体系，它包括价值的概念化和价值体系的组织两个层次；⑤价值与价值体系的性格化——指学生能根据已内化了的价值体系行事，形成个性特征。它包括泛化心向和性格化两个层次。可见，这一情感目标体系是以价值内化过程为线索的，把教学视为由教师或教科书上外在陈述的价值准则逐步内化为学生信奉的内在价值准则，并最终沉积为学生个性的过程。

由于教学中情感领域本身的复杂性以及文化背景上的差异，克拉斯沃尔的情感领域教学目标分类只是为我们确定情感教学目标提供了十分一般的轮廓，我们还可在教学实践中依据实际情况确定具体情感目标。但无论怎样，以下几方面的内涵是应该包含在情感教学目标体系之中的：①让学生处于愉悦——兴趣、饱满、振奋的情绪状态之中，为认知活动也为情感的陶冶创设良好的情绪背景；②让学生在接受认知信息的同时获得各种积极情感和高尚情操的陶冶；③让学生对学习活动本身产生积极的情感体验，形成良好的学习心向——好学、乐学的人格特征。

2. 在教学中通过认知信息回路调控情感

在认知信息回路与情感信息回路并存的教学活动中，教师不仅可以在情感信息回路内部调控学生的学习情感，也可以通过情知交互作用，从认知信息回路上调控情感，使之既有利于学生本身的发展，又有助于进一步促进教学中的认知发展。这是一条以知促情的重要调控途径，其具体做法是如下。

（1）精心选择教学内容

美国教育家布鲁纳在《教育过程》一书中明确指出："学习的最好刺激乃是对所学材料的兴趣。"对于中学生来说，在教学活动中真正能引起他们积极的情绪体验的，首先莫过于教学内容本身所具有的内在魅力。诚然，教学内容是根据学科教学大纲和教材选定的，但任课教师在这方面仍有一定的灵活性、主动性和创造性。巴班斯基·波塔什尼克在《教育过程最优化回答》中指出：学校经常碰到教学大纲和教科书存在缺点的现象。但我们认为，全部工作都取决于教师，一个知识渊博的、热爱自己工作、生气勃勃的、精力充沛的教师一定会使任何教学大纲变活，并补正最差的教科书。因此，教师可以，而且应该根据学生的实际情况、学科发展的现状和社会政治文化生活的变化，对教学内容作适当调整、增补，以求精心选择。事实上，选择教学内容的好坏，会直接引起学生完全不同的情绪体验："教师选择的教学内容可以是枯燥、单调的；可以不带个人的主观积极的情绪色彩，只是客观的提出一系列的事实与概念。当然，这将在学生那里产生不满足的情绪感受。相反，教师选择的教学内容若是高质量的，那么它们就能引起学生满足的感受，教学活动使他们激动、感兴趣、思想集中、开心、兴奋"①。这一方法是根据情绪发生的心理机制，通过认知信息回路中高质量的教学内容（客观事物）满足学生求知需要的方式，来调控学生情感的。

（2）巧妙组织教学内容

从教学内容的选择到教学内容的呈现，中间还有一个组织、加工的过程。这一过程，不仅将所选择的教学内容有机地组织起来，以体现内在的逻辑联系，而且更重要的是，显示了这些教学内容内在魅力。这里的关键是，要尽可能使学生感到这些教学内容超出预期满足自己的求知需要。例如，我们应尽可能地将看来比较经典的教学内容出乎意料地与当代社会、现代科技联系起来，使学生对教学内容产生明显的时代感；将某些看来有些"教条性"的教学内容，出乎意料地与现实的社会、生产实践问题和未来的工作、事业问题联系起来，使学生对教学内容产生明显的实用感；将某些看来相当枯燥而又必要的教学内容，出乎意料地与生动的事例、有趣的知识联系起来，使学生对教学内容产生明显的趣味感；将某些看来似乎简单易懂的教学内容，出乎意料地与学生未曾思考过的问题、未曾接触过的领域联系起来，使学生对教学内容产生明显的新奇感，从而激起学生学习的热情。

（3）择优采用教学形式

这里的教学形式是相对于教学内容而言的一个广义的概念，它包括教学的模式、策略、方法和手段等。在国内外教学中已出现各种各样的教学模式，仅美国师范教育专家乔依斯和韦尔（Joyce & Well，1972，1980）就从上百种教学模式中挑选出发现法、掌握学习法、非指导性教学法等25种模式，而与模式相配合的各种策略的运用就更多了。教学方法也层出不穷，有人把它归纳为四大类、若干法，形成了一个庞大的系统。至于

① 弗·鲍良克. 教学沦［M］. 福州：福建人民出版社，1984：88.

教学手段，随着录音、录像、投影、电影、幻灯、多媒体和电脑等电化教学技术、设备的发展，也呈多样化趋势。这些都为教师教学形式的择优采用创造了有利条件。这里的关键是因“材”择法——根据不同的教学材料和教学对象的不同特点选择最佳教学形式，以满足学生在特定教学情景中的需要，产生相应的积极情绪体验。

3. 在教学中通过情感信息回路调控情感

在教学中通过情感信息回路调控学生情感，使之处于良好的情感氛围之中，这不仅有利于直接促进学生各种情感的陶冶和培养，而且也有利于促进和优化学生的认知活动。

(1) 教材内容的情感性处理

如前所述，教师、学生和教材是形成课堂教学中情感信息回路的三个情感源点。因此，对教材内容的情感性处理是以情生情、调控学生情感的一个重要方面。所谓的对教材内容的情感性处理，是指教学内容向学生呈现的过程中，教师从情感角度着眼，对教学内容进行必要的加工处理，使之能充分发挥情感因素的积极作用。教材内容可粗分为两类：一类含有丰富的情感因素，以文科类教材内容为主；另一类本身缺乏情感因素，以理科教材内容为主。对于前者，教师要注意发掘教材内容中蕴含的情感因素，并善于以表情的方式表现出来；而对于后者，教师则要设法赋予教材内容以某种情感色彩。后者处理难度大，也更易为人们所忽视，然而，如果处理得当，在教材内容的半壁领域中也能充分发挥情感因素的积极作用，则无疑会极大地促进情知交融的教学气氛，陶冶学生情操，实施寓育于教。这里有几种方法供借鉴（卢家楣，1994）。

情感迁移法。教师在教学过程中巧妙组织呈现方式，使教材内容成为积极情感——兴趣的诱发因素。

言语情趣法：运用富有情趣的语言讲解有关教学内容，使之具有相应的情感色彩。陈景润的中学数学老师就曾用极为形象、生动、富有情感的语言来激起学生去探索数学奥秘的热情。

拟人比喻法。用拟人化口吻比喻有关教学内容，使之具有情感色彩。例如，在讲楞次定律时，把线圈比喻为具有“冷酷”和“多情”双重性格的人，当磁极接近时，线圈的近端产生同性磁极，与原磁极相斥，表现出“冷酷无情”，而一旦磁极远离时，近端即又生异性磁极，与原磁极相吸，表现出“多情柔和”，随后概括为“来之拒之，走之拉之”八个字，使学生听了既感到情趣盎然，又加深了理解和记忆。

轶事插入法：通过“借题发挥”，介绍有关知识背后隐匿着的一些可歌可颂、可敬可佩的人物轶事，使学生对这些教学内容产生亲切感．从而使之具有情感色彩，同时还可更好地体现了寓育于教的精神。

美感引发法：通过充分展示教学内容中隐含的美的因素，引发学生相应的美感体验，从而赋予教材内容一定的情感色彩。例如，$F=ma$，$E=MC^2$ 等都用最简洁的函数关系反映客观世界中力和加速度、能量和质量的和谐奇妙的关系，体现了科学美。

(2) 教师情感的自我调控

作为教学中另一个重要的情感源点，教师情感的自我调控具有特别重要的意义。这是因为情感具有感染功能，教师的情感会在教学过程中随时随地影响着学生的情感，起着极为重要的调控作用。

在这方面教师尤要注意两种调控。一是教师情绪状态的调控。有不少教师没有意识到这一问题的重要性，对自己的情绪由着兴致、不加调控，有的还出于错误的认识．为体现教学的严肃性而故意绷着脸，表现出“冷静”、“沉着”、“严厉”的教态，这都会影响学生的情绪，产生消极效果。正确的做法是，教师在教学活动中要始终调控好自己的情绪，处于饱满、振奋、愉悦、热忱的状态，以感染学生情绪、活跃教学气氛，为学生认知活动创造最佳的情绪背景，特别是在教师由于种种原因自己情绪不佳时走进教室时，更要以教师的责任感和敬业心调控自己。正如马卡连柯所说：“从来不让自己有忧愁的神色和抑郁的面容。甚至有不愉快的事情，生病了，也不在儿童面前表现出来。”① 二是教师所教学科的情感调控。以往教师考虑的是如何教好自己所教的学科，往往没有意识到自己对所教学科的情感会潜移默化地影响学生对该学科学习的情感和态度。正如苏霍姆林斯基所说：“教师对教材冷漠的态度会影响学生的情绪，使其所讲述的材料好像和学生之间隔着一堵墙。”而“热爱自己学科的教师，他的学生也充满热爱知识、科学、书籍的感情”。因此，优秀教师不只是传授知识、培养能力，还将自己对学科执着追求的精神、热忱和感受带给学生，以激起学生情感上的涟漪和共鸣，这就要求教师不仅不能在教学中流露对所教学科的冷漠，乃至厌烦、反感等消极情感，更重要的是要真正培养起对该学科的热爱之情。

（3）师生情感的交流

在教学活动中师生之间不仅交流认知，也交流情感，不仅交流教学内容中的情感，也交流着师生人际间的情感。而师生人际间的情感也会通过迁移功能影响学生对教学活动、教学内容的情感和态度。我国古代教学名著《学记》中“亲其师，信其道”之说，便深刻揭示了这一道理。而师生情感交流的核心是爱心融入。这就要求教师从职业道德的高度认识师爱的意义，培养师爱情感，并掌握施爱于生的艺术，因为“光爱还不够，必须善于爱”（克鲁普斯卡娅，1982）。这里简单介绍一些具体方法（卢家楣，2002）。

1）施爱于细微之处。情感心理学告诉我们，个人的某种情感越深厚，这种情感越会在他的行为举止的细枝末节上表现出来。因此，要知道一个人对某事或某人的情感究竟是深还是浅，最有效而简便的方法是观其行为表现的细微之处，即所谓“细微之处见深情”。而另一方向，学生对教师的观察最为细致，他们能从教师的一言一行、一颦一笑中感受出来不同的意味。鉴此，教师在与学生交往中，就要善于将爱生之情流露于师生接触的细微之处，让学生从中感受到教师的一份温馨的深情。

2）施爱于意料之外。关于情绪发生的心理机制的研究表明，一个人情绪的发生和客观事物与其主观预期的关系有关，且这一关系主要决定一个人情绪发生的强度。客观事物超出个体的主观预期越大，由此引起的情绪反应的强度也就越大，反之，则越小。鉴此，教师要使自己爱的行为真正引起学生情感上的震动，产生师生情感上的炽热的碰撞，就要设法在师生交往中有意识地利用超出预期所产生的增强情感强度的效果，尽可能使自己的某种爱生行为的处理出乎学生的意料，使之产生情感的震撼，形成巨大的情感冲击波，极大地促进师生人际情感关系的发展。

---

① 马卡连柯．论共产主义教育［M］．北京：人民出版社，1955，346．

3）施爱于批评之时。批评给学生最表面和直接的感受似乎是未能满足学生的需要，易使学生产生反感情绪，同时，鉴于学生违纪、犯错或不足的行为而批评学生的时候，也往往是教师“恨铁不成钢”、最易产生负性情绪的时候。因此，批评学生的时候也是教师和学生之间最容易发生对立和对抗、爆发冲突的时候。在这样的特殊场合，如何注意批评的方式和方法，在批评教育学生的过程中仍能让学生感受到教师的一片拳拳之心、殷殷之情，是一件很不容易做到的事情，却也是化消极为积极、变被动为主动的关键，是体现教师教书育人艺术的难点。这里的关键是要设法使对学生的批评过程也能充溢真情和爱心，真正做到严慈相济、情理相融。特别是要注意将学生的违纪行为与学生的人格相区分：我们要批评和纠正的是学生的违纪的行为，要尊重和保护的是学生的人格。

4）施爱于困难之际。关于情绪发生的心理机制的研究表明，一个人情绪的发生还和客观事物与其主观需要的关系有关，且这一关系在一定程度上也会影响一个人情绪发生的强度。一般说，个体对客观事物的需要越迫切，满足与否所引起的情绪反应的强度也就越大，反之，则越小。学生困难的时候、是学生最需要帮助的时候，也就是对某客观事物的需要最迫切的时候，教师能在这种情况下及时满足学生需要，如同雪中送炭，最易引起学生情感上的触动。因此，教师应把学生的困难求助，视作通过施爱来融洽师生情感关系的最佳契机。

5）施爱于关键之刻。在学生的学习生活中会面临许多关键性的时刻，有许多十字路口，如重要考试、重大竞赛、学习生活的适应和转折、学习上的严重挫折等，学生自己出于涉世不深、经验不足，往往把握不住，又不知如何是好，而其后果却又给学生以后的学习生活乃至人生道路造成较大影响。在这种彷徨、困惑的时候，教师若能给予及时的帮助、指导，指点迷律，会使学生备感教师的爱心和真情，从而增进师生的感情。

6）施爱于学生之中。在教学中的师生人际情感的交流里也存在着学生之间的情感交流，只是在人们探讨师生情感时往往把注意力更多地集中在教师与学生之间的情感交流，而易忽视学生与学生之间的情感交流。事实上，后者也能为前者起积极的促进作用。教育学中有一条平行教育原则，意即教师一方面通过自己的教育来影响学生，另一方面，又通过学生集体来对学生施予影响，以达到在两条途径上同时发挥教育作用的目的。在促进师生人际情感方面也有类似于平行教育那样的做法。即教师一方面要把自己对学生的爱直接施予学生，另一方面也可通过学生集体将这种爱传递给学生。由于学生之间的情感有一种特殊的连结，一旦学生感受到学生集体对自己关爱的背后还有教师的一番深情，由此所产生的感激之情更带有值得回味的温馨，极利于师生情感关系的融洽。

7）施爱于教学之余。师生之间的交往并不局限于教学活动之中，还可以拓展到教学活动之外。师生之间的情感交流也同样要延伸于教学之余，且对教学中的师生人际情感关系的发展具有不可忽视的作用，成为发展教学中师生情感的一条重要的补充渠道。由于在教学之余，师生交往的氛围相对宽松，彼此间的接近更多地带有生活气息，教师对学生的关爱在学生看来，似乎更少一些功利色彩，也就更易为学生以开放的心态所接受。因此，这也就成为教师融洽师生情感的好机会。教师要不失时机地抓住机会，从生活上贴近学生，关心学生，融入学生的世界，与学生打成一片，来积极培养感情。许多优秀教师把此举诙谐地称为“感情投资”，其情感的回报率往往是不可估量的。

8）施爱于家校之间。在现代教学理念中，学校与家长的联系也是促进教育的一个手段。但不少教师只是当学生发生问题时才与家长联系，名为沟通，实是“告状”，以致学生形成不良的条件反射——老师上门没好事，不是反映问题，就是施加压力。殊不知，家校联系也是向学生传递师爱、发展教学中师生情感的又一条不可忽视的补充渠道。事实证明，教师通过家长来传递对学生的关爱，比直接对学生施爱更有效。例如教师通过家长对学生实施的表彰就远比对学生本人实施的表彰更有激励作用，更有利于让学生感受到教师对学生的关爱①。

（二）情感规律在自我教育中的运用

1. 重视情感价值

（1）完善人格

这是因为现代情感理论已揭示情感在人格结构中的地位，在伊扎德的分化情感理论中甚至认为情感处于人格结构中的核心位置。一个人经常表现出某些情绪反应，获得某些情感体验，就会逐渐形成具有相应情感特点的人格特质。

（2）增进健康

情绪、情感的调节、动力功能在前面已有论述。

（3）提高成绩

良好的情感更是教师素质修养的一个十分重要的组成部分，具有自身发展和教师职业要求的双重意义。

2. 追求高级情感

我们知道高级社会情感在个体身上并不是自发形成的，而是在丰富的社会实践环境中，尤其是在教育的影响下，在相应的情绪体验的基础上逐渐萌生、发展的。因此，作为高等师范生应利用高校学习生活和参与社会实践活动的机会，主动接受来自道德感、理智感和审美感方面的陶冶，珍惜在这些方面所得到的情绪体验，为高级社会情感的发展作出积极的主观努力。例如，积极参加各种赈灾活动、社会公益活动、读书活动、创造发明活动、艺术鉴赏活动、游览祖国大好河山的活动等。并在活动中有意识地感受各种积极的情绪体验。

3. 尝试自我调控

情绪修养的实质就是善于调控自己情绪，使之经常处于良好的状态。这里的良好状态的基调是愉悦、兴趣以及学习、工作时适度的紧张。情绪修养的关键就是学会消释和克服不良情绪。这里仅对高师生中较常见的不良情绪的调控方法作一个简介。

（1）排除苦恼

师范生在学习生活中总会遇到不顺心的事，抑或挫折和失败，引起各种苦恼，表现为烦恼、痛苦、悲伤等。苦恼是一种负性情绪，不仅使人消沉，影响行为活动的积极性和智慧潜能的发挥，而且时间一长，更会有碍健康。因此排除苦恼是提高情绪修养的重

---

① 卢家楣. 心理学［M］. 上海：人民出版社，2001：317-325.

要方面。这里可根据情感规律采取以下几种方法。

1）铲除苦恼根源。产生苦恼的根本原因是客观事物不符合个体主观需要。因此一旦有不顺心的事发生，就不能把自己的意识束缚于对该事后果的思量之中，而应把注意力放在如何解决问题的努力上，以积极的态度直面现实，从根本上铲除引起苦恼的根源，这是排除苦恼的最切实的方法之一。

2）改变认知角度。虽说客观事物不满足个体主观需要是产生苦恼的根本原因，但其直接原因仍是个体对客观事物与主观需要之间关系的认知评价，因此，有意识地改变自己的认知角度，一分为二地看待问题，努力通过对客观事物的分析，寻找合理的、积极的因素，是排除苦恼的有效方法。

3）适当宣泄情绪。如果一时产生较强烈的苦恼情绪，不宜积压在心里，可采取适当的方式加以宣泄。如到操场上去跑几圈，或找一个合适的地方用木棍敲击砖石，待到累得满头大汗、气喘吁吁时会感到精疲力竭，而心情反而得到明显好转。有时，悲伤之极，不妨大哭一场，哭也是释放负面能量、调节平衡的一种方式。

4）调换环境。如前所述，情绪具有情境性，苦恼情绪也不例外。当苦恼情绪一时难以摆脱时，可到其他宿舍走走，或到图书馆里去看看自己平时感兴趣而没有时间看的书，或到街上、闹市区逛一下，或去影院看一场轻松的、喜剧性的电影，如是节假日，有条件的话，最好外出旅游，走亲访友，通过转换环境来帮助排除苦恼。

5）睡觉休息。苦恼缠绕、思绪紊乱时，睡觉休息也会收到意想不到的效果。因为睡觉时，大脑处于暂时放松的静息状态，情绪也得到彻底松弛。一觉醒来，人会非常冷静，刚刚被苦恼扰乱的头脑，会变得非常清醒，有助于从新的角度思考问题，评价现实，梳理头绪，从而达到消除苦恼的目的。毛泽东生前就十分赞赏此法，他说："烦恼时，睡上一觉最好。"

（2）学会制怒

怒，也是一种负性情绪，依据强度不同，可分为微怒、愤怒、大怒和狂怒等。这里所指的主要是已进入激情状态的愤怒。它在性质上具有两重性：积极的、充满凛然正气的怒和消极的、不该发作的怒。面对敌人的罪恶行径，义愤填膺、怒不可遏，与之作针锋相对的斗争，这便是积极的怒；在并非原则性的问题上，为一些鸡毛蒜皮的小事而大动肝火、怒气冲冲、大发雷霆，则是消极的怒。克服和避免后一种怒，是情绪修养的又一重要内容。这是因为，一方面处于激情状态的消极性的怒，会让我们的意识失去对行为的有效控制，失去对行为后果的冷静思考，往往会做出不明智的行为举止，影响人际关系，甚至干出"一失足成千古恨"的蠢事，有时也会损害健康。我国古代《黄帝内经》中就有"怒伤肝"的明确警示；另一方面，高师生又正处于血气方刚之时，易于情绪激动、爆发怒气。因此，可以说，是否善于制怒，也是衡量青年人情绪修养水平的一个重要标志。世界上根本不发怒的人恐怕少有，但要做到少发消极的怒是完全有可能的，这主要在于把握两点。

首先，要拓宽心理容量。心理容量俗称气量越大的人能经受较强的刺激而不动怒。为此，第一要培养远大的生活目标，习惯于从大局、从长远处着眼，不拘泥于小节琐事；第二要善于理解人，一旦发生矛盾、冲突，要习惯于从对方的角度来看问题，以便心平气和地讲清道理；第三要尊重他人，因为事实上，一个人的脾气不管怎样暴烈，对他人内心真正尊重的人是很少发火的；第四要提高文化知识修养，一般说，文化知识修养高的人，看问题比较通达的人，心理容量也就相对比较大，不易发火动怒。

其次，要具有防怒措施。平时有一套防怒的操作手段，才有利于临场有效制怒。第一，在怒气刚产生时，及时制怒比较有效。一个非常简易的方法就是，把舌头在嘴里转十个圈，使自己正急速膨胀的怒气有所消退；第二，当怒气有所消退时，要反问自己，“如果真有道理能否延迟些时间再发火?”从而让自己的意识重新返回到冷静的、理智的状态；第三，要针对自己易发火的特点，养成接受他人劝言和自我暗示的习惯，从外部诱导中获得制怒的信息和力量。如林则徐在自己的厅堂上高挂“制怒”的大匾，每当他遇事欲怒时。看一看匾牌上的“制怒”两字，使用理智和自制力来调控情绪，避免发火。

(3) 消除紧张

现代高校学习生活，讲究学习的效率和效益，强调竞争和挑战，因此紧张情绪是难免的，而且，适度的紧张对学生来说，也是有益而必要的，它比松弛状态更能调动人的潜能和智慧，但一旦过度，则同样走向反面，产生一系列消极影响，如大脑神经的兴奋和抑制过程失调，出现暂时性的不平衡，干扰认知活动，降低其活动的效率，并会引起心跳加速、血压增高等生理反应，不利于健康。特别是考试、测试时，过度紧张的问题尤为突出。如何调节情绪，以防止过度的紧张，也是高师生情绪修养的一个方面，因为这不仅有利于临场发挥智慧水平，而且也有利于平时的身心健康，改善生活质量。这里主要谈临场紧张的消除方法。

1) 降低动机强度。每次测验、考试，理应全力以赴，努力发挥出自己的水平。但临考时，头脑中就不再考虑这次测验或考试的成败、得失，而是带着一份平常心，只要求自己像平时做练习那样一般发挥就可以了。

2) 弱化自我意识。考试过度紧张的学生往往自我意识很强烈，过多地注意别人对自己的评价，关心自我在别人心目中的形象，一边考试一边还在担心自己落后于他人，这无疑是一种自我加压，陡增紧张感。因此，在考试时要弱化这方面的自我意识，只管自己静心答题，不管他人评价与考试状况。

3) 进行放松操练。考前应提早到场，试卷发放前往往也是最紧张的时候，如一时镇静不下来，可运用呼吸进行放松操练：双眼轻合，先深吸一口气，使全身肌肉紧张，达到极限后慢慢放松；同时，缓缓呼气，重复数次。该操练应在平时加以练习、体会，考试应用时才能达到最佳放松效果。

4) 实施“焦点转移”。在考试中如出现怯场现象，可立即采用“焦点转移法”加以调整：伏桌暂歇片刻，做深呼吸，默数一、二、三、四……尽量回忆生活中自认为最有趣的事，待情绪平静后再继续应试。

5) 重视“舌尖现象”。答题时，遇有一时记不起来的地方，切莫硬想，这可能就是前面提到的舌尖现象——因情绪紧张所引起的记忆短时抑制。这时，越急越想不出，越想不出越急，导致恶性循环。不妨先做其他题目，抑制状态会自动解除，恢复记忆。遇到难题，也不要过多纠缠引发紧张情绪，而应暂搁一边，待最后解决。

6) 保证试前休息。考试前夕切莫挑灯夜战，而要保证休息，以免因休息不足而诱发紧张情绪[①]。

4. 培养积极心态

(1) 积累积极体验

以往成功、快乐的经验伴随着愉悦的主观体验和舒服的感官记忆成为个体以后需发动行为的动力，主动、高效地为其应为。有意回忆行为、事件的细节、过程等，强化过去的积极体验；主动参与多种活动，创造机会积累积极体验，为培养良好心态提供动力源。

(2) 进行积极认知

对每一个行为、情境、事件等都可以作多角度、多层次的认知，如果不仅考虑问题解决，而且考虑个体心态，那么寻找积极因素、进行积极归因则极为有利。如努力寻找行为的积极动机、事件的过程价值、结果中的有利方面等，能为积极心态的建立奠定基础。

(3) 创造积极价值

选择适合的情境、做出适当的行为、呈现适度的反应、得到良好的结果，如此多次经历后个体的自我价值感会得到增强，自尊感增强，已有的自我实现的高峰体验促使个体步入更多追求自我实现的需要而获得满足的良性循环。

(4) 塑造积极人格

积极心态的创建和维持不仅依赖于适度追求、积极认知、适当反应，还受制于个体独特的、稳定的精神整体，因此个体有必要在全面、正确认知的基础上，在适合的价值系统统领下，有意进行长期一贯的追求和训练，习惯化于身心灵一致的感受和表达，塑造健全而积极的人格，具备积极心态，获得和感受更多成功、快乐。

第二节 意 志

一、意志概述

(一) 意志的概念

意志（will）是在实现预定目的时对自己克服困难的活动和行为的自觉组织和自我调节。能够自觉地确立目的，是人的行为特征。动物也与环境相互作用，有些高等动物甚至仿佛有某种带目的性的行为，但是从根本上说，动物的行为不能达到自觉意识的水平。尽管它的动作可能十分精巧，却不可能意识到自己行为的目的和后果。因此动物的行为是盲目的，是“无意地发生的，而且对于动物本身来说是偶然的事情。”[②] 然而人类的活动则完全不同，它是有意识、有目的、有计划地实现的；并且“人离开动物愈远，他们对自然界的作用就愈带有经过思考的、有计划的、向着一定的和事先知道的目标前进的特征。”[③] 人在从事活动之前，活动的结果已经作为行动的目的而观念地存在于他的头脑中，他以这个目的来指引自己的行动，“把它当作规律来规定他的行动的式

① 卢家楣. 心理学 [M]. 上海：人民出版社，2001：326-330.

② 马克思恩格斯选集（第3卷）[M]. 北京：人民出版社，1972，516.

③ 马克思恩格斯选集（第3卷）[M]. 北京：人民出版社，1972，516.

样和方法，使他的意志从属于这个目的。”① 没有自觉的目的，就失去了有意识地改造世界的前提。因此，只有人类才能在自然界里打上自己意志的印记。人的目的是主观的、观念性的东西。主观要见之于客观，观念要变为现实，必须付诸行动，付诸实际动作。如果说，感觉是外部刺激向内部意识事实的转化，那么意志就是内部意识事实向外部动作的转化。这后一个转化，常常会遇到种种内部和外部的困难，要克服这些困难，就不能不对自己的活动和行为进行自觉的组织，就不能不进行自我调节。通常把困难分为外部困难和内部困难，其实外部困难是通过内部困难起作用的。举起 10 公斤的重物行走一段路程，对一个手无缚鸡之力的病弱之躯，是一项艰难的任务，需要他作出相当大的意志努力；但对一位健壮的举重冠军来说，则不足以检验他的意志力。

动物没有意志，它只能消极地顺应周围环境，成为自然的奴隶；人有了意志，就能够积极地改造外部世界，从而有可能成为现实的主人。人在纷繁复杂的环境中主动地提出目的，同时主动地采取行动来改变环境以满足自己的需要。因此意志集中地体现出人的心理活动的自觉能动性。

意志对行为执行着两种功能，即激励功能和抑制功能。前者在于推动人去从事达到预定目的所必需的行动，后者在于制止不符合预定目的的行动。意志的这两项功能在实际活动中是统一的。例如，有了利用业余时间学好外语的决心，这种决心就一方面推动人去进行外语学习活动，另一方面又抑制那些可能干扰他学好外语的其他活动。

意志不仅组织、调节外部动作，还可以组织、调节人的心理状态。当学生排除外界干扰，把注意集中于完成作业时，就存在着意志对注意、思维等认识活动的组织和调节，当人在危急、险恶的情境中，克服内心的恐惧和慌乱，强使自己保持镇定时，就表现出意志对情绪状态的组织和调节。意志行为的特殊表现之一是所谓的冒险行为。冒险是在主体活动结果具有不确定性以及对活动失败招致的不利后果有所预计的条件下的一种活动特征。因此一个人为了理想或道义上的理由，是否敢于从事冒险行为，能承担多大的风险，从一个侧面鲜明地表现出他的意志力。在社会生活中，机遇常常伴随着风险。人类古往今来的许多伟大的发明和发现，许多丰功伟绩的建树，都曾经历过种种骇人的艰险。人类迎接、承受和战胜无数风险的历程，闪烁着巨大意志力量的光辉。

（二）意志的特性

1. 相对自由性

关于人的意志的本质，长期以来在心理学、哲学乃至生理学家中存在着尖锐的争论。争论的焦点是人类究竟有没有所谓的“意志自由”。

西方行为主义心理学完全否认意志的存在。它把人的行为归结为“刺激—反应”（S—R）的简单公式，认为人的反应是机械地被外界刺激物所决定的。因此它不但否认意志，而且从根本上否认人的意识。西方有些心理学教科书中至今仍没有研究意志问题的专章，这恐怕反映了行为主义心理学的影响。这种对待意志的取消主义观点是不符合事实的。

---

① 马克思. 资本论（第 1 卷）[M]. 北京：人民出版社，1963，172.

事实上，人的行为有高度的自主性。就一定条件下的具体行动而言，它的确是受个人的主观意愿所左右的。面临同样的情境，人可以产生这样的动机，也可以产生那样的动机；可以采取这个行动目的，也可以采取那个行动目的。也就是说，人的行为不是被动地、单纯地由外部情境所决定的，它也受主体内部意识状态的调节，而这种调节，正是意志活动存在的证明，是人的意志具有某种自由的证明。

唯心主义者从另一个极端片面夸大“意志自由”，把意志看成一种独立于客观现实的、纯粹的“精神力量”，看成一种超越于物质之上并不受客观规律制约的“自我”的表现。19 世纪的德国哲学家尼采（F. Nietzsche，1844～1900）和叔本华（A. Schopenhauer，1788～1860）就宣扬过唯意志论，鼓吹人的自由意志主宰一切。19 世纪末和 20 世纪初的英国心理学家麦独孤断言，人的行为是由一种内在的“驱力”所决定的，而这种驱力是基于机体的神秘的本能。当代著名的澳大利亚神经生理学家、诺贝尔奖获得者艾克尔斯（Eccles，1903～1997）也把人的意识和大脑看作两个彼此独立的实体，认为“脑从意识精神那里接受到一个意志动作，转过来脑又把意识经验传给精神”。他认为意识精神、意志是“第一性的实在”，而其他一切事物是派生的，是“第二性的实在”。在他看来，既然意志是第一性的实在，意志的自由当然也就是不受任何物质因素所制约的了。这种意志观同样是错误的。意志是决定人的活动的直接原因，但不是终极原因。意志受人的目的所指引，由人的动机所推动，但目的和动机是由人的需要所决定的，而人的需要最终必须受制于物质世界的因果制约性。恩格斯在驳斥意志自由论时曾经指出“自由不在于幻想中摆脱自然规律而独立，而在于认识这些规律，从而能够有计划地使自然规律为一定的目的服务。……因此，意志自由只是借助于对事物的认识来作出决定的那种能力。”① 恩格斯的这一论断，既指出了意志自由的存在，又对意志自由的本质作出了科学的解释和严格的限定。概言之，意志自由只是人对必然的认识和在行动中对必然的驾驭。

由此可见，在个人的心理活动中，意志是自由的，又是不自由的。说它是自由的，是因为在一定条件下，人可以按照他的意愿自主地能动地确立目的、展开或制止某个行动、选择行动方式；说它是不自由的，是因为人的一切行动都必须服从客观规律和人对客观规律的认识，否则就会在实践中碰壁。因此，在相对的、有条件的意义上，意志是自由的；在绝对的、归根结底的意义上，意志又是不自由的。

2. 社会制约性

动物没有意志，意志是人所特有的心理现象，它是在漫长的从猿到人的进化历程中，随着人类的产生而产生的。人的意志发生的源泉不在机体内部，而在社会劳动之中；社会劳动给意志活动的产生提出了需要并提供了可能。

劳动是有目的、有计划的活动。人类最初在求生需要的驱策下从事萌芽式的劳动的过程中，逐渐形成行动的目的，并学会使自己的行动服从于既定的目的。

劳动一开始就是社会性的协同活动。劳动的社会性是意志形成和发展的基础。人类的祖先在通过社会劳动来满足个人的需要时，还必须根据社会的要求，为满足整个社会

---

① 马克思恩格斯全集（第 3 卷）[M]. 北京：人民出版社，1972：153-156.

的需要而行动。这是因为他们在长期的生活实践中认识到，必须首先从事某些并非直接满足个人需要的行动，才有可能满足个人的需要。比如，他必须制造供别人使用的狩猎或捕鱼工具，别人使用这些工具去获得食物，然后才能供他果腹。这种行动服从某种社会性的间接目的的情形，是意志产生的起点和基础。抑制个人的意愿和需求，忍受或克服个人生理上或心理上的困难，而使行动服从于既定目的、任务的能力就从这里形成和发展起来。

人的自觉目的的提出以及达到目的的计划和手段的拟定，都需要借助于语言这一工具，而语言也正是在社会劳动中才产生出来的。因此，意志是随着人类的形成，在行动和言语交际的基础上产生的。

从个体发展中看，意志产生的契机也是社会性的。初生婴儿无所谓意志活动。他们在与周围成人的交往中，最初学会根据成人的言语指令来调节自己的随意注意，尔后又逐步学会按照成人的要求来支配自己的身体动作，再以后，随着儿童完成对言语的掌握和自我意识的发展，他才慢慢地能够依照自己的愿望和意图采取有目的的行动。意志是人所特有的心理现象，任何时代、社会制度和阶级的人都有意志这种心理活动形式。但是不同时代、不同社会制度和不同阶级的人，其意志的思想内容是不尽相同的，他们的动机和目的的思想内容是不尽相同的。从这个意义上讲，意志也受着社会历史条件的制约。

3. 认识基础性

意志和认识过程有着极为密切的联系。

意志具有自觉的目的性，但人的任何目的都不是头脑里所固有的，也不是主观自生的，它是人过去和现在的认识活动的产物。目的虽是主观的东西，它的来源却是客观世界。人的行为目的不可能凭空产生。人确立这种或那种目的，归根结底取决于人的需要。而需要也是人对客观现实的反映，是通过人对自身需求的认识而形成的。物质需要是人对物质性需求的反映，精神需求则是人对一定社会物质文化生活的反映。因此，离开了认识过程，意志就无从产生。

人的行动目的，也不是任意提出的，它受到客观规律的制约。从主观方面看，只有当人确信他的愿望和目的符合客观规律，具有实现的可能性时，他才有决心采取此项愿望和目的；从客观方面看，也只有他的愿望和目的确实符合规律时，他的意志行动才能得到实现。因此列宁说："人的目的是客观世界所产生的，是以它为前提的。"① 人只有认识了客观世界的规律，认识了人自身的需要和客观规律间的关系，才能提出和确立合理的目的。

实现意志活动需要有行动的手段。关于行动手段的知识和技能，也是通过认识活动而获得的。个体的认识愈是丰富和深入，他所积累的有关知识和技能愈多，他在意志活动中对行动手段的采取和运用才愈是顺利和有效的。

在实现每一项具体的意志行动的时候，为了确立目的和选择手段，通常要审度客观形势，分析现实的条件，回顾以往的经验，预料未来的后果，拟定种种方案，编制行动

① 列宁. 哲学笔记[M]. 北京：人民出版社，1956：174.

计划，并对这一切进行反复的权衡和斟酌；这就必须依赖感知、记忆、想象、思维的过程。这些过程实际上构成意志活动的理智成分。因此。离开了认识过程，就不会有意志活动。

另一方面，意志也给认识过程以巨大影响。首先，人对外部世界的认识，是有目的、有计划并需克服各种困难的过程。诸如观察活动的组织、随意注意的维持、随意识记的进行、创造性想象的实现、解决问题的思维活动的展开等，都离不开人的意志努力，即离不开意志过程；其次人对客观世界的认识，是在变革事物的过程中完成的，而一切变革现实的实践活动都是意志行动，都必须受意志过程的支配和调节。因此，没有意志，也不会有深入的、完全的认识活动。

关于意志的实验研究向来稀少。但心理学有关习得性绝望的研究，似乎从反面证明了人对自己行为的结果的认识，会制约其意志行为的表现。赛利格曼（Seligman）等于20世纪60年代末发现，狗在连续多次遭受电击而无法躲避的情形下，会产生一种反应，即在即使可以躲避时也不再躲避而听任电击。这就是所谓习得性绝望的现象。20世纪70年代中期，海若托（Hiroto，1975）等以大学生作被试，把被试分成两组织，令其在强噪声干扰的条件下进行作业。其中一组对这种干扰可以设法躲避，另一组则根本无从躲避。然后，当两组被试均被置于可躲避的条件下作业时，后一组被试很少试图去躲避噪声。这组被试在明显的有害刺激面前“认输”而不作努力，似乎表明了他们意志的消失。这种变化是基于他们对以前行为结果的认知而发生的。

4. 情绪动力性

情绪可以成为意志的动力。当某种情感或情绪对人的一定行为起推动或支持作用时，就存在这种情形。例如，对祖国的热爱和对敌人的仇恨，激励着人们去保卫祖国和消灭敌人。一个对所要达到的目标抱着漠然的冷淡态度的人，是难以表现出坚强的意志的。

情绪也可以成为意志的阻力。人在从事他所不乐意去干的活动时就发生这种情形。“不乐意”的情绪，对于这项活动而言是一种消极的体验，它妨碍着意志行动的贯彻，造成意志过程的内部困难。此外，人在完成某项他所热衷却又感到棘手的任务时，也可能发生这种情形。因为由外部困难所引起的消极的情绪体验（困惑、焦虑、彷徨、痛苦），也动摇和销蚀人的意志。

由于意志本身执行着组织和调节功能，因此，对某项意志行动起阻碍作用的情绪实际上同意志处于相互制约、此消彼长的关系之中。在这种情况下，意志行动最终是否得到体现，取决于各种主客观条件。就人的内部条件来说，主要取决于意志和消极情绪之间的力量对比：意志力薄弱而消极情绪强烈，会导致意志行动半途而废；感觉困难巨大，而目标实现的快乐驱动力也很大，可能促使个体克服困难，实现目标；意志坚强则可克服不利情绪的干扰，使行动贯彻始终；意志坚强，而且目标实现的快乐的驱动力大，目标实现的可能性最大。

意志对情绪的影响，有时还表现为对情绪的直接控制。如果一个遭遇不幸而陷于哀伤心境的演员，为了不妨碍本职工作，在舞台上仍能成功地扮演喜剧角色，那么他就是凭借意志的力量，抑制了一种情绪而激发了另一种情绪。

平时人们所说的“理智与情感的冲突”，其实也是意志与情感的冲突；所谓“理智对情感的驾驭”，其实是意志遵循理智的要求而出现的对情感的驾驭。认识过程本身并不具有直接控制情感的功能，控制是由意志来完成的。所谓“理智战胜情感”，是指意志的力量根据理智的认识克服了与理智相矛盾的情感；而“情感战胜理智”，是指意志力不足以抑制情绪的冲动而成为情绪的俘虏，背离了理智的方向。

意志的一个重要内容是自觉地确立目的。传统的观点认为，人在最理性的决策过程中，全然依赖思维活动而全无情绪的参与。但神经病学家戴马修（A. Damasio）提出，理性的决策不能没有情绪的参与。他发现前额叶和作为情绪之源的杏仁核之间的通道受损的病人，尽管其认知能力和智商并不降低，但决策能力却严重减损，这类病人无论在事业上还是生活中，均表现出决策水平的低下，甚至连决策小小的约会都令他们备感困惑。在戴马修看来，个体在生活历程中积累起来的情绪经验，在决策过程伊始就指引着他排列、组合所有的可能结果，权衡取舍，以便作出最佳选择。而人所经历的事件的情绪色彩的储存，是离不开杏仁核的功能的。一旦新皮层前额叶同杏仁核之间的通道受损，关于情绪体验的记忆就难以激活。在这种情形下，纵使新皮层深思熟虑，也无法引起同以往的经验相关的情绪体验，于是他对一切事物都变得淡然、漠然，他又将如何为实现确定的目标去决策他的行为呢?

总之，认识、情感和意志是密切联系、彼此渗透着的。发生在实际生活中的同一心理活动，通常既是认识的，又是情感的，也是意志的。任何意志过程总包含有理智成分和或多或少的情绪成分，而理智和情感过程也包含有意志成分。实际上并不存在纯粹的、不与任何认识和情绪过程相关的意志过程。因此，不能把意志仅仅归结为反映活动的效应环节，而应看作是完整反映活动的一个方面。研究意志，就是研究统一的心理活动的意志方面。

5. 个体稳定性

个体的认知活动、情绪活动和意志活动，都表现出个人不同的相对稳定的特点。这些从过程的角度不是从内容的角度归纳出的特点，可称之为人的智慧品质、情绪品质、意志品质。这三类品质之中，意志品质（volitional charactcristics）的研究和揭示最为重要。

（三）意志品质

无论心理学者研究意志，还是学生学习关于意志的知识，归根结底，都是为了培养和发展个体良好的意志品质。意志品质，也从一个侧面反映出意志现象的某种规律性。人有诸多意志品质，主要有如下几种。

1. 独立性（independence）

这一品质是指，个体倾向于自主选取决定和行动，既不易受外界环境的偶然影响，也不易被周围人的说三道四所左右。意大利诗人但丁（A. Dante，1265～1321）由于反对当时权重势大的教皇统治，被教皇罗织罪名，判处终身放逐。在他逝世前五年，当局宣布，若他当众认罪，可允许回国。但丁为了不使自己的清白遭受玷辱，断然拒绝。他说：一心循着你自己的道路走，让人家随便怎样去说吧！——显示出一种高度独立的意志特征，他的这句话成为马克思十分欣赏的名言。

和独立性相反的是依从性或受暗示性。这种人缺乏主见，人云亦云，想事处事，先看看齐邻右舍，别人怎么干，自己也跟着跑。这是意志薄弱的表现。具有这种性格的人，难以充分发挥自己的智慧和个性，工作中难以发挥应有的独创性。但是独创性不同于独断性。独断性是以主观、片面、一意孤行为特征的，独立性则以冷静的理性思考为基础。因此独立性强的人不人云亦云，但也不一概拒绝他人的合理见解而刚愎自用。

2. 果断性（decisiveness）

果断指善于在复杂的情境中迅速而有效地采取决定，一旦采取了决定，又及时地投入行动。欲求事业成功，把握时机是重要的；时机又是变化的、流逝的，只有处事果断，才能抓住有利的时机。果断的意义，在军事指挥员身上表现得尤其突出。战场形势错综复杂，瞬息万变；形势的复杂需要进行细致的缜密的分析研究，形势的多变需要决断迅速及时。因此，战斗的胜负不仅取决于指挥员决策的正确与否，而且取决于决策的及时与否；即使是正确的军事布置，如果在时间上延迟、耽误，也可能导致失败。与果断相反的特征有两种。一种是优柔寡断。优柔者每遇抉择，总是犹豫不决，摇摆不定，动机的斗争没完没了，难以作出最终的选择；好不容易作了个决定，又迟迟不付诸行动，生怕走错步子而后悔。这种人的智慧水平可能不低，但因其太缺乏行动性，结果限制了他的才能发挥。莎士比亚（W. Shakespeare，1564～1616）笔下的哈姆雷特头脑清醒，感觉敏锐，感情丰富，由于他太过分地耽于思索而怯于行动，结果错失多次良机，终难实现替父报仇的夙愿。

果断的另一对立面是鲁莽。鲁莽者办事倒也很少迟疑，说干就干，他的行动快则快矣，却不善于事前作周密考虑和斟酌，结果多半成事不足，败事有余。所以避免鲁莽，需要深思熟虑；避免优柔寡断，需要当机立断。军事史上卓越的军事将领，必定是多谋略又善断的人。

3. 坚韧性（perscvcrance）

人生是一个漫长的过程，实现人生总目标，需要数十年的奋斗。长时期地向着既定的目标奋进、拼搏，必须有意志的坚韧。鲁迅在“风雨如磐”的旧社会，特别强调要坚持“韧性的战斗”。韧性的战斗要求坚韧的意志品质。老一辈卓有成就的革命家、科学家、文艺家之所以取得成功，除了因为他们才能突出，还因为他们无一例外地都具有一个共同的心理条件，即意志的高度坚韧性。正是这种坚韧性，使他们数十年如一日地克服种种艰难险阻，百折不挠地向前搏击。大目标是由一系列小目标积累而成的。有些小目标的实现，也需假以时日，不可能一蹴而就。即以青年人的冬季长跑锻炼为例，就考验着人的意志坚韧性：寒冬腊月，清晨起床，温暖舒适的被窝首先要拖住你；起得床来室外寒风刺骨，就会使你退缩；跑步既久，双腿疲软，生理上产生的劳累，时时让你想停下步来；跑步本身就是单调的，并无什么引人入胜之处，倘再逢上临考期间，时间紧迫，更会使你产生“算了吧，今天就免掉一次”的念头……凡此种种，都是干扰你行动的不利因素，你都能抗拒吗？今天能熬过去，还有明天；日复一日，月复一月，你能长久坚持下去吗？只有持之以恒，风雨无阻，经年不辍，你才是胜利者。而你夺取胜利的保证，就是你的坚强意志，是你的坚韧性。可见意志的坚韧性就体现在能够长久地坚持业已开始符合目的的行动，做到锲而不舍，有始有终；能够抵御不符合行动目的的种种主客观诱因的干扰，做到千纷百扰，不为所动。不论前进道路上如何困难重重，决不放弃对目的的执著追求；不论行动过程中如何枝节横生，总是目不旁顾，不达目的，决不罢休。

意志的坚韧既不同于意志的薄弱，也不同于执拗。意志薄弱的人，也可能开始某种壮举，并显得决心不小，虎气十足；但一旦遭遇挫折，就知难而退，以某种借口原谅自己，甚至怀疑当初所作决定的必要性和可行性。这种人办事常显出“三分钟的热度”，“三天打鱼，两天晒网”，结果是虎头蛇尾。这种人在生活中为数不少，属于意志薄弱者之列。至于性格执拗者，其特点是只能刻板地依照一成不变的计划行事，不知敏锐地觉察情势的变化，不善于及时根据新情况，相应地对行动方式乃至行动目的作出修正，并相应地改变自己的行为。良好的意志品质，不仅表现于支持贯彻既定的决定，而且也表现于必要时善于当机立断，改变旧的决定，采取新的决定。顽固、执拗、一意孤行、我行我素，也是意志薄弱的特征。

4. 自制力（self-control ability）

人不但是客观现实的主人，也应是自己的主人。此话说来容易，做起来却很不容易。做自己的主人，意味着根据正确的原则指挥自己，控制自己。人的各种愿望和冲动并不都是合理的；合理的欲望和冲动在一定条件下也不一定是适当的。人生活在社会环境中，生活在同他人的相互关系之中，个人利益和愿望同社会利益和他人愿望时时发生矛盾。有时，个人的一时冲动和愿望同他本人的根本利益也会存在矛盾。有时，个人必须依据社会的规范来约束自己的行动，必须根据自己的根本利益来调节自己的行动。

《普通一兵》主人公马特洛索夫信奉一句格言：“去做自己应该做的事，不做自己想做的事。”实践这句话的过程，就是考验人的自制力量的过程。

自制力表现为发动行动和抑制行动两个相联系的方向。也就是说，一方面克服外部困难或某种内部动机的干扰，强迫抑制自己的某种行动；另一方面，是在内外干扰下，发动和维持某种行动。抑制自己的行动，就是“不做想做的事”。学生在课堂上遵守纪律，在公共场所遵守规章，身患疾病时遵守医嘱忌食自己喜爱的食物等，都是表现自制力的场合。自制力发挥的范例，当推革命烈士邱少云。在一次战斗中，他奉命隐蔽在阵地上，被炮火烧着了衣服。按照美国的心理学家马斯洛的“需要层次理论”，当人的基本“安全需要”受到威胁时，必然会奋起自救。但是邱少云为了不在敌人的面前暴露目标，强忍着剧痛的煎熬，一动也不动，直到被火焰夺去生命，这是为了事业，为了战局，发挥人的高度自制力的动人典范。这一事例有力地证明，一个人的高尚而强烈的社会性动机可以在多大的程度上制约和克服生理动机，从而显示出令人惊叹的意志力量。

在存在外部困难和某种内部动机的干扰下，发动和维持自己的行动，就是“去做应做的事”。暑假里的一天，某学生按计划该完成暑假作业。但是那天天气炎热难耐，或他觉得疲乏，想休息一下，或他被当晚电视节目所吸引，或有好朋友约他出去听精彩的音乐会；如果他想到计划必须如期完成，他会坐在桌子边完成作业，他靠的就是自制的力量。体育运动，特别是竞赛性运动，大多是对人意志的考验。中国女排健儿长期经受超大运动量的训练，忍受着常人无法想象的劳苦。她们成天跌打滚爬在运动场上，累得腰酸背痛，有时竟流着眼泪接球、扣球。因此，从性格锻炼的角度看，中国女排“三连冠”的辉煌胜利，其实就是一簇灿烂的顽强坚毅的意志品质之花，是对人类所能达到的坚强性格的一曲响亮的赞歌。

克服艰险及艰险引起的恐惧的心理，去从事某项活动，表现出人的勇敢精神，也与自制力的发展有关。古稀老人下海游泳，已经很罕见了，可是秘鲁一位 77 岁的老翁丹尼尔，居然敢在海洋中击水劈浪达 7 小时 34 分钟之久，成功地横渡了直布罗陀海峡。更有甚者，72 岁高龄的老派克，为了替癌症研究筹款，勇敢地作惊险飞行，把自己绑在一架特技飞机的翼顶，身躯完全暴露在机舱之外，飞上 1000 英尺的高空。这些事例表明，超群的坚强意志，能帮助人作出令人叹为观止的行为。

自制力还表现在对情绪反应的控制上。情绪是会直接影响人的行为的。因此，对情绪的有效控制，也间接地调节着人的行动。突然遇到危险，人往往产生恐惧，甚至惊慌失措。但呆若木鸡也好，手忙脚乱也好，不但无助于应付险情，反会使当事者遭殃。只有临危不惧、镇定自若，从而情急生智，思考对策，才可能化险为夷。而做到一点，需要有自制力。

二、意志的生理机制

意志活动是人脑的机能，是神经系统多部位、多层次整合活动的结果。

人的意志活动是通过一系列的随意运动实现的。随意运动是感受和效应过程所组成的复杂的机能系统，语词是随意运动的高级调节者。它在人的意志活动中起着主导作用。现代神经心理学的研究表明，额叶在实现有言语系统参与的复杂心理活动中有重要作用。

三、意志的心理过程

意志总是通过一系列具体行动表现出来的。受意志组织和控制的行动，就是意志行动（volitional movement）。意志行动心理过程分为两个阶段，即采取决定阶段和执行决定阶段。

采取决定阶段是意志行动的开始阶段。它决定意志行动的方向，规定未来意志行动的轨道，因此是完成意志行动之重要的、不可缺少的开端；执行决定阶段是意志行动的完成阶段，在这个阶段里，人的主观目的转化为客观结果，观念的东西转化为实际行动，实现对客观世界的改造。

1. 采取决定阶段

决定的采取并不是刹那间就完成的，它是一个过程，有着丰富的心理学内容，体现出人的意志品质。决定的采取，包括行动目的的确立、行动手段的选择和行动动机的取舍等环节。行动目的是指人的行动所要达到的是什么，行动手段是指借助什么具体行动去达到目的，行动动机则反映着人为什么要达到这一目的。人通常面临着不止一个可供选择确定的目的，这就必须进行选择。为了选择，他必须根据每个目的意义和价值，考虑其实现的必要性，并根据主观和客观的条件，考虑其实现的可能性。如果每一种目的都有引人之处，都有某种必要性和可能性，人就会发生心理上的冲突、引起内部困难，在不同目的之间举棋不定。各个行动目的的诱人程度越是强烈而相近，这种冲突就越尖锐，作出抉择也就越困难。有时目的本身在客观性质上并不矛盾，但是不可能在同一时刻实现，也需要主体进行比较，权衡其轻重缓急，作出先后或主次的安排。克服这些困难，完成目的的采取，都要求作出意志努力。

目的确定之后，还需要决定为达到目的需采用的手段或需经过途径，如果选择余地很大，就要求分析和比较各种手段的有效性和合理性。有时由于知识经验不足而一时找不到合适的手段，或不同手段各有其利弊，也会在手段的选择上犹豫不决，发生困难。

在同一动机的驱策之下，会存在确立何种目的和选择何种手段的问题；这时目的和手段的抉择主要取决于个人的知识状况、能力水平以及有关的主客观条件。但是在很多情形下，影响人选择这种目的和手段而舍弃其他目的和手段的，是不同的动机彼此斗争的结果。动机的斗争，常常是人在不同目的之间游移的重要内在原因。人之所以选择此项目的而放弃彼项目的，有时不是取决于对目的本身的客观必须性和可能性的认识，而是由于与此项目相联系的动机战胜与彼项目相联系的动机的结果。例如，一个上海的中学毕业生打算升入大学，他是报考外地重点大学，还是报考本市一般大学？尽管他自知有被重点大学录取的把握，并且了解重点大学有更高的学术水平和更好的学习条件，但他如果被追求大城市安逸生活的个人动机所主宰，就会回避将来可能会被分配到外地工作的重点大学，而挑选一所专为本市培养人才的普通大学。

动机的斗争也影响着行动手段的选择。有的手段对达到目的是有效的，但它为社会道德所不容。为高尚动机所推动的人就不会选取这类手段，而为某种卑微动机所左右的人，则可能干出“不择手段”的事情来。例如，一个真正怀着多多求得知识、以更好地为建设祖国服务的动机而报考高等学校的人，为了达到被录取的目的，所采取的方法和途径是认真复习功课，踏实地做好各种准备工作，决不肯为获得高分而舞弊。但一个把大学当作获取个人名利的跳板，怀着谋私利的动机而报考大学的人，则可能为了录取大学而钻营种种旁门邪道，甚至不惜做出违法乱纪的事来。

2. 执行决定阶段

决定一经采取之后，决定的执行便是意志行动实现的关键阶段。因为即使行动的动机再高尚，行动的目的再美好，行动的手段再完善，如果不付诸实际行动，这一切也就失去意义，不再能构成意志行动。

执行决定，需要更大的意志努力。这是由于：第一，执行决定的行动要求巨大的智力或体力紧张，并要求忍受由行动或行动环境带来的种种不愉快的体验。例如坚持冬季户外长跑，要战胜气候严寒和生理疲劳，做科学研究要求艰苦而持久的思维探索。第二，积极而有效的行动，要求克服人的个性中原有的消极品质，如懈怠、保守、不良习惯等。第三，执行决定过程中，与既定目的不符合的各种动机还可能在思想上重新出现，引诱人的行动脱离预定的轨道。第四，行动中会出现意料之外的新情况、新问题，而主体可能又缺乏应付新情况、解决问题的现成手段，这也会造成人的行动的踌躇或徘徊。第五，在行动尚未完成之时，还可能产生新的动机、新的目的和手段，它们会在心理上同既定目的发生竞争，从而干扰行动的进程。

所有这些因素，都是妨碍意志行动贯彻到底的困难，要求人作出意志的努力。这些困难的克服，取决于一系列条件。

坚定的信念和世界观是有效地克服困难的基本条件。信念和世界观是人的行动的一般准则，当人具有清晰的行动准则并坚信其正确时，才能坚决地同困难作斗争。

人所提出的目的的性质，对于困难的克服有着重要意义。“伟大的目的产生伟大的毅力”。目的越重大，越崇高，就越能动员人的力量克服遇到的困难。但目的必须明确而适当。如果不具备实现的客观可能，则最终必然导致行动的半途而废。如果目的虽然可能达到，但实现的过程过于困难，对于意志不够坚强的人，这常常成为影响行动坚持到底的原因。因此，为了培养意志，过高和过低的目的都是不可取的，它们不利于培养和锻炼人与困难作斗争的毅力。

四、青少年的意志特点

我国心理学对青少年的意志发展的调查与研究仍很稀少，现根据有限的资料对中学生的意志特点作些初步的概括。

1. 自觉性

意志活动的自觉性特点，取决于个体的认识能力和自我意识的发展水平等因素。中学生的意志自觉性程度无疑与小学生有着显著的不同。但在中学生中，初中学生和高中学生的意志发展状况又有所区别。

初中学生意志的特点，表现为其近景动机起着更加重要的作用。比如学习活动中，尽管经常对他们进行树立远大理想的教育，但他们对自己未来的理想的观念毕竟比较笼统和肤浅，真正经常影响他们的行为的，是近因性动因。如不按时交作业会遭到老师的批评；考试成绩如果不佳会影响自己在班里的威信，等等。

高中生的自觉性则有了较大的发展。这首先表现在，他们的动机和目标不像初中生那样具有“近景”性。他们既有短期目标，又有较长远的目标。如不少学生的学习活动，不仅为教师近期教学要求所左右，而且受自己今后升大学的目标所指引，有的高中生甚至有比较明确的未来职业定向。其次，高中生确立行动目的，比初中生有更强的独立性。比如高中生对毕业后升大学所学专业的选择，往往不愿受家长的影响，他们有时会坚持自己的意愿，甚至同家长据理力争。

2. 果断性

在这一方面，初中生的常见特点是决心很大，却行动迟疑。初中生同小学生相比，其自尊需要和独立倾向确实有巨大的进步，因此他们往往有着内心愿望欲加以实现。但意志的果断性毕竟是需要不断磨炼而逐步形成起来的，所以初中生经常表现出口头上决心不小，甚至信誓旦旦，一到执行时，则犹豫拖沓，摇摆不定。那么初中生之易于表决心，是否是他们的果断性高的证明？并不是。因为恰当的果断，是以对某项决定的合理性、可行性的充分估量为前提的，故初中生作出决心的轻易性恰恰是其果断性发展不足的反映。有人调查了某中学初一、初二两个年级的学生期中考试以后制订学习计划和放暑假前制订假期活动计划的情况，发现计划纵然容易制订，但结果有80%的学生根本未付诸实施，仅有3%的学生只执行了计划的一小部分。

我国心理学工作者刘明等的研究表明，意志果断性的发展，从小学二年级到初中二年级并不显著，而到高一前后，才出现明显提高。这可能是同他们的认识能力，特别是思维的批判性和敏捷性品质的发展相联系的。

3. 自制性

初中生的自制力，即自我约束的能力比小学生有了质的提高。无论在课堂纪律的维持上，还是在学生课外活动中，都表现出小学生更多地需要教师的提醒和管束，而初中生则表现出更多的自律能力。但初中生与高中生相比，又显示出不足。有项研究曾以学生在某项社会公益劳动（抄图书卡）中抵抗外部诱惑的程度为指标，查明小学生、初中生和高中生自制力发展的差别。

这项研究把诱因首次出现后半小时之内离开活动场所定为一级水平，把诱因再次出现后半小时内离开定为二级水平，把自始至终坚持工作定为三级水平。结果表明，小学二年级到四年级有40%和32%分别在一级水平上，有55%处于二级水平，达到三级水平为数甚少；而初中生达到三级水平有多达一半以上（黄烇峰、雷雳，1993），至于高中生，达三级水平者更多，占61%（郑和钧、邓军华，1993）。

总之，青少年学生的意志品质是随年龄的增长而逐步发展的（李百珍，1991，品德发展研究协调小组，1986），并且存在着年龄差异（博安球等，1987）。各种意志品质的发展速度，在小学时期相对较快，在中学时期相对缓慢（品德发展研究协调组，1986），而且，在小学低年级阶段发展最为迅速，中年级阶段发展较为平缓，高年级阶段又出现一个新的发展水平（博安球等，1987）。各种意志品质的性别差异在中小学时期十分显著，特别是在完成单调工作时，均是女生优于男生（品德发展研究协调组，1986），这就为更有效地进行教育提供了心理学上的依据。

五、意志规律的运用

（一）意志规律在教书育人中的运用

由上述可知，由于后天教育、训练和个人努力的不同，个人的意志品质的优劣差异是很悬殊的。而学生的学习，又是一项长期的、艰苦的任务。所以在教书育人的过程中，运用意志的有关规律，积极培养、调动青少年的意志以促进学习，是应引起教育者高度重视的任务之一。

1. 以知促意，以对学习目标、意义和结果的认识激发学生的意志行动

如前所述，认识和意志有着密切关系，认识是意志的基础和前提，是意志行动达到最终目标的根本保证。只有对事物和活动本身的及其结果有深刻认识，才能作出完成任务的有效的意志努力。所以，在教学过程中，以对学习的认识来促进学生的意志努力，最终完成学习任务的做法，是认知和意志关系的规律在教学中的具体运用。

首先，在教学中让学生明确学习的目标，能激发学习的动机，唤起积极行动，去实现这一目标。因为明确的目标是意志行动的基本特征，行为目标越明确，行动方向也就越能正确把握，对行动的推动力量也就越大。因此，教师在教学中应采取目标定向或目标导向的方法，让学生明确学习目标，以引导学生的学习，并随时以目标实现与否督促学生的意志行动，促进其学习任务的完成。

其次，对学习意义和结果的认识也能激发学习中的意志努力。

如前所述，人的意志力量的强弱在很大的程度上是由动机的强弱决定的。在学习的过程中，了解学习意义、认清学习结果便是激发动机、进而激励意志的一种手段。所以，教师应利用一切机会积极引导学生认清学习的重要意义，引导学生展望在学习中战胜自我、获得成功后的令人向往的情境，并用适当的奖惩措施，激发学生通过意志去获得学习上的成功。在国外的心理训练课程中，“自我暗示”是一项很重要的内容，要求学员尽可能清晰地想象自己在某件事获得成功后的情境，以增强动机，加强信心，这有助于意志行动的贯彻。

2. 以情促意，以积极的情感体验增强学生的意志力量

情感和意志也有密切的关系。在教学的活动中，教师应充分运用这一规律，通过引发学生积极的情感体验，增强学生克服困难的意志力量，使之达到完成学习任务的目的。

积极的情感能激发起人的行动动机，使人表现出巨大的意志力量，从而以极大的热情去战胜困难，完成任务。这正是发挥了情感的动力功能的效果。那么，怎样才能引发学生的积极情感体验呢?

首先，教师应与学生建立起真挚、亲密的师生关系，将学生对教师的情感迁移到学习中去。在学校学习中，学生因喜爱某一位教师而克服困难努力地学好这位教师所教学科的例子是屡见不鲜的。

其次，在具体的教学活动中，教师在对学生的学习进行评价时，要以正向的、鼓励的评价为主，不仅对成功的行为结果要及时进行表扬、鼓励，在对失败的行为结果评价时也应尽量帮学生看到自己的成绩和进步。这样能让学生产生愉悦感，增强自信心，以鼓励他们敢于接受更高目标的挑战。相反，对行动结果的漠视或负面的评价，会令学生失望、沮丧，从而减弱他们的自信，使他们怯于面对下一步的考验。前述关于习得性绝望的现象，是教育工作中应坚决避免的。为了使学生获得足够多的成功以及由此而带来的积极情感的体验，教师宜在教学中遵循“小步子”原则，即让学生达到的行为目标不要太高，必须适合他的现有水平，最好把一个大目标分解成若干个小目标让学生分段逐步完成，并在完成后及时给予鼓励性的评价。

3. 设难砺志，以学习任务锻炼意志，在锻炼意志中促进学习

学校日常教学是学生的主要活动内容，通过日常教学中具有一定困难的活动来磨炼学生意志，既有助于意志品质的培养，又促进学习任务的顺利完成，能获得一举两得的效果。在这方面，“挫折教育”的某些做法是可以借鉴的，因此，教师可在教学中设置一些情境，让学生经受适度的挫折，使他们在面对挫折、战胜挫折的过程中磨砺意志。但在实际操作中要注意：一要把握时机，一般说，最好在学生的意志水平达到一定程度，对具体学习活动的意义、目的有一定认识，并有相应的情感激励的条件下实施，才能取得好的效果，否则易产生“拔苗助长”的负面影响；二要注意个别差异，应根据学生的个性特点，尤其是心理承受能力的不同而区别对待。如对心理承受能力较强而又骄傲自满的学生，可较多使用这类方法以锻炼其意志，而对自卑感强，心理承受能力较弱

的学生，则应慎用这类方法[①]。

4. 以律管意，用严格的纪律来规范学生的意志行为，保证其健康发展

遵守纪律不仅是学生顺利完成学习任务的重要条件，也是良好意志品质的一个重要表现。一些意志薄弱的学生，常常因为抗拒不了外面的诱惑，控制不了自己的行为而违反纪律，这就要求教师要用严格的纪律来规范他们的行为，迫使他们遵纪，并使之养成自觉守纪的习惯。当然，在实施过程中，教师要使用绝大多数学生认可的行为规范，如“学生守则”、“校纪”等，做到有章可循，有规可依。同时，要严格要求，认真检查，及时强化，切忌只提要求、忽视过程、忘记结果的做法。也要根据青少年的身心发育特点，适当开展一些有益于个性发展的活动，以关心、尊重、信任的态度对待学生，使他们在良好的环境中，用严格的纪律来保证自己意志发展方向的正确。

（二）意志规律在自我教育中的运用

高师生在了解了意志有关的规律后，也应该在自己的学习、生活中对意志品质进行有意识地培养。这也是自我教育的一个重要的方面。这可从以下几方面着手。

1. 树立远大的理想和健康的人生观

前面说过，人的行为是由他的行为动机所指引的，意志是遵循着自己的目的而对行为进行调节的过程，并且不同的行为动机和目的对人的推动是不同的，因此，为了培养良好的意志品质，高尚的动机的形成和发展是不可或缺的。青少年学生正处于人生观和世界观初步形成的关键时期，为了培养和发展高尚的行为动机，就须从大处着眼，树立远大理想和健康的人生观。因为，只有当一个人把自己的一生同祖国和人民的命运密切联系起来，立志为祖国和社会而献身时，他服从于这一目的的一切具体行动，才会由此获得丰富的社会意义，他就有可能以巨大的动力去克服个人遭遇的种种困难和干扰。大凡胸怀大志者，都有一种置个人得失安危于不顾的浩然正气。南宋的政治家文天祥(1236～1283) 为敌人所俘、威胁利诱都不足以使他屈服，于性命难保之际慨然写出“人生自古谁无死，留取丹心照汗青”的名句，表现了宁折不弯的民族气节。十年浩劫时期，张志新烈士饱经身心折磨，笑对死亡，坚持自己的观点和信仰，表现了她为自己的理想和信仰而视死如归的高贵情操。

某些利己主义者也能在一定程度上发展意志力，但他们的意志品质绝不可能达到崇高的境界。这是因为，在他们可能遭遇的各种困难中，有一些困难是他们注定无法超越的。比如，以个人的荣华富贵、吃喝玩乐为人生目标的人，他们必定是贪生怕死之辈，这种人既以享乐为人生第一要义，就势难通过物质生活困苦的考验，至少无法通过死亡的考验。即使有的人不崇尚物质利益，仅以个人的扬名为人生唯一要求，当他一旦意识到由于某些原因而成名无望时，也很快会沮丧颓唐，失去斗志。某些怀着个人野心投机加入革命队伍的人，某一天身陷敌人囚牢，在敌人酷刑和死亡面前难免不叛变失节。由此可见，远大理想和正确的人生观，是培养坚强意志品质的首要前提。

一个有远大理想的人，当然绝不等同于一个空想家。为了把远大理想付诸实践，他

---

① 卢家楣. 心理学 [M]. 上海：人民出版社，2001：355-357.

必须正确对待每天所从事的活动，包括学习和工作以及各种社会交际。这时，他对理想的执著，具体化为他对具体活动所抱有的责任感，他应遵守社会公德，认真履行社会义务，包括对他所从事的职业尽责；在职业活动中，工人对产品负责，店员对顾客负责，医生对病人负责，教师对学生负责，领导对属下群众负责，等等。每个人总是从事这种或那种社会活动或职业活动，这些活动构成他一生活动的主要内容，因此受人的理想和人生观所制约的强烈责任感是人的意志发展的重要前提。一个对事对人都采取漫不经心、玩世不恭的态度的人，是谈不上有什么坚强意志的。

2. 向自己明确地提出锻炼意志的任务

懂得一个道理是一回事，懂得道理后落实到实际行动又是一回事。因此，是否向自己提出明确的锻炼意志的要求，效果是大不一样的。良好的意志品质不可能自然地形成，必须下工夫锻炼才行。因此自己定出明确的任务是必不可少的。伟大的俄罗斯作家列夫·托尔斯泰是个性格坚韧的人，他的代表作之一《战争与和平》篇幅长达 120 万字，他竟不辞劳苦地七易其稿；另一部长篇作品《复活》，前后写了十年才定稿。然而青年时代的托尔斯泰曾一度沉溺于奢华和挥霍，荒废了学业，以至于在大学里留过级。可是，他一旦醒悟，就决心同他自己的“软弱”作斗争。为此，他特地为自己编写了《发展意志导则》，要求自己“必须”从“自我教育”中寻找乐趣，要求自己“使肉体的需求完全接受意志的支配”。于是，他每天坚持写日记，并重读自己的日记，以便进行自我监督，强迫自做那些应做完而未做完的工作。托尔斯泰把自我教育和自我锻炼当成生活中的大事对待，终于使自己具备了坚韧的意志品质，一生中不仅为人们奉献出大量脍炙人口的鸿篇巨著，而且不辞劳苦地为改善当时农奴的处境作了大量的工作。

人的优秀意志品质主要是在社会实践的过程中形成和发展的，其前提是要有明确的目标和实现目标的步骤、措施等。作为学生，要制订好学习计划（包括近期和长远的计划），并随时检查和评价自己对计划的执行情况，这是锻炼自己良好意志品质的基本途径。切实可行的学习计划的完成，可以获得一种成就感，产生一种积极的情绪体验，认识到自己有能力完成自己安排的任务，学习目标的不断实现将激发学生向更高目标前进的勇气和克服困难的信心，从而促成学生意志品质的良性发展。

3. 要系统地去从事一些自己不感兴趣（即缺乏直接吸引力）但却富有意义的工作

生活中，有意义的工作远非都是令人兴趣盎然的。若对一项有意义的工作（或活动）缺乏兴趣，千万不能消极回避，也不可借故推托。从事这类工作，恰恰是考验和锻炼意志的机会。应当确定目标，强迫自己去做。

值得强调的是，培养意志不能忽视任何“小事”，必须从日常的小事做起。世上的大事都是由小事积成的；不在诸多小事上日积月累地锻炼意志力，而期望有朝一日通过做大事造就出一个意志坚强的自己，那简直就是幻想。许多生活小事，例如贪睡者的每天按时起床，贪玩者的每天定时复习功课，都有利于表现意志，也有利于锻炼意志。如果把良好的意志品质比作一座大厦，那么这座大厦是由千百万次细小的成功行为作为“砖石”垒砌起来的。每通过克服困难而完成一次具体行动，就等于为大厦增添一块砖瓦；相反，每一次对自己软弱的迁就和面对困难时的退缩，都意味着拆除一堆砖瓦。意志的大厦毁之容易建之难。一分懈怠，要用几分的努力去补偿。因此，诸如“我明天再开始吧”、“我下次再努力吧”之类的借口，是培养意志的大敌。有句古话：“勿以善小而不为，勿以恶小而为之。”这是从伦理角度对人的劝谕。如果把这里的“善”理解为“应做之事”，把“恶”理解为“应禁之事”，则此话对意志的培养是十分有益的。它告诉人们：不要推诿、拒绝和拖延完成应该完成的每一件小事，也不能纵容、姑息和迁就自己去做不该做的每一件小事。久而久之，人的意志力就会形成、发展起来。

4. 充分利用意志行动中的理智成分和情感成分，帮助自己坚持和完成意志行动

当面临重大困难，意志行动的坚持发生危机时，不妨动员自己的思维和想象活动，去向往和憧憬完成行动的美好结果，这会增添克服障碍、追求诱人前景的勇气，反之，深刻地认识并想象不完成行动将招致的严重后果，也会增强自己想方设法战胜困难的力量。

一般说来，当人们陷入困境之时，容易悲观失望，消减斗志；当人功成名就之时，又容易陶醉于荣耀，不思进取。这两种情形，都是对人的意志品质的考验。因此，遇到困难时更要想到光明，对未来充满希望。革命志士被反动派逮捕入狱，仍然乐观地坚持斗争，就源于他们心中燃烧着希望，确信自己的事业必然会成功。处于境顺意遂的环境中，则应“居安思危”，防止被胜利冲昏头脑，警惕自身进取锐气的衰退。新中国诞生后，陈毅元帅有诗曰：“鹏程自今始，在芭永不忘”。陈毅引用“在芭永不忘”的故事是表达自己的胸臆，牢记战争年代的艰难困苦，以自励在新长征中永葆大鹏之志。

5. 采取一些自警自戒、自律自助的具体方法

有的人针对自己有待克服的弱点书写有关的格言、警句置于案头，天天可见，即所谓“座右铭”。《资治通鉴》的作者司马光（1019～1086）一生好学不倦，为抓紧时光多读书，他设计了一套独特的卧具：一架木板床，一条粗布被，一个圆木枕头。圆枕放在木板上，很容易滑掉，可使他不致贪睡，司马光称之为“警枕”。春秋时期的越王勾践在会稽败于吴国，屈服求和，他从此不顾自己为君之尊，坚持夜间以稻草为榻，白昼口尝苦胆，借此不忘会稽之耻，砥砺坚强的复国之志。他积三十年的努力，终于转弱为强，灭了吴国。这就是历史上有名的“卧薪尝胆”的故事。此外，古人还有“悬梁刺股”的传说。汉代的孙敬，为使自己孜孜读书，晨夕不休，竟然将绳子一头系在头上，另一头悬于屋梁，以防自己倦怠瞌睡。战国时期的苏秦，攻读甚勤，当夜读过久困乏不堪时、竟用锥子自刺其股，以驱赶睡意。这类事例，我们虽不必机械模仿，但应从中认识到，有志者是可以设计出种种方法和技巧来鞭策和激励自己，去达到既定目标的。在不断克服困难、达到目的的进程中，意志品质就随之发展起来①。

情商（emotional quotient）②

情商，亦称“情绪智商”。指判定人的学习和事业成就归因的一个新的指标和标准，反映情绪智力对象定量关系的数据。目前这还是一个无科学根据的概念。1981～1997年间国外主要是美国发表和出版有关情绪和智力关系以及情绪智力方面的论著 85 篇/

① 卢家楣. 心理学［M］. 上海：人民出版社，2001：357-362.

② 车文博. 当代西方心理学新词典［M］. 长春：吉林人民出版社. 2001：275-276.

部，1985～1997 年间 P. 沙洛维和 J. D. 梅耶的论著 16 篇/部，均未使用过“EQ”的概念。即使是大众传播者 D. 高尔曼的相关通俗读物，书名也是采用《情感智力》(Emotional Intelligence)，只是在书中有一句话：“仅有 IQ 是不够的，我们应用 EQ 来教育下一代。”显然这不能成为肯定 EQ 概念的科学根据。但美国也不乏在工作中引入 EQ 的机构和人。台湾张美惠在翻译高尔曼原著时曾把书名改为《情商》。目前我们说 EQ 不科学的原因在于：①没有充分实证研究支持和证明 EQ 的存在；②没有类似于计算 IQ 的“斯坦福-比纳智力测验”和“韦克斯勒智力测验”那样的可以计算出 EQ 的测验；③没有找到 EQ 定量测量方法，但这个问题有些学者还在研究。1998 年巴朗 (Bar-on) 宣称，他编制的 EQ 测验求得了情绪智力的常模。1999 年梅耶撰文指出他们编制了测量 12 种情绪能力测验，能够对情绪能力做有信度的测量，并证明存在一种既和标准智力相关，又独立于标准智力的能力。1999 年 12 月阿尔塔威斯塔 (Altavista) 在线网专题讨论时指出，目前还不存在有效的情绪智力纸笔测验。至于夏洛尔主编的《EQ 自测》一书提出 120 个测验，但没有一个测验有信度、效度、项目分析等标准化指标，没有一个测验有项目反应理论的支持和常模数据以及计算 EQ 的方法。故 EQ 是一个尚待研究的问题，真正达到测验应用的地步，尚需时日。

思考题：

1. 何谓情感？结合实例介绍青少年情感的特点。
2. 何谓意志？结合实例介绍青少年意志的特点。
3. 介绍自己“乐学”或“厌学”的成因。
4. 介绍自己成功调节情绪的方法。

实践题：

在身边寻找一个意志坚强的人，分析他的意志品质及其成因。

参考文献：

[1] 卢家楣，等. 心理学（第一版）[M]. 上海：人民出版社，2001.
[2] 叶奕乾，等. 普通心理学（第三版）[M]. 上海：华东师范大学出版社，2008.
[3] 彭聃龄. 普通心理学（修订版）[M]. 北京：北京师范大学出版社，2004.
[4] 黄希庭. 心理学导论（第二版）[M]. 北京：人民教育出版社，2007.
[5] 郑雪. 心理学（第二版）[M]. 北京：高等教育出版社，2006.
[6]（美）库恩. 心理学导论：思想与行为的认识之路（第 9 版）[M]. 郑钢，等译. 北京：中国轻工业出版社，2004.
[7] 姚本先. 心理学：《心理学新论》修订版 [M]. 北京：高等教育出版社，2005.
[8] 沈德立. 基础心理学 [M]. 上海：华东师范大学出版社，2003.

第五章 青少年的动力系统

人的一切活动，从饮食、学习、劳动到创造发明，都是在一定的内在动力的推动下进行的。需要、动机、兴趣、理想、信念、世界观等是人们进行活动的基本动力，它们被认为组成了个体活动的动力系统。本章主要论述动力系统的概念及其相关理论、青少年的学习动力特点、青少年学习动力的激发等问题。

第一节 动力系统概述

一、需要及需要层次理论

需要是主体对自身生存和发展的一切条件的依赖、指向和需求。需要是个体活动的基本动力，是个体行为动力的重要源泉。

（一）什么是需要

需要是有机体内部生理上或心理上的某种缺乏或不平衡状态，是个体活动的积极性源泉。例如，血液中血糖成分的下降会产生吃东西的需要，水分的缺乏则会产生喝水的需要，生命财产得不到保障会产生安全的需要，孤独会产生交往的需要，等等。一旦机体内部的某种缺乏或不平衡状态消除了，需要也就得到了满足。这时，有机体内部又会产生新的某种缺乏或不平衡状态，产生新的需要。

（二）需要的种类

人的需要是多种多样的，可以按照不同的标准对它们进行分类。根据需要的起源，人的需要可分为生理性需要和社会性需要；根据需要的对象，人的需要可分为物质需要和精神需要。

1. 生理性需要和社会性需要

（1）生理性需要

生理性需要是个体维持生命和延续后代而产生的需要，例如对饮食、运动、休息、睡眠、觉醒、排泄、避痛、性等的需要。

生理性需要是人类最原始、最基本的需要，是人和动物所共有的。但是两者具有本质的区别。动物只能等待大自然的恩赐，只能依靠周围环境中的自然物体满足需要。而人类不仅利用周围环境中的自然物体满足需要，并且能随着生产力的发展不断提高自己的生理性需要。马克思指出："饥饿总是饥饿，但是用刀叉吃熟食来解除的饥饿不同于用手、指甲和牙齿啃生肉来解除的饥饿。"①

(2) 社会性需要

社会性需要是人类在社会生活中形成，为维护社会的存在和发展而产生的需要。如对劳动、交往、友谊、求知、成就、奉献等的需要，它是在生理性需要的基础上，在社会实践和教育的影响下发展起来的。如果这类需要得不到满足，就会使个体产生焦虑、痛苦、恐惧等情绪。

心理学家沙赫特（Schachter, S. 1959）曾做过这样的一个实验：他以每小时15美元作为酬金聘人到一间没有窗户但有空调的房间去住。房间内有一桌、一椅、一床、一灯，此外别无他物。三餐由人送至门底下的小洞口，住在里面的人伸手就可以拿到食物，一个人住进这间房后即与外界完全隔绝。有5名大学生应征参加实验。其中一人只呆了20分钟就要出来，放弃了实验；三人呆了2天；最长的呆了8天。这个研究说明，人是很难忍受长时间与外界社会隔绝的，一旦人们的交往等社会性需要得不到满足，就会产生许多不利于身心发展的负面情绪②。

2. 物质需要和精神需要

(1) 物质需要

物质需要是以物的使用价值来满足人的需要。这里所说的物，不仅指解决人们衣食住行的各种物品，也包括大自然赋予人类的用以维持生命的物质，如空气、阳光等。在物质需要中，既包括生理性需要又包括社会性需要，随着社会的进步和生产力的发展，人的物质需要将不断发展。

(2) 精神需要

精神需要是通过人与物、人与人之间的联系，以及人的各种活动而形成的情感、友谊或某种心理状态来满足的需要，主要指认知需要、审美需要、交往需要、道德需要和创造需要等。它是人类特有的需要。

物质需要和精神需要密不可分地联系在一起，是相互影响、相互促进的。首先，物质需要是精神需要的基础。例如，满足求知的精神需要就离不开对书本、笔等学习工具的物质需要，只有在基本的物质需要得到一定程度的满足之后才会产生一定的精神需要；其次，精神需要的满足和发展也会刺激物质需要的发展。如人们欣赏音乐、陶冶情操是精神需要，这就产生了对歌舞剧院、彩电、录音机等的物质需要；最后，物质需要和精神需要往往是相互结合和渗透的，如审美需要渗透于物质需要的各个领域，人们向往时尚的衣着、舒适的住房和美观的家具，等等。

(三) 需要层次理论

需要的层次理论是美国心理学家马斯洛提出的。他把人类的需要分为两大类。一类

① 马克思. 马克思恩格斯全集（第12卷）[M]. 北京：人民出版社，1962：742.

② 人们害怕孤独[EB/OL]. http://eamaling1218.yo2.cn/. 2009-03-28/2009-09-21.

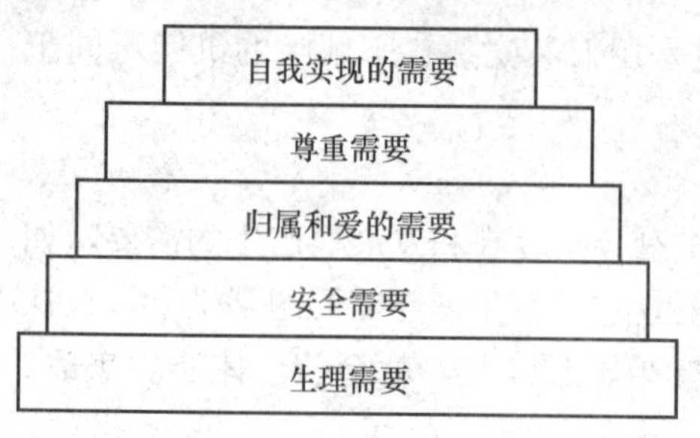

图 5-1　人类的需要层次

是基本需要。这类需要和人的本能相联系，与一个人的健康状况有关，缺少它会引起疾病，包括生理需要、安全需要、归属和爱的需要以及尊重需要。另一类是成长性需要。这类需要不受本能所支配，不受人的直接欲望所左右，以发挥自我潜能为动力，这类需要的满足会使人产生最高程度的快乐。包括认知需要、审美需要和自我实现的需要。这两类需要根据对人的直接生存意义及生活意义的大小，按梯状排列（图 5-1）。

1. 生理需要

这是人类维持自身生存的最基本要求，包括对食物、水、空气、睡眠、性等的需要，在人的一切需要之中，生理需要是最优先的。对于一个极端饥饿的人来说，除了食物，没有别的需要，在这种极端情况下，娱乐的愿望、获得一栋别墅的愿望、对历史的兴趣、对一双新鞋的需要，统统退后。但是当一个人有了充足的食物，而且可以长期不受饥饿所困时，就会出现更高级的需要。

2. 安全需要

这是人类在保障自身安全、稳定、受到保护、免除恐惧和焦虑等方面的需要，它是在生理需要满足的基础上产生的。这种需要得不到满足，人就会感到受到威胁并产生恐惧。它表现为个体希望自己有一个稳定的工作，希望生活在安全、有秩序、可以预测和熟悉的环境中，希望做自己熟悉的工作，等等。

3. 归属和爱的需要

假如生理需要和安全需要都得到了很好的满足，人就会产生归属与爱的需要（也叫社会交往的需要）。这一层次的需要包括两个方面的内容：一是归属的需要，即人人都有一种归属于群体的愿望，希望成为群体中的一员，并且相互关心和照顾。二是爱的需要，一方面人人都需要伙伴之间、同事之间的关系融洽，保持友谊和忠诚；另一方面人人都希望得到爱情，渴望别人爱自己，也希望自己爱别人。

4. 尊重的需要

人人都希望有稳定的社会地位，要求个人的能力和成就得到社会的承认。这种需要可分为两类：一是自尊，即希望有实力，有成就，有信心，以及要求独立和自由等；二是受到别人的尊重，要求有名誉或威望，受到赏识，得到关心、重视或高度评价等。马斯洛认为，尊重需要得到满足，能使人对自己充满信心，对社会充满热情，认识到自己的价值。

5. 自我实现的需要

自我实现的需要是指人希望最大限度发挥自己的潜能，不断完善自己，完成自己能力所及的一切事情，是人类最高层次的需要。但个人自我实现需要的内容有明显的差异，有人想当作家，有人想当体育或演艺明星，有人想在科学方面有所建树。达到自我实现的途径和方式也各有不同，有人投师学徒，有人自学成才。

马斯洛认为，无论从种族发展还是从个体发展的角度来看，层次越低的需要，出现得越早，层次越高的需要，出现得越晚。层次越低的需要，其强度越大，它们能否得到满足直接关系到个体的生存，因而较低层次的需要也叫缺失性需要。只有当较低层次的需要得到满足之后，较高层次的需要才会出现。高层次需要的满足有益于健康、长寿和精力的旺盛，所以这些需要又叫生长需要。已经满足了的需要退居次要的地位，不再是行为活动的推动力量，新出现的需要转而成为最占优势的需要，它将支配一个人的意识，并自行组织机体的各种行动。

马斯洛的需要层次理论把人的需要看作多层次的组织系统，反映了人的需要由低级向高级发展的趋向，也反映了需要与行为之间的关系。不仅对建立科学的需要理论具有一定的积极意义，而且在实践上也产生了重要影响。许多企业家就是依据这个理论，采取满足职工需要的措施，以调动工作积极性。但是，马斯洛认为人的需要是自然赋予的，是与生俱来的，这严重低估了环境和教育对需要发展的影响[①]。

二、动机及动机理论

任何意志行动都是由一定的动机所引起的，动机和需要是紧密相连的。如果说需要是人的活动基本动力的源泉，那么动机就是推动这种活动的直接力量。

（一）什么是动机

动机是引起并维持人们从事某项活动，达到一定目标的内部动力。

引起动机必须有内在条件和外在条件。

引起动机的内在条件是需要，动机是在需要的基础上产生的。如果说，人的各种需要是个体行为积极性的源泉和实质，那么人的各种动机就是这种源泉和实质的具体表现，比如说学生的学习动机就是他们学习需要的具体表现。动机和需要密切联系在一起，离开需要的动机是不存在的，当需要在强度上达到一定的水平，并且有满足需要的对象存在时，就引起动机。

驱使个体产生一定行为的外部条件称为诱因，它是引起动机的另一个重要因素。诱因可以是物质的，也可以是精神的。例如教师对学生的表扬，就是一种激发学生学习的精神诱因。

个体在某一时刻有最强烈的需要，并在有诱因的条件下，才能产生最强烈的动机。例如，有考大学需要的人，只有在高校招生的条件下，才能引发升学的动机。可见，需要和诱因是形成动机的必要条件。

（二）动机的作用

动机的动力作用具体表现为动机的激活功能、指向功能、维持和调整功能。

动机的激活功能是指动机有发动有机体活动的作用。爱集邮的人，看到一张精美的邮票就会产生占有它的动机，个体一旦产生这种动机，就会想方设法买到这张邮票。动机的指向功能就是指动机使人们的活动指向特定的对象。例如，在学习动机的支配下，人们就会到书店买书或到图书馆借书。当活动产生以后，如果该活动指向了个体追求的

---

① 黄希庭. 心理学导论（第二版）[M]. 北京：人民教育出版社，2007：173-174.

目标，其动机就会加强，这种活动就能继续下去；如果该活动偏离了追求的目标，其动机就得不到强化，这种活动就会减弱或停止。这就是动机的维持和调整功能。

（三）动机的种类

人类动机十分复杂，可以从不同角度，根据不同标准进行分类。

1. 生理性动机和社会性动机

根据动机的起源，可以把动机分为生理性动机和社会性动机。生理性动机是以个体生理需要为基础的动机。社会性动机是以人的社会性需要为基础的动机，如劳动动机、交往动机、成就动机等都是社会性动机。

2. 高尚的动机和卑劣的动机

根据动机内容的性质，可将动机分为高尚和卑劣的动机。前者是符合社会道德规范的，后者是违背社会道德规范的。从人民的、国家的利益出发的动机是高尚的，而损人利己、损公肥私的动机是卑劣的。

3. 近景性动机和远景性动机

根据动机作用的时间和它与活动目的的关系，可将动机分为近景性动机和远景性动机。近景性动机是与近期目标相联系的动机，远景性动机是与较长远的目标相联系的动机。例如，同样是学习英语，有的人只是为了英语四级或六级考试取得一个好分数，而有的人则是为了将来能很好地使用英语这个工具。

4. 内部动机和外部动机

根据引起动机的原因，可以将动机分为内部动机和外部动机。内部动机是指出自活动者本人并且活动本身就能使活动者的需要得到满足的活动动机。例如，有的儿童刻苦学习是因为他们有强烈的好奇心和求知欲等，这种学习动机就是内部动机。外部动机是指追求活动之外的某种目标的活动动机。例如，有的儿童学习只是为了得到老师或父母的表扬和奖励，避免受到批评和惩罚，这种学习动机就是外部动机。相对而言，内部动机是比较稳定的，会随着目标的实现而增强，而外部动机是不稳定的，会因目标的实现而减弱。

（四）动机强度和学习效率的关系

动机强度和学习效率之间有着密切的关系。个体动机强度很低时对工作学习持漠然的态度，其效率必然是很低的；当动机过强时有机体处于高度的紧张状态，其注意和知觉的范围变得狭窄，反而限制了正常活动，从而使效率降低。例如，在考试复习中有的学生一心想考出好成绩，往往影响复习效果，这就是因为动机过强反而降低了学习效率（图 5-2）。

早在 20 世纪初，叶克斯和多德森（R. M. Yerkes & J. D. Dodson，1908）研究发现，情绪唤醒水平过高或过低都不利于学习，处于中等唤醒水平时，学习效果最好。因为动机水平和焦虑水平都以被试的情绪唤醒水平为指标，而且当人处于情绪唤醒状态时会出现心理和生理反应，包括脑电波模式、血压和心率与呼吸频率的变化，所以叶克斯-多德森定律有时被视为反映动机水平或焦虑水平与学习成就之间关系的原理。

教师在运用叶克斯-多德森定律调动学生的学习积极性时应注意如下几点：第一，对于高焦虑的学生应尽量少给他们学习上的压力，而对于低焦虑的学生应适当施加压力，使两者的唤醒趋向于中等水平，从而调动其学习积极性。第二，对于简单任务，如背外语单词，做口算题等，可以通过竞赛等方式提高学生的动机水平，从而提高学习积极性与学习效果。第三，对于带有创造性的新学习或问题解决任务，不宜用开展竞赛等活动来施加压力，而应放宽时限，让学生在轻松的环境下学习，效果更好①。

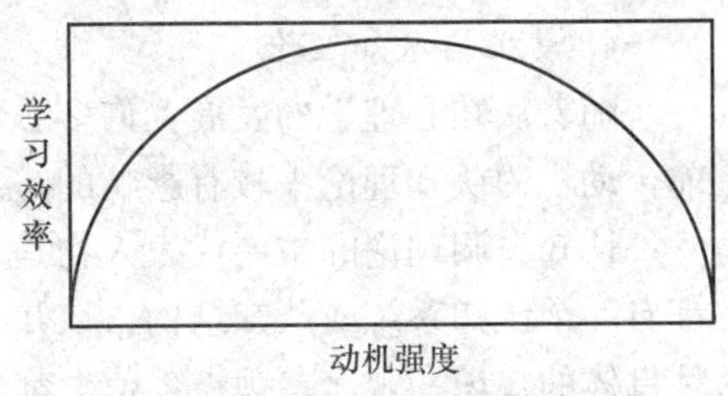

图 5-2　动机强度和学习效率之间的关系

（五）动机理论

1. 动机的本能理论

本能理论是最早出现的行为动力理论，其基本观点是，人的行为主要受人体内在的生物模式驱动，不受理性支配。对此进行深入研究的是詹姆斯（W. James）、麦独孤（W. McDougall）和弗洛伊德（S. Freud）。

詹姆斯在1890年出版的《心理学原理》中，把本能定义为无须事先经过教育就能自动完成的这样一种方式的动作官能。他把饥渴、性等本能概念称为生物本能，又把模仿、竞争、同情、母性等称为社会本能。他认为，社会生活的样式是由人的本能决定的。

麦独孤认为，人类的一切行为都来源于本能，最终的社会行为只是一种结果，是人们与生俱来的、大体相似的本能趋向的结果。

弗洛伊德认为人类有两大本能。一种是生的本能，他称之为力比多（libido），并用力比多这个词来概括一系列行为和动机现象。像饮食、性、自爱、他爱等个人所从事的任何愉快的活动，都是生的本能。另一种是死的本能，比如仇恨、自杀、侵犯等。由于这两种本能在现实生活中都不能得到自由发展，常常受到压抑而进入无意识领域，并在无意识中并立共存，从而驱使我们行动。

2. 动机的驱力理论

从本能论发展到驱力论，并把内驱力看作是人的行为基础是在第一次世界大战之后的事。最早使用内驱力这一术语的人是伍德沃斯（R. S. Woodworth），但驱力理论的广为人知却归功于赫尔（C. L. Hull）。驱力理论认为，当有机体的需要得不到满足时，便会在内部产生所谓的内驱力刺激，这种内驱力的刺激引起反应，而反应的最终结果则使需要得到满足。例如，进食的需要得不到满足，便会产生内驱力刺激，推动有机体采取将食物摄入体内的行为，一旦需要满足之后，内驱力刺激即可平息。

3. 动机的强化理论

强化理论是以斯金纳（B. F. Skinner）为代表的一些心理学家提出的动机理论。斯金纳认为，人或动物为了达到某种目的，会采取一定的行为作用于环境。当这种行为的后果对他有利时，这种行为就会在以后重复出现；不利时，这种行为就会减弱或消失。人们可以用这种办法来影响行为的后果，从而修正其行为。

① 皮连生. 教育心理学［M］. 上海：上海教育出版社，2004：223.

4. 动机的认知理论

随着认知心理学的发展，许多心理学家探索运用认知观点来解释人的动机现象。目前，动机的认知理论中较有影响的是认知失调理论、成就动机理论和归因理论。

认知失调理论的主要代表人物是费斯廷格（L. Festinger）。费斯廷格提出，每个人都有一个认知系统或认知结构，认知结构是由知识、观念、观点、信念等组成的，每一种具体的知识、观念、观点、信念都可以看作是一个认知元素。所有认知元素之间存在三种关系，即协调、不协调和不相关。当认知元素之间协调一致时，人就会保持这种协调状态，觉得心安理得，不去改变态度。而当认知元素之间相互矛盾，出于不和谐状态时，人就会感到紧张、焦虑和不安，此时个体就会设法消除矛盾以减少或解除这种失调状态。费斯廷格主张，认知元素之间的不协调程度越大，则人们想要减轻或消除这种不协调关系的动机也就越强。

成就动机理论的主要代表人物是阿特金森（J. W. Atkinson）和麦克莱兰（D. C. McClelland）。成就动机是指人们在完成任务中力求取得成功的内部动因，即个体对自己认为重要的、有价值的事情乐意去做，并努力达到完美地步的一种内部推动力量。成就动机分为追求成功的倾向和回避失败的倾向。力求成功者旨在获取成就，他们最有可能选择成功率约为50%的任务，因为这种选择能给他们提供最大的现实挑战，他们对完全不可能成功或稳操胜券的任务，动机水平反而下降。相反，回避失败者的一个重要特征是，他们倾向于选择非常容易或非常困难的任务，选择容易的任务能使他们免遭失败；而如果选择的任务极其困难，那么即使失败，也可找到适当的借口，从而可减轻失败感①。

归因理论的主要代表人物是韦纳（B. Weiner）。韦纳认为，人们对成败的归因是行为的基本动力，他把人们对成败的归因归纳为能力、努力、态度、知识、运气、帮助、兴趣等方面。他提出，可以根据三个维度对成败的原因分类。这三个维度是：①内外维度。据此可把导致成败的原因分为内部原因和外部原因。内部原因即个人自身的原因，如个人的能力、努力等；外部原因即个人自身之外的原因，如任务难度、运气等。②稳定性维度。据此可以把内部和外部原因再分为稳定的原因和不稳定的原因。③可控性维度。根据稳定和不稳定的原因还可再细分为个人自身能控制的原因和个人自身不能控制的原因。这一关系可用表5-1来表示。

表 5-1　韦纳的归因模型

内外 / 稳定性 / 可控性	内部（归因）		外部（归因）	
	稳定的	不稳定的	稳定的	不稳定的
可控的	平时的努力	对特定任务的努力，随知识技能而增长的能力观	通常他人（如老师）对我的帮助	这次工作我得到的帮助
不可控的	恒定不变的能力观	情绪、健康	任务难度	运气

① 皮连生. 教育心理学［M］. 上海：上海教育出版社，2004：227.

韦纳通过一系列的研究，得出一些关于归因的最基本的结论。①个人将成功归因于能力和努力等内部因素时，会感到骄傲、满意、信心十足；而将成功归因于任务容易和运气好等外部原因时，产生的满意感则较弱。相反，如果一个人将失败归因为缺乏努力或能力，则会产生羞愧和内疚；而将失败归因于任务太难或运气不好时，产生的羞愧感则较弱。②在付出同样努力时，能力低的人应得到更多的奖励。③能力低而努力的人应受到最高评价，能力高而不努力的人应受到最低评价。

三、兴趣及兴趣品质

“读书之乐乐何如，绿满窗前草不除；读书之乐乐无穷，瑶琴一曲来熏风；读书之乐乐陶陶，起弄明月霜天高；读书之乐何处寻，数点梅花天地心。”这是我国古代杰出教育家翁森的名作《四时读书乐》，字里行间流露出他对读书的浓厚兴趣，正是这种兴趣支撑着他一年四季、一如既往地坚持读书。兴趣是推动人们去寻求知识和从事活动的心理因素，在人的学习、工作和一切活动中起很强的动力作用。

（一）什么是兴趣

兴趣是个体力求认识某种或从事某项活动的心理倾向。它表现为个体对某种事物或从事某种活动的选择性态度和积极的情绪反应。例如，对体育感兴趣的人总是注意有关体育的报道和活动，他的认识活动优先指向与体育有关的事物，并且表现出积极的情绪反应。

人的兴趣是在需要的基础上，在活动中发生、发展起来的。需要的对象也就是兴趣的对象。正是由于人们对某些事物产生了需要，才会对这些事物产生兴趣。兴趣又和认识、情感密切联系着。如果个体对某些事物没有认识，也就不会对它产生感情，因而不会对它产生兴趣。相反，认识越深刻，情感越丰富，兴趣也就越浓厚。

（二）兴趣的分类

人的兴趣是多种多样的，可以用不同的标准对他们进行分类。

1. 物质兴趣和精神兴趣

根据兴趣的内容，可以把它们分为物质兴趣和精神兴趣。物质兴趣表现为对食物、衣服和舒适的生活条件和环境的追求。精神兴趣主要指认识的兴趣，如对学习和研究哲学、文学、数学等的兴趣。

2. 直接兴趣和间接兴趣

根据兴趣所指向的目标，可把它们分为直接兴趣和间接兴趣。研究表明，年龄较小的儿童大多数是对活动过程本身感兴趣，年龄稍大的儿童才会对活动结果感兴趣。在实践活动中，直接兴趣和间接兴趣都是不可缺少的。如果没有直接兴趣的支持，活动将变得枯燥无味；如果没有间接兴趣的支持，活动也不可能长久持续下去，只有直接兴趣和间接兴趣正确的结合，才能充分发挥一个人的积极性。直接兴趣和间接兴趣在一定条件下可以相互转化。例如，开始学习外语，对学习本身不一定感兴趣，只是认识到学习外语的重要性（即间接兴趣）；随着学习的深入，对学习本身也渐渐感兴趣（即直接兴趣）。

（三）兴趣的品质

1. 兴趣的倾向性

兴趣的倾向性是指个体对什么发生兴趣。人与人之间在兴趣的倾向性方面差异很大。有人爱好数学，有人喜欢文学，有人热衷于体育，有人喜爱文艺，等等。

2. 兴趣的广泛性

兴趣的广泛性是指个体兴趣的范围。有人兴趣范围广泛，对许多事物和活动都兴致勃勃，乐于探求；有人则兴趣范围狭窄，常常对周围的一些活动和事物漠然置之。兴趣的广泛程度和个人的知识面的宽窄密切相关。兴趣愈广泛，知识愈丰富，愈容易在事业上取得成就。历史上许多卓越的人物都有广泛的兴趣和渊博的知识。例如，达·芬奇不仅是大画家，而且也是大数学家、力学家和工程师。广泛的兴趣应该在正确的倾向指导下和中心兴趣结合起来，如果兴趣博而不专，最终会一无所长，难有建树。只有在兴趣广泛的基础上有一个中心兴趣，使兴趣既博又专，才可能取得成就。

3. 兴趣的持久性

兴趣的持久性又称兴趣的稳定性，指个体兴趣稳定的程度。在人的一生中兴趣会随着年龄的增长发生变化，但在一定时期内保持基本兴趣的稳定性，则是个体良好的心理品质。人有了稳定的兴趣，才能把工作持续进行下去，从而把工作做好，取得创造性的成就。没有稳定的兴趣，朝三暮四，将会一事无成。儿童早期兴趣比较不稳定，一般在15岁以后才能趋向稳定。兴趣的稳定性是可以培养的，它和一个人的理想、信念和意志品质密切联系着。

4. 兴趣的效能

兴趣的效能指个体兴趣推动活动的力量。根据个体兴趣的效能水平，一般把兴趣分为有效的兴趣和无效的兴趣。有效的兴趣能够成为推动工作和学习的动力，把工作和学习引向深入，促进个体能力和性格的发展。无效的兴趣不能产生实际的效果，仅仅是一种对某些事物的向往。

第二节　青少年的学习动力特点

一、青少年的学习需要与学习动机

学习需要是指个体在学习上有某种缺乏或不平衡感，进而产生学习欲望和要求，形成学习动机，并驱使个体进行学习的心理状态。学生的学习活动是由多种心理因素组成的动力系统引起的，学习需要是学习动机首要的心理因素，是社会和教育对学生的客观要求引起的某种不平衡状态在学生头脑中的反映，这种需要一旦被学生意识到，就以学习动机的形式表现出来，成为推动学生学习的内部动力。

学习动机是指向学习活动的动机类型，是直接推动学生学习的一种内部动力。学习动机和学习的关系主要表现为一种间接的促进或促退的关系，它是学习活动顺利进行的重要支持条件。要有效地进行长期的有意义的学习，动机是必不可少的。我们可以设想，一个毫无求知需要的学生，是很难持久努力学习的。所以，对于需要经历漫长学习过程的青少年，首先要激发他们求知的需要。而一个有很高学习成就动机的孩子，必然热爱学习，积极进行他认为重要且有价值的学习，并力求完美。

（一）青少年学习动机形成和发展的基本特点

国内的许多研究表明，我国青少年学习动机发展的基本趋势是由附属性动机到威信性动机，再到认知性动机，继而发展为成就性动机的渐增变化，① 其形成和发展的基本特点如下。

1. 学习动机结构中的社会性因素不断丰富和增强

比如低年级小学生学习，可能仅仅为了得到教师和家长的赞赏，得到同伴的尊重和认可。然而，随着年级的升高，知识经验的积累，其学习动机的结构因素也发生了变化，其社会性意义越来越显著。好好学习不仅仅是为了得到赞赏，其目的还包括为班级争光，为学校争光，为社会作贡献等。

2. 学习动机结构中的主导方面发生了新的变化

学习由外部学习动机为主导向以内部学习动机为主导转化。低年级学生学习动机主要来源于外部，即家长和教师的要求、考试的压力及批评、表扬、期待和激励。随着年龄的增长，知识经验的丰富，自我意识和自我调控能力也不断增强，对学习的需要、求知欲等内在因素在学习动机结构中所占比例也越来越大，并逐步占据支配地位，成为学习动机结构的主导方面。

3. 学习动机结构中动力强度的持续性发生了新的变化

学习动机由直接的近景性动机向着间接的远景性动机转化。低年级学生的学习动机多受直接因素的影响，比如，某一门课生动、有趣、好玩就喜欢学，反之就不喜欢学；考试成绩好、常受表扬的课就喜欢听，否则就不喜欢听。然而随着年级的升高，学生社会化程度也不断提高，理想和信念在其学习动机结构因素中逐渐占有重要位置，间接的远景性学习动机逐渐成为具有支配性的稳定而持久的学习动力。

（二）青少年学习动机产生的原因分析

一般而言，青少年的学习动机出于以下四种。

1. 为生存

这是指孩子可以通过努力学习改善自己的生存状况，是一种自我提高的内驱力，属于生存需求。生存需求是人类最基本的也是驱动力最强大的需求。当今的父母最常见的教育理念的依据就在于此。他们往往会警告孩子："小时候不用功读书，长大后就没有好工作，要去扫马路、捡垃圾或当乞丐。"可是，这种生活距离今天孩子的现实生活太遥远了，他们根本没有受冻挨饿的体验。所以，这种教育在今天就成了没有力量、没有效果的教育，而很多父母仍在坚持使用，还百思不得其解："过去一代一代一直有效的

---

① 马静. 中学生学习动机的发展特点研究［J］. 考试周刊，2009：44.

教育怎么到了这一代失效了呢?”

有这样一个真实的故事。在一个偏僻的农村，有一户人家。家里有9个孩子，年长的8个都是女孩，老小是个男孩。虽然日子过得很艰辛，全家却十分娇惯这个男孩。上学的时候，男孩就觉得学习很苦，后来读到高二，他觉得学习实在无聊，心想，上学还不如当农民，他们不用整天坐在教室里进行枯燥的学习，多么快乐自由啊。于是，男孩不顾全家人和老师的劝阻，回家种田。春风和煦、春暖花开的时候，他觉得一切都那么新鲜那么美好，种田真是太幸福了。可是，当酷热的夏天到来的时候，骄阳似火，烈日炎炎，他还不得不到田里去干活。手背上伤痕累累，手心上老茧层层，皮肤晒得脱皮生疼，喉咙冒火却连口水也喝不上。男孩一边干活，一边思考，不甘心了，难道我这一辈子就要这样度过吗？于是，他跑回学校，千方百计甚至不惜下跪央求学校重新给他一个上学的机会。回到学校，他成了全校最爱学习的人，后来考取了同济大学，读了博士，还成了名人。

他就是风靡全球的《学习的革命》一书的译作者顾瑞荣博士，现在是中国青少年研究中心赏识教育研究室的副主任，研究中国传统文化的专家和教育专家。

生活的艰辛有助于激发孩子的斗志和改变现状及命运的强烈愿望，但随着生活水平的提升，孩子体验生活艰辛的机会越来越少了，那些溺爱孩子，习惯于过度保护和包办代替的家长更是剥夺了孩子体验的机会，这非常不利于孩子的学习和成长①。

2. 为理想

这也是一种自我提高的内驱力，属于自我实现的需求，是一种非常强大的学习驱动力。古往今来，凡成大事者，无不具有远大的志向和崇高的理想。

著名的“知心姐姐”卢勤老师在很小的时候就非常喜欢《中国少年报》的“知心姐姐”栏目，模仿知心姐姐留起和她一样的发型，后来还写了一封信给报社，并且得到了回信。从那时起，她就树立了要做知心姐姐的理想，立志考取人大的新闻系或北大的中文系，毕业后为知心姐姐栏目做记者。但随着上山下乡运动的开始，她没有机会考大学了，《中国少年报》也停刊了。但是崇高的理想始终推动着她牢记自己的梦想，使她不曾放弃努力，后来，她在下乡的东北做了知青的知心姐姐。《中国少年报》复刊以后，她再次写信，坚决要求到报社工作。再后来，她真的成了知心姐姐，成为著名的青少年教育专家，帮助了无数的孩子和家庭②。

3. 为快乐

这属于认知内驱力，是一种掌握知识、技能和阐明、解决学业问题的需要，是一种求知的本能欲望。实验证明，这种内驱力主要是从好奇的倾向，如探究、操作、理解外界事物奥秘的欲求等心理因素中派生出来的。例如，儿童很早就开始探索他们周围的世

① 王士民. 青少年学习动机探讨 [EB/OL]. http://blog.sina.com.cn/s/blog_54e7221f010007b9.html. 2007-03-09/2009-08-17.

② 卢勤：走进孩子们内心的“知心姐姐”[EB/OL]. http://www.chinadaily.com.cn/hqgj/2007-11/06/content_6235030.htm. 2007-11-06/2009-08-17.

界，对新异世界特别感兴趣，不断地摆弄和装拆玩具，总爱问成人很多各种各样的问题。

小建是一个高二的学生，从小品学兼优，但在读高二的时候却被第二次退学了。第一次退学是因为成绩差，不做作业，第二次是因为和同学发生矛盾伤害了同学。我见到他的时候，他每天做的唯一事情就是上网打游戏，有时一天只吃一顿饭。他从小学一直到初三以前，都是班上的第一名，但是从小到大一直非常优秀的父亲对他要求也格外严格，只要小建考试得不了第一名或一百分，就要挨打。小建从小被作业和练习压着，不能抬头。有一次，他从早晨一直做作业到晚上六点，刚刚玩了一会儿，就被回到家的父亲暴打一顿。小建说他每次在父亲旁边做作业都特别紧张，特别害怕，既要做作业，又要时刻准备着迎接父亲的巴掌，因为他并不知道自己做得对还是错，而父亲知道，只要是错了，巴掌就会打过来。小建曾把每次挨打的经历记录下来，准备留待长大以后“报仇”，讲到这里的时候，他眼神中充满无奈和怨恨。处在如此境地的孩子，学习对他们来说，还有什么快乐可言①？

4. 为赏识

这是一种附属内驱力，属于尊重和被爱的需求。附属内驱力是指一个人想获得自己所附属的长者（如家长、教师）的赞许和认可，取得应有的赏识的欲望。也就是说，孩子努力求得学业成就，并不一定是因为他们把这种成就看作赢得地位的手段，而可能是为了得到称许和认可。得到认可和赏识是所有成年人都会产生的一种强大的精神需求，而对孩子来讲，赏识无异于他们精神生命的阳光、空气和水，更加不可或缺。

古人云：数子十过，不如扬子一长。著名的赏识教育倡导者周弘老师把他又聋又哑的女儿周婷婷培养成了中国第一位聋人少年大学生和留美博士，堪称教育界的奇迹。有一次，周弘为婷婷出了十道算术题，结果婷婷只做对了一道。同一般家长不同的是，周弘没有理会做错的九道，而是在做对的那一道题目上打上一个大大的勾，还鼓励婷婷说她太了不起了，这么难的题目竟然做对了一道，而自己像女儿这么大时，这么难的题目碰都不敢碰。那一刻，婷婷的自信和学习的热情被极大地激发。

（三）青少年学习动机缺乏的表现

青少年学习动机缺乏有多种表现。

在学习上表现为：①容易分心。注意力差，不能专心看书，不能集中思考，兴趣容易转移。学习肤浅，满足于一知半解。行动忽冷忽热，情绪忽高忽低。②厌倦情绪。对学习冷漠、畏缩、常感厌倦，对学习生活感到无聊，在学习时无精打采，很少享受到学习成功带来的快乐。③缺乏方法。不注意摸索学习规律，缺乏正确的学习策略和方法，学习能力弱、效率低、效果差。④焦虑过低。感觉自己搞不好本专业的学习，无法对所

---

① 王士民. 青少年学习动机探讨［EB/OL］. http://blog.sina.com.cn/s/blog_54e7221f010007b9.html. 2007-03-09/2009-08-17.

学专业产生兴趣，经常拿“我这方面天生就不行”这样的话来安慰自己，因而学习成绩差也不觉得丢面子，考试不及格也不在乎。这些学生缺乏必要的压力、必要的唤起水平和认知反应，因而懒于学习。

此外，学习动机缺乏在青少年中还常常表现为：懒散、惰性大；不遵守纪律，经常旷课和睡懒觉；对吃喝玩乐情有独钟，整天沉溺于下棋、玩扑克、打麻将、跳舞、看电影、逛商场、上网聊天、谈恋爱等；乱花父母的血汗钱而心安理得，无端浪费大好青春而不知羞愧。

小赵在高中时是个遵守纪律、学习成绩优秀的好学生。刚上大学时，她很有一番雄心壮志，立志一定要在大学里混出个样儿来。但她的志向是模糊的、笼统的，具体应该怎样去做，她想得并不多。她虽然考上了自己喜欢的专业，但仍然很失望，甚至有些气愤。大一的课都是基础课，不太合她的胃口。她原来憧憬的大学课堂，是充满知识、智慧和艺术的，教学内容知识博大精深、新颖独特，教师才华横溢、幽默风趣。而现在，她发现教材不少是二十年前编的，陈旧乏味，老师也有些呆板，毫无激情，更谈不上睿智深刻，课堂气氛冷冷清清，不少同学逃课。有的人即使在教室，也在看课外书、写信、打瞌睡。她很无奈，自己喜欢的专业就是这个样子，她不知道该追求什么，觉得很没劲，没有学习热情，无所事事，就经常在宿舍里睡觉，有的同学戏称她“睡虫”。直到期末考试，她有两门未及格，才像被泼了盆凉水，清醒过来，痛下决心自己再也不能这样了。于是便来求助于心理辅导老师。只是她这样描述自己：“我有时间也翻翻书，只是看不进几个字就想睡觉。老师，你说我是不是因为神经衰弱了才不想学习？”

从小赵的诉说中，我们可以发现她的问题根本不是神经衰弱导致的，而只是缘于学习上的懒惰，这是学习动机缺乏者惰性的明显表现之一。他们中的许多人在想，等我有空再学习吧，等我有时间再好好看看书吧，等我精神好的时候再认真思考这个问题吧。于是，时间便在等待中流逝，而他们也永远不会“有空”、“有时间”、“精神好”①。

测一测你的学习动机

学习动机问卷

请你对以下每种情况与自己的实际符合与否作一个判断：

（1）上课老师提问时，我喜欢听同学回答问题和老师的总结。

（2）我的学习成绩比别人差，就会感到难过。

（3）做功课和接待朋友这两件事，我更喜欢后者。

（4）每天晚上和星期天的时间，我都安排得井井有条。

（5）我觉得学习真是一件苦差。

（6）作业中遇上难题，我喜欢自己动脑筋思考、解决。

（7）我很少预习也照样听课。

---

① “学习动机缺乏怎么办？”［EB/OL］http://bbs.ecjtu.net/thread－191378－1－1.html.2008-01-10/2009-09-02.

(8) 假期时我也是每天学习，从不赶作业。

(9) 不感兴趣的课程，我就不愿花很大的精力去学。

(10) 我喜欢和别人讨论学习中遇到的问题。

(11) 学习成绩好不好，我不在乎。

(12) 我听课时从不走神，总是尽量理解老师讲的内容，领会讲课的意图。

(13) 我在考试前临阵磨枪，效果往往挺好的。

(14) 即使是特别想看的电视节目，在没有做完作业之前我也不看。

(15) 老师留的选做题太难了，我一般都不做。

(16) 我就是想多学一点知识，考试不考试无关紧要。

(17) 我在学习上有忽冷忽热的毛病。

(18) 我喜欢习题的多种解法。

(19) 上课没听明白的问题，我也不愿意问老师或同学。

(20) 我不埋怨老师讲得好不好，我认为学习主要是靠自己努力。

(21) 我喜欢解答能从教材中找到答案的问题。

(22) 偶尔一次考不好，我不气馁，因为我觉着总会赶上去的。

(23) 我学习时，有点噪声就学不下去了。

(24) 不管老师是否布置作业，我都有自己的学习内容。

(25) 我会有这样的疑惑：现在学习的东西，将来用不上，不是白学了吗?

(26) 平时有个“小病小灾”的，我从不耽误学习。

(27) 每次发下试卷，只要听明白老师的试卷分析，我就不再改正自己试卷中的错误。

(28) 当天的功课当天完成，我从不拖拉。

(29) 碰到有问题时，我非弄个水落石出不可。

(30) 每次课后写完作业，我就觉得踏实了

(31) 每次考试后，我都会分析自己的试卷，找到知识中的缺陷。

将你选择的结果计算一下：

凡偶数序号的内容，若你选择“是”，请记上 1 分，选择“否”则记 0 分；凡奇数序号的内容，若你选择“否”，请记上 1 分，选择“是”则记 0 分。将各项分数相加，按以下标准来评价自己的学习动机强弱。

1) 25～30 分：学习动机很强。

2) 16～24 分：学习动机一般。

3) 15 分以下：学习动机很弱。

二、青少年的学习兴趣

达尔文在自传中写道，“就我在学校时期的性格来说，其中对我后来发生影响的，就是我有强烈而多样的兴趣。沉溺于自己感兴趣的东西，深入了解任何复杂的问题。”

可见，兴趣是学习成功的关键因素之一。如果把学习当作一种精细的生命智慧的运动，那么，学习兴趣就如同奇妙的内在动机。浓厚而稳定的兴趣能够使我们对学习保持积极、持久的热情和创造性，使学习的潜能最大限度地被发挥出来，从而也让我们体验到学习和成长的愉悦与情趣。

青少年时代培养的兴趣，往往会为自己的一生奠定基础。我国音乐家聂耳早年对音乐产生强烈兴趣的起因是：邻居的一个木匠师傅常在空余之暇吹笛子，笛声悠扬悦耳，时而高山流水，时而百鸟争春，时而高亢激昂，时而委婉低沉。兴趣使聂耳走上音乐道路，从十岁起他就学拉二胡、弹三弦和月琴，十三岁就登台演出，后来在民族救亡的烽火中，创作了代表中华民族心声的不朽乐章《义勇军进行曲》①。

青少年学生兴趣的发展，一般要经过有趣—乐趣—志趣三个阶段。

有趣是兴趣发展的低级水平，往往是由某些外在的新异现象所吸引而产生的直接兴趣。其特点是为时短暂，带有直观性、盲目性和广泛性。乐趣是兴趣发展的中级水平，是在有趣的基础上定向形成的。在这个阶段或水平上，学生的兴趣会向专一、深入的方向发展，即对某一客体产生了某种特殊爱好。乐趣已具有专一性、自发性和坚持性的特点。一般来讲，学生进入初二以后，其兴趣开始向乐趣阶段方向发展。志趣是兴趣发展的高级水平，它与崇高的理想和远大的奋斗目标相结合，是在乐趣的基础上发展起来的。其特点是具有社会性、自觉性、方向性和更强的坚持性，甚至终身不变。事实证明，学生的志趣是在中学的高年级形成，志趣形成后对学生日后事业的发展会产生不可忽视的影响。

青少年学习兴趣呈现出以下特点。

（一）广阔性

青少年学习兴趣的第一个特点是有了一定的广阔性。随着年龄的增大，中学生的知识范围扩大了，求知欲大大增强了，他们不仅喜爱文艺读物，而且喜爱科学、技术读物。教师要善于帮助学生扩大他们的学习兴趣，同时要注意到不要使学生的兴趣过于广泛，以至漫无中心。

（二）分化性和选择性

青少年学生相比小学生而言，学习兴趣具有更大的分化性和选择性。例如，特别喜爱，或者不喜爱某些学科。对某一学科的偏爱常常首先和教师的教育质量有关。同一门功课，教师教学质量不高，学生的学习兴趣就显著降低。对学科的偏好和学科成绩也有关。学生成绩不好，会影响学习的积极性，一旦连续获得较好的成绩，就会对这门学科感兴趣。学生学习兴趣的选择性有积极的意义，但教师必须注意抑制学生兴趣的片面性。

---

① 浅议学生学习兴趣的培养[EB/OL]. http://www.fyzxxx.com/News_Article.asp?Class_ID=274&Article_ID=3701. 2008-07-23/2009-09-21.

（三）深刻性

小学生对具体的材料、小说和故事比较有兴趣，而对抽象性、理论性的材料兴趣不大。然而中学生在正确的教育影响下，逐渐对理论性的问题，对需要开动脑筋积极思考的材料感兴趣。他们在阅读文艺作品的时候，不但对故事情节有兴趣，而且开始对人物的内心变化有兴趣。但是，在缺乏正确教育影响的情况下，在初中学生学习兴趣上，实用性和肤浅性仍然可能占有很重要的地位。例如，有些少年参加科学技术活动的时候，往往只热心于如何制作或安装，而对有关机器构造或机器装置的原理不大感兴趣。又如，也有一些少年在阅读文艺作品的时候，往往单纯注意故事情节的热闹有趣，而对作品中人物的刻画及作品的社会意义等毫不留意。教师或家长应该针对这种情况，给予适当的指导，引导他们的兴趣向实践和理论相结合的更深层次发展。

（四）自觉性

中学生比小学儿童更能自觉地、有意识地支配自己的兴趣，把自己的学习兴趣和社会生活以及自己的前途联系起来。而且，初中学生具有越来越多的间接兴趣，为了达到某种目的，他们能够积极地去掌握这种材料或参加这种活动。很多少年成为优等生或“小科学家”，就是这种自觉努力学习的结果。

第三节　青少年学习动力的激发

一、青少年学习需要与动机的激发

青少年学习需要和动机的激发是指把学习需要由潜伏状态转化为活跃的状态，使其成为学习活动的直接动力。为了有效地激发学生的学习动机，我们教育者应采取如下措施。

（一）激发与维持内部动机的策略

内部动机是源于兴趣、好奇心、求成的需要或自信心等个人特征的动机，所以激活与维持学生动机的根本策略是教师长期坚持培养学生求知、求成的需要，通过成功的学习经验增强他们学习自信心和自我效能感。

1. 加强学习目的性教育

学习目的性教育的核心工作就是帮助学生深刻领会学习的意义和价值，并在此基础上确立适合自己的学习目标。目标可区分为长远目标和近期目标。长远目标是个体所追求的较高的最终行为结果，一般说来，它对个体具有比较重大的意义和价值，如远大的人生理想和抱负。近期目标是个体为完成长远目标所制订的一步步的行动计划和方案，由于近期目标的确定充分考虑到行为者实现这一目标的可行性，成功的可能性较大，因此比长远目标具有更显著的激励作用。在对青少年进行学习目的性教育的过程中，应注意以下几点。

（1）结合青少年的特点进行教育

进行学习目的教育，应从实际出发，采取生动、有说服力且适合学生心理发展特点的形式和内容，避免空洞说教。可召开一些以诸如“为什么要努力学习”、“知识就是力量”等为主题的班会；平时多给学生讲一些古今中外杰出人物勤奋学习、努力成材的故事，使他们充分认识到学好功课的目的性和重要性，从而树立远大理想，并脚踏实地地学好各门功课。学习目的性教育也可贯穿在各科教学过程中。每学习一门新课，教师应生动具体地阐明这门学科的重要意义，在日常教学中要注意阐明学习课题的目的和意义，并明确提出具体任务与要求。

（2）帮助学生制定适合自己的学习目标

哈佛大学有一个非常著名的关于目标对人生影响的跟踪调查。调查的对象是一群智力、学历、环境等条件差不多的年轻人。调查结果发现：27%的人没有目标；60%的人目标模糊；10%的人有清晰但比较短期的目标；3%的人有清晰且长期的目标。

25 年的跟踪研究结果显示，他们的状况及分布现象十分有意思。那 3%的有清晰且长期目标的人，25 年来几乎都不曾更改过自己的人生目标。25 年来他们都朝着同一方向不懈地努力，25 年后，他们几乎都成了社会各界的顶尖成功人士。他们中不乏白手创业者、行业领袖、社会精英。那 10%的有清晰短期目标者，大都处在社会的中上层。他们的共同特点是，短期目标不断被达成，状态稳步上升，成为各行各业的不可或缺的专业人士，如医生、律师、工程师、高级主管，等等。而那 60%的模糊目标者，几乎都处在社会的中下层面，他们能安稳地工作，但都没有什么特别的成绩。剩下的 27%是那些 25 年来都没有目标的人群，他们几乎都处在社会的最底层。他们都过得不如意，常常处于失业状态，靠社会救济生活，并且常常抱怨他人，抱怨社会，抱怨世界①。

布朗（M. Brown）等人的研究发现，凡是设立学习目标的学生，其学习成绩都比较优异，而且富有积极进取的精神；相反，未设立学习目标者，其成绩比较差，而且常有行动迟缓、裹足不前、缺乏学习兴趣的表现。实践证明，学习标准定得过高或过低都不利于提高学生的学习积极性，一般来讲，学习的标准以一个学生在其原有学习成就的基础上增加 20%为最佳，实现该标准的时间以一个学期为宜②。

（3）定期考查

定期对学生的学习情况进行考查，可以帮助学生了解学习目标的实现情况。史蒂文斯（J. M. Stephens）和伊文斯（E. D. Evans）研究发现，在大学阶段，一学期进行一次或两次考试所产生的学习动机的水平，与经常考试所产生的学习动机水平差不多；在中学阶段，大约每隔两周进行一次考试，似乎更有效；对于小学生，尤其是小学低年级学生，考试似乎应该更频繁一些。

① 制定人生目标的重要性[EB/OL]. http://hi. baidu. com/lclbbb13/blog/item/4b458e439ec762169313c6df. html. 2009-02-23/2009-09-21.

② 沈德立. 小学儿童发展与教育心理学［M］. 上海：华东师范大学出版社，2003：168-169.

2. 激发学生的求知欲

（1）创设问题情境

创设问题情境就是在讲授内容和学生求知心理之间制造一种“不协调”，将学生引入一种与问题有关的情境中。创设问题情境时应注意问题要小而具体、新颖有趣、有适当的难度；有启发性，善于将要解决的课题寓于学生实际掌握的知识基础之中。

（2）丰富材料呈现方法

通过采用图画、幻灯、录像、报告会、实验演示、实地考察等多种方式来培养学生对学习材料的浓厚兴趣。教师也可以通过使学生参与学习活动过程来达到以上的目的。

（3）利用学习动机的迁移

在学生没有明确的学习目的，缺乏学习动力的时候，教师可利用学习动机的迁移，因势利导地把学生已有的对其他活动的兴趣转移到学习上来。应用动机迁移原理时，教师必须要让学生感受到，充分理解原有活动必须学习好即将要学习的知识，从而激发学生学习新知识的动机。

一名初一年级的英语教师发现自己所教的班里有一名男生不爱学英语，成绩最差。但这名男生对航模很感兴趣，上课时会不时地摆弄各种飞机模型。教师便跟他一起设计、制作航模，并鼓励他参加航模比赛，找一些有关的书籍给他看。其中有一本印有精美图片的英文版航模书令他爱不释手，可他却看不懂。这个学生从中认识到英语的价值。此后他对英语学习非常认真，成绩也不断提高[①]。

3. 对学业成败进行正确归因

教师应鼓励并帮助学生建立正确的有关成败因果关系的知觉模式，要让学生树立这样一种信念：只有努力才可能成功，不努力注定要失败。要引导学生把成功归于自身因素，这样可以使他们体验到成就感和效能感，并进一步增强其今后承担和完成学习任务的自信心；同时，应防止学生将失败归于稳定且不可控的因素（如能力），因为这种归因方式会严重挫伤学生的学习积极性和自信心。

美国教育心理学家克利福德（M. M. Clifford）提倡对学业失败作策略性归因，即引导学生把学业失败归结为在学习方法上存在问题，这样既可以维护学生的自尊心，同时又为学生指出了今后努力的方向。教师把学生的学业失败归因于缺乏努力，并对此表示不满，可以使学生感到内疚，而内疚通常会变成一种学习的激励力量。但是，如果教师把学生的学习失败归结为能力水平低，并对之表示同情，常常会使学生感到自卑，这种自卑会导致其退缩，以致丧失学习的信心。

一位老师的班上有位学生英语成绩相当差，因为他在小学时根本没有学过英语，和班上大部分学过英语的同学相比，他的考试成绩让人感到很失望。第一次和他谈话时他就放声大哭起来，因为他觉得自己没有学过英语，而且感觉自己已经努力过，但经过几次考试他还是以失败告终。在这种情况下，教师首先肯定他有能力学好英语，只是一方

① 路海东. 学校教育心理学［M］. 长春：东北师范大学出版社，2000：158.

面可能还没有找到好的学习方法，另一方面在英语学习上的投入还不是很到位，此外，教师给这位学生提出一些学习英语的建议，鼓励他给自己定个学习计划，每天严格按照计划执行，同时，经常向老师汇报自己在学习过程中得到的快乐。经过一段时间的努力，他的成绩一路直线上升。现在，他的英语成绩是班上最优秀的。同时，教师进一步强化他的能力（因为他的语文阅读能力较差），相信他一定能够把语文学好。果然，在经过一段时间的努力后，他的语文成绩也在一步步上升，不仅如此，他还在班级活动中尽显才华。这位教师告诉他：不要怕自己不行，只要去试验，你就一定行！在一次次的进步过程中，教师始终不断地分析他成功的原因，肯定他的能力，使他不断进步。

4. 培养学生对成就的需要和成就感

据马斯洛需要层次论，实现自我价值和力求成功是每一个人都具有的高级需要，但必须以爱和自尊等较低级需要的满足为前提。培养学生对成就的需要和成就感主要是针对那些学习成绩不好，被人看不起、有些自暴自弃的学生，要激励这些学生的动机，其前提是教师（包括家人和同伴）应改变对他们的不良态度，给予他们更多的关爱和尊重。在成绩最差的学生身上也可以找到闪光点，如文化知识学习成绩不好的学生可能有很强的动手能力，或者在体育上有超人的表现。教师可以先找出这些闪光点并加以发扬，给予他们充分的信任和鼓励，从而激发他们的成就感。有时候，教师的信任和鼓励往往会激发学习动机。

鲁西南深处有一个村子叫姜村，因为每年都有几个人考上本科、硕士、博士而闻名遐迩，久而久之人们称之为大学村。

在二十多年前，姜村小学来了一个五十多岁的老教师，听人说这个教师是一个大学教授，不知什么原因被贬到了这个偏远的小村子。这个老师教了不长时间以后，就有一个传说在村里流传。这个老师能掐会算，他能预测孩子的前程。原因是，有的孩子回家说，老师说了，我将来能成为数学家；有的孩子说，老师说，将来我能成为音乐家；有的孩子说，老师说我将来能成钱学森那样的人，等等。

不久，家长们又发现，他们的孩子与以前大不一样了，他们变得懂事而好学，好像他们真的是数学家、作家、音乐家的材料了。老师说会成为数学家的孩子，对数学的学习更加刻苦，老师说会成为作家的孩子，语文成绩更加出类拔萃。孩子们不再贪玩，不用像以前那样需要严加管教，孩子们也变得更加自觉。家长们很纳闷，也将信将疑，莫非孩子真的是大材料，被老师道破了天机？就这样过去了几年，奇迹发生了。这些孩子大部分都以优异的成绩考上了大学。这个老师在姜村人的眼里变得神乎其神，他们让他看自己的宅基地，测自己的命运。可是这个老师却说，他只会给学生预测，不会其他的。

这个老师年龄大了，回到了城市，但他把预测的方法交给了接任的老师，接任的老师还在给一级一级的学生预测着，而且他们坚守着老教师的嘱托，不把这个秘密告诉村里的人们。一些从姜村走出来的人们说，他们从考上大学的那一刻起，对于这个秘密就恍然大悟了，但他们这些人又都自觉地坚守起了这个秘密[①]。

（二）激发与维持外部动机的策略

1. 及时提供反馈信息

了解自己活动的进展情况本身就是一种巨大的推动力量，会激发学生进一步学习的愿望。教师及时提供反馈信息能帮助学生及时发现、纠正错误，调整学习的进度，使用合适的学习策略来完成学业任务。如果学生在学习很长时间之后，仍不能知道其进展情况和取得的成就水平，就不能指望学生会继续保持巨大的学习热情。罗斯（D. Ross）等做过一个很有说服力的实验[②]。他们把一个班级的学生分成三组，每组给予不同的反馈。对第一组，学习后每天告诉其学习结果；对第二组，每周告诉其学习结果；对第三组，则不告诉学习结果，如此进行 8 周后，改换条件。三个组 16 周的学习成绩如图 5-3 所示。

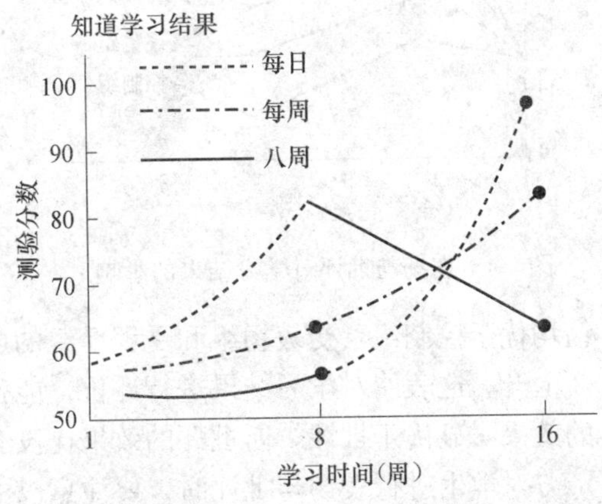

图 5-3　不同反馈的动机作用

实验结果表明：在第 8 周后，除第二组显示出稳步的前进以外，第一组与第三组情况变化很大，即第一组成绩逐步下降，而第三组成绩则迅速上升。由此可见，反馈在学习上的效果是很明显的，尤其是每天及时反馈，较之每周反馈效果更佳。如果没有反馈，不知道自己的学习结果，则缺乏学习的激励，很少进步。所以，教师应尽可能让学生及时准确具体地了解自己学业的进展情况及取得的成就，对学生作业（练习、试卷等）的批改切忌拖延，也不能过于笼统，只给出“对错”，尤其是对错误的批改分析，越具体，越有针对性，效果越好。

在对学生的学习结果进行反馈的时候要注意以下几点：

1）反馈应及时，对低年级学生更应如此。

2）反馈的内容应包括学生对教师课堂提问的回答、课内作业和各种考试的结果。

3）应使学生知道什么是正确的反应，这比知道什么是错误反应更重要。

4）应随时让学生了解当前水平距离自己制定的学习目标还有多远。

5）对学习成绩不理想的学生，不能单纯看其分数的高低，还应从其他方面发现其闪光点，并给予适当的表扬与鼓励，以增强其学习的自信心和上进心。

2. 适当使用表扬和批评

尽管在一定的情形中适度的批评和惩罚对促进学习是有效的。但一般来说表扬、鼓励、奖励要比批评、指责、惩罚更能有效地激发学习动机。

---

① 信念的力量[EB/OL]. http://blog. sina. com. cn/s/blog_61dbce7b0100fua8. html. 2009-08-31/2009-09-07.

② 皮连生. 教育心理学［M］. 上海：上海教育出版社，2004：247-249.

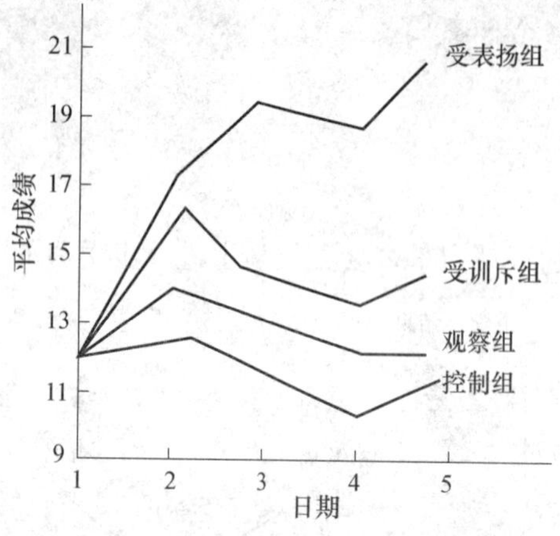

图 5-4　表扬与批评对学习结果的影响

赫洛克（E. B. Hunlock）曾把 100 名四、五年级的学生分成四个等组，在加入四种不同诱因的情况下进行加法练习，每天 15 分钟，共进行 5 天。第一组为受表扬组，每次练习后给予表扬和鼓励；第二组为受训斥组，每次练习后严加训斥；第三组为观察组，每次练习后，既不给予表扬，也不给予批评，只让其静听其他两组受表扬或受批评；第四组为控制组，让他们与另外三组儿童隔离，单独练习，不予任何评价。最后测量他们的成绩，结果如图 5-4 所示①。

就学习的平均成绩来看，三个实验组的成绩均优于控制组，受表扬组和受训斥组的成绩又明显优于观察组，而受表扬组的成绩不断上升。这表明对学习结果进行评价，能强化学习动机，对学习起促进作用。适当表扬的效果明显优于批评，而批评的效果比没有批评好。

对学生进行表扬与批评时，要注意以下几点：

1）要多表扬，少批评。表扬应该与严格要求相结合，批评中应带有鼓励。

2）对于学习成绩差而且自卑的学生，可以通过表扬其某一方面的特长来提高其学习的积极性。

3）要考虑学生受表扬与批评的历史。对于经常受表扬的学生，要适当地指出其不足；而对于缺点较多的学生，当他们有了一点进步时，要给予及时表扬和鼓励。

4）表扬和批评要有针对性。任何的批评和表扬都应让学生感到是有理有据的，是对其努力和能力的肯定，过火与不及都有损动机作用。试想，当一个学生按任务要求做出难度较大的数学题时，教师却对作业的整洁大加赞扬会产生什么效果？而学生认为自己不费吹灰之力就完成一件作业，或作业做得很不怎么样的时候，教师却把他大大表扬一通，正如我们在第二节中所讲的，这时学生很可能做出这样的归因：这么糟的东西，他竟然表扬我，一定以为我是个笨蛋。

5）应注意青少年的个别差异。从性别角度，对女生而言表扬比批评更有效，而对男生而言，批评似乎比表扬的作用更大些；从学习水平角度，表扬对学习困难的学生作用最大，对中等学生次之，对优等学生最小，而批评对优等学生作用最大，对中等学生次之，对学习困难学生最小；从性格角度，对内向的学生，表扬的效果要优于批评的效果，而对于外向的学生批评似乎更有效。

3. 科学使用奖赏与惩罚

（1）正确使用奖赏

当学生进行某种活动的内部动机的稳定性较差时，需要用物质强化来维持，而且学生年龄越小这种倾向性就越明显。利用奖赏激发学习动机时要注意：①给学生发一些他

① 皮连生. 教育心理学［M］. 上海：上海教育出版社，2004：249.

们喜欢的学习用品、书刊作为奖品，最好不要发奖金。②对同一学生而言，奖赏不可用之过久，一旦学生的学习动机日趋增强，就应逐渐撤销奖赏。③应向学生讲明，奖赏的价值在于肯定他们在学习上所取得的进步，而不是他们学习的报酬。④外部奖励不可滥用。外部奖励使用不当比表扬的滥用危害更大，不仅会使学生产生消极归因，更有可能损害原来已经有了的宝贵的内部动机。莱珀（M. R. Lepper，1989）称之为外部奖励的隐蔽性代价，即对原来有内在兴趣的活动因不适当外在奖励而损害对活动本身的兴趣。所以，奖励并非越多越好，尤其是外部的物质性奖励应当慎用。教师应首先了解学生原有的学习兴趣，然后再考虑外部奖励是否必要。

通常，解谜语是人们感兴趣的活动，被认为是由内在动机激发的。在一次实验中，心理学家将大学生被试分成三组去解谜语。甲组被试事先被告知，他们解开谜语能得到钱；乙组被试在解完谜语之后被告知，他们因为这样做而得到钱；丙组被试得不到任何提示，也不给钱。解完一些谜语后，实验者让三组被试分别单独呆一会，在这段时间里，他们可以自由地做他们想做的任何事情。结果发现，甲组被试很少会自动返回到解谜语上去，他们似乎对解谜本身已不再感兴趣，相反，丙组被试对解谜仍然很感兴趣，愿意继续解谜的人更多。有趣的是，乙组被试在解谜之后才被告知金钱奖赏，因此，他们实际上并没有为钱而解谜，所以内在动机并没有因此减弱，他们仍然继续解谜。

（2）慎重使用惩罚

从心理健康的角度来讲应注重奖赏而不是惩罚，因为这样可以减弱失败带来的恐惧心理，然而，惩罚在激发学生学习动机中也是必要的。惩罚的效果取决于适当的惩罚策略：①惩罚应及时。延迟几个小时的惩罚基本上不能防止同类错误的再发生，原因在于学生在做完错事后从错误行为中获得了乐趣，这种乐趣可能会部分地抵消后来的惩罚所带给他们的不快。②惩罚的强度。在阻止青少年的错误行为方面，较轻的惩罚不如较重的惩罚更有效，但某些过重的惩罚往往会带来一些不良后果。③把惩罚与正强化结合。无论任何时候，只要学生去做那些他们应该做而不愿做的事时，就给予表扬，否则不予理睬。这种方法的实质是使惩罚与正强化相结合，因为每次出现期望的良好行为时都给予表扬，偶尔出现不良行为时则取消表扬，这对学生来讲无异于惩罚，其实这种惩罚比其他任何形式的惩罚效果都好。④正确运用“自然后果惩罚”。学生犯了错误以后，最好让其在错误所造成的直接后果中去体验不快或痛苦，从而迫使其改正错误。

4. 合理开展竞赛活动

适当地开展竞赛活动，学生的学习动机会更加强烈。利用竞赛激发学习动机时应注意以下事项：

1）竞赛内容应多样化。除了学科学习竞赛外，还应开展书法、歌舞、绘画、演讲等课余文化活动竞赛，以培养学生的广泛兴趣，使每个人都有展现自己才能的机会。

2）在多种竞赛形式中，应以团体竞赛为主。个体间竞赛的效果虽然最佳，但是这种方式容易使胜者骄、败者馁。对于在学习中屡遭失败的学生，应鼓励他们展开自我竞赛。

3）进行个体间竞赛时，必须按能力的高、中、低分组进行，这样可使每个学生都有同等获胜的机会。

4）竞赛本身在一定程度上会增加学生的情绪紧张度，产生一定的心理压力，因此竞赛不应过于频繁。

二、青少年学习兴趣的培养

诺贝尔奖金获得者奥托·海因里希·瓦勃格，是一位非常伟大的科学家，他的父亲是德国著名的实验物理学家。瓦勃格小的时候，父亲从来不对他说“你要努力学习，将来做一个科学家”之类的话，更不会规定他做这做那。父亲只是常常给他讲一些科学家如何发愤学习的故事。在瓦勃格的家里，经常有一些知名的教授学者来访，与他父亲共同商讨有关科学的问题。父亲总是非常自然地让小瓦勃格来听他们的交谈。客人走了以后，父亲就凑到小瓦勃格身边，与他展开讨论。父亲十分认真地倾听小瓦勃格的感受与体会，并不时地给予表扬和赞赏。慢慢地，小瓦勃格喜欢上了科学，喜欢上了学习。在中学里，他的成绩总是名列前茅，这为他以后成为大科学家奠定了很好的基础①。

常言道：“兴趣是最好的老师。”浓厚的学习兴趣、强烈的求知欲，是学生获得学习成功的关键因素之一。只有当一个学生对所学的知识产生了浓厚的兴趣和热爱的情感时，学习积极性才有可能进入最高阶段，才能达到最佳学习状态。因此，教师和家长都感到在调动学生的学习动机时，培养学生学习兴趣的重要性。

青少年学习兴趣的培养，可以从以下几个方面着手。

（一）建立积极的心理准备状态

不要指望学生对所有的课程都感兴趣，可能有人觉得数学没用，语文又太乏味，似乎只有历史还有点意思，这是一种正常的现象。但是为了系统地掌握知识，青少年学生对每一门课程都不要有畏惧的感觉，教师从一开始就应注意培养学生对每门课都产生浓厚的兴趣。在学习过程中遇到不懂的地方，感到乏味时，要让学生有这样的积极心态：“这个地方我没有学懂，再继续学学，学会了一定会很有趣的。”同时，教师在上课过程中要创造性地使用一些方法以增强学习内容的趣味性。

兴趣是可以由自己产生的，关键是要有积极的态度。戴尔·卡耐基有句名言：“假如你假装对工作感兴趣，那么这种态度会使兴趣变成真的，并且消除疲劳。”这种经验可以很好地应用在学习的兴趣培养上：如果你对某一门课或对学习不感兴趣，你就可以训练自己假装对它感兴趣，并坚持下去，必定会有很好的效果。首先，训练自己面带微笑。当面对着自己不喜欢的课程时，不要愁眉苦脸。要让自己面带微笑，并要从心底里愉悦起来，保持一种快乐感。然后，用肯定、简短的语句宣布：“我很喜欢你！”“我对你很感兴趣！”这样坚持一段时间后，就会解除心中的排斥感。这种方法并不是说“心

---

① 国外儿童成功教育案例3则[EB/OL]. http://blog.sina.com.cn/s/blog_4aac5f4b0100benz.html. 2008-09-27/2009-09-07.

想事成”，不是我“想”怎么样，就可以怎么样，它要求你在心里产生学习兴趣之后，立即着手，深入研究下去，将这种兴趣转化为深入学习的动力。

前苏联心理学家西·索洛维契克曾做过一个实验，证明了学习的积极态度能促进学生在学习中积极思维，并从中培养起学习兴趣。实验中，同学们根据自己的学习情况选择一门不太感兴趣的课程，在每天开始上课之前，完成以下几种活动：①面带微笑、搓着双手，还可哼唱自己喜欢的歌曲，总之是做出摩拳擦掌、跃跃欲试的样子，而且让自己充分感觉到这一点；②同时，脑子里不断地想：下面的学习内容将是我能够理解的，我将高兴地学习；③提醒自己：一定要努力去学，要比平时更自信一点，花更多的时间。结果，这个小小的实验有效地改变了同学们以前的消极学习态度，并从探索知识的过程中体验到了乐趣。参加这个实验的3000多名小学生中，绝大多数学生都成功了，他们开始对原来最感头痛的课程产生了兴趣①。

（二）努力加强教师的自我修养，提高教师自身素质

中学生对学科的兴趣表现为分化明显，有调查显示②，95%的中学生能够指出自己“最喜欢的一门课”与“最不喜欢的一门课”。中学生最喜欢的是数学，占39.5%，最不喜欢的是外语，占28%。据调查，他们喜欢或不喜欢某门学科的主要原因除了“受家庭、环境的影响”和“自己基础的好坏”，基本上都与教师的素质密切相关，如果这门课的老师兴趣广泛、知识渊博、公正民主、尊重学生、幽默风趣、教学有方、组织能力强，并且具有强烈的事业心和责任感，不歧视、不体罚或变相体罚学生，那么，这门课的老师定会受到他的学生的欢迎和喜爱，因此，他的学生也就会对他的这门学科感兴趣，从而产生积极性、主动性和创造性。“爱屋及乌”，讲的就是这种心理现象。相反，那种缺乏师德修养、兴趣狭窄、素质低而又经常惩罚学生的老师是不可能有“自己的学生”的，也不可能培养和激发出学生的兴趣，甚至会有损于学生的身心健康。因此，作为一名教师应自觉提高自身修养，以自己的博学多才吸引学生。

（三）充分运用直观教学手段

尽管青少年学生已初步形成抽象思维，但他们的学习仍然离不开感性材料，正是有了多媒体手段，我们才能突破空间和时间上的限制，丰富学生的感性知识，激发学生的学习兴趣。

（四）有效使用游戏与模拟

前苏联教育家苏霍姆林斯基曾这样告诫我们：不要使掌握知识的过程让学生感到厌烦，不要把他引入一种疲劳和对一切都漠不关心的状态，而要使他的整个身心都充满欢

---

① 刘玉增，何君华. 如何提高儿童的学习兴趣［M］. 南昌：二十一世纪出版社，1999：22-23.

② 刘运凯. 谈中学生学习兴趣的培养［EB/OL］. http://xbyj.e21.edu.cn/e21web/content.php?id=18413. 2007-01-22/2011-08-02.

乐，这一点何等重要。使用游戏或模拟就是一种能够提高学生学习兴趣、使学生身心愉悦的有效方法和手段。模拟是一种实践活动，它让学生担任某一角色，从事与这一角色相宜的活动。模拟不仅能增强学生的兴趣与动机，还能增进其情感学习，加深其对课本知识的理解。同样，游戏，特别是分组的游戏，更能让学生在愉快欢乐中掌握知识，在合作、竞争中体验驾驭知识的乐趣和自豪感，从而极大地调动了学生的学习积极性，满足了他们的心理需要，有利于其学习兴趣的培养和激发。

（五）帮助学生克服初始阶段的困难，稳定学生的兴趣

学生在各科学习的初始阶段会遇到一些困难，闯不过这些关卡，学生在学习上就会困难重重，在知识掌握上会“欠账越来越多”，于是学习兴趣锐减，甚至会感到索然无味。这些难点就是学生兴趣和成绩的分化点。例如，初一代数的有理数运算，初二物理的单位换算，初三化学的元素符号和分子式等都是学生在学习中不易掌握的难点。如果教师采取措施帮助学生掌握这些知识难点，学生会体验到克服困难获得成功的喜悦，这会稳定他们的学习兴趣。

（六）在第一课堂和第二课堂中共同培养学习兴趣

第一课堂中，教师通过系统地讲课，引导学生进入知识的殿堂，这如同高楼大厦在打基础，第二课堂可以比较及时地让学生接触新形势、新技术、新知识，从而扩大知识面，使学生在广泛的学习和实践中发现自己感兴趣的内容。在第二课堂的活动中，指导教师要有意识地不断发掘和培养学生的兴趣，努力使学生的兴趣从有趣、乐趣发展到志趣。

（七）鼓励学生多尝试、多练习

学习兴趣的激发和培养有赖于知识掌握的深度和广度，多尝试多练习使知识基础不断地扩大和加深，学生的知识越多，掌握得越牢固，产生兴趣的可能性就越大。随着知识的不断丰富和加深，兴趣也就越来越增加。如果你学外语，到一定程度就可以与人对话，或尝试着翻译文章和书籍；如果学语文，也可以边学边搞一些文学创作；如果学心理学，每学完一章内容就可以分析自己的心理特点和培养自己优良的心理品质，在这个过程中，你每取得一点成绩都会感到快乐，从而产生更大的学习热情和兴趣。

思考题：

1. 请联系实际谈谈如何运用叶克斯-多德森定律调动学生的学习积极性？
2. 李华是一个十分聪明的学生，他最大缺点就是贪玩、学习不用功。每次考试他都有侥幸心理，希望能够靠运气过关。这次期末考试他考得不理想，他认为这次是自己的运气太差了。

   请运用韦纳的归因理论来分析：

   （1）他的这种归因是否正确？这种归因对他以后的学习会产生怎样的影响？

   （2）如不正确，正确的归因应是怎样的？

(3) 对教师来讲，正确掌握韦纳的归因理论有何意义？

3. 有这样一个班级，班级中的部分学生喜欢学习，学习本身给他们带来很多乐趣；一部分学生不喜欢学习，但考虑到自己将来的升学和就业问题，不得不硬着头皮学习，他们的学习是痛苦的；还有部分学生不喜欢学习，也不愿意让自己痛苦，于是他们经常逃避学习，逃不掉的就随便应付；还有几个学生，多次考试失败的经历使得他们认为自己“不是学习的料”，正表现出破罐子破摔的倾向，甚至在课堂上调皮捣蛋。

如果你是这个班的班主任，你会采取哪些措施来培养和激发学生的学习动机，从而帮助所有学生都能认真有效地学习？

参考文献：

[1] 叶弈乾，何存道，梁建宁．普通心理学 [M]．上海：华东师范大学出版社，2006.
[2] 桂守才．基础心理学 [M]．北京：人民教育出版社，2007.
[3] 皮连生．教育心理学 [M]．上海：上海教育出版社，2004.
[4] 黄希庭．心理学导论 [M]．北京：人民教育出版社，2001.

第六章 青少年的个体差异

心理学认为，人和人之间在认知、情绪、意志等过程方面存在普遍的个别差异，这些个别差异集中体现在人格和认知方面。人格包括人格倾向、气质和性格，而认知主要体现为能力。人格倾向（又称动力系统）在第五章已介绍，所以本章主要从气质、性格、能力三个方面介绍人格和认知方面的个别差异。个别差异有重要的教育意义，我们可根据个别差异因材施教，促进各类学生的健康发展。

需要说明的是，前文论述中使用个性的概念来解释心理现象的组成，更多地沿用传统心理学的表述方式。但在本章中，结合心理学的新近研究成果，为了更好地阐明个体的差异研究，所以采用人格这一概念来代替个性。

第一节 人格差异

人格的定义比较复杂，中国心理学界还常用个性一词。人格包括人格倾向（又称动力系统）、气质和性格。由于人格倾向前文已作介绍，本节主要介绍气质和性格。

一、人格概述

（一）人格的定义

我国心理学界常采用“个性”一词，它与西方心理学界常用的“人格”概念有交叉也有区别。人格一词来源于拉丁语 persona，是面具（mask）的意思，指的是演员在演出时所戴的面具，用来代表他们所演出的角色。在西方心理学里，人格的定义有多种多样，如，Allport（1937）把人格定义为个体内在心理物理系统中的动力组织，它决定一个人对环境独特的适应方式。郭永玉（2005）认为人格是个人在多种交互作用过程中形成的内在动力组织和相应行为模式的统一体。郑雪（2007）认为人格是个体在先天生物遗传素质的基础上，通过与后天社会环境的相互作用而形成的相对稳定而独特的心理行为模式。本书采用郑雪（2007）① 的定义，即认为人格主要指个体相对稳定而独特的心理行为模式。我们也接受多数学者的意见，认为人格包括人格倾向（又称动力系统）、气质和性格。我国心理学界常用的“个性”指一个人的整个精神面貌，是一个人的经常

① 郑雪. 人格心理学［M］. 广州：暨南大学出版社，2007：4.

的、稳定的、本质的、具有一定倾向性的心理特征[①]，是个人在其遗传、环境、成熟、学习等因素交互作用下形成的，具有较大的稳定性。

（二）人格的基本特征

人格具有一定的特征，正是这些特征使它区别于其他的心理现象。

1. 独特性

一个人的人格是在遗传、环境、教育等因素的交互作用下形成的。不同的遗传、生存及教育环境，形成了各自独特的心理特点。人与人没有完全一样的人格特点。所谓“人心不同，各有其面”，这就是人格的独特性。但是，人格的独特性并不意味着人与人之间毫无相同之处。在人格形成与发展中，既有生物因素的制约作用，也有社会因素的作用。人格作为一个人的整体特质，既包括每个人与其他人不同的心理特点，也包括人与人之间在心理、面貌上相同的方面，如每个民族、阶级和集团的人都有其共同的心理特点。人格是共同性与差别性的统一，是生物性与社会性的统一。

2. 稳定性

人格具有稳定性。个体在行为中偶然表现出来的心理倾向和心理特征并不能代表他的人格。俗话说，“江山易改，秉性难移”，这里的“秉性”就是指人格。当然，强调人格的稳定性并不意味着它在人的一生中是一成不变的，随着生理的成熟和环境的变化，人格也有可能产生或多或少的变化，这是人格可塑性的表现，正因为人格具有可塑性，才能被培养和发展。人格是稳定性与可塑性的统一。

3. 整体性

人格是由多种成分构成的一个有机整体，具有内在统一的一致性，受自我意识的调控。人格整体性是心理健康的重要指标。当一个人的人格结构在各方面彼此和谐统一时，他的人格就是健康的。否则，可能会出现适应困难，甚至出现人格分裂。

4. 功能性

人格决定一个人的生活方式，甚至决定一个人的命运，因而是人生成败的根源之一。当面对挫折与失败时，坚强者能发愤拼搏，懦弱者会一蹶不振，这就是人格功能的表现。

二、气质及其个别差异

（一）气质概述

气质指心理活动的动力特征，如心理过程的速度、强度、稳定性、指向性和灵活性等[②]。气质通常也称为“脾气”、“秉性”，受遗传因素的影响较大。气质使个体的全部心理活动呈现独特的色彩，如张飞、李逵的暴躁，林黛玉的忧郁，凤姐的泼辣，等等。

---

① 张世富. 心理学［M］. 北京：人民教育出版社，1988：262.

② 张世富. 心理学［M］. 北京：人民教育出版社，1988：289.

（二）气质理论概述

心理学史上出现过多种气质理论，如古希腊希波克拉特的体液说：认为体液决定气质，四种体液（血液、黏液、黄胆汁、黑胆汁）所占的比例不同导致气质的差异；德国克雷米奇尔的体型说：认为体型决定气质，不同的体型（高矮胖瘦）显示出不同的气质；日本古川竹二的血型说：认为血型决定气质，血型不同（A，B，AB，O）则气质性格不同；美国伯曼的激素说：认为内分泌腺决定气质，不同内分泌腺功能占优势的人（甲状腺、垂体腺、肾上腺、性腺）气质特点不同。这些气质理论有一定的合理成分，但也缺乏足够的科学依据，读者可参考有关资料。托马斯和切斯提出了科学的气质理论。他们提出气质的九个维度（活动水平、节律性、注意的转移、趋向和退缩、注意的持久性、适应性、反应强度、反应阈限、心境质量），儿童在这九个维度上是有差异的。其中节律性、趋向和退缩、适应性、反应强度、心境质量5个维度的不同组合构成三种典型的气质类型：容易抚育型（约40%）、抚育困难型（约10%）、启动缓慢型（约15%）。

（三）巴甫洛夫的高级神经活动类型学说

巴甫洛夫首次为气质奠定了科学基础。巴甫洛夫等人发现，高级神经活动的基本过程有两个，即兴奋和抑制，而这种高级神经活动过程有3个基本特性。

强度：神经细胞能接受的刺激的强弱程度，以及神经细胞持久工作的能力。

平衡性：兴奋和抑制之间是否平衡。

灵活性：兴奋和抑制之间相互转换的灵活程度。

根据这些基本特性可把高级神经活动分为4种活动类型：①强而不均衡的；②强的、均衡的、灵活的；③强的、均衡的、不灵活的；④弱型的。这些高级神经活动的类型是人的气质形成的生理基础，决定气质类型。

巴甫洛夫的高级神经活动类型刚好与心理学中的古典气质类型之间有着对应的关系，如表6-1所示[①]。

表6-1　高级神经活动类型和古典气质类型之间有着对应的关系

神经过程的基本特征			高级神经活动类型	气质类型
强度	平衡性	灵活性		
强	不平衡		兴奋型（冲动型）	胆汁质
强	平衡	灵活	活泼型	多血质
强	平衡	不灵活	安静型	黏液质
强			抑制型	抑郁质

（四）四种气质类型

气质的个别差异主要表现为气质类型差异。

① 郭黎岩，等. 心理学［M］. 南京：南京大学出版社，2002：364.

胆汁质：强但不平衡。感受性低，耐受性高。外向、直率、热情、精力旺盛、情绪易于冲动、心境变换剧烈等，是胆汁质的特征。

多血质：强、平衡且灵活。感受性低，耐受性高。活泼、好动、敏感、反应迅速、喜欢与人交往、注意力容易转移、兴趣容易变换等，是多血质的特征。

黏液质：强、平衡但不灵活。感受性低，耐受性高。内向、安静、稳重、反应缓慢、沉默寡言、情绪不易外露，注意稳定但又难于转移，善于忍耐等，是黏液质的特征。

抑郁质：弱。感受性高，耐受性低。内向、孤僻、行动迟缓、体验深刻、善于觉察别人不易觉察到的细小事物等，是抑郁质的特征。

当然，完全属于某一种类型的人很少，多数人是介于各类型之间的中间类型，即混合型，如胆汁—多血质、多血—黏液质等。

（五）气质的个别差异及其教育启示

针对气质差异，我们在教育中应注意如下一些问题。

1. 气质的稳定性与可塑性

气质类型的很早表露，也有比较稳定的神经基础，说明气质较多地受个体生物组织的制约，也正因为如此，气质在环境和教育的影响下虽然也有所改变，但与其他心理特征相比，变化要缓慢得多，具有稳定性的特点。

2. 人的气质本身无好坏之分

气质类型也无好坏之分。在评定人的气质时不能认为一种气质类型是好的，另一种气质类型是坏的。每一种气质都有积极和消极两个方面，在这种情况下可能具有积极的意义，而在另一种情况下可能具有消极的意义。如胆汁质的人可成为积极、热情的人，也可发展成为任性、粗暴、易发脾气的人；多血质的人情感丰富，工作能力强，易适应新的环境，但注意力不够集中，兴趣容易转移，无恒心等。气质相同的人可有成就的高低和善恶的区别。抑郁质的人在工作中耐受能力差，容易感到疲劳，但感情比较细腻，做事审慎小心，观察力敏锐，善于察觉到别人不易察觉的细小事物。气质不能决定人们的行为，是因为人们可以自觉地去调节和控制行为。

3. 气质类型不决定一个人成就的高低，但能影响工作效率

气质不能决定一个人活动的社会价值和成就的高低。据研究，俄国的四位著名作家就是四种气质的代表，普希金具有明显的胆汁质特征，赫尔岑具有多血质的特征，克雷洛夫属于黏液质，而果戈里属于抑郁质。类型各不相同，却并不影响他们同样在文学上取得杰出的成就。气质只是和人的各种心理品质的动力方面有关，它使人的心理活动染上某些独特的色彩，却并不决定一个人性格的倾向性和能力的发展水平。所以气质相同的人可以成为对社会作出重大贡献、品德高尚的人，也可以成为一事无成、品德低劣的人；可以成为先进人物，也可以成为落后人物，甚至成为反动人物。反之，气质极不相同的人也都可能成为品德高尚的人，成为某一职业领域的能手或专家。

人的气质对行为、实践活动的进行及其效率有着一定的影响。例如，要求作出迅速灵活反应的工作对于多血质和胆汁质的人较为合适，而黏液质和抑郁质的人则较难适

应。反之，要求持久、细致的工作对黏液质、抑郁质的人较为合适，而多血质、胆汁质的人又较难适应。在一般的学习和劳动活动中，气质的各种特性之间可以起互相补偿的作用，因此其对活动效率的影响并不显著。对先进纺织工人所作的研究证明，一些看管多台机床的纺织女工属于黏液质，她们的注意力稳定，工作中很少分心，这在及时发现断头故障等方面是一种积极的特性。注意的这种稳定性补偿了她们从一台机床到另一台机床转移注意较为困难的缺陷。另一些纺织女工属于活泼型，她们的注意比较容易从一台机床转向另一台机床，这样注意易于转移就补偿了注意易于分散的缺陷。

但是，在一些特殊职业中（例如飞机驾驶员、宇航员、大型动力系统调度员或运动员等），要经受高度的身心紧张，要求人们有极其灵敏的反应，敢于冒险和临危不惧，这对人的气质特性提出特定的要求。在这种情况下，气质的特性影响着一个人是否适合于从事该种职业。因此在培训这类职业的工作人员时应当测定人的气质特性。这是职业选择和淘汰的根据之一。

因此，了解人的气质对于教育工作、组织生产、培训干部职工、选拔人才、社会分工等方面都具有重要的意义。如果在学习、工作、生活中考虑到这一点，就能够有效提高自己和他人的效率。

4. 气质类型与学校教育

由于人们的气质各不相同，所以要求在教育工作中必须采取因材施教、个别对待的方法。例如，对于胆汁质或多血质的学生，严厉的批评会促使他们遵守纪律，改正错误，但同样的方法对抑郁质的学生则可能产生不良后果。这就要求教育工作者考虑学生的气质特点。又如，在改变作息制度和重新编班时，多血质的学生很容易适应，无需特别关心，而对于黏液质、抑郁质的学生则需给予更多的关怀和照顾，才能使他们逐步适应新的环境。

特别应注意的是，气质类型能影响健康。不同气质类型的人，其情绪兴奋性不同，适应环境的能力不同，进而影响健康。对于适应环境存在一定困难的气质类型，如胆汁质、抑郁质，应多加关注。对所有气质类型，应注意提供“合身性”的环境（goodness of fit）[①]，即环境教育方式与个体的气质特征匹配。

总之，决不能孤立地考虑人们的气质特征，更重要的是培养积极的学习和劳动态度。如果具有正确的动机和积极的态度，各种气质类型的人都可能在学习上取得优良成绩，在劳动中作出应有的贡献。

三、性格及其个别差异

（一）什么是性格

性格是通过一个人在对现实稳定的态度和习惯化的行为方式所表现出来的心理特征。

个体之间差异的核心是性格的差异。正是由于性格的不同，人们才走上不同的道

① 方富熹，方格. 儿童发展心理学［M］. 北京：人民教育出版社，2005：262.

路，人们的事业道路和生活状况才有千差万别。

（二）性格结构及其特征

性格是由多种心理特征所组成的复杂而稳定的心理结构，主要由以下几个方面构成。

1. 性格的态度特征

性格的态度特征，是指通过个体在对现实生活各个方面的态度表现出来的一般特征。这些态度包括对社会、对集体、对他人、对自己、对劳动的态度。如，关心社会、集体，待人诚恳，正直，有责任心，有同情心，体贴人，谦虚，自信，自强，勤奋，细致，有开拓精神，节俭等。

2. 性格的认知特征

性格的认知特征是指个体在认知活动中表现出来的心理特征。如好奇心、喜思考、靠直觉等。在感知方面，能按照一定的目的任务主动地观察，属于主动观察型；明显地受环境刺激的影响，属于被动观察型；倾向于观察对象的细节，属于分析型；倾向于观察对象的整体和轮廓，属于综合型；倾向于快速感知，属于快速感知型；倾向于精确感知，属于精确感知型。在想象方面，有主动想象和被动想象之分；有广泛想象与狭隘想象之分。在记忆方面，有主动与被动之分；有善于形象记忆与善于抽象记忆之分等。在思维方面，也有主动与被动之分；有独立思考与依赖他人之分；有深刻与肤浅之分等。

3. 性格的情绪特征

性格的情绪特征是指个体在情绪表现方面的心理特征。在情绪的强度方面，有的人情绪强烈，不易于控制；有的人则情绪微弱，易于控制。在情绪的稳定性方面，有的人情绪波动性大，情绪变化大；有的人则情绪稳定，心平气和。在情绪的持久性方面，有的人情绪持续时间长，对工作学习的影响大；有的人则情绪持续时间短，对工作学习的影响小。在主导心境方面，有的人经常情绪饱满，处于愉快的情绪状态；有的人则经常郁郁寡欢。

4. 性格的意志特征

性格的意志特征是指个体在调节自己的心理活动时表现出的心理特征。自觉性、坚定性、果断性、自制力等是主要的意志特征。自觉性是指在行动之前有明确的目的，事先确定了行动的步骤、方法，并且在行动的过程中能克服困难，始终如一地执行。与之相反的是盲从或独断专行。坚定性是指能采取一定的方法克服困难，以实现自己的目标。与坚定性相反的是执拗性和动摇性，前者不会采取有效的方法，一味我行我素；后者则轻易改变或放弃自己的计划。果断性是指善于在复杂的情境中辨别是非，迅速作出正确的决定。与果断性相反的是优柔寡断或武断、冒失。自制力是指善于控制自己的行为和情绪。与自制力相反的是任性。

性格的态度特征、意志特征是性格的核心，对人的事业成功和生活幸福有重要的制约作用。

四、特质论和类型论概述

国外的人格研究，并没有明确把人格分为人格倾向、气质、性格等方面，然后再探讨在这些方面的个别差异。他们把人格作为一个整体进行研究，关心的是这个整体包括哪些具体特征或这个整体可划分为什么个性类型。这样的研究特色可概括为特质论和类型论。人格的个别差异就表现为特质差异或类型差异。

（一）特质论

1. 奥尔波特和卡特尔的特质理论

奥尔波特是美国著名心理学家、现代心理学创始人之一，也是特质理论的始创者。他在 1929 年第九届国际心理学大会上发表了题为《什么是特质》的论文，提出将特质作为人格的基本单位。奥尔波特认为：特质是个人所特有的、一般的、现实焦点的神经心理结构。特质使人在不同情况下的适应行为和表现行为具有一致性。例如，一个具有强烈攻击性特质的人，对不同的情境会作出类似的反应。

卡特尔（R. B. Cattell）继承奥尔波特的特质论，并对特质进行独特的研究，提出 16 种根源特质。

卡特尔受化学元素周期表的启发，他首先从各种字典和有关心理学、精神病学的文献中找出约 4500 个用来描述人类行为的词汇，从中选定 171 项特质名称，让大学生应用这些名称对同学进行行为评定和因素分析后最终得到 16 种相互独立的特质。卡特尔认为这 16 种特质代表着人格组织的基本构成，从而可全面评价其整体个性。他编制了《卡特尔 16 种个性因素测验》(16PF)。

十六种个性因素的含义

(1) 因素 A-乐群性

低分特征：缄默，孤独，冷漠。

高分特征：外向，热情，乐观。

(2) 因素 B-聪慧性

低分特征：思想迟钝，学识浅薄，抽象思考能力弱。

高分特征：聪明，富有才识，善于抽象思考，学习能力强，思考敏捷正确。

(3) 因素 C-稳定性

低分特征：情绪激动，易生烦恼，心神动摇不定，易受环境支配。

高分特征：情绪稳定而成熟，能面对现实。

(4) 因素 E-恃强性

低分特征：谦逊，顺从，通融，恭顺。

高分特征：好强固执，独立积极。

(5) 因素 F-兴奋性

低分特征：严肃，审慎，冷静，寡言。

高分特征：轻松兴奋，随遇而安。

(6) 因素G-有恒性

低分特征：苟且敷衍，缺乏奉公守法的精神。

高分特征：有恒负责，做事尽职。

(7) 因素H-敢为性

低分特征：畏怯退缩，缺乏自信心。

高分特征：冒险敢为，少有顾忌。

(8) 因素I-敏感性

低分特征：理智的，着重现实，自恃其力。

高分特征：敏感，感情用事。

(9) 因素L-怀疑性

低分特征：依赖随和，易与人相处。

高分特征：怀疑，刚愎，固执己见。

(10) 因素M-幻想性

低分特征：现实，合乎成规，力求妥善合理。

高分特征：幻想的，狂放不羁。

(11) 因素N-世故性

低分特征：坦白，直率，天真。

高分特征：精明能干，世故。

(12) 因素O-忧虑性

低分特征：安详，沉着，有自信心。

高分特征：忧虑抑郁，烦恼自扰。

(13) 因素Q1-实验性

低分特征：保守的，尊重传统观念与行为标准。

高分特征：自由的，批评激进，不拘泥于现实。

(14) 因素Q2-独立性

低分特征：依赖，随群附众。

高分特征：自立自强，当机立断。

(15) 因素Q3-自律性

低分特征：矛盾冲突，不顾大体。

高分特征：知己知彼，自律谨严。

(16) 因素Q4-紧张性

低分特征：心平气和，闲散宁静。

高分特征：紧张困扰，激动挣扎。

上述16种个性特质可合成一些次级个性因素，读者可进一步参考。

2. 艾森克的人格三因素模型

汉斯·艾森克（Hans J. Eysenck，1916～1997）无疑是20世纪后半叶最有影响力的心理学家之一。他的人格理论研究更多的是从生物学的角度进行的。

艾森克通过对由实验、问卷与观察得到的大量的人的特质的因素进行分析，发现三个互为独立的“超级因素”，他把它们命名为内外向性、神经质和精神质，而且这些因素可找到对应的神经活动基础，读者可进一步了解。

内外向性：艾克森的外一内倾概念表明，高外倾性的人兴奋过程发生慢、强度弱、持续时间短，而抑制过程发生快、强度强、维持时间长，这种人难以形成条件反射。高内倾性的人兴奋过程发生快、强度强、持续时间长，而抑制过程发生慢、强度弱、维持时间短，这种人容易形成条件反射。由社会性、冲动性、活泼性、兴奋性等个性特质构成外倾类型，由持续性、僵硬性、主观性、羞耻性、易感性等个性特质构成内倾类型。

神经质：在这一维度上得分高的人是情绪易变的，过度反应的。得分高的个体在情绪上倾向于过度反应，并且体验到一种情绪后，不易恢复常态。得分高的人被视为一个情绪不稳定或情绪化的人。他们对很小的挫折和问题会有很强的情绪反应，并且这一情绪反应要持续很长时间。

精神质：精神质独立于神经质。它代表一种倔强固执、粗暴强横和铁石心肠的特点，并非暗指精神病。它在所有的人身上都存在，只是程度不同而已。得分高者表现出孤独、不关心他人、冷酷、缺乏情感和移情作用、对旁人有敌意、攻击性强等特点。得分低者表现出温柔、善感等特点。如果个体的精神质表现明显，则易导致行为异常。

艾森克的人格特质也被看成是人格维度，他认为内外倾、神经质两个维度的不同组合可与四种气质类型对应（图 6-1）①。

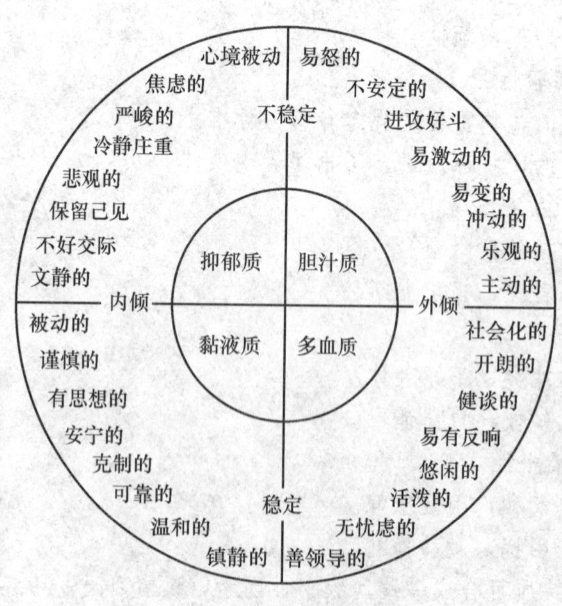

图 6-1 艾森克的人格维度

① 叶奕乾. 普通心理学（修订版）[M]. 上海：华东师范大学出版社，1997：507.

大五模型[①]

近年来，研究者们在人格描述模式方面形成了比较一致的共识，提出了人格的大五模型，Goldberg（1992）称之为人格心理学中的一场革命，研究者通过词汇学的方法，发现大约有五种特质可以涵盖人格描述的所有方面。很多来源于不同文化和国家的研究表明，大五模型具有文化普适性。大五人格（OCEAN），也被称为“人格的海洋”，可以通过 NEO-PI-R 评定。大五模型认为人格由五种特质（或称维度）组成，具体含义如下。

外倾性（extraversion）：好交际对不好交际，爱娱乐对严肃，感情丰富对含蓄；表现出热情、社交、果断、活跃、冒险、乐观等特点。

神经质或情绪稳定性（neuroticism）：烦恼对平静，不安全感对安全感，自怜对自我满意；包括焦虑、敌对、压抑、自我意识、冲动、脆弱等特质。

开放性（openness）：富于想象对务实，寻求变化对遵守惯例，自主对顺从；具有想象、审美、情感丰富、求异、创造、智慧等特征。

随和性（agreebleness）：热心对无情，信赖对怀疑，乐于助人对不合作；包括信任、利他、直率、谦虚、移情等品质。

尽责性（conscientiousness）：有序对无序，谨慎细心对粗心大意，自律对意志薄弱；包括胜任、公正、条理、尽职、成就、自律、谨慎、克制等特点。

大五模型在心理学领域和经济管理领域应用非常广泛。

（二）类型论

类型理论是 20 世纪 30～40 年代在德国产生的一种人格理论，主要用来描述一类人与另一类人的心理差异，即人格类型（personality type）的差异。人格类型理论有三种，即单一类型理论、对立类型理论、多元类型理论。

1. 从心理机能的优势上划分，性格可分为理智型、情感型和意志型

英国心理学家培因（1855）依据智力、情绪、意志三种机能何者占优势，提出三种性格类型。

理智型性格：表现为依冷静的理性思考而行事，以理智支配行动。

情绪型性格：表现为不善于思考，凭感情办事。

意志型性格：表现为目标明确，行为主动，追求未来的憧憬。

2. 从个体独立性上划分，性格分为独立型、顺从型、反抗型

独立型性格：表现为善于独立发现与解决问题，不容意被他人的意见所干扰，在紧张困难的情况下能应付自如，自信，果断，容易发挥出自己的力量，独立性很强。

顺从型性格：表现为易受暗示，容易轻信、服从他人的意见，在紧张情况下，无主意，甚至惊惶失措，独立性很差。

反抗型性格：表现为喜欢把自己的意志和愿望强加于人，相信依靠自己的力量可以

① 百度百科. 大五人格理论[EB/OL]. http://baike.baidu.com/view/388796.htm? fr=ala0_1_1,2011-8-7.

改变他人。

3. 从表现行为方式上划分，性格分为A型、B型、C型

按人的行为方式，即人的言行和情感的表现方式可将性格分为A型性格、B型性格和C型性格。这种个性类型理论把类型与疾病联系起来。

A型性格：1959年，美国旧金山哈佛布鲁恩（Howord Brunn）心血管病研究所的两位心脏病专家弗里德曼（M. Friedman）与罗森曼（R. H. Rosenmon）报道了他们的重要发现：A型个性与冠心病之间关系密切。这引起了人们对疾病与个性关系的兴趣。A型性格急躁，争胜好强，有强烈的时间紧迫感，常同时思考或进行两件不同的事，缺乏耐心，看别人做事慢或做不好总要越俎代庖，易激动、发怒，不知满足。这种人易得心脏病，改变这种性格特点可抑制心脏病复发。

B型性格：从容，安逸，不争强好胜，能化竞争为兴趣，紧张工作后能愉快地休息，做事胸有成竹，不受外界干扰，失败不气馁，常以轻装奇袭方式取得成就。这种人不易得心脏病。

C型性格：过分压抑自己的负性情绪，即不善于表达或发泄诸如焦虑、抑郁、绝望等情绪，尤其是经常竭力压制原本应该发泄的愤怒情绪。行为退缩，由于负性情绪不能及时宣泄，而导致一系列退缩表现，如屈从于权势，过分自我克制、回避矛盾、迁就、忍让、宽容、依赖、顺从，为取悦他人或怕得罪人而放弃自己的爱好、需要。易出现无助、无望的心理状态，经常无力应付生活的压力，而感到绝望和孤立无援，往往表现出过分的克制、谨小慎微、没有信心等。具有上述性格特征的人癌症发病率是正常人的3倍以上。

除了上述类型论外，还有其他一些很有影响的类型理论，把它们作为阅读材料，请大家自行理解。

霍兰德的人格类型论①

1959年霍兰德以自己的职业咨询经验为基础提出了一种关于职业选择的个性类型理论。这种理论强调人有稳定的价值观类型（或称个性动机类型），而这与相应的职业有密切的关系。他提出六种个性类型，分别为现实型、研究型、艺术型、社会型、企业家型、传统型。把工作性质也分为六种：现实性的、调查研究性的、艺术性的、社会性的、开拓性的、常规性的。他的个性类型理论的实质在于择业者的个性特点与职业类型的适应。在适宜的职业环境中个人可以充分施展自己的技能和能力，表达自己的态度和价值观，并且能够完成那些令人愉快的使命。他编制的职业适应性测验（The Self-Directed Search，简称SDS）在职业辅导领域有重要的应用价值，读者可参考有关资料。

（1）现实型

个性特点：愿意使用工具从事操作性强的工作；动手能力强，手脚灵活，动作协调；不善言辞，不善交际。

---

① 百度知道. 什么是霍兰德人格类型理论[EB/OL]. http://zhidao.baidu.com/question/288377678.html, 2011-7-5.

职业类型：工程师、技术员；机械操作、维修安装工人、木工、电工、鞋匠等；司机；测绘员、描图员；农民、牧民、渔民等。

(2) 研究型

个性特点：抽象能力强，求知欲强，肯动脑筋，善思考，不愿动手；喜欢独立和富有创造性的工作；知识渊博，有学识才能，不善于领导他人。

职业类型：自然科学和社会科学方面的研究人员、专家；化学、冶金、电子、无线电、电视、飞机等方面的工程师、技术人员；飞行驾驶员、计算机操作人员等。

(3) 艺术型

个性特点：喜欢以各种艺术形式的创作来表现自己的才能，实现自身价值；具有特殊艺术才能；乐于创造新颖的、与众不同的艺术成果、渴望表现自己。

职业类型：音乐、舞蹈、戏剧等方面的演员、艺术家编导、教师；文学、艺术方面的评论员；广播节目的主持人、编辑、作者；绘图、书法、摄影家；艺术、家具、珠宝、房屋装饰等行业的设计师等。

(4) 社会型

个性特点：喜欢从事为他人服务和教育他人的工作；喜欢参与解决人们共同关心的社会问题，渴望发挥自己的社会作用；比较看重社会义务和社会道德。

职业类型：教师，保育员、行政人员；医护人员；衣食住行服务行业的经理、管理人员和服务人员；福利人员等。

(5) 企业家型

个性特点：精力充沛、自信、善交际，具有领导才能；喜欢竞争，敢冒风险；喜欢权力、地位和物质财富。

职业类型：企业家、政府官员、商人、行政部门和单位的领导者、管理者。

(6) 传统型

个性特点：喜欢按计划办事，习惯接受他人的智慧和领导，自己不谋求领导职位；不喜欢冒险和竞争；工作踏实、忠诚可靠，遵守纪律。

职业类型：会计、出纳、统计人员；打字员、办公室人员、秘书和文书；图书管理员；旅游、外贸职员；保管员、邮递员、审计人员、人事职员等。

五、青少年的性格优化

性格差异具有重要的教育启示，同时针对性格差异，教育应优化青少年的性格，这也是心理学的一个重要课题。要优化青少年的性格，首先必须要探讨造成性格个别差异的因素，根据这些影响因素来进行优化。

（一）影响学生性格形成的因素

影响性格形成的因素很多。遗传、环境、成熟和教育等因素，都会对人们性格的形成和发展产生影响。人的性格是在与周围环境相互作用的过程中逐渐发展起来的。虽然遗传因素会对性格的形成发生影响，但性格形成中起主要作用的不是遗传，而是社会经历。一个人的全部性格特点，实际上是一个人全部生活历史的积淀。

1. 生理因素的影响

性格的形成与发展有其生物学的根源。遗传素质是性格形成的自然基础，它为性格形成与发展提供了可能性，具体表现在四个方面：第一，一个人的相貌、身高、体重等生理特征，会因社会文化的评价与自我意识的作用，影响到自信心、自尊感等性格特征的形成。第二，生理成熟的早晚也会影响性格的形成。一般地，早熟的学生爱社交，责任感强，较遵守学校的规章制度，容易给人良好的印象；晚熟的学生往往凭借自我态度和感情行事，责任感较差，不太遵守校规，很少考虑社会准则。第三，某些神经系统的遗传特性也会影响特定性格的形成，这种影响表现为或起加速作用或起延缓作用。这从气质与性格的相互作用中可以印证：活泼型的人比抑制型的人更容易形成热情大方的性格；在不利的客观情况下，抑制型的人比活泼型的人更容易形成胆怯和懦弱的性格特征，而在顺利的条件下，活泼型的人比抑制型的人更容易成为勇敢者。第四，性别差异对人类性格的影响也有明显的作用。一般认为，男性比女性在性格上更具有独立性、自主性、攻击性、支配性，并有强烈的竞争意识，敢于冒险；女性则比男性更具依赖性，较易被说服，做事有分寸，具有较强的忍耐性。

2. 家庭环境的影响

家庭因素对性格形成与发展有重要的影响。家庭是儿童出生后接触到的最初的教育场所，家庭所处的经济地位和政治地位、家长的教育观念和教育水平、家长的教育态度与教育方式、家庭的气氛、儿童在家庭中扮演的角色与所处的地位等，都对儿童性格的形成有非常重要的影响。

3. 学校教育环境的影响

学校的教育对儿童性格的形成起主导作用。因为学校教育是教师根据教育目的对学生施加的有目的、有系统、有计划的影响，而且是在学生的生活、学习的集体中，通过各种活动进行的。

首先是班集体的影响。学校的基本组织单位是班集体，班集体的特点、要求、舆论、评价对学生都是一种无形的巨大的教育力量。在教师的指导下，优秀的班集体会以它正确而又明确的目的、对班集体成员严格而又合理的要求、自身强大的吸引力感染着集体成员，充分调动所有成员的主动性、自觉性，从而促进学生良好性格的形成。与此同时，学生在集体中通过参加学习、劳动及各种文艺、体育及兴趣小组等活动，通过同学之间的交往，增强了责任感、义务感、集体主义感，学会了互相帮助、团结友爱、尊重他人、遵守纪律，也培养了乐观、坚强、勇敢、向上等优秀品质。优秀的班集体不仅可以促进学生良好性格的形成，还可以使学生一些不良的性格特征得以改变。日本心理学家岛真夫曾挑选出在班集体里地位较低的八名学生担任班级干部，并指导他们工作。一学期后，发现他们在学生中的地位发生了很大变化，表现得有自尊、有责任心，整个班级的风气也有所改变①。

---

① 周晓琴．在班级管理中培养学生的良好性格[EB/OL]．http://125.74.221.103/jiaoyan/ShowArticle.asp?ArticleID=6123,2009-11-26.

其次是教师的性格、态度与师生关系的影响。教师在学生性格的形成与发展中所起的作用是至关重要的。特别是对小学生来说，其影响更为显著。教师的性格往往在他们的性格上打下深深的烙印。教师的性格是暴躁还是安静，兴趣是广泛还是狭窄，意志坚强还是薄弱，情绪高昂还是悲观低落，办事果断还是优柔寡断等，这些心理品质对学生性格都会产生积极与消极的影响。

教师对学生的态度、师生关系也会直接影响学生的性格。有人曾把教师的态度分为三种，即放任型、专制型、民主型。

放任型：表现为不控制学生的行为，不指导学生学习。学生则表现出无集体意识、无团体目标、纪律性差、不合作。

专制型：表现为包办学生的一切学习活动，全凭个人的好恶对学生赞誉、贬损。学生则表现出情绪紧张、冷漠、具有攻击性、自制力差。

民主型：表现为尊重学生的自尊心和个性。学生则表现出情绪稳定、态度积极友好、开朗坦诚、有领导能力。

可见，教师在学生面前是极具有权威性的。教师是学生学习、效仿的榜样，其言传身教对学生性格特征的发展是潜移默化的，作用是不可估量的。

从另一方面看，学校如忽视对学生思想品德的教育或采取一些违反教育原则的教育方式与方法，如体罚、不尊重学生等，或学校与家长的教育思路不一致，就会使学生形成不良的性格。这在现实生活中是不乏其例的，必须引起重视。

总之，学校教育对学生性格的影响是方方面面的。主要通过学校的传统与校风，教师的性格、态度与行为，师生关系，学生所在班集体，同学之间的关系，学校组织的团队活动、体育活动、课外活动等渠道实现。

4. 社会因素的影响

社会因素对学生性格的影响主要通过社会的风尚、大众传媒等得以实现，如电脑、电视、电影、报刊杂志、文学作品等。电视对儿童性格的影响是巨大的。美国的心理学家在 1971 年进行的实验证明，电视节目里的许多攻击性行为对年幼无知的孩子的行为发展影响很大。

随着信息时代的到来，通过因特网传播的各种信息会对小学儿童性格形成产生正面和负面影响，而且其影响是广泛而深刻的。这对教育工作者提出了新的研究课题，即如何引导、教育学生正确选择、利用网上信息，提高抵制不健康信息的能力。

此外，报刊杂志、文艺作品中的典型人物或英雄榜样也会激起学生丰富情感和想象，引起效仿的意象，从而影响性格的形成与发展。

5. 自我教育在性格形成中的作用

自我教育是良好性格形成与发展的内在动力。人与动物最本质的区别就是人有主观能动性，有自我调控能力，因此每个人都可以通过自我教育塑造自己良好的性格。俄国伟大的教育家乌申斯基认为，人的自我教育是性格形成的基本条件之一，因为一切外来的影响都要通过自我调节而起作用。从这个意义上讲，每个人都在自己塑造自己的性格。

在儿童成长过程中，自我意识明显影响着性格的形成。儿童把自己从客观环境中区分出来是性格形成的开始。从此，就开始了自己教育自己，自己塑造自己的努力。当然，这种努力是在成人的指导、帮助下实现的。随着儿童自我意识的发展，这种自我教育、自我塑造的力量越来越强，儿童在性格形成中也就从被控者变为自我控制者，产生一种“自我锻炼”的独特动机。因此，教育者要鼓励和指导学生自我意识的发展，创造各种机会，加强他们自身性格的锻炼。

（二）青少年性格的优化

1. 加强人生观、世界观和价值观教育

人生观、世界观和价值观在整个性格结构中处于统率的地位。要培养学生健全的性格，学校就必须利用各种形式开展教育，使学生形成正确的人生观、世界观和价值观，树立正确的人生目标。只有这样，学生才能正确处理好与他人及集体的关系，正确评价和引导自身的行为，形成积极的生活态度和行为方式，使性格得到健康发展。

2. 及时强化学生的积极行为

性格是在活动中逐步养成的。通过学校日常教学活动的合理组织，可使学生形成勤奋、认真、守纪律等良好的性格品质。除此之外，学校还要组织各种课外、校外活动，开拓学生的眼界，丰富学生的社会经验，增加学生受锻炼的机会。在各项活动中，教师要积极关注每一个学生的行为表现，对良好的行为要及时表扬、鼓励。

3. 充分利用榜样人物的示范作用

社会学习理论强调榜样示范在性格形成中的重要作用。对于学生来说，榜样的力量是无穷的。利用榜样人物的影响往往能收到潜移默化的教育效果。因此，在性格教育中要注意向学生介绍古今中外的优秀人物，引导学生向这些优秀人物学习。特别值得注意的是，在性格教育中，更应该遵循“身教重于言教”的教育原则，教师应该不断地完善自己的性格，提高自己的个性魅力，成为学生性格发展中能够直接模仿的榜样。

4. 利用集体的教育力量

通过集体教育不仅可以培养学生关心集体、维护集体利益的集体主义性格特征，其他许多优良的性格特征如诚实、助人、组织性、纪律性、自信心、自尊心、好胜心、责任感、义务感、荣誉感等也都能得到培养。另一方面，也只有使每一个人都获得了充分的发展，才会有真正的集体和集体教育可言。总之，教育了集体，也就教育了每一个人；教育了每一个人，也必然会影响到集体。它们是相辅相成的。

5. 依据性格倾向因材施教

学生性格的发展受他们已有特点的影响。同一种教育措施，会因学生的差异而有不同的效果。因此，性格教育必须针对学生不同的特点，因材施教。

6. 提高学生的自我教育能力

优良性格特征的养成，并非简单地受外界客观因素的影响，而是主客观相互作用的结果。在教育实践中提高学生的自我教育能力，需要通过具体的教育情境帮助他们对自身有客观、正确的认识和评价，促使他们自觉地发展控制和支配自己行为的能力，从而使他们能够在自我意识提高的过程中增强自觉塑造自己良好性格品质的能力。

第二节 认知差异

认知差异可以表现为认知过程中各环节的差异。但是归根结底，各种认知差异可主要归结为认知能力水平差异、类型差异和能力表现早晚的差异。

一、能力的一般概念

（一）什么是能力

能力是直接影响活动效率，使活动得以顺利完成的心理特征。能力包括已有能力和潜在能力。已有能力即现实能力。

（二）能力与知识、技能的区别与联系

能力和知识、技能的区别：第一，所属的范畴不同。第二，生理机制不同。第三，概括化的内容与结果不同。第四，迁移的范围不同。第五，发展过程不同。

能力和知识、技能的联系：一方面，能力是掌握知识与技能的必要前提，能力的大小，会影响到知识掌握的深浅、难易和技能水平的高低。另一方面，能力又是在掌握知识、技能的过程中形成和发展的。掌握系统科学的知识和技能，则更有利于能力的增长和发挥。

（三）才能与天才

才能是多种能力的独特结合，通常在解决实际问题和应对现实事件的过程中体现。少数人的多种能力在生活中达到了最完备的发展与结合，能够高水平、开创性地完成多种活动任务，或完成某一领域中人们通常难于完成的特殊活动任务，这种高度发展的才能通常称为天才。

（四）能力的分类

1. 一般能力与特殊能力

一般能力是指各种活动所共同需要的能力，是从事一切活动所必备的能力。如注意力、观察力、记忆力、想象力、思维力等，思维能力是一般能力的核心。一般能力的有机结合就是智力。

特殊能力是指从事某项专业活动所必备的能力。它是顺利完成某专业活动的心理条件。如，音乐能力、绘画能力、数学能力等。

2. 模仿能力与创造能力

模仿能力是指通过观察别人的行为、活动，然后以相同的方式作出反应的能力。模仿是动物和人类一种重要的学习能力。

创造能力是按照预先设定的目标，利用一切已知的信息，创造出新颖、独特、具有个人或社会价值的产品的能力。

3. 液态能力与晶态能力

液态能力是受神经系统成熟影响较大，受后天文化和知识影响较小的能力。

晶态能力是指接受后天经验影响较大，主要表现在运用已有的知识和技能去吸收新的知识或解决问题上的能力。晶态能力是决定后天的学习并与社会文化有密切关系的能力。

液态能力和晶态能力有不同的发展规律。个体早期发展阶段，液态能力有比较明显的发展；进入成年期，液态能力有所衰退。晶态能力则不然，它伴随个体终生发展，到25岁以后发展速度才逐渐趋于平缓。

4. 认识能力、操作能力与社交能力

认识能力是指人脑加工、储存和提取信息的能力。它是人们完成活动的最基本、最主要的条件。

操作能力是指人们操纵自己的肢体以完成各种活动的能力。

社交能力是指人们在社会交往活动中所表现出来的能力。主要表现为人际关系敏感性、人际关系调整能力和自我协调能力。

二、能力的水平差异

能力水平差异可表现为各种能力分类上的水平差异，如在液态能力与晶态能力、模仿能力与创造能力、注意力、观察力、记忆力、想象力、思维力等方面的水平差异。

总的来说，能力水平的差异主要是指智力上的差异，它表明人的能力发展有高有低。

就一般能力来看，在全世界人口中，智力水平基本呈常态分布，即智力极低或智力极高的人很少，绝大多数的人属于中等智力。

心理学家根据智力发展水平把儿童分成三个等级，即超常儿童、常态儿童、低常儿童。

超常儿童、常态儿童、低常儿童[①]

超常儿童是指智力发展或某种才能显著超过同龄儿童平均水平的儿童。智力超常儿童智商一般在130以上。其共同的心理特征表现为：浓厚的认识兴趣，旺盛的求知欲；思维敏捷，理解力强，有独创性；敏锐的感知觉，良好的观察力；注意力集中并易转移，记忆既快又准；进取心强，勤奋，有坚持性。

低常儿童是指智力发展明显低于同龄儿童平均水平并有适应性行为障碍的儿童，又称智力落后儿童。推孟认为，智商70以下都可以称为智力低常。按程度的不同，可将低常儿童分为三级：迟钝（智商在50～69），愚笨（智商在25～49），白痴（智商在25以下）。低常儿童的主要特征为：知觉速度缓慢，范围狭窄，记忆能力差，语言发展迟缓，词汇贫乏，思维概括能力差，生活自理能力差。总之，低常儿童整个心理活动的各

① 搜搜问问. 能力的个别差异表现为什么差异[EB/OL]. http://wenwen.soso.com/z/q167692100.htm,2009-12-13.

个方面的发展水平都低下。

造成智力低常的原因很复杂，主要是先天因素与后天因素两方面。先天因素包括遗传和非遗传性的；后天因素如脑疾病、脑损伤、剥夺学习机会等。

下面我们就来介绍智力的有关知识。

（一）什么是智力

心理学家对智力有各种各样的解释，至今没有统一的定义。归纳起来，关于智力大致有以下几种不同的说法：①智力是一种适应新情境的能力；②智力是一种学习能力；③智力是指抽象思维能力；④智力是一个人为着某些目标而行动、理智地思考和有效地适应环境这三种能力的综合表现；⑤智力就是智力测验所测量的东西，也就是解决某种智力问题的能力。

在我国，较多的心理学家认为，智力是以思维力为核心的观察力、记忆力、思维力、想象力和注意力五个基本因素的有机结合。

（二）智力的测量

心理学家创造了许多测量工具，这些测量工具叫做智力量表。世界上最著名的智力量表是斯坦福-比纳量表（简称 S-B 量表）。该量表最初由法国人比纳（A. Binet）和西蒙（T. Simon）于 1905 年编制，后被引入美国，由斯坦福大学的推孟（L. M. Terman）做了多次修订而闻名于世。另一个有名的智力量表叫韦克斯勒智力量表，由韦克斯勒（D. Weeksler）编制。我国有这两种量表的修订版。

智力测验中的一个重要概念是智商，简称 IQ。

$$IQ = \frac{\text{智力年龄(MA)}}{\text{实际年龄(CA)}} \times 100$$

上述公式中的实际年龄指从出生到进行智力测验时的年龄，简称 CA。智力年龄是根据智力测验计算出来的相对年龄，简称 MA。因为智力测验的题目按年龄分组，例如，适合 6 岁儿童的题目放在 6 岁组，适合 7 岁儿童的题目放在 7 岁组，依此类推。随着年龄升高，题目难度增大。如果 6 岁儿童全部通过 6 岁组的测验题目，则该儿童的智力年龄与他的实际年龄一致。如果一名 6 岁儿童不仅通过了 6 岁组的题目，而且通过了 7 岁组的题目，那么他的智力年龄是 7 岁。

（三）智力的性别差异

智力的性别差异问题，是智力差异中的一个较敏感的问题。许多研究尽管结论不同，但在以下两个方面是持一致意见的。

大量的研究表明，在智力上，男女的智力即使存在差异也不明显，男女智力的总体水平大致相等，但在智力分布上有显著的差异。男性比女性的离散程度大，也就是说，很聪明的男性和很笨的男性都要比相应的女性多。男女智力的这种分布差异在学业成绩上的反映很显著。

男女的智力结构存在差异，各自具有自己的优势领域。在许多特殊能力上男女有别。男性在算术理解、空间关系、抽象推理等方面较占优势，女性在语言流畅、记忆、知觉速度等方面较占优势。具体来说，在感知觉方面，男性的视知觉能力一般较强，尤其是空间知觉能力，男性明显优于女性。女性的听觉能力较强，特别是对声音的辨别和定位，女性明显优于男性。在注意力方面，一般男性的注意定向更多指向于物，喜欢摆弄事物并探索物体的奥秘，对物的注意具有稳定性。女性的注意则较多指向于人，喜欢注意人的外貌、举止、内心世界和人际关系，对人的注意的稳定性较好。在思维方面，男性偏于抽象思维，女性偏于形象思维。男性一般喜欢数学、物理、化学等学科，女性一般喜欢语言、外语、历史等学科。在言语方面，男女也各有优势。女孩言语获得比男孩早，在言语流畅性和读、写、拼等方面占优势，但男孩在言语理解、言语推理以及词汇丰富方面比女孩强。

以上对男女智力差异的分析，不能说男性智力优于女性，虽然，历史上有成就的男性多于女性，但这主要是文化因素导致的，因为社会为男性提供了更多的机会。随着社会的发展，男女社会地位日趋平等，女性对社会的贡献也将日益增大。

三、能力的类型差异

认知能力的类型差异主要包括一般能力类型差异、特殊能力类型差异、认知方式等。

（一）一般能力类型差异

一般能力类型差异是指构成能力的各种因素存在质的差异，主要表现在知觉、记忆、想象、思维的类型和品质方面。

知觉方面的差异有三种类型：综合型，即知觉具有概括性和整体性，但分析能力较弱；分析型，即知觉具有强的分析能力，对细节感知清晰，但整体性较差；分析综合型，具有上述两种类型的特点，即同时具有较强的分析能力和概括能力。

记忆类型的差异，根据人们怎样记忆材料可分为：视觉型，运用视觉记忆效果好；听觉型，运用听觉识记效果好；运动型，有运动参加时记忆效果较好；混合型记忆，运用多种记忆效果较好。

言语和思维方面，有的人言语特点富于形象性，情绪因素占优势，属于生动的言语类型或形象思维类型；有的人言语富于概括性，逻辑因素占优势，属于逻辑联系的言语类型或抽象思维类型；还有居二者之间的混合型。在思维能力方面，每个人在思维的深刻性、灵活性和批判性等品质上又都有自己的特点。

（二）认知方式的差异[①]

认知方式指个人所偏爱使用的信息加工方式。20 世纪 40 年代初到 80 年代末，认知方式的研究得到了长足的发展。Riding 和 Cheema 回顾了以往提出的 30 多种认知方式类型理论，通过分析每一种认知方式理论的基本描述、评价方法、对行为的影响以及

---

① 百度百科．认知方式[EB/OL]．http://baike.baidu.com/view/912317.htm? fr=ala0_1_1，2011-8-7.

风格类型之间的相关程度，认为过去提出的众多认知方式理论是某些潜在的相同维度的不同名称或标签，并用因素分析法证实了这种假设的合理性。分析表明，认知方式类型可以归结为两个基本的认知方式维度：整体一分析（Wholist-Analytic）维度和言语一表象（Verbal-Imagery）维度，也有人称之为认知方式的两个家族。整体一分析维度是与个体在加工信息时是倾向于从整体上看还是倾向于从各个组成部分把握相联系的；言语一表象维度是与个体是倾向于以言语的形式，还是以表象的形式表征信息或思考相联系的。

目前得到较多研究的认知方式主要有场独立性-场依存性、熟虑一冲动、聚合一发散思维、整体一序列、齐平化一尖锐化等。

场独立性—场依存性认知方式①

场独立性—场依存性认知方式得到了深入的研究。这两个概念来源于美国心理学家H. A 威特金（H. A. Witkin）对知觉的研究。第二次世界大战期间，威特金为了研究飞行员怎样利用来自身体内部的线索和外部仪表的线索，来调整姿势，专门设计了一种可以摆动的座舱。舱内置一座椅，当座椅倾斜时，被试可以调整座椅使身体保持与水平垂直。研究发现，有些被试主要利用来自仪表的线索，他们不能使自已的身体恢复垂直；另一些人则主要利用来自身体内部的线索，尽管座舱倾斜，他们能使自已身体保持与水平垂直。维特金称前一种人的知觉方式为场依存性，后一种人的知觉方式为场独立性。

场依存者是人际定向的，往往更多地利用外在的社会参照来确定自己的态度和行为，特别是在模棱两可的情况下，他们比较注意别人提供的社会线索，优先注意他所参与的人际关系的情况，对其他人有较大兴趣，表现出善于与人交往的能力；在解决熟悉的问题时，不会发生困难，但让他们解决新问题则缺乏灵活性；一般较少独立性，易于接受外来的暗示。

场独立者是非人际定向的，在社会活动中不善于人际交往，对社会线索不敏感，社交能力差；在解决新问题时，善于抓住问题的关键，灵活地运用已有的知识来解决问题；更有主见，处事有自主精神。

研究结果还表明，场独立性随年龄递增而增长，女性比男性更依存于场。但是，整体来说，场依存性和场独立性没有好坏之分，而且可以通过训练得到改变。威特金的研究结果说明，对儿童进行艺术、音乐和体育训练，能有效地提高儿童的场独立水平。

（三）加登纳的多元智能理论②

1. 多元智能理论的内容

加登纳认为，人类至少具有七种以上智能——语言智能、音乐智能、数学和逻辑智能、空间智能、身体运动智能、自我认识智能、人际关系智能，应该进行全面教育，开

① 郑雪. 人格心理学［M］. 广州：广东高等教育出版社，2004：280.

② 百度百科. 多元智能理论[EB/OL]. http://baike.baidu.com/view/94480.htm? fr=ala0_1＃1,2011-8-7.

发每个人身上的七种智能，最大限度地挖掘人的潜能。这一理论也最终促使了美国历史上一次重大的教育变革。

语言智能——人身上表现出来的对语言文字的掌握能力。

数学和逻辑智能——数学和逻辑推理的能力，科学分析的能力。

空间智能——在人脑中形成一个外部空间世界的模式并能够运用和操作该模式的能力。

音乐智能——能够敏锐地感受音乐和创造音乐的能力。

身体运动智能——运用整个身体（或身体的一部分）解决问题或表现创造的能力。

人际关系智能——理解他人的能力，即善于理解和认识他人的动机，与他人交往合作的能力。

自我认识智能——深入自己内心世界的自我认识智能，即建立准确而真实的自我模式，并在实际生活中有效地运用这一模式的能力。

2. 多元智能理论对于教育的启示

（1）多元智能理论有助于形成正确的智力观

真正有效的教育必须认识到智力的广泛性和多样性，并使培养和发展学生的各方面的能力占有同等重要的地位。

（2）多元智能理论有助于转变我们的教学观

我国传统的教学基本上以“教师讲，学生听”为主要形式，辅之以枯燥乏味的“题海战术”，而忽视了不同学科或能力之间在认知活动和方式上的差异。多元智能理论认为，每个人都不同程度地拥有相对独立的七种智力，而且每种智力有其独特的认知发展过程和符号系统。因此，教学方法和手段就应该根据教学对象和教学内容而灵活多样，从而做到因材施教。

（3）多元智能理论有助于形成正确的评价观

多元智能理论对传统的标准化智力测验和学生成绩考查提出了严厉的批评。传统的智力测验过分强调语言和数理逻辑方面的能力，只采用纸笔测试的方式，过分强调死记硬背，缺乏对学生理解能力、动手能力、应用能力和创造能力的客观考核。因此，是片面的、局限的。多元智能理论认为，人的智力不是单一的能力，而是多种能力构成的综合能力，因此，学校的评价指标、评价方式也应多元化，并使学校教育从纸笔测试中解放出来，注重对不同人的不同智能的培养。

（4）多元智能理论有助于转变我们的学生观

根据多元智能理论，每个人都有其独特的智力结构和学习方法，所以，对每个学生都采取同样的教材和教法是不合理的。多元智能理论为教师们提供了一个积极乐观的学生观，即每个学生都有闪光点和可取之处，教师应从多方面去了解学生的特长，并相应地采取适合其特点的有效方法，使其特长得到充分的发挥。

（5）多元智能理论有助于形成正确的发展观

按照加登纳的观点，学校教育的宗旨应该是开发多种智能并帮助学生发现适合其智能特点的职业和业余爱好，应该让学生在接受学校教育的同时，发现自己至少有一个方面的长处，学生就会热切地追求自身内在的兴趣。

四、能力表现早晚的差异

各种能力不仅在质或量的方面表现出明显的差异，在表现的早晚方面也存在着明显的差异。

（一）能力早期的显露

根据历史记载，我国许多名人在幼年时期就显露其才华。李白“五岁诵六甲，十岁观百家”；杜甫“七龄思即壮，开口咏《凤凰》”；明末爱国诗人夏完淳五岁知五经，九岁擅辞赋古文，十七岁壮烈牺牲。近年来，全国各地更是涌现出一些早慧儿童，成为小画家、小音乐家、小文学家等。在中国科技大学，自 1978 年以来已招收多期少年班大学生，他们都在十四五岁就上了大学。

能力早期显露的事例，国外也不乏其例。莫扎特三岁时已能在钢琴上弹奏简单的和弦，五岁开始作曲，八岁试作交响乐，十二岁创编歌剧；控制论的创始人维纳，四岁可以自由地阅读书籍，七岁能阅读但丁和达尔文的著作，九岁破格升入高中，十一岁写出论文，十四岁大学毕业，十八岁就获哈佛大学哲学博士学位。

据研究表明，能力早期表现在音乐与绘画领域中最为常见。

（二）大器晚成

缺乏早期成就的人，并不能认为将来不可能有所作为。事实上，大器晚成的人在古今中外不乏其例。著名画家齐白石 40 岁才表现出绘画才能；人类学家摩尔根发表基因遗传理论时已 60 岁了；苏联学者伊·古谢娃 40 岁才学文化，后跟儿子一起大学毕业，很快获哲学副博士学位，73 岁完成博士论文。

第三节 青少年能力的培养

认知差异具有重要的教育启示，同时针对认知差异，教育应培养良好的能力，这也是心理学的一个重要课题。要培养良好的能力，首先必须要探讨造成能力个别差异的因素，根据这些影响因素来进行培养。

一、影响能力形成的因素①

能力的形成与发展受多种因素的影响，既包括先天素质，也包括后天因素，主要指对先天素质产生影响作用的环境、教育和实践活动等。实际上，能力就是这些因素交织在一起相互作用的结果。

（一）先天素质

先天素质是人们与生俱来的生理特点，它是能力形成和发展的自然前提和物质基

① 百度知道．影响能力形成的因素[EB/OL]．http://zhidao.baidu.com/question/132420511.html，2011-8-7．

础。没有这个基础，任何能力都无从产生，也不可能发展。听觉或视觉生来就失灵者，无法形成与发展音乐才能，也不能成为画家；早期脑损伤或脑发育不全的人，其智力发展会受严重影响。

神经系统是素质的重要组成部分，它的特性（强度、灵活性、平衡性）对能力的形成是有影响的。如神经系统的强度水平影响人的注意力集中的程度和持续时间，并与学生的学习能力有关；神经系统的平衡性影响注意的分配；神经系统的灵活性影响知觉的广度。

我们承认先天素质在能力形成中的作用，并承认先天素质具有遗传性，但并不能由此而得出能力（主要指智力）由遗传决定的结论。同样的先天素质可能发展多种不同的能力，良好的先天素质如果没有受到良好的培养和训练，能力也不可能得到应有的发展。

（二）环境、教育对能力形成与发展的影响

1. 产前环境及营养状况的影响

胎儿生活在母体的环境中，这种环境对胎儿的生长发育及出生后智力的发展，都有重要的影响。许多研究表明，母亲怀孕期间服药、患病、大量吸烟、遭受过多的辐射、营养不良等，能造成染色体受损或影响胎儿细胞数量，使胎儿发育受到影响，甚至直接影响出生后婴儿的智力发展。

2. 早期环境的作用

在儿童成长的整个过程中，智力的发展速度是不均衡的，往往是先快后慢。美国著名的心理学家布卢姆（B. S. Bloom）对近千人进行追踪研究后，提出这样的假说，即五岁前是儿童智力发展最为迅速的时期。日本学者木村久一提出了智慧发展的递减规律，他认为，生下来就具有 100 分能力的人，如果一出生就得到最恰当的教育，那么就可以成为有 100 分能力的人；如从五岁才得到最恰当的教育，那么就只能具有 80 分能力；若从十岁才开始教育，就只能成为有 60 分能力的人。可见，发展能力要重视早期环境的作用①。

3. 教育条件的影响

一个人发展的方向，发展水平的高低、速度的快慢，主要取决于后天的教育条件。家庭环境、生活方式，家庭成员的职业、文化修养、兴趣、爱好以及家长对孩子的教育方法与态度，对儿童能力的形成与发展有极大的影响。歌德小时候，父亲就对他进行有计划多方面的教育，经常带他参观城市建筑物，并讲解城市的历史，以培养他对美的欣赏能力和对历史的兴趣；他的母亲也常给他讲故事，每讲到关键之处便停下来，留给歌德去思考，待歌德说出自己的想法后，母亲再继续讲。歌德从小就受到良好的家庭教育，这为他日后取得辉煌的文学成就打下了基础②。

在教育条件中，学校教育在学生能力发展中则起主导作用。学校教育是有计划、有

① 郭黎岩，等．心理学［M］．南京：南京大学出版社，2002：337

② 郭黎岩，等．心理学［M］．南京：南京大学出版社，2002：339，340

组织、有目的地对学生施加影响，因此，不但可以使学生掌握知识，而且促进了其能力的发展。在教育教学中发展学生的能力并不是无条件的、绝对的、自发的，而要依赖教育教学内容的正确选择、教学过程的合理安排、教学方法的恰当使用等。

（三）实践活动的影响

实践活动是人与客观现实相互作用的过程，是人所特有的积极主动的运动形式。前面提到的素质和环境、教育是能力形成的重要因素，但这些因素只有在实践活动中才能影响能力的形成与发展，因此可以说，实践活动是能力形成与发展的必要条件。

我国汉代唯物主义哲学家王充就曾提出过“施用累能”和“科用累能”的思想。前者是说能力是在使用中积累的，后者指从事不同职业活动可以积累不同的能力。许多关于劳动、体育、科研等实践活动影响能力形成的研究充分证明了这一点。油漆工在长期的工作中，辨别漆色的能力得到充分的发展，他们可以分辨的颜色达四五百种；陶器和瓷器工人听觉很灵敏，他们可以根据轻敲制品时发出的声音的性质，来确定器皿质量的优劣。同样的道理，人的自学能力是在学习活动中形成与发展的；人的组织能力也是在长期的社会实践中逐渐形成的。人的各种能力，脱离了具体的实践活动是无从提高和发展的。

（四）其他因素的影响

环境和教育是能力形成与发展的外部条件，外因必须通过内因起作用。一个人要想发展能力，除必须积极地投入到实践中去之外，还要充分发挥自身的主观能动性——积极的心理特征，即理想、兴趣及勤奋和不怕困难的意志力。

许多学者和有成就的人指出，人的智慧同坚强的信念、崇高的理想联系在一起。没有理想和信念，发展能力就缺乏强大的动力；兴趣和爱好是促使人们去探索实践，进而发展各种能力的重要条件。高尔基说过：才能不是别的什么东西，而是对事业的热爱。人们迷恋于自己感兴趣的工作时，就会给能力的发展提供巨大的内部力量；勤奋与坚强的毅力也是能力得以发展所不可缺少的性格因素。歌德说过：天才就是勤奋。著名的物理学家爱因斯坦在向别人介绍自己的成功经验时写下了一个公式：A＝X＋Y＋Z，A代表成功，X代表艰苦的劳动，Y代表正确的方法，Z代表少说空话。从这个公式看出，爱因斯坦把自己的成功归于多种因素的结合，但勤奋是最重要的因素，因此把它放在首位。

综上所述，优秀的心理品质能促进能力的发展，因此，教师在注重发展学生能力的同时，还必须重视学生优良品质的培养。

二、青少年能力的培养

从影响能力形成的因素可见，可从如下方面努力培养学生的能力。

（一）重视早期教育

早期教育的重要性已逐渐被社会所认识，但对于如何实施早期教育问题，则还存在着知识误区。如认为早期教育就是要及早对儿童进行正规的、系统的学科知识教育，其实对学前儿童来说，早期教育的目的是发展他们的注意力、观察力，提高认识各种事物的兴趣；培养乐观、自信、活泼开朗的情绪特征和行为特征，以便为日后接受正规、系统的教育教学打下良好的心理基础。因此，早期教育的方法应以游戏为主，包括音乐、美工、讲故事、参加简单的力所能及的劳动等，寓教于乐，接近学龄期也可以进行一些初步的读、写、算教学。这样，既不会剥夺他们的玩乐时间，泯灭其活泼好动的天性，又能提高他们的学习兴趣和学习的自觉性与积极性。

（二）加强知识和技能的学习

能力是在掌握和运用知识、技能的过程中得到发展的。如在语文课的学习中，主要通过听、说、读、写培养各种能力。通过数学知识的学习，可以使我们的概括力、空间想象力、计算能力、判断和推理的能力等得以发展。可以说，天文、地理、哲学、美学、建筑、机械、物理、化学等任何一门学科，都是训练人的智能的形式不同的“体操”。教师应在讲授本学科知识技能的同时，尽力启发学生思考，培养各种能力。

（三）开展丰富多彩的课外实践活动

健康、丰富的科技和课外活动是促进学生探究兴趣的养成和观察、思维、想象能力发展的有效途径。根据学生的年龄特点，开展游戏、棋类、谜语、球类、航模、桥牌等多种形式的活动，可以调剂学生的精神，增强体质，陶冶情操，又可增长知识，开拓眼界；可以培养勇敢、团结、互助的道德品质，也可以培养思路敏捷、判断正确、反应灵活等智力品质。

有益的文艺、体育、科技活动可以培养专门人才。实践经验表明，在中小学课外活动的基础上，选拔人才参加各级业余体校、少年宫、科技站的活动，是培养未来体坛健儿、文艺新秀、科技新星的重要途径。

（四）注意能力的个别差异，因材施教

应根据学生能力的水平差异、认知方式、能力类型因材施教，在教学目标、教学内容和方法等方面都要考虑不同学生的特点进行不同的调整。要通过激发理想、兴趣及培养勤奋和不怕困难的意志力等非智力品质促进能力的开发。

思考题：

1. 试结合性格结构及其特征分析你熟悉的一个人的性格。
2. 在网上查找一个性格缺陷的案例，分析是哪些因素影响了其缺陷的形成，并谈谈优化其性格的措施。
3. 试阐述能力形成的影响因素，并应用此原理分析一个能力缺陷的案例。
4. 试阐述加登纳的多元智能理论，并应用该理论帮助高三毕业生填报高考志愿。
5. 在网上查找一个能力突出的案例，分析是哪些因素影响其突出能力的形成。

参考文献：

[1] 郭黎岩. 心理学 [M]. 南京：南京大学出版社，2002.
[2] 叶奕乾. 普通心理学（修订版）[M]. 上海：华东师范大学出版社，1997.
[3] 方富熹，方格. 儿童发展心理学 [M]. 北京：人民教育出版社，2005.
[4] 陈中永. 现代心理学 [M]. 呼和浩特：内蒙古大学出版社，1994.
[5] 黄希庭. 人格心理学 [M]. 广州：暨南大学出版社，2001.
[6] 郑雪. 人格心理学 [M]. 广州：广东高等教育出版社，2007.
[7] 陈少华. 新编个性心理学 [M]. 广州：暨南大学出版社，2004.
[8] 郭永玉. 人格心理学——人性及其差异的研究 [M]. 北京：中国科学出版社，2005.
[9]（美）伯格. 人格心理学 [M]. 陈会昌，等译. 北京：中国轻工业出版社，2004.
[10]（美）珀文. 人格科学 [M]. 周榕，等译. 上海：华东师范大学出版社，2001.
[11] 王雁. 普通心理学 [M]. 北京：人民教育出版社，2002.
[12] 李孝忠. 能力心理学 [M]. 西安：陕西人民教育出版社，1985.
[13] 傅安球. 青少年性别差异心理学 [M]. 上海：上海人民出版社，1988.
[14] 孟昭兰. 普通心理学 [M]. 北京：北京大学出版社，1994.
[15] 黄希庭. 心理学 [M]. 上海：上海教育出版社，1997.
[16] 彭聃龄. 普通心理学 [M]. 北京：北京师范大学出版社，2001.

第七章 青少年社会性发展

青少年时期是个体社会化发展的重要时期，这个时期的青少年面临着社会身份转变和社会生活方式的改变等人生重要的任务，个体社会化过程是否顺利，直接影响到青少年对社会适应的顺利与否，直接影响到青少年的学习、生活和发展。因此，青少年社会化对人的一生发展都具有重要的意义。本章论述了青少年社会性发展的内涵和主要影响因素；分析了家长和家庭、教师和学校、同伴群体、大众传媒对青少年社会性发展的影响；阐述了青少年亲社会行为和攻击性行为的影响和干预措施。

第一节 社会性发展概述

一、社会性发展定义

一个人呱呱坠地的时候，只是一个生物意义上的“人”，当他开始和周围的人接触，参与社会活动，在他固有的生物特性基础上就形成了那些独特的社会特征，包括情感、态度、价值观和行为方式等。它们使个体能够适应周围的社会环境，正常地与周围的人相处，从事学习、娱乐和职业活动，在实现自我完善的同时积极地影响和改造周围环境。心理学上把人的这种社会性特征的形成和发展叫做“社会性发展”①。研究者们普遍认为社会性包括社会技能、自我概念、意志品质、道德品质、社会认知、社会适应和社会情绪等七个方面的内容。

心理学家做过一个有趣的实验，让 4 岁的儿童在实验室里完成一个简单的任务，如，让他们把地上散乱的玩具收在一个大篮子里，如果他们能把玩具收拾好，就奖励一块糖。当孩子们完成这个任务之后，实验员说，现在我奖励给你一块糖，你可以吃也可以不吃，如果你能等到待会儿我回来，我就给你换一块更好的糖，说着拿出一块更好的巧克力糖给孩子看。实验发现，大多数孩子等不到实验员回来，就把手中的糖吃了，只有少数的孩子能等待。研究人员同时测试了这些孩子的智商，然后对他们进行追踪研究，研究人员统计了这些孩子长大成人后的社会地位和生活状况，发现：当初能忍耐不吃糖，等第二块糖的孩子（自我控制能力强的孩子），多数有较好的社会地位、受过良好的教育、经济收入较高、家庭关系比较和谐；而当初不能忍耐的孩子，情况就比较复

---

① 陈会昌. 幼儿社会化训练［M］. 北京：希望出版社，2000：1.

杂了，有的好、有的差。但是，这些人的社会地位、经济收入和家庭生活的平均水平明显不如那些从小善于自律、能够抵制言语诱惑、自我控制力强的人。

由此可见，社会性发展对个体适应社会，甚至一生的发展都具有重要的作用和意义。

二、影响社会性发展的主要因素

（一）遗传

人类的许多社会特征是在基因的影响下形成和发展起来的。遗传和环境的相互作用促进了个体的差异的形成和发展。行为遗传学的双生子研究和收养研究的结果证实，基因对某些人格特征（如友善性、主动性）具有很大的影响。但是基因对人格和气质的影响弱于其对生理和认知尤其是智力的影响，一项双生子的研究表明，9 岁儿童生理和认知变量的发展受到基因的影响显著，而只有 36％的社会特征表现出遗传效应①。

（二）孕期和临产期的危险因素

1. 产期并发症

在有关产期并发症的研究中，早产问题得到人们的最大关注。大量的研究集中在早产对儿童以后的生理发展与心理尤其是社会性与情感品质发展的影响。一些研究表明，早产对儿童前期智力的发展可能会产生一定的影响，但是这种影响会随着年龄的增长逐渐消失。与智力问题相比，早产儿表现出来的行为问题，尤其是社会性行为失调尤为显著。有研究指出，早产婴儿 5 岁时较其满期出生的兄弟姐妹存在更多的行为问题，尤其多动行为明显；孕期与产期的并发症以及严重的家庭压力都会导致或激化行为问题的产生。也有的研究表明，2 岁的早产儿存在较多的行为问题（如多动性、易怒、注意力持续时间短等）社会成熟度较低。而且，大规模的追踪研究结果显示，到 18 岁时，即使在轻度生产压力条件下出生的早产儿也具有 3 倍于正常儿童的精神健康问题与 2 倍于正常儿童的精神缺陷②。

这些研究结果表明，早产可能是某些行为问题尤其是社会性发展失常的原因。而这又可能与婴儿分娩时或产后的缺氧有关，因缺氧而身体状况较差的婴儿在发展过程中确实表现出较多的适应不良、分心等行为，社会技能较低。

2. 孕妇的情感压力

一些研究表明，孕妇的情感压力会影响到儿童社会性行为及其品质的发展，孕妇的情感压力与儿童表现的顺从性密切相关。还有研究发现，孕妇在身体健康状况、情感方面的压力与儿童在小学阶段出现的行为问题相关。母亲情感压力与身体健康状况对儿童机体和行为发生影响的机制是复杂的。孕妇的情感压力有可能导致自身生理状态的失常，从而影响胎儿的新陈代谢。母亲机体某些分泌过量的荷尔蒙（如肾上腺素），可能引起早期胎儿机体结构的畸形，或儿童以后身体发育的障碍和心理功能的失调。母亲产前的精神状态会影响其产后抚养新生儿的态度，产前的情感压力可持续到产后，进而影

---

① 张文新. 儿童社会性发展［M］. 北京：北京师范大学出版社，1999：75.

② 张文新. 儿童社会性发展［M］. 北京：北京师范大学出版社，1999：80.

响到儿童的抚养环境，导致儿童机体与心理发展中的多种问题[1]。

（三）家庭

家庭是个体最初的生活场所，个体的社会性发展首先是在家庭中开始的。通过家庭成员特别是父母的抚养和教育，个体逐渐获得知识和技能，掌握各种行为准则和社会规范，从一个基本依靠本能生活的婴儿发展成为一个合乎社会规范要求的、被社会接纳和认可的人。家庭中的诸多因素对个体社会性的发展都或多或少产生着这样或那样的影响。家庭系统对个体社会性发展的影响主要是通过亲子之间的互动来完成的。一方面父母通过自己的教养观念、教养行为影响个体的社会性发展；另一方面个体社会性发展的水平又反作用于父母的心理状态、教养观念及其教养行为。个体正是在家庭系统的互动过程中不断发展自己各方面的能力，完成其社会性发展的任务。父母的教养方式是父母的教养观念、教养行为及其对个体情感表现的一种组合方式，这种组合方式是相对稳定的，不随情境的改变而变化，它反映了亲子交往的实质。通常研究者们把父母的教养方式分为3类：权威型、专制型和娇宠型。权威型父母对孩子有较多的温情、较明确的要求和较为一致的反应，能够在亲子间互相理解的基础上完成对孩子的约束。权威型父母养育方式被认为是最费时费力的方式，但也是最有效的养育方式。专制型父母对孩子的成熟行为有较高的要求，但是对孩子的情感反应较少、缺乏热情，用较为绝对的标准来塑造、控制和评价孩子的行为，强调孩子无条件顺从，崇尚权威和传统，不鼓励亲子间互相迁就，对孩子的奖励和表扬较少，对孩子控制严厉、不妥协，并且带有强制性。娇宠型父母既不期望孩子的成熟行为，也不提出要求，他们或者溺爱孩子或者忽视孩子，对孩子的纪律要求不一致，鼓励孩子自由表达自己的愿望，对孩子有中等程度的热情，不主动指导孩子的行为。有研究表明，权威型养育方式是比较理想的教养方式，父母采用这种教养方式教育出的孩子，其合作性和独立性发展都较好；而父母采用专制型和娇宠型方式教养的孩子，其合作性和独立性发展一般较差。父母有意识地训练孩子社会交往能力，让孩子参与家庭中某些事情的决策，为他们提供交往的机会等，都会促进孩子社会交往能力的发展。另外，如果父母的社会交往能力较强、亲子关系较好，也能潜移默化地影响孩子社会交往能力的发展。

（四）教师

教师在个体社会性发展中的作用是多方面的，她（他）不仅教给青少年学生社会规范、知识，培养他们的社会性情感，而且影响他们的人际交往行为、态度，增强他们的社会技能，指导他们解决社交矛盾和冲突等。教师通过自身对青少年学生的直接教导，使他们掌握社会行为规范，明白是非对错，学习正确适宜的行为方式，懂得“应该怎样做”和“为什么要这样做”。教师不仅给青少年学生是非、对错的观念，更要帮助他们懂得须以此作为自己的行为标准，约束自己的行为。在青少年学生社会性发展中，教师作为他们的主要交往者和教育者，在他们心目中有着神圣、权威地位，是他们观察学习

---

① 张文新. 儿童社会性发展［M］. 北京：北京师范大学出版社，1999：82.

的重要对象。青少年学生通过观察教师在与他人、与自己的交往中所表现出的言行，接受到教师的示范性影响。从这一意义上说，教师的每一日常行为都可能对青少年学生的社会性行为产生重要影响。

（五）同伴

由于同伴群体在年龄上比较接近且往来频繁，彼此在生活方式、思想意识、兴趣爱好等方面很容易相互影响。因此，同伴群体对其中个体的社会性发展有着重要的作用。同伴是青少年期的重要他人，同伴关系是青少年期的重要人际关系，这个时期的同伴关系对于绝大多数青少年的心理发展起着关键性的作用。同伴群体对青少年的社会角色发展，包括性别角色、职业角色、家庭角色等具有很大的影响。青少年有着十分强烈的满足情感的和自我实现的需求，他们渴望被重视，独立、有成就。而在家庭、学校或其他成人环境里，青少年常常处于被支配的地位，他们的需要与愿望往往被忽视或压抑，而同伴群体却可以给他们提供更多的自我表现的机会。

（六）大众传媒

随着大众传播媒介（报刊、广播、电视、网络等）的普及，使用和享受大众传媒已经成为青少年生活的重要内容。大众传媒与家庭、学校和同龄群体的影响一样，对青少年社会化的影响日益重要，特别是电视和网络，逐渐成为青少年获取信息的重要来源之一，影响青少年的认知和人格发展。由中国青少年中心组织实施的中国青少年素质状况的抽样调查结果显示：青少年接触媒介时间长，媒体资源丰富。城市青少年周一到周五平均每天接触四种媒体。即电视、广播、书籍、电脑网络，花费的时间约为 86.7 分钟，其中看电视和听广播平均花费 57.8 分钟，阅读课外书 22.7 分钟，使用电脑 6.2 分钟；周末则时间更长，大约花 149.3 分钟；并有进一步延长的趋势。社会信息媒介已经成为青少年教育的重要手段，对青少年的心智启蒙、情感培养、个性塑造、社会认知等方面，发挥着潜移默化、无所不在的影响。

第二节　家庭与青少年社会性发展

一、家庭对青少年社会性发展的作用

家庭生态系统是青少年社会性形成的初始环境，是青少年获得早期生活经验、形成最初的道德认识和行为习惯的主要场所。这一生态系统催生了青少年第一次社会性的微笑，第一句具有符号意义的人际交往话语，发展了他们对外界和他人的信任感，使他们开始了人际交往，并习得了最基本的社会规范。家庭教育是青少年社会性发展的基础。家庭教育将家庭生活与教育活动交织在一起，以其独特的方式在青少年社会性发展中起着举足轻重的作用。

（一）生活习惯的习得

青少年的行为始于模仿，父母是他们赖以模仿的对象。父母的饮食方式、衣着风

格、语言行为习惯等都直接影响着孩子。很多孩子就连长大成人后的行为和爱好都与其父母极为相像，这说明父母基本的行为活动模式对孩子有着潜移默化的影响。同时，家长对孩子良好行为习惯的日常培养也是必不可少的。孩子没有多少生活经验，一些起码的生活规范和程序又不能靠遗传得到，只有在后天模仿的基础上，通过接受家长的传授而获得。例如，著名文学家、翻译家傅雷就特别注重孩子行为习惯的日常训练，每天同孩子一起就餐时，他总是注意孩子坐得是否端正，手肘是否妨碍了同桌的人，咀嚼饭菜是否发出失礼的声音等，所以他的几个孩子长大后都具有较好的气质。此外，青少年对一些像中国人过年吃饺子、四川人爱吃辣椒等世代相传、老幼遵从的风俗习惯的习得，更是离不开家庭的熏陶和父母的影响。

（二）道德规范的掌握

伦理道德是社会规范的重要内容，青少年伦理道德规范的习得是青少年社会化的重要方面。特别是在多子女家庭或有祖父母共同生活的家庭中，在这方面的教育更有利于孩子学习兄弟姊妹之间、长辈与晚辈之间甚至夫妻之间的礼仪规范。另外，在父母与亲友的交往中，孩子也可以学习一些待人接物、为人处世的社会规范。而青少年学习伦理道德规范效果的好坏，又与家长的文化素养有着密切的联系。家长文化素养好、家庭生活方式比较开放进步、家庭关系融洽、成员之间平等相处，青少年往往能学到一些文明进步的规范；相反，如果家长文化素养差、家庭生活方式保守、伦理观念和生活观点比较陈旧，青少年接受的规范也往往比较落后。

（三）个性的形成发展

家庭是青少年个性实现社会化的主要场所，因为青少年形成个性、习得社会行为的最关键的几年都是在家中度过的。青少年早期与父母的相互作用，对青少年以后个性的发展有着重要的意义。社会信仰、价值观念等社会化目标都是首先通过父母的过滤、高度个体化后，才有选择地传递给青少年。父母本身的个性特征、社会地位、教育水平、宗教信仰、成就动机、性别的价值标准等，都会强烈地影响他们的孩子。

家庭教育为青少年良好思想道德品质和独立自主能力的形成奠定了基础。一方面，家庭劳动教育有助于培养青少年正确的劳动观念，形成良好的思想道德品质。成长中的青少年只有经常参加一定的家务劳动和社会公益劳动，才能形成良好的劳动观念和劳动习惯，形成热爱劳动人民、珍惜劳动成果、勤俭节约、艰苦朴素的好作风；才能锻炼吃苦耐劳、克服困难的坚强意志，形成良好的社会适应能力，促进其身心健康；才能培养勤快、主动的工作态度，形成对集体、对国家的义务感和责任心；也才能真正体验到人生的意义和价值，树立自觉投身于社会和服务于社会的思想，从而促进其社会化的进程。另一方面，家庭劳动教育有助于锻炼和提高青少年的独立自主能力。

二、家庭影响青少年社会性发展的特点

（一）启蒙性与持久不间断性

家庭是抚育青少年的摇篮，既是青少年的第一个社会环境，也是青少年最早接受教

育的场所，其中父母是青少年社会化的启蒙老师。家庭教育对青少年智力、体力的成长和最初道德观念、价值观念、行为习惯的形成具有奠基的作用。同时，个体的社会性发展是一个长期不间断的教育过程，而家庭教育天然的连续性为其提供了重要保证。个体从出生到独立生活必然经历学校教育场所和教育者的变更，每一次变更，个体都有个适应过程。如，个体要适应新的教育环境、适应新的教育方法和风格、适应新的教育者等，而家庭教育就不存在这一问题。家庭这所"不变的学校"和父母这个"终生教师"对个体的影响是持久不间断的。

（二）感染性与潜移默化性

家庭教育与家庭生活相互交织着，家庭中的多种因素，如自然结构、经济结构、成员之间的相互关系、生活习惯等均会通过孩子们的耳濡目染渗透到他们的思想意识中去；同时，家长在家庭中的权威地位，他们的人生态度、性格脾气、言谈举止、兴趣爱好、生活习惯、消费行为、待人接物的处世方式是青少年最直接、最经常的仿效榜样，青少年的社会性发展会在无意识的状态中接受家庭教育潜移默化的影响。

三、家庭教养方式与青少年社会性发展

家庭的教养方式对青少年的个性品质的形成具有重要作用。心理学家认为，父母如果对青少年采取保护、非干涉性、合理、民主及宽容的态度，青少年就显示出具有领导的能力、积极的情绪、态度友好等个性品质；相反，青少年则显示出适应能力差、依赖、情绪不安等个性品质。也有研究表明，父母的教育方式对青少年社会化的作用具有情绪传导、性格形成和行为规范等作用。

美国著名的女心理学家鲍姆林特（D. Baumrind，1967）从控制、成熟的要求、父母与青少年交往的清晰度以及父母的教养四个方面来评定父母的教养行为，将父母的教养方式分为权威型、娇宠型和专制型三种。鲍姆林特的研究揭示，青少年的个性形成并非由父母的某个行为维度决定，而要受到父母整个行为模式的影响，可以根据不同父母的教养类型而对限制作不同区分。权威型父母和专制型父母都对青少年加以限制，但前者的限制是"严格而合理的"，后者的限制却是"无目的、不合理甚至惩罚性的"，因而限制对青少年社会化所起的作用也是不同的。

权威型的家长觉有较高的民主意识，注重孩子的参与，尊重和理解孩子，经常用说理的方法教育孩子，也经常与孩子情感沟通，在必要的时候也提供帮助，亲子关系比较积极。

这样的父母为了孩子向成熟方向的发展，向他们提出合理的要求和限制，并要求他们遵守。他们对孩子表现出热忱和爱心，耐心倾听孩子的观点，鼓励孩子参与家庭的决策。在选择体罚等教育方式时也比较慎重。据相关研究结果表明，受权威教养方式教育的青少年更多地采用理智的成熟型应对方式处理情感问题，较少采用不成熟型应对方式，并有显著的预测作用，能很好地规范自己的行为。在成长过程中，更好地形成了适应社会要求的成熟型情绪调节方式。而且在权威型教养方式下的青少年长大后具有更多的社会责任感和成就倾向。

娇宠型的家长对青少年过于宠爱，过度接纳和迁就，不注重培养青少年的独立性，

对青少年的错误行为也很少进行惩罚。这类青少年跟父母的沟通和交流比较好，但由于他们基本上在家里受到无微不至的照顾，不用自己处理问题，对家长过于依赖，自理能力差，而且相对缺乏独立性、自主性和创造性。其实这类青少年大多是非不分，没有把主观和客观、自我和环境有机结合起来，自我中心严重。

专制型的家长父母对孩子也提出要求，但他们非常看重孩子对他们的服从，要求孩子绝对服从自己，并对孩子的所有行为都加以监管，以致在孩子不愿服从时就不对他们的行为承担责任，甚至无条件地拒绝担负责任或者对孩子实行体罚和言语上的侵犯。家长很少和孩子互相谦让，而希望让孩子毫无保留地接受父母所谓正确的管教。在这种教养方式下的青少年存在焦虑、退缩和抑郁的特征，特别是男孩，遇到挑战会变得极其愤怒。这样的亲子关系是极其不平等的，父母和孩子只是单纯的管与被管的关系。这样的教养方式不仅破坏了良好的亲子关系，同时也降低了对内部动机的归因，使青少年对他所做的行为做出外部归因，影响他们的认知发展，形成了斗争—逃避反应系统，影响了孩子的创造力和想象力。研究发现专制型的教养方式降低了青少年的自信心和果断性，增加了他们的羞辱感和无助感，而且与孩子成年后的抑郁症、忧伤以及缺少社会责任感有密切的关系。

通过对三类父母和孩子的长期追踪研究，鲍姆林特发现：

与权威型父母对应的是积极—友好型的孩子，他们心情愉悦，具有社会责任感、自立、有成就定向并且能够与成人和同伴合作良好。与专制型教养方式相对应的是冲突—急躁型的孩子，此类孩子一般情绪不稳定，他们感到拘束和愤怒，但慑于敌对的环境而不敢表露。大多时间他们都是不愉快、不友好的，而且容易被激怒，相对来说没有目标，对压力很敏感，对于周围的事物不感兴趣。与娇宠型的教养方式相对应的是冲动—攻击型的孩子，此类孩子尤其是男孩子通常表现出冲动和攻击性。他们一般比较粗鲁、不顺从、专横，以自我为中心，缺少控制性并具有较低的对立性和成就感。

从上述可以看出，不同的家庭教养方式会对孩子的社会化发展产生不同的影响和造成不同的结果。权威型教养方式是最有利于孩子发展的，娇宠型和专制型教养方式不利于孩子的发展，特别是专制型的家庭教养方式，如果长期开展下去，对孩子的发展是有害、甚至危险的，很可能使长期处于压制下的青少年走上犯罪的道路。

四、青少年社会性发展过程中的家庭教育的误区

家庭是孩子成长的摇篮，对青少年社会性发展具有不可忽视的作用。但在“望子成龙、盼女成凤”的迫切愿望下，我国绝大部分家庭虽然非常注重对子女的教育，不惜投入大量的人力物力，却存在教育价值观狭隘，只关注孩子的学习成绩、名次和升学，不关心思想品德等其他方面的教育的现象，教育方式偏失、方法单一的状况也很普遍，导致了适得其反的结果。因此，在青少年社会性发展的过程中，家庭教育的误区不得不引起我们重视。

（一）重智轻德的教育观念

在应试教育“考试至上”观念的引导下，许多家长对子女的个性、情感、道德等方

面的发展不屑一顾，认为智力才是关系子女一生发展的实用能力。子女的学习成绩始终是父母关注的焦点和家庭间彼此谈论的热点，看书做作业是子女生活的唯一内容。频频见诸于大众传媒的家教热、各种培训热、择校热等问题说明了家庭对子女智力教育的关注到了无以复加的程度。在一项家庭教育状况调查中，当问及父母在教育子女方面“你最大的烦恼是什么?”及“你最关心孩子哪方面的事情?”时，大多数的家长把孩子的学习及学习成绩放在第一位，其次是身体健康，第三才是子女的个性及道德品质。殊不知父母在把子女培育成“人中之龙”的过程中要先成“人”，而人格及道德品质是成“人”的重要要素。

（二）娇惯溺爱的教育方式

独生子家庭容易产生娇惯溺爱；经商家庭和不完整家庭容易对子女放任不管；家长由于自身素质和性格特征等原因也会对子女采用粗暴专制的管理方式。心理学家认为，这种娇惯溺爱、放任不管和粗暴专制的教育方式往往造成孩子不良的个性特征；父母对孩子采取怎样的教育方式将直接关系到家庭教育的效果。

（三）单薄片面的教育内容

为了让孩子成功应对竞争日趋激烈的社会，家长普遍重视对孩子在知识和技能方面的培养，而忽视其独立能力和勤俭品质的养成，忽视对其在家务劳动方面的锻炼和道德品质的培养。有的家长不太注重对子女进行关心他人和社会、关心环境和自然、关心集体和服务等更高层次的社会道德和行为规范的教育，这对于青少年的社会性发展是极为不利的。

（四）言行不一的教育行为

家长往往对孩子正向引导，要求较严，而自身的行为榜样与教育内容不一致甚至相反，使初步具有评判能力的青少年易产生上当受骗的感觉，或者对教育产生怀疑、厌恶，甚至产生不满情绪和逆反心理的现象，这直接影响了他们人生观、价值观、道德观和社会心态的形成，甚至导致其人格的缺陷。

五、提高家庭教育对青少年社会性发展影响力的策略

考察家庭教育在青少年社会性发展中的作用，剖析家庭教育中存在的问题，思考如何提高家庭教育的质量是很有必要的。家庭教育促成学生社会性发展的关键在于教育者具备良好的教育观并采取有效的教育方式。

（一）确立正确的家庭教育观

观念指导和制约着人的行为。家长不同的教育观念支配着不同的教育方式，形成不同的教育氛围，带来不同的教育效果。家庭教育观念狭隘的教育者培育出来的是有缺陷、有隐患的个体。因此，家长应树立起与时代相符的促进孩子社会性发展的教育观念。如，孩子的健康和人格的增进，孩子对社会和科学世界的认识，孩子有效参与民主

的社会技能以及创新精神等。

（二）提高家长的社会化素养

子女是家长的镜子，他们从来不会忘记模仿自己的父母。家长必须明确自己在孩子社会性发展中所担负的责任，加强自身素质的提高，从道德觉悟、知识水平、教育能力和行为方式等方面全面提高自己。一项道德社会学的应用研究表明，父母的文化程度、职业特点和教育方式与子女道德人格形成及人生价值取向之间存在着相关关系。因此，要实现良好的家庭教育，父母必须在思想修养和文化知识方面进行再社会化以提高自身素质。只有高素质的家长才能运用灵活创新的教育方法，营造道德与文明的家庭氛围，培育出德智双优、人格健全的子女。

（三）拓展社会化教育的内容

在青少年社会性发展的过程中，家庭应根据社会对人的素质要求，突破传统的重智和育才的局限，将体、美、劳、技的训练纳入到家庭教育的范围。尽可能提供满足孩子适应现代科技发展需要的家庭物质条件，并利用这些条件来拓展孩子的社会化内容，使孩子在家庭活动中陶冶性情、增强体质、丰富生活，从而促进其德智体美劳的全面发展。

（四）加强对家庭教育的指导

个体的社会性是家庭、学校、社会综合作用的结果。学校作为专门的教育机构拥有受过专业训练的教育者，可以对家庭教育进行指导，向家长介绍教育学专业知识以提高家庭教育的科学性和有效性。社会是人力、财力、信息的资源库，可以借助社会的力量开设家庭教育辅导机构或制订和实施指导计划。例如：美国密苏里州通过实施“父母作为老师（PTA）”计划对父母进行辅导；英国在中学普遍开设家政课；日本很早就为家长开办了相关学习班和讲座，政府还定期编写和发送家庭教育参考资料。上海一些学校也通过家长集会、开办“星期天学校”、举办“家庭教育咨询”活动、组织家长阅读《家庭教育报》、组织“教子有方”有奖征文等活动加强对家庭教育的指导。

第三节　教师与青少年社会性发展

一、教师影响青少年社会性发展的途径

（一）教师的个性

一般而言，青少年喜欢和善、耐心、公平的教师，不喜欢严厉、动辄批评责骂或惩罚、脾气坏的教师。一些研究也表明，热情的教师相对冷漠的教师，教出的学生更乐于助人，他们也更易成为青少年的行为榜样（P. H. Mussen，1981）。教师的个性之所以会对青少年产生如此大的影响，在很大程度上是因为，个性作为人的综合心理品质，带有一定的倾向性，会影响个体对事物的看法和对待事物的方法。对教师而言，不同个

性的教师在对待青少年的态度和行为方式上会有很大的差异，他们教育出来的学生也自然互不相同。因此，教师一定要注意自己的性格特点和个性品质对青少年可能产生的影响，要利用自身的榜样作用影响青少年。教师在对青少年进行教育和与青少年交往时，要为青少年作出合作、互助、同情他人、文明礼貌等榜样，对青少年要富有爱心，乐于与他们交流，对青少年教育工作要有热情、有责任感，这会对青少年的行为产生积极的影响。教师也要注意克服自身性格中消极因素带来的影响，力求发挥自我个性的积极影响。每个人的个性中总有积极的一方面，也有消极的一方面，这一点无可厚非。但是由于在对青少年进行教育时，教师的性格特点会影响到其教育行为，如果不加注意，教师个性中的消极方面很可能就会大大降低教育的效果，甚至带来消极的作用。

（二）教师的观念与行为

研究和事实都表明，由于教师对青少年教育目标、内容、价值、方法等的认识不同，与之相适应的教育行为不同，青少年受到社会性教育的程度也有很大差别。一些教师忽视社会性教育，认识不到它对青少年现在和将来发展的重要性，觉得它不如认知培养有意义，这种观念严重影响了其对青少年的日常教育行为，使青少年受到的社会性教育、培养大大减少。与十分重视青少年社会性培养的教师相比，这些教师班里的青少年所受的社会性教育要少得多。由于教师观念与行为的不同，青少年社会性发展的水平也大不相同。教师对青少年社会性教育，培养的目标、内容、途径、方式方法等的认识不同，造成其教育行为也有很大差异，这些在相当大程度上决定了教师社会性教育效果的差异和青少年社会性发展水平的差异，使青少年社会性发展的水平、性质、方向和结果很不相同。所以，认真分析和研究教师的教育观念与行为对影响青少年社会性发展是十分必要的。可喜的是，近年来，我国教育改革把转变观念作为主题，在树立新的教育观念方面做了大量的工作，也取得了很大的成绩。许多新的教育观念正逐步被广大教师所接受，这在一定程度上促进了青少年的社会性发展。但改革中也暴露出了许多新的问题，其中一个突出的问题即是：教育观念的转变还没有完全内化，没有相应地带动教育行为的改变，从而难以保证教育效果的真正提高。造成这一问题的主要原因在于对教师教育行为转变的研究不足，重视不够，简单地将教育观念的转变等同于教育行为的转变。这就导致不少教师说起来头头是道，可一旦要落实到行动上，却不知如何去做。

（三）教师的期望

许多观察和研究一致表明，教师期望是影响青少年社会化的重要因素。教师的期望会影响青少年内在的心理过程，特别是影响青少年的自我评价，进而影响到他们的学习动机、水平和学习兴趣，对他们的社会性发展和其他方面的发展产生深远的影响。教师的期望之所以会对青少年产生如此影响，主要是因为，不同的期望会导致教师对青少年不同的对待方式。一般来说，对抱有积极期望的青少年，教师更倾向于信任他们，对他们的关注相对更多，经常能与他们积极交往，对其表现出更多的积极反应，如经常给以鼓励或身体接触、语言与动作上的亲近，提供更多的学习和锻炼机会等。教师这种积极的对待，会使青少年产生积极的自我评价和良好的情感体验，必然造成他们社会性的良好发展。而对抱有消极期望的青少年，教师更倾向于消极地对待他们，对他们大多比较忽视，反应消极，缺乏耐心，要求偏低，相对而言提供的学习和锻炼机会要少得多。教师的消极对待，必然造成青少年发展的消极后果。

（四）教师的知识与经验

作为青少年教育者，教师的知识与经验十分重要。了解青少年发展与学习的规律，懂得青少年心理发生发展的特点，掌握对青少年进行教育教学的原则、方法等，直接影响教师对青少年进行社会性教育与培养的效果。教师的知识，特别是教师关于青少年发展的认识，会影响教师对青少年的理解、看法和对待方式，影响教师的教育行为。此外，由于教师所掌握知识的不同，教师在教育实际中所表现出的能力也有所不同，在处理青少年社会性发展中存在问题的方式、方法上也大不相同。这会对青少年的社会性发展产生直接或间接的影响。可见，教师的知识是影响青少年社会化的重要因素。

二、教师影响青少年社会性发展的策略

（一）直接教导

直接教导指教师按照社会性发展的目标，运用阐明规范、解释规则、提出要求及行为过程的言语与动作指导等方法，对青少年直接进行认知、情感、行为方面的指导。这是教师指导青少年社会性发展的一个非常基本的途径，为青少年教师所广泛运用。它既体现在教师有意识组织、实施的教育活动中，也广泛体现在教师对青少年日常行为、交往的指导上。

直接教导具有直接、简便、针对性强、控制严密等特点，是教师对青少年社会性发展产生影响的重要途径之一。青少年缺乏社会知识经验，心理、行为整体水平差、分辨是非能力弱、头脑中可能会有一些不正确的认识。因此，对青少年进行社会性教育培养，首先就要通过直接教导对其进行大量的社会规范、行为方式的认知上的教育，使其头脑中逐渐形成正确的概念、意识。同时，教师通过直接向青少年传输正确的社会认知，也可以使青少年对来自社会、社区、邻里、家庭及其他途径的认知方面的不良影响进行抑制或消除，这些对于青少年社会性的积极健康发展是极为重要的。

在对青少年进行社会性发展的直接教导中，教师常常首先从言语上向青少年解释什么行为是正确的，什么行为是不正确的，应当如何做和为什么这样做等。这样，通过足够的直接教导，使青少年获得丰富的关于社会行为规范的信息，为其随后产生相应的实际行为打下良好的认知基础。其次，教师还常常直接向青少年提出行为要求。对青少年进行一般社会规范认识的教导是教师的责任之一，但仅有这种教导并不能保证青少年能产生相应的社会性行为，教师还必须使他们将这种一般性社会规范认知与自己的行为联系起来，帮助他们在规则和自己的行为之间建立联系，懂得应以规则约束自己的行为。这样，使青少年能将社会规则、行为规范指向自己，在交往和生活中努力遵守行为规范和要求。如，教师不仅要教导青少年关心人、帮助人，更要注意在日常生活中实际指导青少年行为，真正要求他们做到这一点。其中，后者极为重要。否则，就不可避免地会

出现现实生活中不少青少年明“知”不做、明“知”不动，社会认知和社会行为不一致甚至严重脱节，口头上能讲出一大堆道理，但实际行为却相距太远的现象。这便是其中的原因之一。因此，在直接教导中，教师对青少年进行一般社会认知教育和实际行为要求都是非常重要的。

（二）树立榜样

20世纪五六十年代，美国心理学家班杜拉（A. Bandura）及其同事进行了大量实验研究，提出了“观察学习”理论，揭示了榜样在青少年社会行为发展中的重要作用。所谓观察学习，是与个体直接尝试相对的，指个体通过观察他人的态度、行为，内化一定价值，形成一定行为习惯的间接学习。这是个体学习的重要方式。尤其在青少年早期，青少年在社会情境中通过模仿进行了大量的学习。教师的榜样作用主要体现在行为与情感两个方面。首先，作为青少年生活中重要成人角色的教师，其一言一行都可能成为青少年的模仿对象。一个待人友善，乐于关心、帮助别人的教师在无形中为青少年树立了正面榜样，吸引着青少年表现出同样的积极行为。而一个待人刻薄，自私、粗暴的教师，即使其对青少年时刻进行“友善教育”，也难以取得良好。其次，教师在情感方面的榜样作用也在不时地影响着青少年。这包括教师在日常教育与生活中自然的情感流露以及在特定的教育活动中有意识的情绪感染。前者充分表现出教师自身是否具有良好的社会性情绪情感。有的教师在青少年生病时适时关切、询问；在孩子心里难过时同情、抚慰；当他人处于困境时，能急他人之所急，为他人着想，这些都对青少年的情感与行为起着潜移默化的影响。在具体的教育活动中，教师的情绪情感更多地适应教育活动目标的要求，以激发青少年相应的情绪情感，推动他们实施积极的行为。它要求教师真情投入，情感真切、自然，以使教育活动产生最佳的效果。如果说直接教导是影响青少年社会性发展的显性途径，那么，教师榜样对青少年社会性发展的作用既是隐性的，又是显性的。值得提出的是，尽管教师日常言行、情感态度对青少年产生着这样潜在而巨大的影响，但并非所有教师都能清楚地意识到了这一点，更少的教师能进一步地自觉利用这一途径对青少年发挥更有意义、深刻、全方位的影响。

（三）强化引导

强化指教师借助表情、动作、言语、物品等，向青少年传递对其特定行为的肯定或否定信息，以达到控制青少年行为的目的。如果说直接教导与榜样为青少年提供了社会行为规范与行为范型，那么，强化则是对青少年已表现出的行为的进一步塑造（增强或削弱）。

强化可以从多个角度进行类型划分。从性质上，可划分为正强化、负强化。所谓正强化，指教师对青少年的积极的社会性行为给予表扬、鼓励、奖励等肯定性反馈；而负强化，则是对青少年的消极社会性行为给予批评、否定、权利撤销乃至惩罚等消极性反馈。在教师对青少年社会性发展的指导中，两种强化起着不同的作用。正强化有利于青少年积极地将社会所期望的规范、标准直接内化，巩固相应行为，其在对青少年的社会性强化中居于主导地位。负强化有利于青少年减弱、消除不良行为，是重要的辅助性机制。从手段上，强化可划分为言语强化、表情强化、动作强化、代币强化（如小红花、小红旗）和实物强化（如糖果、玩具、新衣服）等类。其中，口头表扬、批评等言语强化，微笑或不悦等表情强化，点头或摇头等动作强化在日常教育活动中使用频率最高，尤以言语强化为最常用，言语强化是十分重要的途径。但在青少年社会性发展中，其效用发挥得如何往往还需要依赖于教师的运用。例如，在进行言语强化时应当抓住时机，注重语气、语调等，善于有效运用正、负强化相结合等。最为重要的是，教师应注意重点强调青少年的行为，而非青少年本身；突出、强化一定行为所带来的积极、愉快情感或消极、不愉快结果。这样言语强化才能起到更有效、全面的作用，不仅强化了做出该行为的青少年本人，同时也强化了其他青少年，达到更理想的教育效果。

需要特别指出的是教师的身体语言动作的强化。这主要指教师运用自己的动作、表情、眼神、姿态等的变化来表达对青少年行为的肯定或否定性信息。如果运用得当，身体语言动作的强化在青少年社会性教育中会非常有用。当某一青少年招惹、攻击其他青少年时，教师用生气、威严的目光注视他，同时坚决地摇摇头，并表示伤心，或者用手势制止其招惹、攻击行为，比大叫大嚷、拉扯有效得多；而当青少年做出友好、分享行为时，教师向他点头、微笑、竖起大拇指、或用手轻轻拍抚其肩、头等，能使他因得到教师的赞赏及因此带来的愉悦而更愿发出类似的行为。教师经常用这样的身体语言动作与青少年交流，不仅能使他们得到正确、适宜、长效、深刻的行为强化，还有助于他们逐渐学会注意、体会别人的情绪、情感，有助于其社会情感认知的培养，促使他们发出更多积极的社会性行为。

教师的强化对于青少年社会性行为与品质的培养主要从两个方面发挥影响作用：一是为其提供反馈，帮助青少年将行为纳入社会规范及相应行为标准体系之中。如果教师经常对青少年的某些行为进行肯定和赞扬（正强化），则青少年由此可知这些行为为他人、社会所许可、赞同，从而保持；而对经常受到教师批评、否定（负强化）的行为，青少年会因此认识到其不为社会所接纳、许可，而抑制或消除之。这样，逐渐使青少年的行为纳入社会所期望的体系之中。

二是调整青少年相应行为动机强度，以改变特定行为将来发生的频率。教师对青少年特定行为的强化与否及其强化性质、频度、强度，直接影响青少年后续行为动机及其强度。教师对青少年某种行为的肯定和赞扬常常会引发、强化青少年积极发出该行为的强烈动机；而那些未得到正强化或受到多次、强烈负强化的行为，青少年则会因动机的逐渐或迅速减弱而降低后发频率乃至消失。提供反馈和调整动机是教师强化作用于青少年行为的两个主要机制。

（四）干预、矫正

与直接教导等上述途径不同，干预、矫正这一途径主要针对青少年表现出的特殊问题，教师通过对问题或冲突的引导、调解或解决，实现对青少年社会性发展的影响。干预、矫正的途径分为两类：一类是针对在日常生活与交往中，青少年之间发生的冲突，或青少年行为与社会性规范、行为规则的冲突而进行的，可称为“冲突干预”。冲突干预在青少年教育实践中是非常频繁的。一方面，青少年的社会性发展总体上还处于较低的水平，对社会性规范还处于一个逐渐接受的过程中，因此，其行为与教师的要求发生冲突是难免的；另一方面，青少年的自制力、交往的行为、技能都有待进一步提高，而多数青少年又是家庭中的独生子女，相对缺乏与同伴交往、合作的经验，因此，在交往中冲突是在所难免的。当青少年的行为违反了社会性规范，或者青少年之间发生冲突时，教师应积极、耐心地引导，动之以情，晓之以理，引发其思考、讨论分析，则不仅可以使冲突得到顺利的化解，还可以使青少年从对冲突的认识、解决中加深对行为规范的理解，学习更为积极、适宜的交往方式；如果此时，教师不加理睬、听之任之，或粗暴训斥、敷衍了事、各打五十大板，不仅不能使冲突得到妥善解决，还可能扩大、激化矛盾，使青少年观念混淆、是非不分，对其社会性发展非常不利。

第四节 同伴群体与青少年社会性发展

一、同伴群体影响青少年的自我意识

到了青少年期，同伴关系将成为确立自我、寻找自我同一性的重要参照系统。詹姆斯、库利等心理学家都认为，自我是在与他人的相互作用中形成的。同伴是青少年期的重要他人，同伴关系是青少年期的重要人际关系，这个时期的同伴关系对于绝大多数青少年的心理发展起着关键性的作用。

同伴群体是青少年的重要他人，是青少年自我意识形成和发展的重要途径之一，间接地影响认识自我的其他途径，如分析自己活动的结果和自我观察等。同伴群体对自我意识发展的影响既有有利之处，也有不利之处。同伴群体使个体有了交往的机会，学会理解，通过与不同背景和价值观的人的接触，有利于“主我”对“客我”的观察、分析和评价，促进个体的自我认识和自我体验，提高自我控制能力；有利于生理自我、社会自我与心理自我的初次整合。鼓励服从会压抑个体的独特性，不良群体还会使其成员形成错误的价值观和错误的自我认识，甚至背离学校和家庭。

青少年期个体逐渐放弃团伙式的交往方式，交往范围缩小，逐渐稳定地与一两个朋友单独交往，其同伴关系主要体现为更高级的友谊关系。青少年友谊对自我意识发展的影响主要体现在自我体验和自我认知方面。友谊提供了一起活动和亲密交往的机会，在交往中体验着彼此之间的互相关心和帮助，为青少年提供了积极的情感支持。朋友可以提供社会行为的参照榜样，提高青少年的自尊水平。通过与他人分享隐秘的感受和信念，青少年能更好地认识“我是谁”和“我要成为什么样的人”等与自我有关的问题。Berndt 和 Perry 的研究指出，与亲密朋友探讨新思想或意见，可能使自身的思想发生改变。不过，由于青少年友谊的强烈性和亲密性，朋友的背叛会降低自身价值，可能会使个体形成消极的感受。

二、同伴群体影响青少年社会角色发展

每一个社会成员都在社会中扮演着不同的社会角色。社会角色是个人主观期待与客观规定的统一体，它与人的社会地位和社会身份密切相关。青少年即将迈入社会，他会

通过理论学习和实践锻炼习得与自己未来社会角色相关的知识和能力，并用它们顺利地处理各类复杂的社会关系。同伴群体对青少年的社会角色发展，包括性别角色、职业角色、家庭角色等具有很大的影响。青少年时期在生理和心理方面急剧发展变化，对于自身的认识处于相对混淆阶段，对于自己即将步入的社会充满期待，而又有很多迷茫和不适。由于年龄和个人知识阅历的原因他们无法完全与成人世界进行顺利地沟通，而同伴群体则可以帮助他们解决这些困难。因为青少年在个人所处的各种同伴群体中，担当一定的角色，比如有的是同伴群体中的领导者。通过这种方式他们开始较早地承担责任和履行义务，这就为他们走向社会，适应未来角色多样化提供了原始的锻炼机会。一方面，处于一个同伴群体中的成员要处理本群体内部的各种关系，找好自己的定位，承担责任。另一方面，群体并不是孤立的，而是处于与外部其他各种群体、社会组织的交互作用中。因此，青少年不仅要保持好与本群体内部其他成员之间的良性互动，还须处理与外部环境之间的关系。可以说，同伴群体是青少年与社会之间的纽带和桥梁。

三、同伴群体影响青少年行为规范发展

行为规范的社会性发展，是个体学习和接受政治的、社会伦理道德的以及日常生活的行为规范，使自己的行为与其在社会中所处的位置、所担任的角色相匹配的过程。行为规范的社会化主要包括政治社会化、道德社会化、民族社会化，日常生活规范社会化等。

政治社会化是青少年社会化的核心。青年是社会的未来，青年一代的政治认同及其程度，关系到社会政治的稳定。青少年的政治社会化是指青少年接受被现存的政治制度所肯定和实行的政治信念、规范，形成特定的政治态度和政治行为以及发挥自己的主观能动性，在对各种政治观点、政治关系进行分析的基础上形成自己独特的政治态度和政治行为。青少年政治社会化的促进，一方面来自家庭和学校教育，另一方面来自同伴群体的影响。同伴群体内部成员具有的政治态度、政治意识和政治行为能够被其他成员很强烈地感知和认同，进而形成共鸣产生相似行为。比如一个具有积极政治态度、远大政治理想的群体，其成员之间通过交谈、讨论等方式形成互动。这些政治态度、情感等在群体内成员中弥漫开来，使群体成员心中产生强烈的社会责任感和远大的政治抱负，而这种信念和理想又会贯穿于其未来走入社会的整个过程。

青少年伦理道德社会化，就是青少年将特定社会所肯定的道德准则和道德规范加以内化，形成自身合乎一定社会要求的道德行为的过程。道德社会化对于青年成为真正社会意义上的独立的人有着十分重要的作用。同伴群体主要从个体道德情感、道德认知以及道德行为社会化三个方面影响青少年的社会性发展。青少年在同伴群体中通过成员之间的互相帮助和互相关心，获得正确判断他人遇到什么样的困难，有什么需要以及如何为他人提供关心和帮助的社会知识和技能。同时，同伴群体里也会遇到一些需要成员进行道德分析和判断的问题和事件，成员之间的意见和做出的决定不仅会产生直接的道德行为，而且会影响青少年以后对同类事件做出同样的或类似的道德反应和道德行为。

日常生活规范是指围绕人们日常衣、食、住、行等方面的规矩、守则、规范等。日常生活的顺利维持依赖于我们对各种规范的理解和遵循。青少年获得这种对规范的认识

和理解的渠道一方面是长辈、父母以及老师的耐心示范和引导，另一方面是对同伴群体成员行为模仿基础上自身实践行动积累的经验。由于同伴群体成员间更易沟通，又没有长辈和学校老师的强制性，所以通过同伴群体成员间的学习、讨论、游戏等方式体现的日常生活的规范更易被青少年认同和模仿。

四、同伴群体影响青少年生活技能社会化

在群体中青少年可以大胆实践，去尝试各种新奇的想法，也许他们会遇到很多的挫折和失败，但也正是在这样成功与失败的体验中，才锻炼了适应社会的能力，获得生产学习和生活的技能。这些技能正是青少年能够进行独立谋生和发展的首要前提。以上我们论述了同伴群体对于青少年社会性发展的积极作用，但我们也必须看到不良同伴群体也为青少年正常社会性发展制造了障碍。青少年正常社会化是指“青少年按照社会确认的文化价值规范改造自己的自然性，发展社会性，成为合格的社会成员。而不正常社会化则是违背社会确认的文化价值规范，按照偏离社会规范要求的方向，强化人的原始行为或鼓励人的越轨行为。”

不良的青少年同伴群体提供给其成员的往往是偏离社会公认价值规范的信息，生活在这样的群体中的青少年言论奇异，举止粗野、怪癖。他们要么是与社会格格不入，我行我素。要么就与社会要求背道而驰，甚至危害社会。大量社会调查和青少年集体犯罪的案例都说明了这一点。所以，不良同伴群体不仅阻碍着青少年正常的社会性发展，而且也对社会稳定造成了极大危害。由上述分析可知，同伴群体对青少年社会化的影响具有双向性：一方面，可以促进青少年正常、健康的社会性发展；另一方面，又可能阻碍青少年的正常社会化，导致青少年产生越轨行为或犯罪行为。可以说，同伴群体产生影响的性质取决于群体的性质，尤其取决于群体的目标与社会发展的方向是否一致。

第五节　大众传媒对青少年社会性发展的影响

一、大众传媒对青少年社会性发展的积极作用

有关调查显示，较早和较多接触媒介的青少年，其社会化的程度要高于那些生活在闭塞环境中的青少年。他们能够较好地适应社会发展的需要，生活适应性和应变能力都比较强。由此看出，大众传媒在青少年社会性发展过程中起着一定的积极推动作用。

第一，大众传媒能满足青少年多元化需求，促进其个性的发展。

在青少年社会化过程中，大众传媒为其提供了一个丰富多彩、立体多元的世界，不仅使青少年学到了知识、社会规范，而且调节了他们的学习生活，丰富了其闲暇生活，满足了其个性化需求，对他们的意志、品行、兴趣爱好产生了深刻影响。

第二，大众传媒为青少年提供了多样性选择，影响其习惯的养成。

大众传媒作为现代社会不可缺少的生活方式，凭借其所具有的渗透性、全面性和易接受性的特点，已成为家庭、学校促进青少年良好习惯养成的重要工具。经研究发现，现代社会的青少年在生活中对媒介的需要主要表现在：学习、了解新闻、交往、情绪刺

激、缓解焦虑、消磨时间等。由于大众传媒的形式多样，可提高青少年的新奇感，使之产生浓厚的兴趣，有效刺激他们的创造性、主动性和参与性，他们可以根据自身的需求和兴趣爱好来自由地选择媒介。大众媒介还为青少年提供了直接模仿某些社会行为方式的机会，帮助他们形成自己的社会行为模式。当然必须妥善使用大众传媒工具，使其帮助青少年形成和发展积极的个性品质及良好的习惯，从而加速其社会化进程。

第三，大众传媒能培养青少年的自主意识，影响其价值观的形成。

青少年的社会化从家庭开始，家庭是青少年社会性发展的起点。在家长的培育下，青少年的价值观念、道德规范、行为方式等各种社会化目标逐渐形成。在科技高速发展的当今社会，大众传媒已经在一定程度上成为影响青少年成长的“师长”。青少年对社会的认知很大程度上来源于其所接触的媒体信息，来源于大众传媒的报道在其脑海中形成的社会图景，使其价值观念、生活方式，行为方式深受影响。媒介的内容、形式对青少年的价值判断有重要的引导作用、有意义的正面信息会使青少年获得符合社会期待和需求的价值标准和道德规范，发展青少年的独立性。

二、大众传媒对青少年社会性发展的负面影响

（一）大众传媒内容方面存在的问题

由于市场竞争和经济利益的需要，或采编过程中把关不严，大众传媒承载的信息难免鱼龙混杂、良莠不齐，如在传播的信息中夹杂着暴力、色情、享乐、拜金主义等负面内容，以及与主流社会或本土文化相冲突的价值观念等。青少年缺乏足够的分辨能力，这些东西可能危害他们的身心健康。

（二）大众传媒在影响方式上存在的问题

大众传媒形象化、直观化，青少年在获得信息时基本不需要与他人交往，或沉溺于其虚幻空间，淡化了面对面的交流，因而易导致青少年自我封闭，与他人的交往和沟通能力减弱。许多孩子因迷恋动画片、电视剧，或长期观看卡通漫画书籍，不知不觉对图像产生依赖心理，而逐渐降低乃至失去对阅读的兴趣，这种娱乐化、通俗化、快餐化、游戏化的媒体接触方式，使今天的青少年习惯于“看”而怠惰于“想”，容易对青少年的理性和逻辑思维产生抑制作用，从而导致思维的简单化和平面化，降低他们的社会交往能力，阻碍其社会性发展。

三、营造良好的传媒环境，促进青少年社会性发展

大众传媒要肩负起促进青少年健康成长的责任，首先是要通过努力，营造一个适宜青少年社会性发展的良好氛围。

（一）节目制作要符合青少年的心理特点和生理特点

青少年节目在制作上要具有多融性，不光有娱乐性，还要有知识性和思想性，使青少年在玩中启智，乐中得益。这种多融性要充分考虑青少年的心理发展阶段和身心发展

特点，充分针对他们的年龄、心理、认知、思维特点，形式上要丰富多彩、新奇有趣，并能激发青少年参与的兴趣，培养他们关注社会、关注他人的兴趣。节目制作中要避免“成人化”，即不能根据成人的需求、期待和愿望及成人对社会的认识，来制作青少年传媒内容。这种做法没有充分考虑青少年心理发展的需求，以至于制作的节目缺乏青少年社会性发展所需求的真正内容，影响青少年社会化的顺利进程。

（二）加强对青少年接触大众传媒的引导和控制

随着大众传媒进入家庭，家庭传媒环境在青少年社会性发展中起着很重要的作用。研究证明：经常接触报纸、广播、杂志和书籍（即经常接触印刷媒介和广播）有利于青少年的道德发展，或者说道德方面得分较高的青少年更喜欢花更多的时间接触印刷媒介和广播。而青少年接触电视、录像和游戏机的时间过多，不利于其道德发展，或者说在道德方面得分较低的青少年更愿意在电视、录像和游戏机上面花费更多的时间。因此，家长要注意控制孩子看电视的时间，帮助孩子选择好的电视节目，特别要帮助孩子选择优秀的青少年图书，培养其良好的阅读习惯，并经常开展亲子阅读。家长还应掌握现代信息技术，消除与孩子的“信息沟”，以介入孩子的活动世界，与孩子进行现代意义上的对话，在活动和对话中引导孩子，特别是引导他们学习判断和选择，培养他们的主体行为能力。对心理发育极不成熟的幼儿来讲，成人的引导尤其重要。

（三）提倡对青少年进行媒体素养教育

随着媒介的发展以及传播途径的多样化，具备理解、辨析、批判媒体传播内容的能力显得极为重要，尤其对青少年而言，由于缺乏足够的辨识水平和自控能力，同时缺乏必要的媒体知识和批判意识，他们特别容易受到传媒的负面影响。提倡对青少年进行媒体素养教育的目的，就是把运用媒体的权利交给青少年，帮助他们掌握基本的、必要的媒体知识，使他们具备必要的、独立的心理防范意识和抵制能力，辨别媒体真实与社会真实，使他们知道怎样合理地获取、利用信息，辨别和传播信息，形成对媒体性质和功能的正确认识，提高对负面信息的辨别能力，从而积极有效地避免大众传媒对青少年的不利影响；还要让他们掌握与媒体交往的常识，懂得合理地运用媒体完善自我、服务自我，以进一步提高他们利用媒体的水平，使其从中获益。媒体素养教育将会对青少年的社会性发展发挥重要作用，使他们更好地了解世界、认识社会、完善知识、参与社会活动。

第六节 青少年的亲社会行为发展

一、亲社会行为含义

“亲社会（prosocial）”是美国学者威斯伯（L. G. Wispe）最早提出来的，英文的解释是“忠实于既定的社会规则或道德准则”。亲社会行为（prosocial behavior）主要指人们在社会交往中表现出的友好积极的行为，其特点是使他人乃至整个群体获益，并能建立和加深交往双方的和谐关系。从本质上说，这种行为反映了自我与他人的关系，反映了个人与社会或群体的关系，对人类的生存适应和社会的发展具有积极作用。

亲社会行为是与主流社会倡导的价值观念和行为准则相一致的，因此，青少年在成长和社会化过程中形成亲社会行为的品质，既是其健康成长的标志，也是主流社会的价值期许。但是，在当前的部分青少年身上，却出现了亲社会行为不同程度缺失的种种表现，如在别人求助或需要救助时，表现出坐视不救、袖手旁观的冷漠行为；缺乏主动与同学、朋友和其他人进行互助协作的意愿；违背主流价值规范行事的判逆行为；违反法律法规而给他人、社会带来伤害的越轨行为等。青少年亲社会行为的缺失有着复杂的原因，它跟青少年生活的社会大环境中存在着的一些消极因素的影响有关，又与青少年社会化的关键因素中的一些负面作用的影响有关，还同青少年自身成长中存在的一些不健康心理因素的影响有关。

二、青少年亲社会行为缺失的表现

青少年亲社会行为缺失，是指作为特定的青少年群体缺少对他人有益或对社会有积极影响的行为。目前，亲社会行为缺失的表现虽因个体或地区的不同而有所差异，但仍可归纳为以下几种主要表现。

（一）冷漠行为

冷漠行为是指个人在别人需要帮助时，表现出坐视不管、袖手旁观的态度或行为，属典型的“低社会行为”或“非社会行为”。青少年的这种冷漠行为最主要表现为不主动帮助需要帮助的人，对待他人缺乏同情心和温情。

（二）逆反心理

逆反心理是指人们对亲社会行为所表现出的不信任的心理。作为一种特殊的心理现象，在青少年中表现尤为突出，有时会进一步发展为反社会心理。一部分青少年不赞同“大公无私”、“好人好事”行为，甚至对传统美德行为产生误解，认为人们做出某种亲社会行为总是抱有一定的目的。

（三）缺乏合作

合作是指在工作、休闲或社会关系中通过相互帮助、共同活动，以追求共享目标和成果，增进友谊的行为。有效的合作指目标、利益共同，相互依存、共同活动，能处理好合作者间的关系等。而现在的青少年往往个人主义严重，我行我素，缺乏对他人的考虑，合作行为严重缺乏。

（四）犯罪行为

犯罪是青少年亲社会行为缺失的极端表现。据统计，2006 年，全国检察机关批捕逮捕未成年人犯罪嫌疑人 92574 人，与 2003 年相比增长了 32.66%。分析表明：近年来未成年人犯罪的增长幅度远远大于同期成年人犯罪的增长幅度。

三、影响青少年亲社会行为发展的因素

（一）认知发展水平

社会学习理论和认知发展理论认为亲社会行为是模仿和认知发展的结果，强调个体的认知发展是亲社会行为发展的直接动力。一般认为，对青少年亲社会行为影响较明显的两种认知能力是观点采择能力和道德判断能力。观点采择能力是个体对特定情景中他人思想、情感、动机、需要的认知和理解。昂特伍得和摩尔对 16 项有关研究的综述表明，观点采择和亲社会行为呈高相关，即使年龄因素被控制，两者之间仍然具有显著相关性。另外，青少年的道德判断能力与亲社会倾向也有一定的联系。研究者用道德两难问题来测定道德成熟度，发现道德判断成熟者不仅帮助别人更快，还更会抚慰沮丧的同伴，与之分担痛苦，并谴责那些看到伤害事件而无动于衷的人。

（二）移情能力

一般认为，移情是一个人（观察者）在观察到另一个人（被观察者）处于一种情绪状态时，产生与观察者相同的情绪体验，即为他人的情绪、情感而引起自己与之相一致的情绪、情感反应。移情是青少年亲社会行为产生的重要促进因素，是亲社会行为的重要动机源之一。移情是通过两种方式与亲社会行为相关的：第一，当移情的青少年看到别人处在危险中时，就会产生情感上的痛苦，青少年经常通过帮助或分享来减轻这种痛苦；第二，当亲社会行为使别人产生高兴或幸福的情感时，移情的青少年也能体验到这些积极情绪。

（三）个性特质

许多人认为，个性品质与亲社会行为存在一定关系，即存在一种利他个性。他们发现，个性问卷中的利他指标与一定情境中的助人行为呈正相关，这种情境是指无法避免与困境中的人接触的情境。Eisenberg 等人的研究结果也表明，确实存在着利他和他人取向的个性特质，它们在某些情境中促进了亲社会行为。

赵章留在《青少年四种典型亲社会行为发展的特点》中谈到，青少年良好的个性特征能够有效促进亲社会行为。爱社交、容易对周围事物表现出关心的幼儿，其助人行为多于害羞的幼儿；富有爱心、自制力强、能够根据活动的进展调整和控制自己行为的青少年，能更好地与他人合作；慷慨大方的青少年比吝啬的青少年更容易获得同伴的接纳和赞许，与同伴的分享行为也较多。

（四）同伴关系

芦咏莉等人对 1640 名初一至高二的青少年进行了问卷调查，研究结果表明：①社会榜样和青少年社会关系的质量与其社会观念和社会行为之间的相关显著。同伴不良行为榜样与青少年消极的社会观念和社会行为有显著的正相关，而对积极社会榜样的认可则与青少年积极的社会观念和社会行为存在着非常显著的正相关；②进一步回归分析表明，两种社会榜样同伴不良行为榜样和社会积极榜样和三类社会关系亲子关系、同伴关

系和师生关系的质量对青少年社会观念和社会行为的影响均显著；③没有发现社会关系对同伴不良行为榜样消极影响的调节作用，但发现同伴关系质量有助于积极社会榜样对青少年亲社会价值观和利他行为的积极影响。赵章留的研究发现，合作伙伴间的亲密程度与合作行为密切相关，朋友间合作发生的频率远远高于非朋友间；朋友之间的分享行为也多于非朋友之间，而且朋友之间更强调分享行为的互惠性。

（五）家庭因素

家庭内部因素（亲子关系、教养方式等）在青少年亲社会行为发展的过程中起着很重要的作用（Hoffman，1975）。李丹在《影响青少年亲社会行为的因素的研究》中对349名小学生进行问卷调查研究得出：亲社会行为倾向与父母教养方式中的惩罚有显著的负相关。

（六）社会文化

付艳等人认为，家庭是存在于一个更大的社会文化环境之中的，因此一些社会文化因素也必然会对家庭关系、家庭成员的价值判断有所影响，进而影响青少年亲社会行为的发展。王蕾对423名北京市（大城市）、天津杨村（小城市）、河北茶淀（农村）小学生的研究表明：来自县城杨村的小学生的亲社会行为的得分比来自农村的小学生显著高，农村小学生得分又显著高于北京的小学生。她认为这反映了亚文化模式对青少年亲社会行为发展的影响。

（七）大众传媒

大众传播媒介是社会传递文化和渗透道德价值观的主要途径。电影、电视、报刊、杂志等对青少年的社会性行为的性质和具体形式都具有重要的影响。最早有关传媒和亲社会行为的研究跟传媒与攻击性的研究很相似。如巴兰等人（Baran，Chase & Courtrit，1979）报告的实验。在该实验中，给3组7～9岁的青少年放映《瓦尔顿一家》中不同的片段，内容分别包括“合作”、“非合作”或“中性”的行为。随后实验者的同伴走过实验间并掉下一堆书。结果发现，观看过“合作”片段的青少年更可能提供帮助，而且反应要比其他两组青少年快。20世纪二三十年代由美国佩恩基金会资助的电影与青少年研究得出的结论是：观看同样的影片，不同的青少年会受到不同的影响，这些影响因青少年的年龄、性别、倾向、理解力、社会环境、个人经历以及父母影响的不同而不同。我国学者卜卫提出了一个分析传媒影响的理论框架，认为传播效果是社会差异（包括经济文化背景、学校教育、家庭影响、同伴群体影响等）、媒介使用模型（包括媒介接触数量、媒介内容偏好和媒介种类偏好）、青少年生理差异（包括年龄、性别和青少年个性差异（包括智力水平、个性特征、社会关系和学业成就等）相互作用的结果。

四、青少年亲社会行为的培养

（一）提高道德认知能力

心理学家皮亚杰说过：道德评价是以道德认知为前提的，道德认知是青少年道德情感和道德品质产生的基础，也是道德行为能力发展的基础。一个的道德认知越明确、越深刻，其辨别是非的能力就越强，他的道德行为就越合理。因此，要想提高青少年的亲社会行为能力，必须先提高其道德认知能力。提高青少年的道德认知能力，增强其道德辨析水平和观点采择能力，是提高青少年亲社会行为发展的根本途径。

（二）角色扮演体验

角色扮演（role-playing）是一种使人暂时置身于他人的社会位置，并按这一位置所要求的方式和态度行事，以增进人们对他人社会角色及自身原有角色的理解，从而更有效地履行自己角色的心理学技术。角色扮演法对青少年行为调节作用的理论基础来源于移情（empathy）与亲社会行为关系的研究。移情是一种替代性的情感情绪反应，它是站在他人的角度理解他人的感受体验，设想自己也处在别人的位置经历别人的体验的过程。霍夫曼（Hoffman）指出：移情是诸如助人、抚慰、关心、合作、分享等亲社会行为的动机基础。它激发、促进人们的亲社会行为，是青少年亲社会行为的推动器。霍夫曼之后，许多心理学家都对移情与亲社会行为的关系问题做了研究，大量的研究表明，移情增加了助人和其他的亲社会行为，移情或同情与亲社会行为呈正相关，也就是说提高一个人的移情能力就能提升他的亲社会行为水平。通过角色扮演去训练，让青少年在事先设置的情境中扮演一些处于困境中、需要帮助和合作支持的角色，使青少年能够亲自实践他人的角色，感受到那些在困境中或需要他人帮助、互助的角色需要，更好地正确理解他人的处境，体验他人在各种情况下的内心情感，这样，当在日后的社会生活遇到相似的情境时，青少年由于对自己经历过的困境和当时体验存在回忆，便会唤起与他人情绪相同的替代性情绪体验，就知道采取怎样的态度和怎样的行为是适当的。因此，角色扮演法在改善青少年的人际关系和发展青少年的亲社会行为方面有着尤其重要的地位。

（三）榜样示范教育

榜样示范法就是通过榜样人物的具体表现及其生活经历，把高深的思想理论和抽象的道德规范人格化、形象化、具体化、生动化，从而使青少年在富于形象性、感染性和现实性的示范中获得深刻的认知和行为印象。榜样示范法之所以能够影响青少年行为，主要是因为它具有传递信息的功能，在青少年接触和观察榜样的过程中，示范行为会浓缩成符号性的表征，指引观察者在以后做出适当的行为。榜样示范法可以追溯到心理学家班杜拉（Akbert Babdura）20 世纪 60 年代提出的社会学习理论。班杜拉指出，行为是通过学习获得的，也是可以通过学习加以改变的，决定人们行为的是环境。因此，社会学习理论认为，榜样学习对青少年成长能产生深远的影响，模仿和学习榜样的行为和品质对帮助人们获得适当社会技巧、习得新道德认识和道德行为习惯、产生利他行为等具有重要作用。所以，通过设置一定情景，树立一定的亲社会行为榜样，使青少年对他们的行为进行模仿和学习，将对青少年的亲社会行为具有明显的促进作用和导向作用。鉴于在青少年时期，同伴群体对青少年的影响日益重要，甚至有可能超过父母和教师，因此榜样的树立最好在青少年群体中选择。

(四) 归因训练

青少年对行为原因的归结会直接影响他的行为。归因理论认为，把在某种特定场合表现出的习得的助人行为保持下去，需要把助人的观念内化，这是一种自我归因。由于有了自我归因，利他行为才有持久性。归因训练是指通过一定的训练程序，使训练的对象掌握某种归因技能，改变其原有的不良归因方式，形成训练者所期望的积极归因方式。归因训练在近年来一直是西方心理学界十分重视的研究课题，它为人类行为的控制提供了一条新的途径。我们应鼓励并帮助青少年建立一种正确的归因模式。通过专门的归因训练，帮助青少年消除消极的归因模式，建立积极的归因模式。根据国内外的经验，“团体辅导法”是归因训练方法效果比较好的一种方法。“团体辅导法”通过组建一个3~5人的青少年小组进行集体讨论，分析讨论行为的原因，并由1名受过专门训练的工作人员或管理人员对每个人及整个小组的情况作比较全面的分析，引导小组成员做归因，然后，每个人填写归因量表，要求从一些常见的备择原因中选出与自己行为最有关系的因素，并对几种主要因素所起作用的程度作出评定，工作人员或管理人员对其归因和评定及时作出反馈，指出归因误差，引导排除不符合社会期望的归因，鼓励比较符合实际的、积极的归因模式。由于青少年在训练中亲自体验了积极的行为动机的受赞许性和强化了积极行为动机，在日后的生活实践中他们就会用积极归因模式来指导自己的行为活动。

(五) 行为激励

行为激励法通过营造褒扬亲社会行为的情境来激励青少年的亲社会倾向。按照社会学家G·C·霍曼斯所建构的人类社会行为的交换理论：对于人们所有的行为来说，一个特定的行为越是经常受到奖励，则行为者越是可能采取这种行为；如果过去一个特定的刺激或一组特定的刺激的出现总是伴随着对某人行为的奖励，则现在的刺激与过去的刺激越相似，这个人就越有可能采取该种行为，或相似的行为。

因此，可能通过采取积极的激励方式和营造褒扬亲社会行为的情境来培养青少年的亲社会行为。一方面，在日常生活情景中，教育者应该积极地向青少年宣扬亲社会行为的益处并对青少年行为实践中的亲社会行为适时地给予灵活多样的肯定和奖励。另一方面，也可以通过人为地设置青少年交往的情境，在这种情境中对青少年具有亲社会行为特点的行动给予肯定和奖励；对于青少年没有采取亲社会行为特点的行为方式则给予纠正和批评。那么，经过奖励和激励的青少年对日后的社会生活中的亲社会行为的实施将更积极。

(六) 培养良好个性

有研究证明，性格外向的青少年能够呈现出更多的亲社会行为，因此，我们应尽量为青少年制造更多的人际交往机会，促使他们具备开朗的性格，减少其焦虑感，以促进他们亲社会行为的发展。

第七节 青少年的攻击行为

一、攻击行为定义

张文新认为，攻击性行为就是“伤害他人的身体行为或语言行为，是有意伤害别人且不为社会规范所许可的行为”。伤害意图、伤害行动与社会评价，是攻击性行为概念的三个要素，且攻击者具有伤害他人的主观意图，目的是直接造成被攻击者的伤害或通过唤起被攻击者的恐惧而达到其目的。

二、青少年攻击行为的表现与类型

（一）取乐性攻击行为

这是以言语、身体或工具直接或间接地向他人施以攻击，以取得心理快乐、精神愉悦的攻击性行为。虽然这种攻击性行为的动机仅仅是为了取乐，但结果却可能给他人心理、精神、肉体增加痛苦。比如一部分学生抓住他人生理上的缺陷，施以攻击。在路上碰见瘸子，便模仿其姿势，取笑“铁拐李来了”。看见同学戴眼镜，就称为“四只眼”等。再如一些恶作剧，在同伴脸上抹黑墨，拉女同学的辫子，把毛虫放进女同学的文具盒等，虽然这些行为没有导致严重伤害，但却给他人增加了心理痛苦，如不加以控制，任其发展，也有可能导致严重后果。

（二）习惯性攻击行为

个别青少年由于多次发生攻击性行为而又没有得到有效控制，因而养成某种习惯，频频发生，成为习惯性攻击行为。这种行为的动机或意图往往是不明确的，情绪低落、心情不愉快时可发生，情绪高涨、精神亢奋时也可能发生，其表现形式是多种多样的，或言语讽刺、挖苦、漫骂，或摸摸这儿、碰碰那儿。

（三）迁怒性攻击行为

学生犯错误，受到老师、家长的批评是很正常的。但一部分青少年却错误地认为是教师和家长有意与自己过不去，使自己失去面子，于是心中愤愤不平，却又不能向教师和家长发泄，这时他们就会将心中的怒气发泄到其他对象身上，从而产生迁怒性攻击行为。

（四）报复性攻击行为

有些青少年学生受了别人的气或吃了亏，采取“以眼还眼，以牙还牙”的方法，向对方施以更加严厉的报复，从而发生报复性攻击行为，这种行为的动机就是报复。

（五）模仿性攻击行为

模仿别人的攻击性行为向他人施以攻击，可称之为模仿性攻击性行为。在青少年学生中，最主要的模仿对象是电视、电影等媒体中的暴力行为和攻击性行为。

（六）义气性攻击行为

受江湖书籍或媒体的影响，相当一部分青少年“为朋友两肋插刀”的义气较重，朋友被打、被骂，不是千方百计地予以调解，而是帮助朋友漫骂、攻击对方，从而产生义气性攻击行为，这在高中生中比较有市场。

（七）嫉妒性攻击

这种攻击行为是指因嫉妒他人而产生的攻击他人的行为，这种因嫉妒而攻击他人的行为在青少年中发生的比率较高，攻击方式多以语言为主。欺侮与攻击都可由一个或多个儿童卷入。但欺侮和攻击性行为又有区别，这种区别表现在以下三个方面：①未受激惹性（有意性）；②重复发生性；③欺侮者和被欺侮者之间力量的不均衡性。

三、攻击性行为的影响因素

（一）生物学因素

首先，青少年是一个特殊的群体，他们正处于人生的“心理断乳期”，气质、性格、情感和认知模式尚未完全定型，心理脆弱，分析事物、辨别是非及抗干扰的能力较差，情绪不稳定，感情易冲动而不能自我调控。一旦受挫，便易产生攻击行为。

其次，攻击性行为与出生时母亲的一些助产并发症、获得性脑损伤有关。Aseneam与Frembly等人研究发现，出生时母亲的一些助产并发症（如惊恐、脐带脱落、借助外力）对婴儿大脑的影响增加了精神分裂的危险性，导致个体患有精神分裂症状而出现暴力的可能性达到正常情况下的4～6倍。

第三，攻击性行为与生理唤起水平有关。实验研究表明，体能运动使肾上腺素大量分泌，从而产生亢奋的生理唤起状态，而由生理唤起引发的情绪状态，往往导致攻击行为的发生；同时，性也是生理唤起的一个因素，由色情片的刺激引发的生理唤起，也易导致攻击行为的发生。

（二）物理环境因素

研究表明，物理环境中的某些因素（如气温、食糖过多、铅中毒等）都可能影响青少年的攻击行为。关于气温与攻击行为间的关系得到了一些研究者的关注。Anderson提出了热假设（hot hypothesis），即物理环境中较高的温度能够增加攻击动机与攻击行为。主要是因为较高气温引起个体不适，进而具有敌意性情感并产生攻击他人的想法，并且社会交往的偏见与敌意性归因有所增加。食糖过多也可能与攻击行为发生有关，糖类的过多或反复摄取可能导致体内血糖较高，个体情绪上可能表现为暴躁易愤怒，从而导致攻击行为增加。铅中毒可能也是影响青少年的攻击行为的重要因素。因此，适当控制物理环境中的某些不利因素，有利于减少攻击行为。

（三）社会因素

实验研究和生活事实证明，社会因素，尤其是大众传媒中的暴力信息如暴力影视节目、电子游戏，甚至包括暴力音乐与互联网攻击，都会增加青少年的攻击性。并且，这些不同形式的媒体存在相互作用以影响攻击行为的可能性。互联网是一种新的影响人类心理行为的渠道。

（四）个人因素

首先，当人们认识到攻击行为将会给自己带来一定的消极后果时，则其攻击行为可能会被抑制；同时，个人的道德水平越高，越能从他人的利益立场感受和思考问题，行为也就越趋于亲社会方向。

其次，攻击性行为与青少年的社交技能水平有关。研究表明，具有攻击性行为的青少年，一旦面对冲突性社会情景，解决社会性争端的办法较少，只能采用简单粗暴的方式去解决。

第三，攻击性行为与个体的固有经验有关。社会学习理论认为，儿童遭受身体虐待和以后的攻击性行为发展之间存在着一个逻辑的理论关系，即身体遭虐待的经历教会了儿童的攻击性行为，并使儿童把攻击性行为作为亲密关系的一种典范。事实证明，儿童期的大量受害经历与以后大量的攻击性和暴力问题有关。

最后，攻击性行为与青少年的人格特点有关。如主动攻击型人格障碍的青少年，易采用攻击性行为方式；被动攻击型人格障碍的青少年则以被动的方式表现其强烈的攻击倾向。

四、青少年攻击行为干预的策略

（一）心理训练

进行适当的心理训练，改变青少年的社会交往技巧与社会能力，提高社会性发展水平。许多研究认为，学校背景下同伴欺负或攻击行为具有普遍性。因此，很多研究者主要采用设计特定课程和活动的方法或改变整体学校心理气氛来试图干预青少年与青少年的攻击行为，如脑力计划 BPP（Brian Power Program）、冲突创造性解决计划 RCCP（The Resolving Conflict Creativity Program）和和平建设者计划 PBP（Peace Builder Program）等，这些研究计划主要通过提高青少年的交往技巧和解决问题的能力或者减少和消除攻击行为的启动源来达到降低青少年的身体攻击水平的目的，也可以防止无暴力性青少年出现攻击行为。

（二）活动宣泄

开展有效的活动，如特定的身体训练（练习传统武术）与身体放松（按摩）等有助于改变个体的身心反应，使其与大脑中生化反应协调一致，进而降低攻击行为的强迫性。身体爱抚的忽略或缺乏也是影响青少年攻击行为发展的主要因素。需要指出的是，身体爱抚缺失的学龄前儿童可能进行较多的自我刺激性的行为活动以弥补从父母与同伴获得较少的身体爱抚与亲密感。这似乎支持了下面的假设：较少的身体爱抚促使了攻击行为的产生。研究者进一步分析到，身体爱抚缺失或身体受虐待影响青少年的生物化学反应，情感上的痛苦直接损害大脑，进而使大脑具有获得性过分反应，这可能增加了个体感觉阈限（如痛觉阈限）。Field 与 Fiffay，Shaw 与 Engine 都证实按摩可以有效地增加青少年的身体爱抚，进而降低生理化学物质分泌量的不平衡，并且治疗后个体较少进行刺激寻求、冒险、愤怒或进行攻击行为。因此，增加身体爱抚或亲密感可能有助于减少或消除攻击行为发生。Zivin 等人发现传统武术的训练可以降低青少年的暴力行为及改变与行为不良相关的心理模式（如强迫症、注意困难、较差的学业成就、抵制权威与规则）。Zivin 等人教授传统的 KogaHa（一种具有八百多年历史的武术，用来训练中青年和尚，强调非暴力的自我防御与尊重生命），经过短期训练（30 次，3 次/周），高攻击性青少年与行为不良青少年的攻击行为显著减少。这种干预攻击行为的方法主要是从身体训练的角度，引发高攻击性个体心理行为模式出现整体性的变化，这可能比单纯的归因训练、社会能力提高或专业性按摩治疗更为有效。

（三）环境控制

班级规模的控制，有助于同伴关系的改善，减少同伴敌意与攻击行为的发生班级规模与青少年心理行为发展的关系一直是教育心理学研究的重要问题。Blatchford 发现，小班或较少人数的班级中同伴关系较差，主要表现是同伴间攻击行为较多，这似乎与小班中同伴有较多时间进行交往，不能进行较多无任务性活动相矛盾。Blatchford 进一步分析到，较大班级中青少年可能使用较多时间进行社会性活动，进而具有较好的同伴关系；相反，较小班级中，青少年与教师可能有较多的互动，容易形成一种心理依赖，具有较少独立性，这可能导致较差的同伴关系。较小班级有利于学生获得较好的学业成绩，但不一定有利于青少年的社会性发展。

社会环境中的一种重要因素是媒体。媒体的暴力因素一直是青少年攻击行为研究者密切关注的对象。尽管众多研究者发现攻击行为可能与较低的社会经济地位、较差的亲子关系等因素有关，但关于电视暴力的研究显示，不同性别青少年看较多的具有暴力成分的电视节目，成年期及青少年期的攻击行为也会较多，这种预测关系独立于青少年的社会经济地位、智力特征、精神病理症状、青少年期受忽视等因素。这表明媒介暴力与攻击行为发展间存在着某种内在机制，这种机制可能在攻击行为发展中起到主要作用。媒体暴力是一种长期易患素质与短期突发性因素相互作用的结果。易患素质对攻击行为发展的影响是长期的，如认知观察学习（暴力的图式、信仰与认同暴力、偏见等）都支持了暴力的存在，然而暴力行为具有一定的情景性，这主要是由于启动、兴奋转移、行为模拟等因素起作用的结果。因此，干预媒体暴力（尤其是电视暴力）应包括改变青少年对暴力的认知与减少青少年使用暴力性媒体两部分内容。改变青少年对暴力认知应该以青少年为中心（因为成年人对暴力的理解与青少年对暴力的理解存在差异），尤其应避免青少年认同暴力的广泛存在以及暴力是一种问题解决的有效策略。减少媒体使用（如减少暴力性影视节目的使用量与少听暴力性音乐）也是干预青少年攻击行为时应该认真思考的问题。也可根据社会学习理论，适当增加媒体中亲社会行为内容节目的使用，这将有利于青少年改变对暴力的偏见性认知，进而减少暴力行为，增加亲社会行为。

(四) 家庭教育

许多研究已经证实，青少年的心理与行为问题与家庭环境有很高的相关性，家庭中父母对孩子的影响是显而易见的。在儿童幼稚的心里，父母的一举一动，父母对他人的态度，父母对自己的行为，全部看在眼里、记在心上，并潜移默化于自己行为中，形成自己的行为特征。所以，有人说父母是儿童的第一任老师。在夫妻不和的家庭中，家庭气氛很难是融洽的。即使是面和心不和的夫妇，也难以向对方做出丰富的情感表达。心不和面也不和的夫妇轻则争吵，重则摔砸东西，甚至撕扯扭打。这样的夫妻对孩子的教育管理策略不能一致，一个指东，另一个则指西。夫妻争吵时，对孩子不管不问。自己怄气时，还拿孩子当出气筒，恶言训斥，甚至体罚。经常面对父母这些负性行为方式，很可能会影响孩子的人格健全发展。Richman 及 Barron 的调查也发现，父母对孩子的教育不一致、父母经常争吵、母子关系差、家庭婚姻状况不良等与儿童行为异常相关。良好的教育方式、家庭环境及亲子关系对减少青少年攻击性行为起到决定性作用，因此，家庭教育中父母必须为孩子做出行为的表率，创造良好的家庭情感氛围，对青少年攻击性行为的干预有着重要的作用。

思考题：

1. 简述青少年社会性发展过程中的家庭教育的误区及应对策略。
2. 简述教师影响青少年社会性发展的途径与策略。
3. 简述影响青少年亲社会行为发展的因素及教育策略。
4. 利用本章节所学的知识，分析下列案例，并提出合理的教育措施。

   郑×，男，12岁，自小就比其他孩子明显表现出多动调皮，进入小学后，随着年龄增长，渐渐喜欢讲一些脏话，因此同学都不愿意和他在一起，他没有一个知心朋友，人际关系较差，经常出现攻击性行为。这主要表现在：上课不遵守纪律，注意力不集中，经常搞一些惹人注意引人发笑的恶作剧；当老师批评他、同学反击他时，他毫无不愉快的表现，反而表现出高兴；下课时，经常无缘无故地欺侮同学，有时还鼓动一些其他班级中品行较差的学生在社会上结帮打架。

参考文献：

[1] 孙瑜. 家庭教养方式与儿童社会性发展的思考 [J]. 现代教育科学，2006，(3).
[2] 郭金花，聂玉玲. 父母教养方式与儿童社会性发展 [J]. 高等教育与学术研究，2007，(5).
[3] 孙杰远. 论学生社会性发展 [J]. 教育研究，2003，(7).
[4] 卜卫. 大众媒介对儿童的影响 [M]. 北京：新华出版社，2002.
[5] 于惠. 大众传媒对儿童社会性发展的影响 [J]. 研究与探索，2005，(5).
[6] 吴亚荣. 同辈群体及其对青少年社会性发展的影响 [J]. 北京青年政治学院学报，2009，(1).
[7] 邹泓. 同伴关系的发展功能及影响因素 [J]. 心理发展与教育，1998，(2).

[8] 李幼穗. 儿童亲社会行为及其培养 [J]. 天津师大学报，1999，(2).
[9] 陈应成. 中学生“亲社会行为”缺失及其对策 [J]. 辽宁教育，2008，(5).
[10] 曾文雄. 青少年攻击行为的产生与干预 [J]. 中小学心理健康教育，2008，(10).
[11] 王元. 青少年攻击性行为干预与矫正 [J]. 沈阳师范大学学报（社会科学版），2008，(4).
[12] 李宏利，宋耀武. 青少年攻击行为干预研究的新进展 [J]. 心理科学，2004，27 (4).

第八章 青少年的品德心理

培养青少年良好的品德是社会、学校的重要任务。青少年在学习基本的知识、技能的同时，也必须要学会做人，形成良好的道德品质，才能成为合格的人，被社会所接纳。品德心理是心理学研究的重要课题，本章主要论述品德的概念、品德的心理结构、品德形成的主要理论及青少年的品德教育几个问题。

第一节 品德心理概述

一、品德的概念

理解品德，要从理解道德开始。

道德是指社会为了协调人与人，以及人与社会的关系而向其成员提出的一系列行为准则的总和。一个社会为了自身的生存和发展，为了维护人们的共同利益和协调彼此的关系，必然要制定-系列行为准则来规范其成员的行为。人们不仅按照这些规范支配和调节自己的言行，同时也据此来要求和评价他人的举止。这些行为规范主要分为社会强制执行的法律规范和非强制执行的道德规范。道德规范是社会约定俗成的行为准则，它依靠社会舆论和成员的自觉行为来维持。

个体在按道德规范表明态度、发表言论和采取行动时，总是伴随着一定的心理活动。品德就是个体依据社会道德采取行动时表现出来的稳定的心理特征和倾向，也叫道德品质。在我国品德还可以称为德行或品行、操行等。一个人的品德是在社会道德的舆论和风气的熏陶下，在学校道德教育的影响下形成的。品德的形成既受社会生活条件的影响，也受人的心理发展规律的制约。

品德与道德是既有密切联系又有严格区别的两个概念。联系表现在：第一，品德的内容来自道德，个人品德是社会道德的组成成分，是社会道德在个体身上的具体表现，离开社会道德也就谈不上个人品德，同时，个人品德的发生发展与社会道德一样都受到社会发展规律的制约。第二，品德的形成不是由遗传获得的，是在后天的社会条件中，主要是在社会道德舆论的熏陶和学校道德教育的影响下，在家庭成员潜移默化的道德感染下，通过自己的实践活动形成和发展起来的。第三，个人品德虽然受到社会道德风气的影响，但是它对社会道德风气也产生一定的反作用，社会道德本身就是由许许多多的个人品德集合而成的。品德和道德之间的区别主要表现在：首先，道德是依赖于整个社会而存在的一种社会现象，而品德则是依赖于某一个体而存在的一种个体现象；其次，道德的发展完全受社会发展规律的制约，而品德的形成和发展不仅要受到社会发展规律的制约，还要服从于个体生理、心理活动的规律；再次，道德主要是伦理学与社会学研究的对象，品德则主要是教育学与心理学研究的对象。

二、品德的心理结构

品德的心理结构极其复杂。一般认为，品德包含道德认知、道德情感、道德意志、道德行为等心理成分。

（一）道德认知

道德认知是个体对道德规范及其执行意义的认识，发展到高级阶段就成为道德信念。人只有在道德认知的指导下，才会有自觉的道德行为。因此，道德认知在品德形成过程中有十分重要的作用，它能调节、控制受教育者的道德情感、道德意志，支配道德行为。它是行动的先导，是品德形成的基础。道德认知的产物是个体价值观念的发展。道德价值观念是对各种涉及他人利益的行为的价值的概括化，是一种标准观，个人按照自己的道德价值观念，判断自己或他人的行为的是非、善恶和好坏。道德评价是道德认知的又一个重要组成部分。道德评价一般包含两类问题：一类是指个体对别人行为的是非、对错的道德判断和推理，另一类是关于个体意识到自己行为的善恶。这两个方面都是个体对道德因果关系的认识，都是人们在道德情境面前决定怎样行动的客观基础，因而是十分重要的。

（二）道德情感

道德情感简称道德感，是人们运用自己所认可的道德标准去评价自己或他人的言行时所产生的内心体验，是个人道德需要是否得到满足的反映。道德感是伴随着道德认知而产生的体验。一般来说，现实生活中的各种事件或他人、本人的行为，凡是符合自己所认同的道德观念时就会引起积极的情绪体验，否则会产生疑惑和消极的情绪体验。从内容上看，道德情感包括责任感、义务感、集体荣誉感、爱国主义情感等，从形式来看，道德情感包括道德形象所激发的情感、与道德信念和道德理想相联系的情感等。

（三）道德意志

道德意志实际上是有关道德观念和价值观念的能动作用，是人利用自己的意识通过理智的权衡作用去解决道德生活中的内心矛盾（如动机间的冲突、方法上的犹豫不决、决定与执行间的徘徊、执行过程中坚持与动摇的斗争等）、作出决策与支配行为的力量。这种精神力量经常在人为实现道德目标的行动中采取积极进取或坚忍自制两种形式中得到表现。

（四）道德行为

道德行为是一个人的道德认识的具体表现与外部标志。它主要是通过练习或实践掌握行动技能与养成习惯的途径而形成的。道德行为是人们在一定的道德意识支配下所采取的行为。道德行为经过反复实践，养成习惯，才能成为稳定的道德品质。道德行为习惯是一个人思想觉悟高低、道德品质完善程度的根本衡量标志。

品德心理结构中的知、情、意、行等心理成分，是相互联系、相互制约的。道德认识是道德情感产生的依据，道德情感影响着道德认识的形成与发展。道德行为是在道德认识和道德情感基础上，伴随着道德意志并通过一定的联系而获得的。反过来，道德行为又可以巩固和验证道德认识和道德情感。人的品德就是由这些知、情、意、行等心理成分所构成的稳固联系的相互制约的统一体，是不可分割的有机整体。

品德结构中的知、情、意、行这四种心理成分，既相互联系、相互制约，又具有不同的作用和地位。因此，在培养青少年的道德品质过程中，每一个方面都不可忽视。但在我国目前的中小学生思想品德教育工作中，对于青少年道德品质的培养，常常只强调一方面而忽视另一方面，这种错误倾向主要有两种表现。一种是片面强调道德认识的重要性，有些教育工作者认为，人的道德品质取决于道德认识的形成，人之所以犯罪、产生不道德的行为都是由愚昧无知、缺乏应有的道德知识和道德信念而造成的。另一种是片面强调道德行为训练与习惯培养。有些教育者认为，道德知识多的人和道德认识高的人，不一定有道德品质。他们认为人的道德品质是一定的动作的总和，一个人只要养成良好的行为习惯，就会形成高尚的道德品质。

三、品德形成和发展的理论

对品德问题进行科学研究迄今仅几十年时间，这是在西方科学主义思潮和社会变革的背景下发生的。近代心理学从不同方面对品德形成和发展进行科学实证研究，提出了关于品德形成和发展的各种理论。

（一）精神分析理论

1923年，弗洛伊德提出本我、自我和超我三部分人格结构。本我代表本能欲望，自我代表现实力量，超我则相当于潜意识中的良心，代表道德的力量。儿童最初不懂道德规范，在与双亲交往中，由于害怕惩罚或失去宠爱，便产生一种认同双亲行为态度的心理倾向，这就叫自居作用。弗洛伊德把儿童内心里的这个“双亲”称为超我。在本我的活动试图超出自我的限制时，超我就通过指导自我对本我施加压制，表现出一种内疚感。良心概念是其道德发展观的核心。弗洛伊德的良心概念与过去任何人对良心的解释都不相同，因为在他看来，良心具有双重性：要么向本能需要妥协，从异性父母身上获得爱的满足；要么以同性父母身份自居，克服本能冲动，产生良心。这是一种个体与社会之间的矛盾和紧张性。这种紧张性的根源，一方面来自儿童的心理需要和生理需要的不相容性，另一方面来自个体努力谋取自身及其所属物种的长期生存。如果战胜了个人需要，就能保证人的生存，使人们免于相互攻击。和本能需要的个体性相比，良心带有集体性。由于这种集体性在儿童身上的产生，儿童的本能需要在发展过程中被转化和取代，让位于内在道德标准和情感的自我调节机制。促进这种转化的因素，是对父母的积极的爱和依恋感。所谓积极的爱和依恋，是指由于本我和超我的冲突，在超我指导下产生的积极情感。在这一过程中，超我作为行为调节的一种方式把内疚感和道德理想整合起来。从弗洛伊德体系中可以看出，人格结构的三部分在各种情境中应该一致，这样才可培养人们良好的德性，达成理想自我的实现。

弗洛伊德把人格的发展分为 5 个阶段：口唇期、肛门期、性器期、潜伏期和生殖期。在这些阶段中，道德发展的基本规律是：从无意识到有意识，从不自觉到自觉，从生理上的自制到心理上的自制。

弗洛伊德关于品德发展的理论本身是思辨性的，他的理论体系中提出的自居作用、内疚感和“超我”或德性一致性这三方面的课题，引起了以后如霍夫曼、阿林斯密斯、麦金农以及哈桑和梅伊、西亚斯等人的大量实证研究。

新精神分析学派的代表人物艾里克森对人格与品德的发展作了进一步的解释和必要的修正。艾里克森不再只是强调心理性欲的发展，而是重视人格的心理社会发展。同时，他非常强调自我在人格结构中的作用。自我是过去经验和现在经验的综合体，并能够把个体的内部发展和社会发展两方向结合起来，引导本能向合理方向发展。他认为，健康的自我是以八种美德为特征的：希望、自我控制和意志、方向和目的、能力、忠诚、爱、关心和聪明。这样的自我是创造性的自我，能够对人生发展的每个阶段所产生的问题加以创造性的解决。艾里克森把人格的发展分为八个阶段，每个阶段都有可能出现的危机。①学习信任的阶段（从出生到 18 个月左右）；②成为自主者的阶段（18 个月到 3 岁）；③发展主动性的阶段（3～6、7 岁）；④变得勤奋的阶段（6、7 岁～12 岁）；⑤建立个人同一性的阶段（12～18 岁）；⑥承担社会义务的阶段（8～30 岁左右）；⑦显示充沛感的阶段（30～60 岁）；⑧达到完善的阶段（60 岁以后）。

（二）认知发展理论

道德认知发展理论是瑞士心理学家皮亚杰创立的。在他以后，美国心理学家科尔伯格又对这一理论加以完善和修正。

20 世纪 20 年代末，皮亚杰对品德形成和发展这一课题进行了比较系统的实证研究，提出了他的认知发展阶段论。皮亚杰首先认为，道德发展是认知发展的一部分，由于认知结构在发展过程中有差别，因而就表现为思维发展的阶段性，道德发展和思维发展一样，在发展的过程中也会表露出它自己的阶段性来。他明确指出，儿童道德判断的发展阶段与智慧发展的阶段是相平行的。皮亚杰又认为，儿童的道德发展是一种由他律的品德逐渐向自律的品德过渡的过程。早期儿童是根据外于自身的动因作出他们的道德判断的，这种为自身以外的价值标准所支配的道德判断具有外在性，是一种他律水平的品德。后期儿童已能从主观意向性方面去作出他们的道德判断，这种为儿童自己的主观价值标准所支配的道德判断具有内在性，是一种自律水平的品德。皮亚杰认为，只有当儿童的道德发展达到自律水平时，才能称得上真正的品德。皮亚杰指出，他律的品德源于自我中心的幼儿期，幼儿自发地尊重年长者的权威和力量，而成人则常会由于所处地位而任意对儿童施加约束。但成人的约束并不能促进儿童道德的成长。在皮亚杰看来，只有促进儿童与同伴间形成相互交往的合作关系，使儿童摆脱幼稚的自我中心主义，同时以牺牲成人的约束为代价，才能使儿童的品德向自律方面过渡。

20 世纪 50 年代以后，科尔伯格让不同社会文化背景、不同年龄（10～28 岁）的被试对道德难题作出判断，他从被试处理道德问题的思维方式上，发现他们的道德判断水平有差异，因而认为皮亚杰关于道德发展与认知发展两者密切关联的理论是有坚实根据的。他把人们的道德判断概括为 3 种水平，并细分为 6 个阶段，即①前习俗水平（前道德水平）：在这一水平上，人们的道德判断着眼于行为的具体后果和自身的需要，而不涉及行为的道德意义。其中阶段 1 的特点是顺从与惩罚，认为凡是免受惩罚的行为就是好的，遭到谴责的行为就是坏的。阶段 2 的特点是朴素的利己主义。人们判断行为的好坏，以能否适合自己的利益，能否导致满足为根据。有时也会出现关心别人利益的迹象，但往往表现为类似交易互利的关系。②习俗水平：在这一水平上，人们的道德判断着眼于遵从社会的标准，认为对集体好的事情，对自己也是好事。其中阶段 3 的特点是顺从，认为行为的正确与否要看是否为别人所喜爱或赞扬，舆论认可的和社会赞许的都是好行为。阶段 4 的特点是法律与秩序，认为法律总是公正的，维护现存的社会秩序和尽自己的本分就是好的。他们并不认识特定社会的法律的可变性。③后习俗水平（自主的或原则的水平）：在这一水平上，人们按自己的信念与原则作出道德判断。其中阶段 5 的特点是社会契约，认为个人的权益和社会集体的福利同样重要，但社会个别成员的权益仍需社会契约来维护。阶段 6 的特点是普遍的人权。人们的道德推理的基础是，尊重人的价值的神圣性。这是任何情况下任何个人都适用的普遍原则。他们坚信个人为这一崇高原则而献身是值得的。科尔伯格的研究继承并扩展了皮亚杰的儿童道德发展阶段理论，使其更为精细化。

柯尔伯格在道德发展的心理学方面所做的贡献是多方面的。首先，他的理论促进了道德现象研究的科学化；其次，他的理论推动了认知科学的发展；第三，他的理论建立了道德发展的阶段模型，促进了道德教育科学化。但是，柯尔伯格道德发展心理学思想也存在一些不足和局限，其中有两点最为明显。首先，他的理论没有解决道德发展中的知情问题。其次，他的理论没有解决道德发展中的知行问题。

（三）社会学习理论

早在 20 世纪三四十年代，一些早期的社会学习理论家如多拉德、米勒和罗特等人，就沿用行为主义的方法学原理研究人的社会行为，直至 70 年代前后，许多社会学习理论家对攻击、抗诱、助人、分享、捐献等行为进行了大量实证研究，在这些研究的基础上，A. 班杜拉建立了现代社会学习理论体系。班杜拉认为，人类主要是通过观察学习他人的行为表现而学会新的行为反应的。这意味着，学习者在观察学习过程中可以不直接做出反应，也不必亲自体验直接的强化，而只需通过观察他人接受一定的强化进行学习。这种建立在替代基础上的学习模式是人类学习的重要形式。因此，班杜拉特别强调示范作用在人的社会化过程中所具有的重要性。另一方面，班杜拉又特别强调人类学习中利用言语的和想象的符号的能力，经过这些符号的中介，人们就能在观察学习中习得行为和预见后果，从而采取措施以控制自己的行为。班杜拉把道德发展看作是一种学习过程，强调模仿在儿童品德形成中的作用。他认为，儿童的道德行为模式是从社会学习中获得的。品德学习和其他行为学习的规律并无两样。在他看来，品德的形成和发展就是道德行为模式的改变。班杜拉又认为，学习者并非被动地接受环境的示范作用，而是经过自己的认知加工过程，对示范行为有所取舍，逐渐形成自我教育的能力。

班杜拉既反对新、老行为主义完全忽视人的主观因素包括人的认知因素对道德行为的影响的观点，也反对科尔伯格过分看重认知、判断和推理在道德发展中的地位的观点。班杜拉认为，从观察榜样、选择榜样、确定个人目标到自我效能感的产生，都需要人调动主观因素的积极性，发挥个人内在认知能力和动机的作用。这比新、老行为主义的机械的环境决定论向前迈了一大步。同时，社会学习理论流派的研究给发展心理学提供了关于儿童道德发展的丰富信息。这些研究考察了儿童怎样解释环境，怎样对环境做出反应，怎样影响周围环境、帮助人们理解儿童怎样和为什么形成了对别人的情绪依恋，怎样选择道德榜样，为什么想做一个道德良好的人，怎样学习遵守道德规则，怎样获得或失去在同伴中的地位等。当我们了解了这些规律之后，就可以在家庭教育和学校教育中应用这些规律提高教育成效。

但是，对于道德发展研究来说，社会学习理论也不是十全十美的。虽然班杜拉已经注意到内因的作用，但他基本上忽略遗传素质及成熟时间表对心理发展的作用。遗传特征不但影响着儿童对环境的反应，也影响着环境对儿童的影响方式。班社拉继承了行为主义的某些精髓，他同意经典条件作用学习和操作条件作用学习在人的心理发展中的作用，同时也提出观察学习的概念，但是他从来没有提到合作学习在人类发展中的作用。实际上，在道德发展领域，儿童与成人及同伴的合作性道德实践活动是非常重要的。

第二节　青少年品德形成过程分析

一、品德心理的形成与发展

（一）道德认知的形成

道德认知是品德形成的基础，包括三个主要方面：道德观念的形成、道德信念的产生、道德评价能力的发展。在道德认知的形成过程中，道德观念是先决条件，道德信念的确立是关键因素，道德评价能力的发展是主要标志。

1. 道德观念的形成

道德观念是个体对道德活动过程中所产生的各种关系以及如何处理这种关系的行为准则在脑中的反映。人的道德观念不是与生俱来的，而是在后天环境中获得的。它包括两个阶段：①具体的，形象的道德观念。具体的形象的道德观念主要是从感性认识获得的，即依据某一具体事物和人所建立起来的观念；②抽象、概括的道德观念。抽象的概括的道德观念主要是从理性认识获得的，即儿童依据一定的道德理论和思想所形成的道德观念。

在道德教育中，常常会出现这种情况，即教育者传授的某些道德知识或提出来的某种道德行为准则，虽然出于善良的动机并且是正确的，但学生却理解成另外的意义，或是对教育者的要求已有领会，却不愿意接受或执行，甚至于脆不予理睬乃至抗拒。这是由于学生在道德认识上出现了“意义障碍”。意义障碍是指因在学生的头脑中存在某种思想或心理因素，阻碍其对道德要求及其意义的真正理解，从而不能把这些要求转化为自己的道德需要，内化为道德观念。

2. 道德信念的产生

道德信念是在道德认识的基础上产生的，是道德认识进一步内化和深化的结果。所谓道德信念，就是个体认为自己一定要遵循的，在其意识中根深蒂固的道德观念。道德信念是推动道德行为的强大动力，它可以使人的道德行为表现出坚定性和一贯性。因此，道德信念的确立是品德形成的一个重要因素。

对于个体来说，把对外在道德知识的认识转化为道德观念是比较容易做到的。但要想把道德认识升华为道德信念并指导学生的日常行为却不是一件容易的事情。虽然道德信念建立在道德认识的基础上，但并不是所有的道德认识都能转化为道德信念。有的学生尽管有很多道德认识，但并不一定具有道德信念。只有经过进一步内化和深化的道德认识，才能转变成道德信念。由道德观念转化为道德信念是一个缓慢的发展过程。学生道德信念的形成和发展受年龄的影响，大致分为几个阶段：①无道德信念时期（10 岁以前）。这个阶段是儿童获得道德表现，积累感性经验，为道德信念的产生做准备的阶段。②道德信念萌芽期（10～15 岁）。学生表现出道德信念和要求，但这种道德信念还不稳定、不成熟，支配道德行为的力量不强。③道德信念初步形成时期（15～18 岁）。学生的道德信念由萌芽期向确立期过渡。这个阶段学生初步形成了自己的道德观念和一定的道德行为准则．但道德概念的抽象性不高，稳定性差。④道德信念确立时期（18 岁以后）。这个阶段学生的道德概念已非常概括化和抽象化，并且与自己的人生观、理想联系起来，道德信念具有稳定性、坚持性和一贯性的特点。

道德信念产生的最根本条件是实践活动。个体只有投身到实践中去，在实践中体验社会的肯定或否定评价，才会形成道德信念。青少年要掌握某些道德观念和准则相对比较容易，但要使这些观念和准则变为他们个人的信念，这些准则和信念就要为他们的经验所证实，这样才能引起相应的情感体验。尤其是当学生按照某种道德准则去做事而受到社会赞赏时，就会从内心真正意识到道德准则的正确性，同时内心产生的愉悦体验也会推动他今后按照正确的道德准则去做事，从而形成正确的道德信念。反之，则会阻碍道德观念向道德信念的转化。

3. 道德评价能力的发展

道德评价能力是指个体依据一定的道德标准对自己或他人的行为做出肯定与否定的道德判断能力，也就是一个人对自己或他人的行为做出“好、坏、善、恶”等判断的能力。道德评价能力的发展，有助于道德观念和道德信念的形成。因此，道德评价能力的发展，是道德认识形成的主要标志。

心理学研究表明，青少年的道德评价能力是逐步发展起来的，有一定的规律可循。其规律为：

(1) 从重复老师或别人的评价过渡到自己独立作出评价

青少年的道德评价是在别人道德评价的影响下逐步形成的。也就是说从重复、仿效别人的评价，到逐步学会独立地进行评价。在这一阶段，被学生奉为绝对权威的教师要特别注意给学生的评价要实事求是，客观公正，以免给他们的道德评价能力的发展带来不良影响。

(2) 从依据行为的直接效果为标准逐渐转向对行为动机的分析

个体对行为的判断最初往往只注重行为的结果，以行为的外部表现或最终结果作为评价是非的标准，而忽略了行为者的内在动机过程，随着年龄的增长，个体逐渐过渡到以行为动机作为评价的标准，最后发展到把动机与结果联系起来进行分析，从而做出科学的、公正的判断。教师要针对学生从依据具体行为效果到依据道德原则评价的规律，多提出一些具体范例进行分析，并指导他们在实践中逐步提高道德评价能力。

(3) 由评价他人向自我评价发展

儿童对自己的道德评价总是落后于对别人的评价。他们是在认识别人的基础上，通过对照比较，才逐渐地学会认识自己的。小学生只会按照成人的要求评价别人的行为，不会评价自己。

(4) 由片面向全面发展

青少年在刚开始进行道德评价时，常常较片面，往往是只抓一点不及其余，爱做绝对的肯定或否定评价。比如在评价一个人的品质时，常因为看到他的一个小小的过失而否定他的其他优点。对自己的评价也是如此，既可能因偶尔的一次成功而趾高气扬。一般到了高中阶段，学生才能对自己和他人作较为全面客观的评价，把动机与效果，成功与失败，偶然与多次等许多因素结合起来进行分析。

(5) 由外部向内部发展

在进行道德评价时，学生从开始只注重外部行为表现逐渐地发展到开始深入到自己的内心世界。小学生一般偏重于外部事物，很少注意人们的内心世界；初中生由于独立性和成人感的迅猛发展，开始对人的内心世界发生了兴趣，已开始逐步地注意到自己和他人的思想与动机；高中生既注意外部行为表现，更注重人物的内心活动。

(6) 由自我向社会发展

学生对某一道德行为的评价，开始时以自我利益为主要依据，以后逐渐发展到以社会利益、社会效果为主要依据。这一转化多发生在初中。教师要在了解掌握学生道德评价发展趋势的基础上，有意识、有步骤地培养和提高学生的道德评价能力，促进他们品德的成熟与发展。

(二) 道德情感的形成

道德情感是人类所特有的高级情感。它是在道德认识的基础上产生的，同时也是道德认识的具体表现。道德情感的形成与发展对人的道德品质的形成与完善具有十分重要的作用，是道德动机的有机组成部分。在肯定的道德情感的激励下，人可以发挥出平时所没有的体力和智力，去克服活动中的困难，产生或完成各种高尚的道德行为。

1. 道德情感的内容

道德情感的内容十分丰富。但在不同的历史时代和不同的阶级中，由于道德标准的不同，道德情感的内容也就不一样。在我国当代历史条件下，道德情感的主要内容有国际主义情感、阶级情感、爱国主义情感、民族自豪感、集体荣誉感、义务感、责任感、羞耻感等。在儿童的道德情感中，集体荣誉感、爱国主义情感、民族自豪感处于核心地位，是道德情感形成的重要标志。而义务感、责任感和羞耻感则在儿童道德情感中处于特殊地位，可以说，这三种道德情感的形成，对其他道德情感的形成具有关键作用。义务感是个人对所负社会道德任务的认识和体验。义务感有促使个体在活动中积极承担一定的道德责任。责任感是个人力求完成自己的道德任务的行为倾向的内心体验。义务感和责任感是紧密联系在一起的。羞耻感是个人的道德自我意识的一种表现，这是一种谴责自己的行为或动机的道德情感体验。

2. 道德情感的形成

道德情感的表现形式，大致可分为三种：

(1) 直觉的情感体验

直觉的情感体验是由于对某种道德情感的直接感知而迅速突然发生的情感体验。直觉的道德情感体验对人的行为具有迅速定向作用，在它的作用下个体可以完成高尚的道德行为，有时也给人的行为造成消极的后果。例如，个体迅即产生同情心，则可能去帮助一个遇到困难的求助者，也可能去帮助一个正在从事违法活动的歹徒。在特定情境影响下，人可能做出高尚的道德行为，也可能做出卑劣的不道德行为。在学校教育中，营造健康的舆论并帮助学生形成对舆论的正确态度，对培养直觉的道德情感具有十分重要的意义。

(2) 形象的道德情感

形象的道德情感是通过个体的记忆或想象而产生的与具体道德形象相联系的情感体验。这种情感体验的产生是受到生动的道德形象的感染，引起强烈的感情共鸣而铭记在心的结果。如战斗英雄、领袖人物等可以激发人们爱祖国、爱人民的情感，见义勇为者、劳动模范等可以唤起人们的社会责任感和自我牺牲精神。道德形象之所以能引起人们的道德情感体验，在于这些形象具有鲜明、生动的特点。有强烈的感染力和号召力，能引起人们心灵上的激荡、产生深刻、久远的印象。

(3) 理性化的道德情感体验

理性化的道德情感体验是以清楚地意识到道德要求和道德理论为中介的情感体验，具有较大的概括性，是道德情感最高级的表现形式。如爱国主义情感。这种情感体验是建立在自我道德认识基础上的一种比较深刻、真挚、持久并富有强大动力的情感体验。理性化的道德情感的形成是一个渐进的过程，一般到青年期才完成。

道德情感作为道德品质的重要组成部分，是人们产生道德行为和进行自我监督的一种内部力量。如果不培养学生的道德情感，道德教育就不能达到预期目的。要培育学生高尚的道德情感，教师就应当成为播种、培育学生感情的园艺家，利用各种场合和手段，抓紧培育学生积极的情感。在教育活动中，要重视学生的情感性学习，培育学生对情感的自我调节能力；丰富学生的道德观念，并使这种观念与一定的情绪体验联系起来；要充分利用榜样的鲜明形象与感人的生动事例，引起学生道德情感的共鸣，从而增加他们的道德实践经验与情感内容；重视教师道德情感对学生情感的影响。教师的道德情感对学生的情感具有最直接，最重要的影响。教师对学生表现出热爱、期望和尊重，常常会引起学生强烈的共鸣，“情通则理达”，以此为开端取得良好教育效果的例子不胜枚举。反之，如果教师对学生冷漠无情，师生间对立情绪很强，学生则会拒绝教师的要求。

道德情感的这三种表现形式之间存在着密切的关系，直觉的情感体验和形象的情感体验是理性化情感体验的基础。没有直觉的情感体验与形象的情感体验的充分发展，理性化的情感体验就成了无源之水，无本之木。前两者属于较低级形式的道德情感，理性化的情感属于高级形式的道德情感，只有在低级形式基础上形成高级形式的道德情感体验，个体的道德情感才能得以形成和发展。

（三）道德意志的形成

道德意志是指人根据道德认识选择和执行道德行为的一种力量。它在人的道德品质的形成中具有显著的作用。它能使人用正确的道德动机，排除来自外部或内部的各种困难、障碍与干扰，努力实现既定的前进目标。

道德意志的形成过程，也就是果断性、自觉性、坚韧性、自制性四个因素的发展和完善的过程。为培养学生坚强的道德意志，教师要做好以下几方面工作。

首先，针对学生意志特征的差异，采取不同的教育措施。不同的学生，其意志品质存在差异。教师在道德教育中要因材施教，有针对性地采取培养措施。如有的学生表现软弱、易受暗示，就需要培养他们道德意志的自觉性和目的性；有的学生优柔寡断，就需要培养他们的果断性；对于缺乏毅力和韧性的学生，则要不断激发他们奋发向上和坚忍不拔的精神。

其次，使学生获得道德意志的观念和榜样，激发意志锻炼的积极性。教师要开展关于意志锻炼必要性的谈话和讨论，使学生形成正确的意志观念，认识到意志锻炼的重要意义。教师还要为学生提供意志坚强的榜样，利用榜样形象的感染力，激发学生产生意志锻炼的强烈愿望。

最后，创设困难情境，组织实践锻炼。道德意志是在道德实践活动中逐步形成和发展起来的，为培养学生的道德意志，提高其自制力和抵抗诱惑的能力，教师要有意识地把学校的教育、教学活动都变成培养学生意志力的实践活动，组织行为练习，使学生获得意志锻炼的直接经验，教师还要在各项活动中有意创设一些困难情境，给学生提供若干克服困难的条件，并适当地给予鼓励和支持，使学生经过一番意志努力，最终获得成功。

（四）道德行为的形成

道德行为是人在一定的道德意识的支配下表现出来的，对待他人和社会有道德意义的行动。道德行为习惯的养成是品德形成的重要标志，它可使一个人不经常的道德行为转化为道德品质，从而融合在人的性格中。习惯一经养成便转化成一种需要而成为道德行为的动力因素，它可以使人的道德行为更容易表现出来。道德行为习惯的养成，还会使人在新的道德情境中产生道德迁移，出现新的道德行为。

道德行为的培养和训练主要包括：道德动机的激发，道德行为方式的掌握与道德行为习惯的养成。

1. 道德动机的激发

道德动机是推动人们产生和完成道德行为的内在原因。一般来说，道德行为与道德动机应该是一致的。也有的学生，其动机，愿望是好的，但是，不会恰当地组织自己的行为方式，也不一定会真正实施道德行为。为促进学生高尚的道德品质的形成，首先要培养其正确的道德动机，特别是要激发由道德信念和道德理想转化而来的道德动机，帮助他们用正确的道德动机战胜不正确的道德动机。

2. 道德行为方式的掌握

道德行为方式是指按照一定的道德规范经过训练而形成的具有道德意义的个体活动方法和形式。它是道德行为的初级形式。有些学生由于缺乏知识经验与必要的行为技能，或不善于分析具体情境，以致不能采取合理的行为方式，常常出现动机与效果不一致，甚至好心干坏事的现象。这时，教师应在肯定学生动机的基础上，通过对行为方式的示范训练、比较鉴别，具体指导学生正确的道德行为方式，教他们学会"怎么做"。实践研究表明，一些低年级学生不能完成道德行为，很重要的原因是未掌握道德行为方式。因此，年龄越小的学生，越要进行具体指导。教师不仅要让学生掌握一些行为的具体规则，更要教会他们掌握道德行为的一般规律，使学生在各种情景中都能独立选择恰当的行为方式。

3. 道德行为习惯的培养

道德行为习惯是一个人不需要外在监督和意志努力即可实现的道德行为，是学生将不经常的道德行为转化为道德品质的关键因素。道德行为习惯是道德行为的高级形式，是衡量道德品质的依据。道德行为习惯的养成，不仅可以使人的道德行为的发生与实施容易、顺畅，使某些行为方式得到巩固，使学生获得易于实现道德动机的行为手段，还会使人在新的情境中产生道德行为的迁移。因此，道德行为习惯是人的道德行为的一种内驱力。

青少年道德行为习惯的养成过程是较复杂的，要注意运用恰当的方法和手段：首先要给青少年创造良好的行为情境。充分利用表扬和批评的武器，促成积极向上的班风和良好的环境氛围的形成，以利于学生养成良好的道德行为习惯。其次要运用榜样示范，让学生进行模仿。所提供的榜样应和观察者的条件相似，要有良好的声誉，并能显示出热情的态度和有教养的举止，这样才能更好地激发观察者产生模仿的意向。再次要注意纠正不良习惯、教师要注意防止不良习气的影响，以免学生养成不良行为习惯。对已经形成的不良行为习惯，要让学生了解其危害，帮助他们树立克服不良习惯的信心，及时矫正自己的行为方式。还要做到奖惩合理，青少年心理不成熟，因此日常生活中在对其进行表扬和惩罚时一定要注意适度，表扬或批评不恰当都会影响道德行为习惯的养成。过多的表扬容易使学生滋生自满情绪，而频繁的批评又会使学生自卑、胆怯，产生逆反心理。

二、青少年良好品德的培养

（一）晓之以理，提高青少年道德认知的水平

晓之以理，即教育要使学生通晓道德原理，掌握道德概念，提高道德评价能力。道德概念是道德认识过程中高级阶段的产物，是社会道德现象的一般特征和本质特征的反

映。道德知识的掌握，常常是以道德概念的形式表现出来的，它是道德认识的理性阶段，是品德形成的基础。学生掌握了一定的道德概念，可用来帮助自己进一步理解和把握道德规范和道德原则，正确分析各种社会现象，即理解、分清、把握什么是道德的，什么是不道德的，什么是善的，什么是恶的等，进而指导自己的行动。道德评价是指根据自己所掌握的道德规范，用好、坏、善、恶、荣、辱、正义、不正义、福、祸等词语，对道德现象作出分析、判断和鉴别。教育者要多提供实践的机会，扩大和丰富学生的道德经验，加深学生对道德意义的理解，使学生的评价能力得到从肤浅到深刻、从片面到全面、由具体到概括、从表面到本质的提升。

（二）动之以情，丰富青少年的道德情感

道德情感是人的道德需要是否得到实现所引起的内心体验，是伴随道德认识而产生的。第一，青少年接受道德观念的同时，教师应注意创设适宜的情境，激起学生相应的情绪体验，利用情绪感染的作用使道德观得到内化。第二，利用文化、艺术作品引起青少年情感上的共鸣，激发学生积极的情感需求。第三，培养青少年的移情能力。移情能力是指在人际交往中，设身处地地以别人的立场去体会当事人心情的能力。当个人能识别他人的各种不同情绪以及它们所表达的意义，并具备相应的情绪体验和经验时，个体就出现了移情。

（三）持之以恒，增强道德意志力

道德意志主要体现在道德动机产生和道德行为实施的过程中。表现为个体克服内外干扰，抗拒诱惑，按一定道德准则实施道德行为。包括道德动机斗争，作出道德判断和选择，按照道德选择去行动。现实环境中存在着各种各样的诱惑，它会引起人们内在动机的激烈斗争，要做到个人行为符合社会的道德标准和行为规范，必须要有坚强的意志力。意志力的培养贵在坚持，要结合前面所讲的有关意志品质的培养，通过多种练习，通过奖励反馈，使学生形成坚强的道德意志力。

（四）导之以行，养成良好的道德行为

道德行为是品德的外部标志。一个人的品德如何，不但要听其言，还要观其行，关键是看他（她）做的怎样。道德行为的形成包括道德行为方式与技能的掌握及养成道德行为习惯，且道德行为习惯的形成是关键。因此，良好品德的形成，除提高道德认识、丰富道德情感、增强道德意志外，更重要的是养成良好的道德行为习惯。教育者要经常对学生的道德行为表现给予指导，可通过表扬、奖励、提供良好榜样行为、创造良好行为表现的机会等，使学生努力养成良好的道德行为习惯。

第三节　青少年品德不良的矫正

一、青少年品德不良的含义

青少年品德不良是指发生在青少年年龄阶段中的较为稳定而严重的违反社会期望和

社会规范的行为模式。其中包含三层含义：

青少年不良行为的发生年龄段以 18 岁为上限。这里的青少年，指的是未成年的中小学生，18 岁以上的成年学生不属此列，其不良行为应诊断为反社会型人格障碍的表现。

不良行为的发生具有稳定性并会持续一定时间，其危害有一定严重性。如果不良行为的稳定性和严重性没有达到一定程度，就只是过错行为，是品德不良的前奏。

学生品德不良是学生在自身道德品质支配下表现出来的违反社会规范和期望的行为模式。学生所表现出来的与社会规范和期望背道而驰的行为不是偶尔为之，而是已经习惯化为一种行为模式，成为其性格的一部分。

在青少年群体中，有不良品德的个体是极少数。但是，他们对其他青少年的影响非常大，其行为可能干扰学校和班级的教育教学工作，影响其他学生良好品德的形成。因此，全社会应该关心和帮助他们，鼓励他们改正错误。实践证明，对有不良品德的学生发现得越早，纠正得越及时，就越有利于其品德的健康发展。

二、青少年品德不良的分类

国内外学者对青少年品德不良的分类方法不相同。根据我国青少年的实际情况，可以从不同的角度对青少年品德不良作下列分类。

（一）非社会的品德不良和反社会的品德不良

这是根据学生不良行为采取内向的逃避形式还是外向的反抗形式为标准来划分的。非社会的品德不良如逃学、离家出走、吸烟、吸毒、企图自杀等；反社会的品德不良如偷窃、欺诈、暴力攻击等。

（二）攻击性的品德不良和非攻击性的品德不良

这是根据学生不良品行是否具有攻击性为标准来划分的。如殴打、暴力攻击、自杀自残等行为是攻击性的；赌博、迷恋网络游戏、吸烟、吸毒等行为是非攻击性的。

（三）单一型的品德不良和混合型的品德不良

表现出某一种不良品行，就是单一型的品德不良；具有两种以上不良品行的表现，就是混合型的品德不良。通常，混合型的品德不良要比单一型的品德不良更为严重。

（四）单独型的品德不良和群体性的品德不良

品德不良是某个个体单独发生的，就是单独型的品德不良；品德不良是两个以上个体共同发生的即群体性的品德不良。群体性的品德不良具有群体心理的特征，易产生相互感染、相互影响的群体效应。

三、青少年品德不良的原因分析

青少年学生并不是在真空中成长，他们往往是在一个多元背景中发展、成熟的。青少年受到同伴、家庭及他们与之接触的其他成人的影响，受到宗教组织、学校及他们隶属其中的团体的影响，也受到媒体、网络及他们成长于其中的社会环境的影响。在某种程度上他们是环境和社会影响的产物。

（一）家庭及其教养方式

家庭的自然结构、经济状况、父母职业、父母文化程度、家庭偶发事件等因素都会影响青少年的品德形成。家长的教育教养态度与方式、父母双方在教养方式与态度上的一致性程度、家庭人际关系、家庭氛围等，常常也是影响或导致青少年学生不良品德与违法犯罪行为的直接原因。

鲍姆瑞德（Diana Baumrind，1967，1971）早期对学前儿童和其父母进行的研究是有关教养方式最为重要的研究。通过研究，鲍姆瑞德发现，母亲一般是如下三种教养方式中的一种，但没有父母被划分为未参与型。三种类型的特征如下：①专断型教养方式。这是一种限制性的教养方式，在这种教养方式下，成人为孩子设定许多规则，希望孩子能够严格遵守，通过强迫而讲道理迫使孩子服从；②权威型教养方式。这是一种灵活的教养方式，成人给予孩子自主权，谨慎地向孩子解释提出的限制，并且能保证孩子听从教导；③纵容型教养方式。采用此种教养方式的父母几乎不对孩子做出要求，几乎不会控制孩子的任何行为。鲍姆瑞德将三种教养方式与处于每种教养方式下的儿童的特征联系起来。她发现，权威型父母的孩子发展得相当好。他们心情愉快，具有社会责任感，自立，有成就定向并且能够与同伴良好合作。相反，专断型教养方式下的孩子一般情绪不稳定，大多数时间都是不愉快、不友好的，而且很容易被激怒，相对来说没有目标，对于周围的事物不感兴趣。纵容型父母的孩子尤其是男孩通常会表现出冲动和攻击性。他们一般比较粗鲁，喜欢以自我为中心，缺少控制性并且具有较低的独立性和成就感。

（二）学校环境和教师的影响

学校是除家庭之外对青少年学生发展影响最大的正式机构。在应试教育的现实环境下，学校、教师对学业成绩和“优等生”的过分关注，都会使学校、教师在办学思想、管理方式和教育方法上存在各种误区；师生关系，集体情感因而变得日渐淡漠、疏远，或者走向冲突、对立，由此可能直接导致厌学逃学、违纪犯规、不诚实等问题行为的发生。学校管理混乱、校园氛围欠佳、学校与家庭及社区之间缺少沟通，则是各种严重道德问题得以滋生的“催化剂”。教师是父母的代理人，也是学生仿效的榜样。教师不仅要向学生传授知识，还要通过自己的身体力行，通过自己的人格特点以及自己的人生观、价值观影响学生。

（三）大众传播媒介

大众传播媒介指的是人们用来进行沟通信息的各种通讯交往手段，包括广播、电视、书刊、报纸以及近年来迅速发展的互联网。它可以同时迅速地向人们传递各种流行的人生观与道德价值观。尤其是电视与计算机网络，对青少年学生的道德社会化产生着越来越重要的影响。长期以来，心理学家们一直关注着电视与计算机网络对青少年学生道德发展的消极作用，这种消极作用突出地表现在色情与暴力的宣扬上。美国心理学家的数百项研究表明，观看了许多关于暴力事件电视节目的儿童更具敌意性和攻击性。长期受到电视暴力的影响会形成残酷的世界观——认为世界充满着暴力，生活于其中的人们主要采取暴力手段来解决人际问题。

长期观看暴力电视，或者参与网络暴力游戏，也会使一些青少年学生去敏感化，即他们对暴力行为不易产生情绪不安，更愿意容忍真实生活中的暴力行为。玛格丽特·托马斯（Margaret Thomas，1977）及其同事们以8～10岁儿童为被试，检验了去敏感化假设（desensitize hypothesis），结果表明，与观看非暴力性体育事件的被试相比，观看暴力节目的被试，对后来所看的儿童打架情节的生理唤醒水平低，也更具容忍性。显然，暴力电视能使观看者对真实世界中的攻击性事件去敏感化。

（四）不良社会风气

在不断走向开放、多元的现代社会里，青少年成长的外部环境显得更加复杂。处于社会转型期的当代中国更是如此。除了各种不良信息的消极影响外，一些领域的道德失范，出现诸如诚信缺失、假冒伪劣、坑蒙拐骗等现象。享乐主义、拜金主义、功利主义、极端个人主义等消极价值观在社会中的弥漫，这些都可能成为青少年中出现不良道德与违法犯罪行为的诱因。

（五）学生品德不良的主观因素

1. 道德认识水平发展低下

道德认识是品德心理结构中首要环节。道德认识是道德行为产生的基本前提。良好的道德认识水平，为良好的道德行为打下了坚实的心理基础。心理学家通过调查发现，不少学生发生不良道德行为，就是由于道德认识发展水平低下造成的。主要表现为：其一，对道德准则和要求不能全面了解和理解，因而难以形成正确的道德观念；其二，道德观念缺乏理论或事实的支持，因而道德信念极其脆弱；其三，在前两者基础上，对社会上发生的各种事件，不能做是非、善恶、美丑的判断，没有形成道德评价能力。

2. 道德情感的匮乏

道德情感是道德品质中的动力部分，是促进道德观念转化为道德意志的道德行为的重要力量。经过调查发现，品德不良的儿童道德情感匮乏的主要表现是：其一，缺乏集体主义的荣誉感，却有“小团伙意识的集体荣誉感”；其二，缺乏责任感和义务感，这不仅表现在对社会、家庭和学校集体上，也表现在对自己的各个方面；其三，缺乏羞耻感，做了坏事，不仅不感到耻辱，反而还引以为荣，将恶行作为为自我炫耀的资本；其四，缺乏自尊心。

3. 道德意志的薄弱

道德意志是道德认识转化为道德行为的重要自我制约因素。许多儿童的品质不良和道德意志薄弱有直接关系，其表现是：其一，缺乏意志的自觉性，没有长远的积极追求目标，只图暂时的个人的需求；其二，缺乏意志的果断性，在面对积极的追求和目标的行动时没有决心，同样在面对不良刺激的诱惑时，也无法断然与之决裂，而是犹豫不决，最后又走上恢复恶习的路；其二，缺乏意志的坚韧性，某些良好的道德品质可能偶尔会表现在他们的行为中，但结果都是蜻蜓点水，浅尝辄止，而不能坚持到底；其四，缺乏意志的自制性，不能或不会自我约束、自我控制、自我监督，这是大多数品德不良儿童的主要心理特点。

4. 道德行为的不良习惯

道德行为习惯是品德心理结构的最高部分。良好的道德行为是道德认识，道德情感和道德意志的必然结果。许多品德不良儿童，开始都是先产生一些不良的行为习惯，天长日久，就变成了不良行为习惯系统。而这种不良行为习惯系统又加固了其不良道德认识、情感和意志。其主要表现为：其一，伴随着不良行为习惯的出现，会产生愉悦的情感体验，而不是像常人那样产生羞愧感和负疚感；其二，对不良行为习惯缺乏意识性，出现不良习惯时，自己反而意识不到，这是因为一种稳固化的条件反射系统已经完成建构。

客观环境中的消极因素，是学生不良品德形成的外因，学生自身不良因素是不良品德形成的内因。这两个因素的相互作用，造成了学生不良品德产生的必然结果。因此，矫正学生的不良品德，既要消除产生不良品德的外在消极因素的影响，也要消除产生不良品德的内在因素的影响。这样，才能塑造一个健康的社会需要的个体。

四、品德不良行为的矫正

矫正学生的不良品德，必须遵循其心理活动规律，在了解其心理特点的基础上，有针对性地采取不同教育措施才会奏效。

（一）创设良好的环境，减少不利因素的影响

青少年容易受到所处环境的影响，不论这些影响是积极的还是消极的。作为教育者，无法通过个人的努力去实现整个社会风气的改变，但是完全可以尽可能改善学生所处的微观社会环境，增加直接影响学生的积极社会因素。所以，教育机构和教育者可以在当地政府和有关部门的配合下，通过适当的干预手段，如家访、建设良好的班风校风、学校周边环境的治理等，减少不良因素对学生的影响，为学生创造一个建康成长的良好环境。再者，品德不良的学生因经常受到成人、教师的批评、惩罚和同学的歧视，对教师和同学有戒心和敌意。对教师的教育要求有一种对抗性情绪。因此，为了使他们更好地接受教育，首先必须消除他们的对抗情绪和消极的态度定势。要做到这一点，教师应设法改善师生关系和同学间的关系，为学生建立起良好的心理环境。

（二）了解不良行为的动机，从源头上解决问题

行为总是受特定动机所驱使。一种不良行为可能有几种不同的动机，例如，打架行为，有的是为了报复；有的是为了称“王”称“霸”；有的是受人唆使等。只有了解真正的行为动机，才能采取针对性的教育措施。因此教师应该耐心地与学生谈心交流，及时了解学生不良行为的真正动机，保证从源头上解决问题。

（三）提高道德认识，形成是非观念，增强是非感

品德不良学生是非观念差，缺乏辨别是非的能力。要从根本上纠正其不良行为，必须提高他们的道德认识，促使他们形成正确的道德观念，增强辨别是非的能力。形成是非观念，增强是非感是矫正不良品德的根本性问题。通过教育实践发现：帮助学生形成是非观念，增强是非感是极为重要的。第一，应向他们介绍正确的是非观念，并指明其意义，同时指出不正确的是非观念对社会和个人的危害性。第二，应以平等而真诚的态度与他们交往，教育者切忌以师者长者教训的口吻与他们讲话，要以讨论的形式传输正确的道德行为准则和观念。第三，应允许他们在道德行为方面出现反复。当优良的道德品质出现时，应及时地予以表扬和肯定；当不良品德出现时，应及时加以批评和制止。

（四）耐心教育，巩固良好行为习惯

在不良道德行为矫正初期，外界诱因会使不良行为出现反复。这时教师采取适当措施，切断外界诱因对品德不良行为学生的影响十分必要。但是，更重要的是培养学生抗拒诱惑的能力。因此，当这些学生出现良好表现后，应有控制地让他们与一些诱因接触，以锻炼他们的意志力，从而进一步巩固良好的行为习惯。学生在形成新的行为习惯过程中会出现反复。这是由于刚建立的行为习惯不够稳固，而过去的旧行为根深蒂固、一时难以消除。教师要正确看待这种反复，对此要有心理准备，不要因此失去教育的耐心和信心，要及时给予学生巩固新行为的鼓励和强化，适当运用表扬与批评、奖励与惩罚等强化手段，帮助学生坚持改造。

（五）寻找外部原因，形成教育的合力

青少年不良品德的形成总是事出有因的。其中来自家庭、社会、学校的某些消极作用是主要的影响因素。品德不良是这些外在因素通过对青少年内在的心理因素作用产生的结果。因此，教师必须了解导致不良品德形成的外部因素。充分调动家庭、社会、学校中的积极因素形成教育的合力是预防和矫正青少年不良品德形成的主要途径。

对不良道德行为的矫正，还应当考虑不良行为的性质与程度，学生的年龄、性别和个性特点，做到因事、因人而异，使各项措施的实施更具有针对性。

思考题：

1. 品德与道德有何区别与联系？
2. 青少年的品德心理是如何形成和发展的？
3. 如何培养青少年的良好品德？
4. 引起青少年的品德不良的原因有哪些？怎样矫正？

参考文献：

[1] 彭聃龄. 普通心理学（修订版）[M]. 北京：北京师范大学出版社，2004.
[2] 黄希庭. 心理学导论（第二版）[M]. 北京：人民教育出版社，2007.

[3] 郑雪. 心理学（第二版）[M]. 北京：高等教育出版社，2006.
[4] 姚本先. 心理学：《心理学新论》修订版 [M]. 北京：高等教育出版社，2005.
[5] 沈德立. 基础心理学 [M]. 上海：华东师范大学出版社，2003.
[6] 张厚粲，许燕. 大学心理学 [M]. 北京：北京师范大学出版社，2002.
[7] 叶奕乾，等. 普通心理学（第三版）[M]. 上海：华东师范大学出版社，2008.
[8] 张承芳. 教育心理学 [M]. 济南：山东教育出版社，2008.
[9] 卜卫. 大众媒介对儿童的影响 [M]. 北京：新华出版社，2002.

第九章 青少年的学习心理

学习是人类和动物的一项重要活动。通过有效的学习，有机体才能调节自身的行为，才能实现自身与复杂环境之间的平衡。学习的发生不仅改变了外在行为，同时也促进了智能的发展。学习的心理是心理学研究的基本问题之一，它包含了认知方面的内容，如记忆、思维等，也涉及动机、情绪以及人格等方面的内容。学习到底是什么？本章讨论了学习的基本概念和分类，然后介绍了几种有代表性的学习理论，最后介绍了有关学习迁移的内容。

第一节 学习的概述

一、什么是学习

学习是个体通过经验获得的行为或行为潜能的相对一致的变化过程。这一定义包含三个方面的内容。

首先，通过学习，发生行为或行为潜能的变化。变化是衡量学习是否发生的重要标志。这种变化可以是外显的、可观察的，如学会走路、学会开车、学会使用电脑等；也可以是隐性的、潜在的，如能力、态度、意识方面的变化等，学生刚进大学校门对所学习的专业一无所知，通过老师的相关介绍，学生对自己所学专业充满了热情，喜欢上了自己所学的专业。这个“喜欢”可以帮助学生上课认真听讲，课后认真复习。在这种情况下，我们就认为获得了改变行为的潜能。

其次，这种变化是相对一致的。由学习引起的行为变化必须在不同的场合下表现出相对一致性。比如，学会了开轿车，不同场合不同款式的轿车都会开。即使由于特殊原因，长时间不接触车，过一段时间后稍加学习又重新掌握了开车的技能。相对一致性的行为变化同时也说明短暂的行为变化不认为是学习的结果，如药物、疲劳、疾病等引起的行为改变。有些运动员为了在比赛中获得好成绩，使用违禁药品。对于这种行为改变，我们认为不是学习的结果，所以也得不到公众的认可。

最后，学习必须是由经验引起。在个体的成长过程中，年龄增长也可引起某些行为的变化，这种变化是遗传、成熟、年龄因素的影响，我们将其视为本能表现而不是学习。如婴儿到了一定月龄的时候，获得了客体永恒性的概念。因此在成熟的基础上，经过后天练习或者经验带来的变化，我们称之为学习。这种练习或者经验可能需要一段时间的积累才能见到效果，如某种技能的习得，也有可能通过偶然的观察而习得，如看到新闻报道酒后驾车发生了严重的交通事故后就知道了遵守交通规则的重要性。

二、学习的分类

（一）学习层次分类

加涅（Gagne）根据学习的复杂程度，由简单到复杂、由低级到高级将学习分为了八个层次。

1）信号学习：即经典条件作用，对某种信号刺激做出特定的反应。此学习过程中，先呈现刺激信号，后出现行为反应。例如谈虎色变，“色变”是一种行为反应，这种反应是由“虎”引起的。

2）刺激—反应学习：即操作性条件作用，在一定的情境中，个体做出了某种行为反应后，得到了强化，使得这种行为反应得以巩固。所以在刺激—反应学习中，反应在前，强化物即刺激在后。例如，原来在课堂上不怎么积极发言的学生，有一次举手回答问题，老师对此进行了表扬，此后这个学生在课堂上会越来越积极地发言。这个例子中，学生举手回答问题是反应，老师的表扬则是强化。

3）系列学习：又称“连锁学习”，指将一系列刺激—反应的联合。如学健美操，往往是一个一个动作学习，等每个动作都学会后再将其组合起来达成一个和谐的整体。

4）言语联想学习：这类学习与系列学习相似，只不过学习的单位是词语刺激。如将若干词语按照语法组成起来形成有意义的句子。

5）辨别学习：学习辨别多种刺激之间的差异，并对其作出不同的反应，可包括对视觉、听觉、嗅觉、触觉、味觉等的辨别。如狗对不同的铃声做出不同的反应；学生辨别三角形和正方形等几何图形；地质学专业的大学生区别不同的岩石标本等。

6）概念学习：对刺激进行分类时，学习对同一类刺激做出同样的反应。通过前面的学习，我们知道概念是指人脑对客观事物的本质特征的认识。所以概念学习即是通过比较客观事物间的异同，抽取他们的本质特征，并把具有此种本质特征的事物分为一类，由此形成概念。如对水果、蔬菜、动物等概念的学习。因为只有区别事物的不同特征，才能发现事物的共同属性，所以辨别技能是形成概念的基础。

7）规则学习：又称为原理学习。规则是指两个或两个概念的整合。规则学习也就是对概念间关系的学习。我们初高中学习各种理论知识如“欧姆定律”、“阿基米德定理”以及英语各种语法等都属于规则学习。

8）解决问题学习：也称高级规则的学习，是将所学的规则或原理组合起来以解决相关问题，实现从初始状态达到目标状态的学习。规则的学习以概念的学习为基础，规则的学习也往往不是逐条地、孤立地进行的。在我们学习过程中，经常会遇到综合应用题，解答这样类型的问题就需要将有关规则或原理有机地结合在一起，构成一个体系，即形成高级规则。

在这八个层次的学习类型中，每一个类型的学习都是建立在前面类型学习基础上的。

（二）学习结果分类

20世纪70年代，加涅根据学习所获得的结果类型不同，将学习分为了以下五种类型。

1. 言语信息

言语信息的学习是指学习者通过学习以后，能记忆诸如事物的名称，事件的地点、时间、过程等特征，能够通过“是什么”的方式进行陈述。例如让一岁半的孩子背《静夜思》。言语信息的学习主要涉及的心理过程是记忆，它是其他类型的学习结果习得的基础。在学校教学情境中，学生对信息的习得主要是通过教师以口头（口头语言）或以文字方式（书面语言）进行传授的方式实现的。

2. 智力技能

智力技能是指学习者通过学习获得利用符号与环境相互作用的能力。智力技能与言语信息不同，言语信息是关于“是什么”的知识，而智力技能则是关于“怎样做”的能力，如应用所学知识解答相关习题。言语信息的学习是从不知到知，由知之甚少到知之甚多的过程，是一个量变过程，智力技能的发展则是从简单到复杂、从低级到高级的过程，是一个质变过程。智力技能可以细分为若干小类，较简单的是辨别技能，进一步是形成概念，在形成概念的基础上学会使用规则。智力技能的最高形式是高级规则的获得。

3. 认知策略

认知策略是学习者调节自己的注意、感知、记忆和思维等内部心理过程的技能。在学习过程中，学习者通过尝试获得了调控自身内部学习过程的方法，便是认知策略的习得。加涅认为认知策略是一种特殊的智力技能。智力技能是运用符号处理问题的能力，即处理外部世界问题的能力，而认知策略是自我控制与调节的能力，即处理内部世界问题的能力。学习者通过认知策略指挥自己对环境中某一类特定刺激物予以注意，忽视与学习无关的刺激，并对所选择的信息进行编码、提取，以利于解决相关问题。

4. 动作技能

动作技能是指在大量的练习基础上，按照一定规则协调自身肌肉动作的能力，强调个体不仅仅完成某种规定的动作，而且这些动作组织起来必须流畅而统一、合乎规则且准确。学校的学习过程中包含对各种各样的动作技能的学习，从刚入学的儿童学会使用铅笔写字到学习绘画、唱歌、舞蹈、打球、竞走、跨栏，到复杂的学习实验操作等。

5. 态度

态度是一种通过习得获得的有组织的内部准备状态，它会影响个人对特定对象的选择。同智慧技能、动作技能相比，态度与个人行为的关系并不那么直接，态度并不决定特定的行为，它以行为的倾向或准备状态对行为产生间接影响。态度的习得有多种形式，有些可能是源于个别的事件，也可能源于个体对某种事物的成功与欢乐的体验，有些则可能是常常模仿或观察他人的行为而获得对事物的态度。虽然个体的很多态度是在家庭、社会中获得的，如现在讨论较多的“5+2=0”的现象（每周中，两天失败的家庭教育就可以导致教师的5天辛勤教育成果化为零），但学校对学生态度培养上的重要作用仍是毋庸置疑。

上述五种学习结果中，前三种属于认知领域，动作技能属于心因动作领域，态度属于情感领域。

我国教育心理学专家冯忠良依据我国教育系统中所传递经验内容的不同，将学生的学习分为三类：知识学习、技能学习和社会规范学习。知识学习主要解决知与不知，知之深浅问题，包括知识的领会、巩固和应用三个环节；技能学习是指通过练习，建立合乎规则的活动方式的过程，分心智技能和操作技能；社会规范学习，是把外在于主体的行为要求转化为主体内在行为需要的内化过程。

（三）奥苏贝尔的学习分类

奥苏贝尔（Ausubel，1968）是美国教育心理学家，他认为意义学习、机械学习和接受学习、发现学习是两个独立的维度。发现学习不一定都是有意义学习，接受学习不一定都是机械学习。他根据学习材料与学习者原有知识经验之间的关系，将知识分为意义学习和机械学习；根据学习者习得的知识是自主发现的还是他人告知的，将学习分为接受学习和发现学习。

1. 意义学习与机械学习

奥苏贝尔推崇意义学习，他认为意义学习是通过符号、文字使学习者在头脑中获得相应的认知内容的学习，是将符号所代表的新知识与学习者认知结构中已有的适当观念建立实质性的和非人为的联系。所谓“实质性联系”主要是指如能用不同的表征方式来表达同一个知识点，我们就认为掌握了这个知识。例如，教师在上课时经常要求学生用自己的语句描述所学的知识点，目的就是为了让学生掌握所学知识的实质。非人为的联系是指新知识与原有知识体系之间建立的关系是合理的、符合一般逻辑的，不是任意的联系，指“这些观念与学习者认知结构中原有观念的适当部分”的关联。如等边三角形概念与学生认知结构中已有的三角形概念形成的联系，是特殊与一般的关系，学生刚开始学习英语单词的时候经常使用中文来标识英文，并因此带来了不少的笑话，此种则属于人为建立的关系。

与意义学习相反，机械学习（rote learning）是符号所代表的新知识与学习者知识体系中原有知识建立了非实质性和人为性的联系。学生并未理解由符号所代表的知识，仅仅记住某些符号的词句或组合，我们通常所说的“死记硬背”就是一种机械学习。例如学生能非常熟练地背出乘法九九表口诀，但背出“六八四十八”，未必能回答“八六是多少”的问题。机械学习一方面有可能是识记材料本身无意义导致，如艾宾浩斯进行实验时采用的无意义音节，另一方面有可能是学习过程中，学习者没有适当的知识基础，学习材料对学生产生不了任何的潜在意义的原因导致，如让一个小学生看高等数学，当我们面前的信息无法理解时，“死记硬背”便开始了。

2. 接受学习与发现学习

接受学习是指教师将学习的内容以定论的方式传授给学生。在学校课堂情境中，教师讲学生听的学习方式就属于接受学习。在这个过程中，学生被动的接收教师所传授的知识，并不需要主动发现什么，学生唯一要做的事就是将教师所传授的内容内化为自己的知识，并在需要的时候将这些知识提取出来。接收学习的特点决定了学生可以在短时间内获得大量间接知识，所以也是课堂教学的主要教学方式。但是当这种接受学习发挥到极致则可能成为“填鸭式”教学。

发现学习是指教师不直接将学习的内容直接告诉学生，而是让学生自己去发现这些内容。由于发现有一个过程，所以比较费时。鉴于此奥苏贝尔较为重视接受学习。他认为只要教师讲授得法，接受学习也可以成为意义学习，如教师备课的时候不仅备教材内容而且备学生，了解学生的知识现状，这样一来，教师讲授的内容学生容易理解，能与他们原有的知识体系建立实质的非人为的联系。因此，奥苏贝尔提出意义接受学习应该成为学生学习的主要方式。

第二节 学习理论

一、学习的联结理论

学习的联结理论认为，学习就是在刺激与反应之间建立联结的过程，强化在联结的过程中起着重要作用。联结主义的代表人物有巴甫洛夫、桑代克和斯金纳。

（一）巴甫洛夫的经典条件反射学说

设想下面的情形：

小轩轩是一位幼儿园的小朋友，在一天的放学路上，有一只无人看管的大黑狗突然朝他奔来想要咬他，小轩轩被吓得不轻，哭着想避开这只黑狗，但是幼儿园的小朋友怎么可能跑得过大黑狗呢，所以虽然路人相助，赶跑了这只凶猛的大黑狗，但小轩轩的腿还是被狗爪抓到了，并打了狂犬疫苗。从此以后，小轩轩只要看到狗就哭。

小轩轩的这种行为可以用经典条件反射解释。在碰到这只大黑狗之前，小轩轩并不害怕狗，但是经历了那次事件后，“狗”与“被咬伤并被打狂犬疫苗”两者之间建立了紧密的联系，学习也就产生了。

经典条件反射学说是由俄国著名的生理学家巴甫洛夫提出来的。在研究狗的消化活动中，巴甫洛夫和他的助手意外地发现狗不仅在食物送到嘴里时分泌唾液，而且在听到助手的脚步声时，也开始分泌唾液。由此，巴甫洛夫进行了一系列的相关研究，并提出了“条件反射”的概念，也就是我们所说的“经典条件反射”。要了解条件反射，我们必须首先了解反射和无条件反射。反射是指有机体对环境刺激所产生的规律性反应。它根据反射产生的条件不同分为无条件反射和条件反射。两者的区别在于建立的基础是遗传还是后天习得。在种系遗传中形成而遗传下来的反射属于无条件反射，如抓握反射、吮吸反射、防御反射、内脏反射等，这些反射属于本能活动，引起这种反射的刺激被称为无条件刺激物；条件反射是在后天学习训练的基础上建立起来的，如狗听到主人的脚步声就开始分泌唾液，使狗分泌唾液的脚步声称为条件刺激，而当条件反射建立之前，脚步声的出现并不能让狗分泌唾液，所以此时的脚步声被称为中性刺激或无关刺激。在我们的生活中，处处都存在着经典条件作用。例如，小鸡听到敲碗声就飞奔而来，猪听到主人的脚步声就叫唤起来，孩子看到妈妈就要“抱抱”等。

1. 经典条件反射的形成过程

巴甫洛夫将狗固定在架子上，在狗的面颊上做了一个外科手术，一根橡皮管连接这个通过手术形成的开口，唾液经过橡皮管流到了一个平台上，这个平台下面装有一根灵敏的弹簧，只要有一滴唾液落在上面，就会启动标记器，这样就可以精确的记录唾液的滴数和具体落下时间（图 9-1）。具体实验过程如下。

图 9-1　巴甫洛夫的实验装置

第一阶段：铃声单独出现，狗对铃声没有反应。肉单独出现，狗开始分泌唾液（图 9-2）。

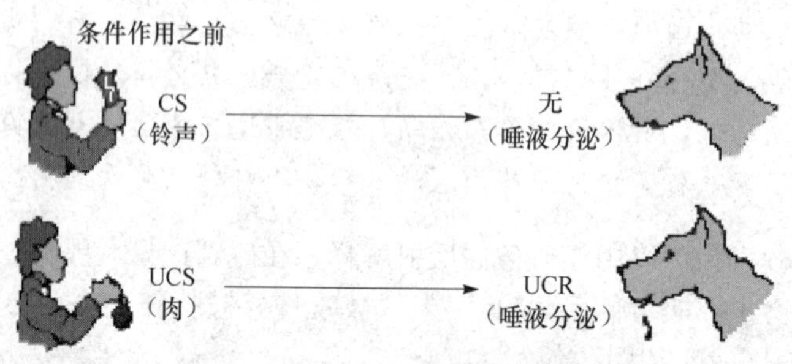

图 9-2　经典条件反射实验第一阶段

第二阶段：铃声出现后肉也随之出现，并多次配对出现进行巩固（图 9-3）。

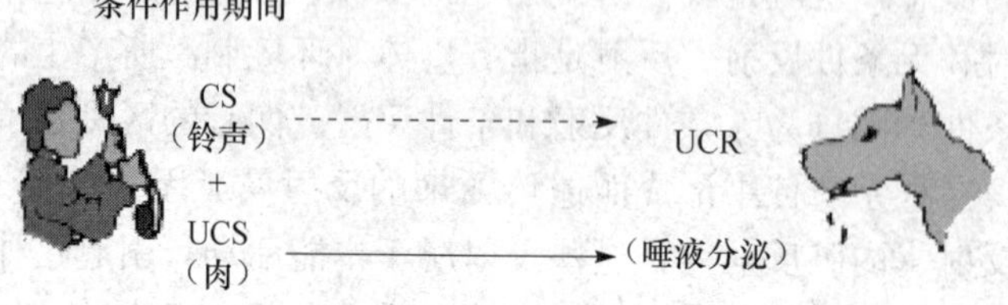

图 9-3　经典条件反射实验第二阶段

第三阶段：只出现铃声，狗还是开始分泌唾液，说明狗学会了对铃声这种刺激进行反应（图 9-4）。

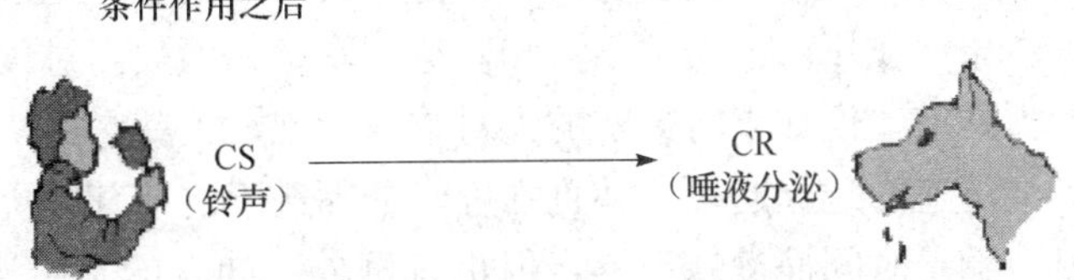

图 9-4　经典条件反射实验第三阶段

人为造成的恐惧症：小阿尔伯特的故事

美国心理学家华生和瑞尼（Watson and Raynei，1920）用实验的方法，训练 9 个月大的婴儿小阿尔伯特害怕他原本最喜欢的小白鼠。实验开始时，小阿尔伯特对巨大声响表现出本能的恐惧反应，而对于兔子、白鼠、狗和积木等并不害怕。实验过程中，研究者反复向阿尔伯特同时呈现白鼠和巨大声响。在白鼠与声音总共 7 次的配对呈现后，即使不出现声音时，阿尔伯特也对白鼠表现出极度的恐惧。

随后研究者发现，小阿尔伯特对白鼠的恐惧泛化到了许多相似事物上：他开始对狗、白色皮毛大衣、棉花、华生头上的白发以及圣诞老人面具等毛茸茸的东西都感到恐惧。实验还发现，以条件反射程序习得的恐惧，具有跨情境的稳定性，即小阿尔伯特对上述事物的恐惧在实验室环境以外也能被观察到；此外，在停止实验 31 天后，阿尔伯特的恐惧仍未消退。小阿尔伯特的母亲，研究进行的时候在医院里做奶妈，在研究人员还没来得及消除小阿尔伯特的实验性条件恐惧时，他妈妈就将他带走了，所以我们无法知道这次实验对小阿尔伯特到底意味着什么。这就是小阿尔伯特的恐惧实验。(Harris，1979)

2. 经典条件反射的规律

（1）条件反射的获得与消退

获得：当条件刺激反复与无条件刺激相匹配，从而使个体学会对条件刺激作出条件反应的过程也就是条件反应的获得过程。在条件反应的过程中需要满足两个条件：首先，在条件反应建立初期，条件刺激与无条件刺激必须配对出现，而且在配对出现过程中，条件刺激先于无条件刺激呈现，起到信号提示的功能；其次，条件刺激与无条件刺激必须配对出现，在刺激发生时间上要接近。

在日常生活中，经常会出现孩子犯了错误后，妈妈恐吓“等你爸爸回来再收拾你”的现象。我们暂且不谈这种恐吓是否有利于孩子的成长，这种恐吓往往并不能引起孩子的恐惧，主要原因为：“等”说明妈妈的恐吓与“爸爸回来收拾”之间的时间间隙过长，何况这两者并不总是配对出现，妈妈的恐吓并不能准确地预示接下来的惩罚时间和程度，所以久而久之这种恐吓也就无效了。

消退：在条件作用中，条件反应形成之后，如果重复单独出现条件刺激而不呈现强化刺激，则原来形成的条件反应联结将会逐渐减弱，直至最后消失。巴甫洛夫最早发现了这一现象，当铃声与食物多次配对出现后，狗听到铃声就开始分泌唾液，形成条件反射，但如果多次只出现铃声而不出现食物时，条件作用开始消退直至消失，也就是狗分泌的唾液越来越少。条件作用的消失并不意味着这一联结的消失，过段时间，条件作用会自动恢复但强度不如前。但如果将最初的配对重新出现，也就是经历了消退后又开始训练，条件反射又会迅速的建立起来，并且强度丝毫不逊于之前甚至更强。

许多条件反射会随着时间而慢慢消退，但也有例外，如有的学生毕业出了校门后，看到教师仍然会紧张。这种紧张的持续很有可能是因为人们在生活中尽量避免让自己陷入紧张不适的境地，而如果总是逃避就永远没有机会战胜它，当然这需要在适当的时机使用恰当的方法。比如，在机体比较放松的时候，渐渐地引入使他产生不良反应的条件刺激，也就是让放松状态下产生的愉悦与条件刺激产生的不良反应产生拮抗，这也是心理治疗中系统脱敏的依据所在。

（2）条件反射的泛化与分化

经典条件作用中，泛化是指经典条件作用建立初期，不仅条件刺激产生条件反应，类似的刺激也会产生反应。例如，狗对某一高频声音产生条件反应，同样的频率稍低的声音也会诱发条件反应，而且两者之间越接近条件反应越容易被引发；让被一只大黑狗抓过的小轩轩对其他的小狗产生喜欢之情也是非常之困难的。

生活中的条件反射泛化

谈恋爱的时候，男朋友带黑框眼镜，两人分手后，看见戴黑框眼镜的人就讨厌。

一个人对某门课程的恐惧可能泛化到其他课程，甚至所有课程，最后害怕上学，厌学也是这样产生的。

有一个女生每到星期一就开始肚子疼，父母带她到各大医院检查都查不出问题，但孩子看上去确实非常痛苦，不像是欺骗。最后求助于心理咨询师，发现原来星期一有数学课，而这个女生的数学成绩并不出色，数学老师经常在课上辱骂这个学生，最后导致这个女生对这个数学老师的恐惧泛化到了星期一这一特定的时间段上，以此逃避那个老师。

与泛化相反，分化是仅对条件刺激作出条件反应，而对与条件刺激相类似的其他刺激不作出条件反应。它是一个学习分辨类似刺激物的过程，故又称“辨别”。巴甫洛夫通过实验证明了这一现象的存在：实验中出现两种中性刺激，其中一种中性刺激（1000Hz 的铃声）与无条件刺激（肉）相配对出现，另外一种中性刺激（900Hz 的铃声）单独出现。实验结果显示，实验开始两种中性刺激都会引发唾液分泌反应，随着训练的不断进行，狗学会了辨别，即只对 1000Hz 的铃声作出反应。下文中的智蛙的反应，从心理学角度来分析也是条件作用的分化。

智　蛙

庆爹家门前有一口荷塘，其实是水库的一部分，碰到水位上涨，水就通过涵管注满这一片洼地，形成一口季节性水塘。每天晚上，塘里的青蛙呱呱叫唤，开始时七零八落，不一会儿就此起彼伏，再一会儿就相约同声编列成阵，发出节拍整齐和震耳欲聋的“青蛙号子”，一声声锲而不舍地夯击着满天星斗。星斗战栗着和闪烁着，一寸寸向西天倾滑，直到天明前的寒星寥落。

有时候，青蛙们突然噤声，像全钻到地底下去了。

仔细一听，是水塘那边的小路上有人的脚步声。奇怪的是，不久前也有脚步声从那里经过，甚至有一群群娃崽打闹着跑过，青蛙如何没有停止叫唤？

庆爹说，老五来了。

我后来才知道，老五是个抓青蛙的。

我后来还知道，老五这一次尽管不是来抓青蛙，既没有带手电筒，又没有带小铁叉，但青蛙还是认出了他。

这真是怪事，如果不是我亲眼所见，我还真不能相信青蛙有这种奇能。它们居然从脚步声中辨出了宿敌的所在，居然迅速互通信息然后作出了紧急反应，各自潜伏一声不吭。它们不就是几只青蛙么？现代人用雷达、电脑、手机、激光、群发装置也勉为其难的事情，几只青蛙凭什么可以做到？

老五的脚步声过去以后，青蛙声又响起来了。不管我在塘边怎么走来走去，它们都不理睬我的疑惑，哪怕我重重跺脚，它们也一声声叫得更欢。我在黑夜看不到它们，但仍能想象它们脸上对“低智能”人类的一丝讥笑①。

如果你是一个教育工作者，或者即将成为教育工作者，那么你必须了解条件作用；因为在学校中学生的自主反射能够被条件作用。如果被条件作用的自主反射为：出汗、脸红、心跳加速或焦虑等，那么学生就会形成对特定学科、特定教师或特定情境的焦虑甚至恐惧。例如：学生在上课的时候看与课程无关的书或者写信被教师发现，如果教师采取公开批评、羞辱的方式，学生就会将课堂与消极刺激联系起来。所以，作为教师，要了解在我们课堂中有哪些刺激可以引发令人愉快或高兴的反应，哪些刺激可能引发恐惧和紧张的不良反应，这也是我们现在倾向于创设活跃课堂气氛的原因所在，学生在这样的课堂上体验到了快乐，获得了成功，就会把成功与课堂联系在一起。

（二）桑代克的尝试——错误学习

桑代克是美国著名的心理学家，也是联结主义学习理论的创始人，他获得博士学位后，在哥伦比亚大学开始了他的实验，观察猫是如何从迷笼中逃出来的。在实验中，桑代克将饥饿的猫放入迷笼（图 9-5）中，在猫看得见却又够不着的迷笼外放着食物，然后观察猫的反应。开始时，猫由于本能的作用，在乱窜、撕咬过程中无意碰到了迷笼开关而获得了食物。经过几次反复后，猫的乱窜、撕咬的多余动作越来越少，从笼子里逃出来所需要的时间也越来越短。最后，猫被放入迷笼后，马上就触动开关而获得食物，就如桑代克所说的“所有其他未成功的冲动都消失了，导向成功的特定冲动则因愉快的

---

① 韩少功．山南水北［M］．北京：作家出版社，2006：12-13.

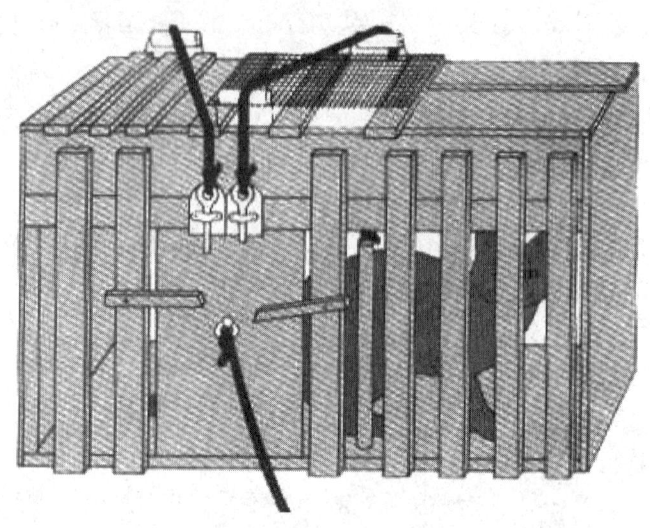

图 9-5 桑代克的迷笼装置

结果而保留下来”此后，桑代克用其他的动物代替猫做实验，实验结果却是惊人的相似。20 世纪 30 年代后，桑代克又开始了大规模的人类学习实验，虽然实验项目有所区别，但实验原理一致。

桑代克通过大量的对动物和人类的实验研究，最终认为“学习即联结，心即一个人的联结系统”，而联结的建立是通过一开始盲目的尝试错误直至体验到成功动作，最后以机械的方式逐渐产生。在 1913～1914 年出版的《教育心理学大纲》一书中，桑代克提出准备律、效果律和练习律三大定律，试误过程则是受这三大定律支配。

准备律：在实验中，桑代克发现，为了保证学习行为的发生，猫必须处于饥饿状态。假如将一只吃得很饱的猫放入迷箱，它很可能不会显示出任何学习逃出迷箱的行为，而是蜷缩在那里睡觉。所以学习行为的产生必须符合某种动机原则。这就是桑代克所说的准备律。简单地说，学习者是否会对某种刺激作出反应，与他是否已作好相关准备有关。

效果律：桑代克在实验中注意到，为了保证学习的发生，除了猫必须处于饥饿状态外，食物的供应也是必需的。假如，猫逃出迷箱后得到的是惩罚而不是奖赏即满意状态，猫就不会试图逃出来。“满意或不舒适的程度越高，刺激—反应联结就越加强或越减弱”（Thorndike，1911），具体是指刺激—反应之间的联结跟随满意而被巩固及加强，联结后跟随厌恶惩罚则会被削弱。后来他又缩小了后者的重要性，不再将惩罚作为削弱联结的方法，而认为奖赏增强学习远比惩罚削弱学习效果更明显。

练习律：一个已经形成的联结若加以使用，这种联结的力量就会得到增强，反之，若不予以使用，这种联结的力量便会减弱，简而言之，通过练习可以增加刺激—反应之间的联结力量。后来，桑代克发现练习只有在反馈下才能得到进步，盲目的联系对学习是无效的。

桑代克让一些大学生蒙住眼睛画一条 3 英寸长的线条，允许被试尝试上千次。若按照练习律，被试的准确性应该比实验开始时提高一些。但结果表明，被试从第一次到最后一次的尝试，并无任何进步。看来，不知道结果的练习不可能有助于学习。

（三）斯金纳的操作性条件作用

小博文是小学五年级的学生，成绩优秀但是性格内向，不怎么喜欢说话，上课也不举手发言，老师对此非常关注。有一天，班主任组织了“庆祝建国60周年主题班会”，并提前让学生回去准备了有关祖国发展的历史小故事。班会上大家都踊跃发言，可能是受了这种气氛的影响，小博文也想说说他准备的小故事，所以他微笑着看着老师，想让老师点名，但是老师故意忽略了。终于，小博文将手举了起来，老师叫了他。听完小博文的故事后，老师带头鼓掌并表扬了小博文的表现，以后小博文课堂上举手发言的次数开始慢慢地增加了。

在这个例子中，我们可以认为小博文的变化是因为自己的举手行为得到了老师的强化。此变化说明了斯金纳的操作条件作用。斯金纳是美国心理学家，新行为主义的代表。20世纪30年代后期，斯金纳改进桑代克的迷笼，设计了“斯金纳箱”实验装置。如图9-6所示。该实验装置是一个阴暗的隔音箱，箱内有一杠杆（实验对象若为鸽子，则设计为键盘），杠杆压下即可得到少量的食物。在研究过程中斯金纳一开始将白鼠作为实验对象，后来大多使用鸽子。实验过程中，白鼠在箱内乱窜，无意中前爪按到了杠杆，一粒食丸立刻从管道流到食槽内，这时白鼠急忙用前爪抓住食丸，条件作用开始了。

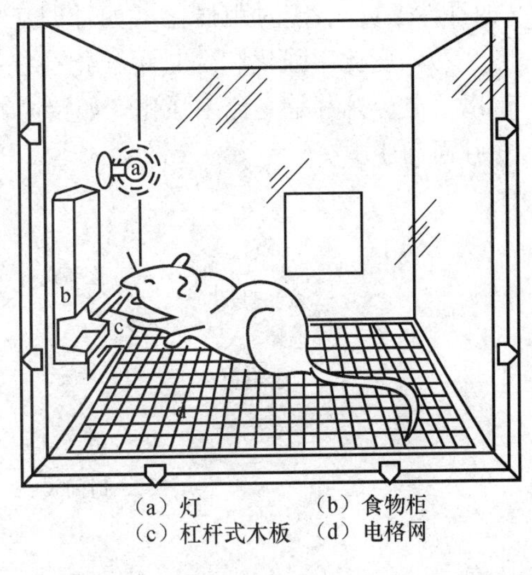

（a）灯　（b）食物柜
（c）杠杆式木板　（d）电格网

图9-6　斯金纳箱

操作性条件作用原理如下。

（1）强化

斯金纳借用桑代克的效果律，并用严格的操作术语对其进行了修改，他认为“凡是使反应概率增加，或维持某种反应水平的任何刺激都可以视为强化。”当这种刺激加到情景中增加了某种行为反应的可能性时，我们称其为正强化物；当这种刺激从情景中移走增加了某种行为反应的可能性时，则称其为负强化物。

日常生活中，经常会出现这样一幕，妈妈为了让孩子做作业、学习器乐等，不停地在孩子面前唠叨，最后孩子实在忍受不了妈妈的唠叨，会说这么一句话“行了，我做还不行嘛?”这就是负强化——为了逃离母亲的唠叨，开始做某件事。

“把学生从隔离室中放出来”，是将厌恶刺激撤除，是典型的负强化。如果想要通过这种隔离的方式强化一种所希望出现的行为，还需要在隔离过程中对学生布置一些任务。如让孩子在隔离室中做作业，当完成作业后才允许其离开隔离室中放出来。或者在孩子哭闹的时候将其放入隔离室，等哭闹停止了方允许其离开。所以在采用隔离的方法时，一定要让对象明白什么动作是家长或者老师所期望的，否则就会让这种方法变成简单的惩罚，使对象对隔离室产生厌恶和恐惧。

有的学生只要当老师站在他旁边的时候，就开始紧张出错，当老师离开，他就又能有条不紊地安排自己的学习；而有的学生则会出现相反状况，他们认为教师的出现意味着自己被关心、爱护，所以会学得特别认真，而教师的离开则可能导致其学习动力不足。在此例中，同样是教师的出现，对于不同的学生会带来不同的效果。所以在强化的过程中，需要明确什么是厌恶刺激，什么是愉快刺激。

根据强化方式的不同，可以将强化分为连续强化与间隔强化。连续强化是指每次行为后都给予强化。这对于行为的塑造非常有用，但是形成的新行为的持续性较差，如果强化不继续，消退也异常迅速。反之则称为间隔强化。间隔强化又可以分为定比率强化（如计件工资）、定时距强化（如计时工资）、变比率强化和变时距强化（具体解释见图 9-7）。变比率强化和变时距强化往往是在等待之中获得的，以这种方式获得的反应难以消退，尤其是变比率强化，如赌博行为，赌徒常常会因赌博过程中偶然、无规则的获胜而痴迷。

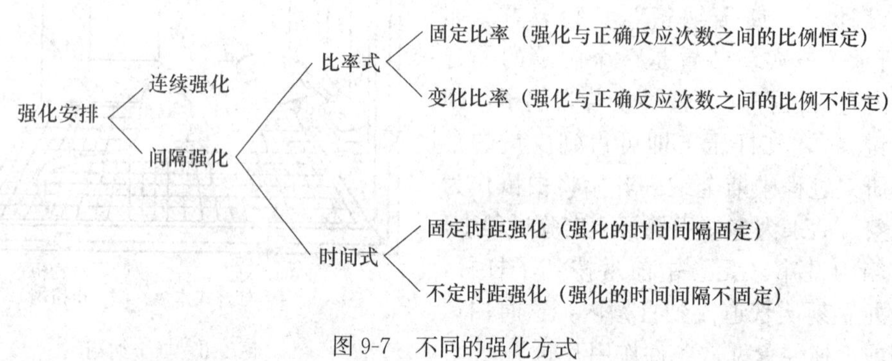

图 9-7　不同的强化方式

提示：操作条件作用的产生必须遵循先反应后强化的顺序，强化的速度越快越好。就如斯金纳所指出的：学生在课堂上做出适宜的反应后应立刻给予强化。

（2）惩罚

惩罚的目的与强化相反，是为了降低某种不希望出现的行为发生的可能性。与强化类似，惩罚也有正负之分。正惩罚是指当不希望出现的行为发生时，对其施加厌恶刺激。如学生上课时做小动作，老师给予批评；驾驶员违章驾驶，对其进行罚款扣分等。负惩罚是指当不希望出现的行为发生时，撤除本来应给与的愉快刺激，如某个班级在一次卫生考核中没有达标，学校将原来颁发的“卫生流动红旗”撤除；老师将打架的学生关入隔离室等。一般来讲，温和的惩罚方式是比较有效的，如言语批评、反应代价、隔离等。

（3）消退

在某一行为后施加某种刺激，使得这种行为增加的方式称为强化，假如这一行为后的强化物再也不施加，而是取消，我们会发现这一行为的发生频率会逐渐降低，直至回到原来的水平，我们将此方式称为消退。

在公共场合经常会看到这么一幕：孩子让爸爸妈妈帮自己买玩具或者零食遭到了拒绝后，然后开始哭闹，有点“不达目的誓不罢休”的劲头，这时父母往往因承受不了周围围观群众的非议，而屈服于孩子的任性要求。之后，父母意识到自己的迁就导致了孩子的任性，准备采用消除的方法对此进行改变。在实施的过程中，父母会发现，刚开始的消退非但没有降低学生的哭闹行为，反而使效果有过之而无不及，但如果坚持下去，父母会发现孩子变了，不再任性了。

从效果来看，消退比较自然，较少出现负面作用，惩罚则较为突然，处理不好经常会造成负面影响。消退技术具有长效性，惩罚技术具有暂时性。例如，对课堂某些不良行为不加以注意，学生觉得该行为没有意思了，不良行为也就慢慢会停止，而惩罚会带来情绪上的不良反应，如不安、恐惧等，甚至有的时候会出现为了引发别人的生气而故意呈现该行为的现象。如表 9-1 所示。无论是强化还是惩罚或是消退，在实施的过程中一定要贯彻一致性的原则，否则将会前功尽弃。

表 9-1　正强化、负强化和惩罚、消退的差异

结果		效果	途径	案例
强化	正强化	增强之前出现的行为反应的可能性	行为反应后施加新的愉快刺激	孩子成绩有进步，家长给予表扬
	负强化	增强之前出现的行为反应的可能性	行为反应后消除原来的厌恶刺激	司机系好安全带，汽车安全带蜂鸣器停止
惩罚	正惩罚	降低之前出现的行为反应的可能性	行为反应后施加新的厌恶刺激	孩子考试不及格后，家长批评孩子
	负惩罚	降低之前出现的行为反应的可能性	行为反应后消除原来的愉快刺激	孩子考试不及格后，家长扣除原来的零用钱
消退		降低之前出现的行为反应的可能性	消除原来的强化物	学生在课堂上做出滑稽动作，老师改变原来注意的策略，改为不加理睬，学生的反应频率也随之降低

吸引注意力

詹姆斯的家里有 9 个孩子，他是老六，他喜欢很多东西：笑话、篮球、冰淇淋，但是他最喜欢的还是别人对他的注意。

他很善于吸引他人的注意。他大声回答问题，在老师的眼皮底下传递纸条，把黑板擦丢来丢去，不交课堂作业，这一切都引起了老师对他的注意。他开同学的玩笑，取笑他们，在卫生间的墙上写脏话，这样同学们也经常注意到他。到了期中的时候，由于他经常被老师叫到办公室去批评，校长也开始注意到他了，这可谓是意外的“奖赏”。

尽管他获得的是老师的批评、同学们气愤的报告、校长“不要再这样，否则我们会开除你”的警告，但他毕竟获得了所有人的注意。

为什么詹姆斯会通过这样的行为吸引他人的注意，你觉得可能的原因有哪些①？

二、学习的认知理论

（一）苛勒的完形—顿悟说

苛勒是格式塔心理学的代言人。1913 年，苛勒应普鲁士科学院的邀请，到非洲西北海岸康那利群岛的特纳利夫岛对猩猩进行研究。由于第一次世界大战的爆发，他不能离开那里，所以花费了 7 年的时间在岛上研究黑猩猩的行为，并于 1917 年出版了《猩猩的智慧》。苛勒指出："真正的解决行为，通常采取畅快、一下子解决的过程，具有与前面发生的行为截然分开来而突然出现的特征。"这就是所谓顿悟，而顿悟学习的实质是在主体内部构建一种心理完形。

在长达 7 年的对猩猩的一系列实验研究中，"猩猩取香蕉"这个实验最具有代表性（图 9-8）。在一个房间中央的天花板上吊一串香蕉，猩猩看得到但够不到，房间的四周散落着一些箱子。面对这样一个情景，猩猩朝着香蕉又蹦又跳，但是还是够不着。于是它不再跳，而是焦躁不安的走来走去。突然它停在箱子前，似乎在观察并思考，过一会儿，它把箱子挪到香蕉下面，爬上箱子，轻轻一跳取到了香蕉。有时一个箱子不够，它还能把两个或几个箱子叠加起来，虽然叠加的过程有点费时。

图 9-8 "猩猩取香蕉"的实验

在另外一项研究中，香蕉被放在笼外猩猩拿不着的地方。笼子内放了短棍，笼子外地上有稍长的棍子。仅靠笼内的短棍，猩猩并不能够到笼外的香蕉。同上面的实验过程类似，猩猩在解决这个问题前，先尝试依靠笼内的短棍而获得香蕉，但是未获得成功，

① （美）奥姆罗德（Ormrod，J. E）. 教育心理学［M］. 彭运石，等译. 陕西：陕西师范大学出版社，2006：330.

几经周折后，它突然将短棍作为辅助工具用来拨弄笼外的长棍，将其抓到了手中，最终利用这根长棍获取了食物。

上述实验结果就是苛勒所说的对问题情景的“顿悟”，即“某种相对于整个问题的布局而出现的完美解决方法”。苛勒将其解释为，黑猩猩不是通过尝试—错误的方法来拿到香蕉，而是突然想到了通过叠箱的方法来取到香蕉，能解决这个问题的关键是将已有的知识经验进行重新组合，把问题看作一个整体，即发现香蕉与箱子（棍子）的关系，将他们视作整体的一部分，知觉重组后，整体知觉后“顿悟”现象则会出现。在研究过程中，苛勒还发现，当动物得到某种顿悟时，还能将解决此类问题的方法稍加变化，应用到不同的情境中去，也就是顿悟式学习产生了迁移。

通过对猩猩的一系列研究，苛勒创立了完形—顿悟学说，其基本观点为：

1. 学习是通过顿悟过程实现的

区别于桑代克的试误说，苛勒认为学习不是动作的累积或盲目的尝试，而是个体利用自己智慧和理解力对情境、事物及自身三者关系进行顿悟。通俗地可以理解为学习就是在整体把握情境中事物之间关系的基础上，分析现状和目标的差距，寻找缩短这两者之间差距的手段与途径的过程。所以在整个过程中，较于试误学习，顿悟学习减弱了盲目性，增强了目的性。

2. 学习的实质是在主体内部构造完形

在对猩猩的研究过程中，苛勒观察到猩猩似乎存在思考的过程，问题的解决方法是突然出现的。猩猩之所以能完成“取香蕉”的任务，是因为它获得了当时情境中事物间关系的认知，即香蕉、箱子或者短棍、长棍和笼外香蕉之间的关系。由此苛勒认为，心理具有组织功能，学习过程中问题的解决，就是通过对情境中事物关系的理解构成一种“完形”来实现，而完形是一种心理结构，是在机能上相互联系和相互作用的整体结构，学习的过程就是一个不断地构建完形的过程。

在苛勒之后，有人对人工饲养的猩猩进行了类似的研究，较于野外的猩猩，前者较难出现顿悟学习。从中我们可以得到这样一条信息，野外的猩猩顿悟学习的容易出现是建立在大量的野外生活经验上的，大量的野外生活经验则离不开练习，由此说来，我们会发现原来顿悟学习与试误学习并不是截然分开的。它们只是两种不同的学习状态而已，两者之间存在相互依存的关系，而不是截然对立。

我们在学习过程中也经常会出现类似的问题，碰到难题了，坐在书桌前思考了半天还是没有半点头绪，所以想想：“算了，出去走走吧。”在外面散心的时候，突然灵光一闪，解决问题的方法找到了！然后兴冲冲地返回继续解决刚才的难题。根据苛勒的理论，这就是顿悟。

（二）托尔曼的认知学习理论

托尔曼（Edward C. Tolman）是现代认知心理学的先驱。当他对白鼠进行学习的实验研究后，对当时行为主义的刺激—反应框架产生了不满，他认为刺激—反应中应存在一个“中介变量”，即 S—O—R 行为模式。他把这种中介过程看作是个体的认知活动。

1. 位置学习

训练白鼠走迷宫是心理学家们经常使用的实验方法。托尔曼的学生麦克法兰对常规的迷宫学习进行了改进，他在迷宫的通道里灌满了水，训练白鼠通过游泳的方式，探索出路获得食物。等白鼠游到目的地后，麦克法兰把迷宫中的水抽干，然后把白鼠放进去，观察白鼠的反应。结果白鼠顺利准确地跑到目的箱获得了食物。由此可见，在实验中，白鼠通过学习掌握的不是一系列动作，而是迷宫的空间布局，即关于迷宫的“认知地图”。认知地图由托尔曼所创，具体是指动物在实验过程中所学到的东西，如本实验中有关迷宫的空间信息，如哪条路通，哪条路不通，食物在哪里等。

2. 潜在学习

通过白鼠走迷宫的实验，托尔曼发现，即使没有强化学习，行为也可发生。在实验中，托尔曼将白鼠分为三组，训练它们走迷宫。第一组白鼠每次走出迷宫时都给予强化，第二组始终没有得到强化，第三组在前10天没有得到强化，从第11天开始走出迷宫时得到强化。实验结果显示：第一组的白鼠操作水平逐步提升，最后完全掌握了路线，在迷宫内可以随意进出，一点错误都不犯；第二组的操作水平一直没有显著提高，经常犯错误；第三组的白鼠前10天与第二组一样没有显著提高，经常犯错误，但从第11天起，令人惊讶的事情发生了，这组白鼠操作水平显著提高，甚至超过了第一组。托尔曼认为，在三个情境中，三组白鼠都在进行学习，获得了认知地图。第二组的白鼠虽然没有得到强化，但在迷宫内四处游走时也发生了学习，第三组前10天也有学习发生，唯一的区别在于当强化出现时，学习的效果表现出来而已，这可以理解为学习的结果并不一定以外显的行为出现，只有当环境允许或需要这种行为出现时，学习结果才以具体的外显方式呈现出来，这也是第三组第12天操作水平骤然提升的原因。这有点类似于我们经常听到有人抱怨“不是我不会，只是没有让我展现自我的平台而已”，这也是为什么我们现在要求学生多参加活动，通过某些平台来展现自己、肯定自我，从而获得更大的学习动机。所以，托尔曼认为，学习要具有目标性，通过目标的达成来检验自己的学习状况。

（三）建构主义的学习理论

一则寓言

在一个池塘中生活着两个小动物：一条鱼和一只青蛙，它们是很要好的朋友。一天，青蛙告别了鱼，到陆地上去旅行，在游历一番后，青蛙回到了这个池塘。鱼一见到青蛙，就迫不及待地迎上去问：“青蛙大哥，你都看到了什么？”青蛙说：“外面的世界真精彩，我看到了许多新奇的东西。比如，我看到了一种动物，它有两条腿，一对翅膀，身上、翅膀上、尾巴上都长着漂亮的羽毛，可在高空中飞翔。”鱼认真地听着青蛙的讲述，头脑中浮现出一只“鱼化”的鸟。（资料来源：Bransford. J（2002）. Learning Sciences，Education & Technology：Issues & Opportunities. 教育技术国际论坛（首都师范大学，2002年12月））

这则寓言告诉我们，任何知识的形成都是建立在个体原有的经验上，通过原有的知识和新知识的相互作用完成的，这也就是建构主义的核心思想。建构主义在20世纪80年代兴起，核心观点为：知识是主客体相互作用的过程中建构起来的。我们通常认为，建构主义与客观主义相对立，它强调意义不是独立于我们存在的，事物的感觉刺激本身也没有什么意义，都是人建构起来的，人根据自己的知识经验，赋予了感觉刺激的意义，该学说强调学习者在学习过程中的主动性。

建构主义并不是某一种具体的学习理论，而是众多理论的一个统称。很多研究者都认为自己的理论是建构主义的理论，但他们之间有很多分歧和不同。一般来说，心理学上的建构主义可以区分为个人建构主义和社会建构主义[①]。个人建构主义强调知识是通过学习者新旧知识相互作用而形成，社会建构主义则强调社会文化相互作用在知识建构中的作用。

客观主义认为，事物是客观存在的，而知识是对事物的表征，某种意义上讲，知识是独立于学习者而存在的，学习的目的就是将这种知识“迁移”到学习者内部。而建构主义认为知识不是对事物的客观表征，而是一种假设、解释，并不是绝对的，它会随着科技的发达、社会的进步而不停地得到修正，甚至不一定与现实相一致，只要有用且可行即可；建构主义认为学习就是一个不断建构的过程，是个体根据自己原有的知识经验同化新知识的过程，是对原来的知识经验不断修正的过程，所以知识是存在于个体的主观世界中的；建构主义强调，学习者并不是空着脑袋进入课堂的，在学习过程中，学习者也不是被动的吸收信息，而是将现有的知识经验作为生长点，主动的去建构新知识。

曾看到一个小案例，案例的出处由于时间关系找不到了，大致意思是这样：有一天，老师在班上讲《坐井观天》这一篇课文，讲到半途中，老师让学生起来朗读青蛙与小鸟的对话。其中青蛙有一句话为“天也就井口那么大”，被点名的小男孩朗读的时候结结巴巴：“天，天也，就，就，就，那么，么大”，读完之后全班哄堂大笑，还有学生在下面说：“老师，他是故意的。”老师没有发作，问小男孩：“你为什么要这样读啊?”他回答说：“老师，青蛙一个人呆在井底时间太长了，没有人跟他讲话，他快要忘记怎么说话了呀。”老师听后心中稍稍震动了一下：这个理由是多么的合情合理！

从这个案例中，我们可以看出，建构主义发展到今天，虽然曾被人批评为“披着建构主义羊皮的现代经验主义老狼”，但在实际课堂中，它还是对人有所启发的。小男孩合乎情理又不寻常的读法，让我们意识到，意义是个体主动建构出来的，学习者原有的知识经验对新知识的吸收起着至关重要的影响。所以作为老师，有时候以一个倾听者的姿态去教学可能会收到意外的收获。

第三节 学习迁移

一、什么是迁移

在日常生活中，我们经常会发现，数学好的学生物理成绩也还不错；学了VB语言

---

① 陈琦. 当代教育心理学［M］. 北京：北京师范大学出版社，2007：180.

后，学习C语言或者JAVA语言就容易了许多，又或者在学校的时候学习成绩还不错，但到学校外需要应用所掌握的知识解决实际问题时却出现了困难，这种一种学习对另外一种的学习的影响被称为迁移，对于学生校内外表现不同的情况，我们可以认为这是由于知识在从旧情境（校内）迁移到新情境（校外的应用）时遇到了障碍。迁移现象广泛存在各种学习活动中，因此具有普遍性；再加上信息时代知识的快速增长，学校的教育内容不可能穷尽所有知识，也不可能准确预见若干年后社会的知识需要，所以，教师必须培养学生的学习迁移能力。这样一来，学生就能根据已经学到的知识吸收新的知识，帮助自己不断地适应于社会发展要求。翻开西方教育心理学类书籍，我们会发现“为迁移而教”的字眼，国内大部分教育心理学类书籍也都将学习迁移作为独立的章节进行详细介绍。

二、学习迁移的种类

（一）正迁移与负迁移

迁移可能会带来比较好的结果，也有可能带来不好的结果。当一种学习对另外一种学习起到积极促进作用时，正迁移就发生了；相反，当一种学习对另外一种学习起到干扰作用时，负迁移就产生了。如：学会跨骑式摩托车会有利于学开汽车；学会骑自行车会不利于学骑三轮车。心理学家研究了迁移发生的条件，得到的结论是正迁移很难发生。因为学习是情境化的，与特定的环境紧密相连[①]。不过有学者发现，如果在介绍前一种知识原理的时候，能提供较多的例子，并明确告知学生这些知识可以迁移到新的情境中去，正迁移是可以产生的，这也是为什么教师在上课时介绍某个概念原则时喜欢用举例方法的原因，例子越多，说明适用情境越多。

（二）高路迁移和低路迁移

高路迁移和低路迁移分别发生在不同的情境中，自动化程度也不同。高路迁移产生的自动化水平低，需要意识的参与，是有意识地对某种情境中学到的知识进行抽象、概括，并将这些抽象、概括出来的概念、原理或者规则具体化应用到另外一个情境中的过程。例如，学习了阅读策略后将其运用到具体的文章阅读中；服装设计专业的学生依据某些色彩搭配原理和某种设计理念量体裁衣；心理学专业的学生学习有关心理咨询的原理、原则、过程等理论知识之后，在实习时有意识地将学过的理论知识与实习过程中遇到的具体案例相结合，以便顺利解决问题。我们会发现，一般学校中理论知识掌握较为扎实的学生，实际解决问题的能力也相应的要强一点，即容易发生高路迁移，这说明高路迁移的顺利产生是建立在对抽象知识的充分理解上的。

低路迁移的产生非常自然，它是自动化的结果。相对于高路迁移，低路迁移通常不需要或者较少需要思维，是一个非常熟练的技能从一个情境中迁移到另外一个情境中的过程，自动化程度高。可见，低路迁移的产生需要学习者对这个技能熟练掌握，“熟能

---

① R. J. 斯滕博格，W. M. 威廉姆. 教育心理学［M］. 北京：中国轻工业出版社，2006：296.

生巧”就是这个意思，当技能熟练到一定地步，并且允许在不同情境下使用的时候，低路迁移就发生了。如某心理学专业的学生在实验室中经常进行团体辅导技能的训练，当老师让他对低年级的学生进行有关新生入学的团体辅导时，他便可以较容易地应用相当技巧，但是如果让这个学生到企业中给企业员工做团体辅导，则可能会出现困难，这主要是因为相似程度影响了低路迁移的效果，类例的，学会使用台式电脑后再用笔记本电脑会觉得不太难。

（三）水平迁移与垂直迁移

水平迁移和垂直迁移是根据前后学习的抽象与概括水平之间的差异来划分的。当前后两种学习的难度、复杂度处于相近水平时，我们认为是横向迁移，如有学生喜欢通过阅读英文杂志来巩固教科书上的英文单词；垂直迁移是指当前面的学习与后面的学习处于不同水平，处理新问题的时候需要对原来的知识进行重新组合，形成比原来知识更高层次的学习。如学习了加、减、乘法后再学习更高级的除法。

三、学习迁移理论

（一）形式训练说

形式训练说是建立在官能心理学基础上的最早的一种迁移理论。“官能心理学”由德国德沃尔夫（C. Wolff）提出，他认为，人的心智是由记忆、意志、思维、推理等功能组成的。各种官能可以分别运作从事不同的活动。如记忆官能从事相对应的记忆、回忆活动。各种官能像运动员的肌肉一样，可以通过训练来增强能量，如数学可以提高思维、推理能力，而官能的提高使得以后问题解决更加容易，也就是达到了最大化的迁移。所以按照形式训练说的观点，学校的作用就是训练和促进学生的各个官能，训练的项目越难，得到训练的官能也就越多。我们可以通俗地认为，作业任务越难，学习效果越明显。所以也就出现了为了提高各个官能的能力，在学校设置课程中出现了重训练形式轻学习内容的实用性现象。以美国的课程设置为例，将逻辑学、拉丁语、希腊语这样艰涩难懂的课程教给了学生，这样做的目的并不是为了它们的实用价值，而是为了通过经历痛苦和严厉的训练使学习者提高通用能力，通过这样的训练，“学生学会观察、分析、比较、分类、想象、记忆、推理、判断甚至创造……有了这样的造诣，足使学生在日后的生活和工作中受益无穷”[①] 形式训练说的观点盛行一二百年，直到今天，这一理论对教育还有一定的影响。

这种由于对能力的过分倚重，将知识学习与实际应用完全脱离的情况。到了19世纪末20世纪初的时候，开始受到了詹姆士（W. James）、伍德沃斯（R. S. Woodworth）和桑代克等心理学家的质疑。

不能漠视形式训练说在当代对教育的影响

形式训练说从形成到现在，对外国和我国的教育都有一定或相当的影响。首先，在

① 皮连生. 教育心理学［M］. 上海：上海教育出版社，2004：268.

全世界，都有数学、物理、化学等科目的奥林匹克竞赛，这些竞赛的举办本质上都是形式训练。也许人们就是要通过这些训练来提高和改善学生对相关领域的学习和研究所需要的素养、思维模式、技能和能力，甚至是在一定程度上和范围内提高学生的智力。另外，在我们的教科书中，也不乏暗合形式训练说的表述。如有的教科书中指出："平面几何特别有利于进行一题多解的训练，语文课易于培养想象力，美术课应成为自由表达思想的场所，等等"（邵瑞珍，1998）又如，有的研究者在谈到"探究法"时认为："探究法注重的是学生如何处理资料（过程），而不是处理什么数据（产品）"（邵瑞珍，1997）最后，有的研究者将学习迁移的策略概括为四种："建立学习之间联结的策略；避免概念之间高度相似的策略；识别概念或事物关键特征的策略；判断学生原有学习程度的策略"（王文静，2004）。实际上，这些策略都需要在各学科学习或专门的策略训练中获得，而这些学习和训练在一定或相当程度上都具有形式训练的性质①。

（二）相同要素说

詹姆士、伍德沃斯和桑代克用实验的方式向形式训练说提出挑战。1901 年，桑代克以大学生为被试，训练他们估算图形的面积。首先让被试对 127 个矩形、三角形、圆和不规则图形的面积进行估计，作为他们的前测成绩。然后让被试对 90 个 $10cm^2$～$100cm^2$ 的平行四边形进行估计，训练他们估算面积的能力。最后对被试进行两种测验的后测。第一个测验要求估算 13 个与训练图形相似的长方形面积。第二个测验要求估算 27 个三角形、圆和不规则图形面积。其中 27 个的图形是前测中用过的。通过前后测成绩比较发现，被试对矩形面积的估算成绩提高了，但他们对三角形、圆和不规则图形的估算成绩没有提高。

桑代克认为，只有当两种情境学习中存在相同要素（共同元素）时才能产生迁移，如在估算面积的实验中，第一种测试成绩的提高主要是因为练习中的图形与第一种测试的图形存在相似的成分，即四边形。桑代克的相同要素说对当时的教育界起了较大的积极推进作用，它渐渐改变了当时那种只考虑形式而不考虑实际生产需要的教学情况，并且这种影响至今依然存在着。人们在安排课程方面开始慢慢重视应用学科，教材的安排也尽量与实际应用相结合。课程改革现今也成为了高校教学改革中一个重要的课题，这一点从实际教学中的点点滴滴即可看出，如高校课程教学一直强调不能只依靠课本，要与时俱进，课本上的知识往往是几年前的，时代的高速发展、知识的快速更新，书本的出版速度往往落后于信息的更新，所以要求教师的课堂传授要基于课本也要高于课本。显然，学生吸收了与时俱进的知识与技能后，才能更好地适应社会，从心理学的角度分析，主要是为了在学校课堂中学习的知识与将来社会工作中所需的知识存在更多的相同要素，以便于更好地迁移。

（三）经验类化说

1908 年，贾德（C. H. Judd）做过一个著名的水中打靶实验，他以十一二岁的小学

---

① 白晋升. 关于迁移理论的几点思考 [J]. 心理科学，2007，30 (06)：1442-1444.

高年级学生为被试，将其分成 A、B 两组练习水中打靶。对于 A 组被试，练习之前先对他们介绍光在水中的折射原理，B 组则只进行练习、尝试，而不教任何有关原理。开始时，将靶置于水下约 0.03 米处，结果经过练习后两组达到相同的训练成绩，然后增加水中靶的深度，从 0.03 米增加到 0.1 米，继续打靶，结果发现学习过原理的一组的练习成绩明显优于未学过原理的一组。贾德认为这是因为学过原理的一组已经把折射原理应用于实践，从而对不同深度的靶子都能很快作出调整并适应，从而把原理运用到不同深度的情境中去。所以迁移产生的关键在于学习者能够概括出两组活动之间的共同原理，也就是经验类化过程，学习者的概括水平越高，迁移的可能性越大。从个体的身心发展规律来看，我们不难发现，对于原理的概括存在较大的年龄差异。

后来的研究也支持了经验类化说，后面所介绍的关系转化说其实是经验类化说的进一步发展。所以，有研究者认为，经验类化说是最有发展前途的理论。另外，根据经验类化说我们可以看出，教学时不仅仅要介绍概括化了的原理知识，而且要结合实际应用讲解原理，最大化增加迁移的有效性。

她为什么会失败

小平是一名心理学专业的学生，在她的课程学习中有一门课程是《心理素质拓展人员培训》，该门课程的任务是培养学生成为合格的心理素质拓展培训师，所以老师在课堂上介绍和演示了一些基本的培训项目，其中一个是“自我暴露”，主要用来缓解群体紧张的人际关系，在活动中通过拓展师的引导，大家逐渐打开心扉，缓和气氛。小平在实习过程中，所接触的是初一年级的学生，班上学生来自全国的各个地方，主要是务工人员的子女，人员复杂，班上气氛不融洽，不团结。为了增加这个班的凝聚力，小平运用了老师所讲的“自我暴露”，整个过程严格按照老师所要求的进行，最后却失败了，学生都非常被动，不愿意过多地表露自己。

小平为什么会失败，你觉得原因会是什么？

（四）关系转换说

1919 年，苛勒进行了“小鸡觅食”的实验。首先，在两张背景灰度不同的纸板上撒一些米粒，训练两只鸡只啄食其中浅灰色背景纸板上的米粒，另外两只鸡则相反，只能啄食深灰色背景纸板上的米粒。经过了 400～600 次的训练后，终于达到了目的。接下来，对放米粒的两张纸板背景颜色做调整，让鸡学会啄食的那张纸板颜色背景保持不变，单改变另外一张纸板的颜色，对于前面一组，调换成比浅灰色背景颜色更浅的纸板，后一组调换成比深灰颜色更深的纸板。调换后，苛勒发现，在实验中，有 70%的可能性，鸡会在新的背景中啄食米粒。苛勒将其解释为：在实验中，小鸡习得的不是将米粒与特殊颜色联系起来，而是对某种特别关系（较浅或者较深颜色背景与米粒的关系的掌握）。后来苛勒又用猩猩和三岁幼儿做了类似的实验，实验的结果同样支持了他的结论。

通过实验，苛勒认为迁移的实质是个体对事物之间关系的理解，学习者如能发现学习中不同事物之间的关系，便能将其应用到另一个有相应关系的学习情境中去。

（五）现代迁移理论

布鲁纳是美国教育心理学家，他强调只有掌握了各门学科的基本结构才会发生学习迁移。奥苏伯尔接受了布鲁纳的思想，并系统地研究了学生的认知结构对学习迁移的影响。我们可以把认知结构等同于学生头脑里的知识结构。他认为，当学生已有的认知结构影响了对新知识的学习，迁移就发生了，所以，认知结构是发生迁移的重要原因。他认为，一切有意义的学习都是在已有学习的基础上进行的，不受学习者原有认知结构影响的新学习是不存在的。奥苏伯尔之后，有研究者对迁移进行了更为深入的探讨。信息加工心理学家安德森提出了迁移的产生式理论，主要用于解释基本技能的迁移。其基本思想为：先后两项技能学习产生迁移的原因是两项技能之间产生式的交叉或重叠，交叉或重叠成分越多越容易产生迁移。

“攻城”与“治病”的相关研究

有研究（Gick& Holyoak，1980）表明，学生主观意识的参与对学习迁移有着重大影响。如果学生能意识到新情境与原来知识之间有关系，发生迁移的可能性就大大提高了。在这个实验的学习阶段，被试先熟悉一则有关某将军带领部队攻占城市中心要塞的故事。故事中描述了某城市中心有一要塞，从该要塞中延伸出许多条道路，并埋有地雷。若把部队集中起来从一条道上进攻，则易触发地雷。将军成功地解决了这一问题，他将大队人马分成小分队，并派遣到各条道路上，最后同时聚集到要塞并攻占了要塞。攻克这个要塞的策略是：先将兵力分散渗透，然后在目的地聚合起来。通过这个例子，被试理解图式知识的内涵——“通过聚合微弱力量而取得强大的正面效果与微弱的负面效果”。在随后的迁移阶段，被试面对的是一个经典的放射治疗问题。这个问题是由邓克发明的（Duncker，1935），讲的是如何用射线治疗患者体内的溃疡，而又要确保溃疡周围正常组织不受过分损伤。实验结果表明，在没有任何提示的情况下，70%的人都不能主动、自觉地把将军攻占要塞的策略迁移到射线治疗肿瘤的问题上面。许多被试只有在暗示要塞问题可能与邓克问题相关（即两者同属一个图式的应用范围）的情况下才能找到这一“迁移问题”的答案①。

思考题：

1. “杯弓蛇影、草木皆兵、四面楚歌、一朝被蛇咬，十年怕井绳”是否都属于条件反射的泛化？
2. 对广告商利用明星代言某种商品的宣传方法，用经典条件反射原理怎样解释？
3. 经典条件作用和操作条件作用中的消退有什么相似和不同之处？
4. 用斯金纳箱对老鼠进行实验时，如果老鼠在按杠杆之前恰好在箱内转了一个圈，这个圈会对老鼠按杠杆产生什么样的影响？这能解释生活中的哪些现象？

---

① 刘德儒. 论建构主义学习迁移观. 北京师范大学学报（人文社会科学版），2001（04）：106-112.

参考文献：

[1] 陈琦，刘儒德. 当代教育心理学 [M]. 北京：北京师范大学出版社，2007.

[2] 彭聃龄. 普通心理学 [M]. 北京：北京师范大学出版社，2004.

[3] (美) 理查德·格里格，菲利普·津巴多. 心理学与生活 [M]. 王垒，王甦译. 北京：人民邮电出版社，2003.

第十章 教师心理

在学校教育活动中，教师从事着艰苦复杂，富有创造性、超前性的脑力劳动。教师的心理品质影响着学生对知识的掌握和个性的发展。对教师心理的研究是心理学的一个重要组成部分，对于提高教师综合素质和教育教学质量，深化基础教育课程改革，促进学生全面和谐发展，具有极其重要的意义。本章主要探究教师的角色心理、教师的能力素养、教师的心理健康等。

第一节 教师的角色心理

在知识经济时代，科学技术飞速发展，社会竞争日益激烈，特别是以计算机为核心的信息技术在学校教育中的使用，对教师提出了新的更高的要求，同时使教师的角色发生重大变化。教师应充分意识自己扮演的角色和这些角色所需要的品质与技能，自觉地使自己的心理和行为与之相符合。

一、教师角色概述

教师的角色是角色理论在学校教育中的应用。纵观整个教师角色的研究，不同学者从不同角度探讨这个问题，具有不同的见解。

（一）教师角色的含义

角色（role）最初是由拉丁语 rotula 派生出来。20 世纪 20 年代社会学家齐美尔（G. Simmel）在《论表演哲学》一文中，提到“角色扮演”的问题。

角色一词原系戏剧舞台用语，是指演员在舞台上依据剧本扮演的某一特定人物。1934 年，美国著名的社会心理学家乔治·米德，首先将角色一词引入社会心理学中，运用角色的概念说明个体在社会生活舞台上的身份及其行为。后来戈夫曼为现代的角色理论做出很大的贡献。目前大多数社会心理学家认为，角色是由人们的社会地位决定，并为社会所期望的行为模式。角色是指个人在现实生活中的社会身份，是具有一定社会地位的个体与他人互动时表现出的外显的行为模式。工人、农民、解放军、工程师、教师、学生、医生、演员、营业员等都是社会角色。角色包含着组织对成员的行为规范的客观要求，也包含着因人格结构与心理状态差异而具有的个人主观色彩，表现出角色行为的差异。根据社会期望和个体履行角色职责的情况，角色可分为期待角色、主观角色、实际角色等三类。

在社会生活中，处于一定社会地位的人扮演着多种社会角色，则是一个角色丛。正如英国戏剧家莎士比亚在《皆大欢喜》的剧本中写道："全世界是一个舞台，所有的男人和女人都是演员，他们有各自的进口和出口，一个人在一生中扮演许多角色。"如：某校长在教师面前是领导者，在学生面前是教师，在家里是丈夫、父亲、儿子或是妻子、母亲、女儿，在商店是顾客等。每个人在不同的社会环境下，分别扮演不同的角色。

教师角色是指由教师的社会地位决定，并为社会所期望的行为模式。也即教师角色代表教师个体在社会团体中的地位和身份，同时包含着许多社会期望教师个体应表现的行为模式。教师作为人类文化的传承者，扮演的社会角色具有多重性、复杂性、专业性、规范性，其社会地位和社会功能是其他职业无法替代的。教师必须按照社会对其角色的规范要求办事，如：教师可能会因为某些事而心情不好，但到了课堂上就一定要以饱满的热情来对待学生，这是教师这一职业的角色规范要求的，这种规范要求对教师的行为具有强大的约束作用。

（二）教师角色的形成

教师角色的形成，是指个体逐步认识教师的职业角色及相应要求，通过实践活动将社会对教师的角色期待予以内化，形成相应的心理特征和能力的过程。此过程主要包括三个阶段。

1. 角色认知阶段

角色认知是指角色扮演者对某一角色规范的认识和了解，知道哪些行为是合适的，哪些行为是不合适的。教师角色认知表现为理解教师角色所承担的社会职责，能够将教师特有的角色与社会其他职业角色区别开来。一个人在正式成为教师之前就可达到这个阶段。如：大多数师范生已经能够对未来将要充当的角色有所认识，当然，此时的认识常停留在层次较低的理性认识上。

2. 角色认同阶段

在认知的基础上，一个人通过实践和体验接受教师角色所承担的社会职责，并以此指导和评价自己的行为，这时达到角色认同阶段。此阶段的一个特点是在情感上还会产生相应的内心体验。对教师角色的认同离不开对这一角色的真正承担，并进行实践活动。

教师的角色认同通常要经历两个环节：一是职前准备。从教前，可以让个体对教师角色有一个较全面的认识，包括对教师职业的行为、规范、特点、意义、价值等的认识，以及可能伴随的情感体验。师范院校对学生的专业思想教育就属于这一环节。二是职后强化。从教后，通过自身的教育教学实践，与同事、学生、周围环境的交往互动，教师会产生不同程度的积极或消极的情感体验，这会加强或削弱他们对教师角色的认同。

3. 角色信念阶段

角色信念是个体坚信某种角色职责的正确性，并伴有较深刻的情感体验，进而使其成为个体角色行为的内在动力。在这一阶段，教师角色的社会期望和要求能够很自然地转化为个体的心理需要，教师坚信自己对教师职业的认识是正确的，视其为自己的行动指南，形成了教师职业特有的自尊心和荣誉感。如：优秀教师都坚信教师是“人类灵魂的工程师”，教师职业是一种崇高而光荣的职业。

（三）教师角色的功能

教师是集许多角色于一身的特殊职业，其角色的功能主要体现在教师的人格特征、举止言行、领导方式、教学风格、教育期望等方面。

1. 教师人格特征影响学生品德形成

教师的人格特征与教师的行为以及在学生心目中的威信密切相关，并且对学生的学习情绪、学习效果、智力发展、品德形成等都会产生深刻的影响。研究表明，在教师的人格特征中，教师的热情和同情心、富于激励和想象的倾向性等重要特征，对学生会产生显著影响。

2. 教师言行举止影响学生行为表现

在各种系统的有目的教育教学活动中和大量的师生间无意识的日常交往中，教师分别通过自己的言谈与举止，也即言教和身教影响学生。身教是一种人格的教育力量，对学生起着潜移默化的影响。教师的言行举止处在学生的严格监督之中，教师必须规范自己的言行举止，为学生树立榜样。

3. 教师教学风格影响学生个性发展

教师因认知方式、能力结构、气质类型、个性特点等存在差异，导致教师教学风格各异，具有多样性。教师的教学风格有利于促进不同个性学生生动活泼地发展。教师形成以学生集体为中心的教学风格，注重激励学生学习的积极性，培养创新精神，让学生参与确定教学目标、教学内容与评议学习效果；而教师处于中心地位的教学风格，注重教师直接出面指导；两种教学风格影响学生个性发展。

4. 教师教育期望影响学生学业成绩

教师对学生的关注与期望影响学生的学业成绩和人格品质。教师对学生的期望较高，学生感受到教师的关怀、爱护、信任，会迸发出一种内在的驱动力，积极向上，易取得教师期望的效果。教师对学生的期望低，态度冷漠，学生感受到教师的偏心而失望，以消极态度对待教师。教师的期望是一种巨大的教育力量，教师应热情关心学生，对学生寄予合理的期望和要求，足够的支持和鼓励。

5. 教师领导方式影响学生集体风气

教师的领导方式对学生班集体的风气有决定性的影响，并且对课堂教学气氛、学生的社会学习、态度和价值观、个性发展以及师生关系等都有不同程度的影响。教师采用民主型的领导方式，会使得学生喜欢学习，班级集体风气好；教师缺乏事业心、责任感，对学生采取放任自流的态度，则会对学生的学习和班级风气造成不良影响。

二、教师的心理角色

对于教师的角色及其作用，我国古代先哲们曾作过精辟的论述。孔子说“温故知新，可以为师矣。”韩愈在《师说》云：“师者，所以传道、授业、解惑也。”这是我国古代对教师角色行为、义务、权利较精确的概括。美国教育心理学家 J. M. 索里和 C. W. 特尔福德认为，教师在教学过程中要扮演十几种不同的角色。随着人类文明的发展和社会的要求的提高，教师角色被赋予更多更新的内容，从而使教师在人类社会生活中担负起更重大的责任，发挥更重要的作用。

教师的职业特点决定了教师角色的多重性。当今社会的要求和期望决定了教师在现代学校教育活动中，要扮演多种心理角色，努力使自己的心理和行为符合这些角色的要求。

（一）知识信息传递者角色

教师的特殊功能是传递知识信息和技能，发展学生的智力，培养学生的能力。教师的这一角色特征决定了教师必须具有扎实的基础知识，精深的专业基础理论知识，专业学科的前沿知识，广博的相关学科知识以及教育科学、心理科学等综合知识，不断提高科学文化素养、知识水平。教师在教学过程中要善于运用心理学、教育学知识和原理，恰当地向学生传递知识信息，激励学生的学习积极性。

（二）学生学习指导者角色

在学习化的知识经济时代，教师应承担学生学习的指导者和促进者角色，引导学生形成积极主动的学习态度，激发学生学习动机，培养学生的探究和创新意识，使之学会学习，主动参与、乐于探究、勤于动手，学习、发现新知识，最大限度地拓展学生的学习空间，帮助学生构建自己的知识体系，促进以学习能力为中心的学生整体个性的和谐、健康发展，带给学生学习的幸福感。

（三）学生集体组织者角色

学生的学习和其他活动基本上是以集体方式进行的。教师的地位、威信、知识、经验、年龄等决定了教师是学生集体的组织者和领导者。在班集体建设与发展过程中，教师要把握集体发展的目标与方向，建立和完善班级中的组织机构；选拔学生干部，培养积极分子，组织学习小组，指导学生进行讨论；开展文体、劳动等集体活动，营造良好的集体气氛，组织好群体互动，以促进学生个体的发展。

（四）课堂教学管理者角色

教学工作是学校的中心工作，为使课堂教学顺利进行并取得预期效果，教师要承担课堂教学的管理者角色。这一角色要求教师具有良好的领导作风和心理品质，强化对教学工作的组织管理，在讲授教学内容的同时，督促学生自觉遵守学校规章制度和课堂纪律，客观评价学生某种行为的正确或错误，维护课堂教学秩序等。教师要引导学生逐步形成自觉遵章守纪，控制和约束自己行为的习惯。妥善处理课堂教学中出现的纪律问题，对学生自觉守纪和违纪行为分别实施奖惩。

（五）学生心理保健者角色

随着现代社会对人才素质中心理素质的日益关注，学生的心理健康问题越来越受到教师和家长的重视；人们提高了对心理健康重要性的认识，对教师的角色增加了新的期待，教师应承担学生心理的保健者角色，自觉学习心理卫生和心理咨询知识，关注学生的心理健康。了解中小学生常见的心理异常的症状，掌握一些心理疏导的技术，帮助学生学会主动调节自己的情绪；经常倾听学生的心声，关心学生的情绪变化，使学生保持积极向上的心态。

（六）人际关系协调者角色

教师在教学过程中主要与学生进行交往。教师唯有同学生建立和谐的关系，师生之间民主平等、互相尊重，才能发挥积极的教育作用。教师应加强思想品格修养，调控自己的态度和行为，热爱、尊重学生，讲求民主平等的教育作风，善于进行心理置换，正确处理与学生的关系，使自己成为学生的朋友和知己。教师还应妥善处理和其他教师的关系、与学校管理者的关系、与学生家长的关系。

（七）多元知识学习者角色

在知识激增的新时代，学生通过各种载体和传媒学习所需的知识，其知识量日益增大，学习欲望将日益强烈，“知识仓库型”教师及其学科型的知识结构难以适应时代发展的要求。要从传统的以传输信息、传授知识为主转变为以开发学生智力、培养能力为主，教师必须汲取新知，不断地接受各种新的知识、理论和技术的教育和培训，优化自身知识结构，力求做到知识多元化、复合化，实现才学知识现代化，成为纵横相交的T型或复合型人才，学者、专家、创造型教师。

（八）教育科学研究者角色

现代科学技术的发展突飞猛进，传统的教书匠式的教师已不能适应社会经济文化的发展及教育自身的需要。教师应增强科研意识，掌握教育科研方法，对自己的教学进行研究，成为一个教育科学研究者。以一定理论为指导，灵活解决教学中出现的问题；及时了解国内外科学技术的新成就和学术发展新动向，充分发挥个人在学识、智能等方面的潜能，提高自身的学术、教研水平，在教师类型方面，由“知识传授型”转变为“知识创新型”，由“经验型”转变为“学者型”、“科研型”。

（九）学生家长代理者角色

在学校教育过程中，教师成了学生家长的代理者，行使对学生的监护权。教师不仅要代表国家对学生进行教育和管理，而且要代表家长照顾学生的生活，负责保护学生的安全和各项合法权益。学生家长的代理者角色要求教师应具有较强的责任感和义务感，有足够的爱心和耐心，像父母一样对学生充满热情、期望，关心学生的学习，培养学生良好的生活习惯和技能，解答学生在生活中遇到的各种问题，使学生感到可亲、可敬，从而成为学生心中最可依赖的人。

新课程背景下的教师角色①

根据国家教育部《基础教育课程改革纲要（试行）》的部署，新课程体系已从2001年秋季开始实施，并已扩大到全国。在新课程背景下，教师角色要实现转变。

（1）合作者

教师要以合作者的角色参加学生的自主学习活动，教师将由居高临下的权威转向“平等中的首席”，与学生形成“学习共同体”。

（2）建构者

教师要开发各种教育资源，建构适合实际教学情境的课程，根据学生的心理特点和教师的教学风格设计教学活动。

（3）促进者

教师要在学生成长和发展中创设优良的环境，提供有利条件，营造积极气氛，开展激励性评价，给学生以心理上的行动支持，培养学生的自律能力，从而促进学生发展。

（4）反思者

教师能够经常回顾、重建、重现并能够对自己的行为表现和学生的行为表现进行批判性的分析和审视，从而提高教学能力。

教师的角色可能还有很多种，难以全部描述，但从中可见今天教师的角色越来越丰富，教师的影响也越来越广泛。

三、教师的角色适应

随着社会文化的发展和变化，社会中的各种角色也必须随之发展变化，调整自己以适应变动的社会，就是角色适应。教师角色适应是他们从事教育教学活动的心理前提。因此，教师要依据社会的期望与职业活动的要求以及特定的教育情境，随时调整自己的心理与行为，以适应教师这一角色。

（一）角色形象适应

角色形象适应是对教师外部形象上的要求，包括社会对教师的期待与学生对教师的期待。教师要成功地适应职业活动，首先要适应社会对教师的普遍看法，甚至某些刻版的印象，在外部形象上适应教师角色，否则就会受到非议。学生所喜欢的教师身上的品质，正是他们所期望的教师品质，因此，教师必须尽量适应学生的期待，努力完善学生心目中理想的教师形象。

（二）角色职责适应

教师的社会职业角色就是教育者，同时，教师还担任与教育活动有关的其他角色，

① 姚本先．心理学（《心理学新论》修订版）[M]．北京：高等教育出版社，2005：378

这些角色相互联系，并且相互重叠，有些角色相互补充，而有些角色又相互矛盾。因此，教师必须在履行教育赋予自身的职责的基础上，恰当考虑并正确处理好自身的多种教育角色，从全局和整体上适应教书育人的职业责任。

（三）角色人格适应

角色人格适应是教师人格的要求。教师在获得相应的角色经验、角色技能的同时，从形象与职责上进行角色适应之后，还应从自身的人格方面进行塑造与锻炼，达到教师角色的最高境界。

四、教师角色心理的培育

教师角色心理是在学校和社会生活中，与他人相互作用而逐渐形成的。教师要在多种情境下成功扮演教师角色，必须十分注意教师角色心理的培育，依据社会的期望与职业活动的要求以及特定的教育情境，调整自己的心理和行为，以适应教师这一角色。

（一）强化教师角色意识

角色意识是个体对相应的社会角色规范的认知和体验，其心理结构包括角色认知、角色体验、角色期待。教师的角色是一个多重角色的有机统一体，要培育教师的角色心理，应强化教师的角色意识。学校应组织教师通过角色学习、职业训练、社会交往等，使教师正确认识教师在社会和同事、学生心目中的地位，以及社会和学生对教师的角色期望和不同要求，形成清晰的角色认知，以此指导自己的行动。同时，加强自我调节，不断完善教师的角色意识，自觉实行心理控制和激励。

（二）践行教师角色规范

角色规范是群体中每一角色都必须遵守的行为准则，反映了社会对这一角色的期望和要求。学校应引导教师认真学习《教师法》、《义务教育法》、《教育法》等，了解和掌握教师角色的行为规范、权利和义务，学习教师角色必要的知识和技能，形成相应的态度和情感，认清社会发展和教育改革的方向，教师角色要求的变化。按照社会对教师角色的规范要求和时代的变化，引导教师认真践行教师角色规范，发挥教师多重角色的整体功能，实现育德、育智、育心等教育目标。

（三）进行教师角色训练

角色训练是指按照担任的角色期望，设立模拟情景进行训练的过程，是培养一个人具备按角色期望行动的能力的过程。学校可设置不同的教育教学情境对教师进行角色训练，培养教师一系列特定的个人行为能力，学会在不同场合下遵照不同行为规范和准则，调节自己的行为，矫正不符合教师角色期望与要求的心理和行为，强化符合教师角色期望与要求的心理和行为。

比如：对一个教学时间不太长的年轻教师，通过角色心理训练使其不稳定、有偏心、与师生接触不自然等心理行为得到矫正。而对一个文艺活动型教师来讲，通过多种身份的角色扮演，使其多才多艺、活泼外向的特点得到发展。

（四）增强角色扮演能力

教育对象——学生的个性特征因家庭背景不同而千差万别。教师要培育角色心理，必须掌握角色技能知识，增强角色扮演的能力，积累角色扮演的经验，善于与不同的学生交往，注意不同年龄阶段的学生所表现出的心理特征。教师应具有处理各种问题特别是突发事件的能力。注意观察学生的行为表现，善于依据教育规律，灵活运用教育科学理论，讲究教育的艺术，根据不同对象、不同问题、不同情况，采取不同的教育措施，创造性地解决问题。

五、教师角色冲突与解决

如果社会对角色的期望不清楚，或个体对角色的认知错误，尤其是社会要求个体扮演两种以上不同性质的角色行为时，便会产生角色冲突现象。

（一）教师角色冲突的类型

在现实社会生活中，由于社会地位的特点和社会生活的多元化，处于一定社会地位的个体通常都不止扮演一个角色，而是要同时扮演几个角色。个人在生活中可能会因扮演同一角色而由角色的不同要求引起角色内冲突，或因同时扮演多个角色而引起角色之间的矛盾冲突。角色冲突是角色行为相互矛盾时的产物，他是指个人不能同时满足对其有意义的多种角色期望而履行不同的角色职责时所出现的矛盾。角色冲突表现形式多种多样，有角色内冲突、角色间冲突等。教师角色冲突主要有以下几种。

1. 教师的角色内冲突

教师角色内冲突是同一教师角色内部的冲突，它往往是指当社会上人们对教师角色的期望和要求不一致时，所产生的角色冲突形式。这种冲突主要表现在两方面：一是不同群体对同一教师角色持有相互矛盾的期待，使其角色行为发生矛盾，引起角色冲突。二是角色行为的主体对规定的角色行为有不同的理解，甚至持有相反的意见，但还必须履行的时候，在角色内部会发生激烈的冲突。例如：校长和学生期望教师管理的态度不同，学生家长与教育行政部门对教师的期望也有差异，从而容易造成角色冲突。

2. 教师的角色间冲突

教师角色间冲突是教师个体身兼几个角色时的内心冲突，这是角色紧张造成的。这种冲突主要有两方面的表现：一是教师所承担的几个角色同时对其提出履行角色行为的要求时，就会发生角色间的冲突；二是当两个角色同时对一位教师提出两种相反的角色行为要求时，引起角色间的冲突。如：一位教师在一天之中可表现为丈夫、父亲、顾客、教师、俱乐部会员等不同的角色。当同一位教师同时拥有两种以上不能协调的甚至互相竞争的身份时，则容易造成角色冲突。

（二）教师角色冲突的解决

宋辉等人（2002）研究指出，适当的冲突有助于教师适应角色的要求，促进教师学习，冲突的解决使教师体会到成功的乐趣。但是，冲突可能影响教师的身心健康和工作积极性以及教师职业的稳定，诱发部分教师的角色转变行为。

面对角色冲突，笔者认为教师应通过以下途径予以调适和解决。

1. 正视角色冲突，增强角色适应能力

教师的角色冲突事关教师个人发展和学校的发展，教师应正视角色冲突，努力培养角色意识，不断提高角色心理的成熟度和自身心理素质，确立自尊、自信、自强的自我意识。正视自己在群体中的地位和社会对教师的角色期待，充分理解教师角色，增强角色适应能力，积极主动地投入教师角色中去，适应环境与时代的变化，逐渐缩小理想教师角色与自己所表现出的实际角色的差距；协调教师的期望角色、领悟角色与实践角色之间的关系，从根本上缓解角色心理冲突。

2. 注重角色学习，提高角色知觉水平

角色的知觉是个体在社会情境中对角色及其有关角色现象的整体反映，主要包括对自我角色的认知、对他人角色的认知、对角色期待的认知。任何一种角色行为只有在角色知觉十分清晰的情况下，才能得以实现。教师必须加强角色学习，了解角色的行为规范、权利和义务、态度和情感、知识和技能等，明确教师职责，正确认识和对待社会各阶层对教师的不同期待，不断提高角色知觉水平；促进角色认同和谐，增强角色行为的光荣感，积极应对角色挑战。

3. 分清角色主次，调节自身角色行为

教师面对多种角色引起剧烈冲突时，应根据具体的情境，分析引起冲突的主要矛盾，采取恰当的方法，选择重要的角色，暂时放弃次要的角色，以后寻找机会适当补救。根据社会要求主动调整自己的角色定位，合理调整角色行为和角色期待，及时转换自己承担的角色。建立角色系统，培养角色精神，有效抵制非本质角色行为的诱惑。善于自我心理调节，保持心态稳定和心理平衡，缓和各种压力与适应突如其来的变化，富有理性地思考，以健康良好的心理影响学生。

第二节 教师的能力素养

教师的职业特点和特殊的社会角色，决定了教师应具备一系列特定的素质。在学校教育过程中，教师的能力素养直接影响到教师教育教学的效果。教师要履行其教书育人的职责，开发学生智能，培养学生的能力，应具备多元的能力素养：除具备高效益的成功智力等现代教师的基本能力和通用能力外，还应具备教育教学、教学反思、教学监控、组织管理等特殊能力，实现教育能力的现代化。

一、教学效能感

对教师教学效能感的研究最早是由 Armor 和 Berman 在“教师教学效果评估”研究课题中进行。近年来国外教育心理学领域探究教师的知识结构、能力、信念、人格特征等对教师教学和学生学习的影响。20 世纪 90 年代以来，我国学者也开始在这一领域进行一些研究和探索。

（一）教学效能感的含义

国内外关于教师教学效能感的概念有多种不同的解释。俞国良等人把教师教学效能感定义为，教师在教学活动中对其能有效地完成教学工作、实现教学目标的一种能力的知觉与信念。石俊杰在《教育社会心理学——理论探讨与专题研究》中认为：第一，教学效能感是一个多层面的整体性概念，它既包括认知成分，也包括情感成分；第二，教学效能感既是一种能力，又是一种信念。第三，教学效能感反映了教师在教学活动中的主体性、积极性和创造性……第四，教学效能感在结构上包括一般教学效能感和个人教学效能感两个成分。

教学效能感这一概念来源于班杜拉的自我效能概念。自我效能是指个人对自己在特定情境中是否有能力去完成某种行为的期望，包括结果预期和效能预期两种成分。结果预期是指个体对自己的行为将导致什么样结果的一种推测。效能预期是指个体对自己实施某种行为的能力的一种主观判断。

教学效能感是指教师对自己影响学生的学习活动和学习成绩的能力的主观判断。教师的教学效能感包括一般教学效能感和个人教学效能感两个方面。一般教学效能感是指教师对教与学的关系及教育在学生发展中的作用等问题的一般看法和判断。如"没有教不好的学生"的观念就是一般教学效能感的较典型的例子。个人教学效能感是指教师对自己的教学效果的认识和评价，也即教师对自己是否有能力完成教育任务，教好学生的信念。如："我一定能教好学生"。教师的教学效能感对学生的学习成绩有很大的预测力，是预测学生学习成绩好坏的重要变量，也是影响教师专业成熟的主要因素。

（二）教学效能感的功能

教学效能感是教师教育信念的重要组成部分。教学效能感会影响教师对学生的期待和对学生的指导等行为，从而影响教师的工作效率和教学效果。

1. 教学效能感影响教师的教学行为

（1）教学效能感影响教师教学工作积极性

教学效能感影响教师教学工作的积极性和努力程度。教学效能感高的教师相信自己的教学活动能使学生成才，具有较强的工作动机，投入更多的精力积极努力工作，在教学中遇到困难时勇于向困难挑战。教学效能感低的教师认为家庭和社会对学生影响极大，而自己对学生的影响则很小，无论怎样努力，收效也不会大，因而常常放弃自己的努力。

（2）教学效能感影响教师教学经验的积累

教学效能感影响教师教学工作经验的积累和继续不断地学习。教学效能感高的教师为了提高自己的教学效果，注意积累和总结各方面的经验，不断学习有关的新知识，自主选择有效的教学策略，进而提升自己的教育教学能力。教学效能感低的教师不相信自己在工作中会取得成就，难以做到在教学过程中不断积累、总结、提高。

（3）教学效能感影响教师在教学中的情绪

教学效能感影响教师在教学中的情绪状态以及教学效果。教学效能感高的教师热爱教育教学工作，在教学活动中信心十足，精神振奋，心情愉快，善于调控情绪，在工作中表现出极大的热情，往往取得良好的效果，并从工作中获得乐趣。教学效能感低的教师在工作时感到焦虑和恐惧，常常处于烦恼之中，无心教学，以至于不能很好完成教学工作。

2. 教学效能感影响学生的学业成就

教师的教学效能感和学生的学业成绩具有显著的正相关性。教师通过自己外部的行为表现影响学生学习的效能感，进而支配学生的学习行为，影响学生的学业成就。反之，学生的学业成就及各种学习行为又会影响教师的教学效能感。

教学效能感不同的教师对学生学业成就的影响也不同。教学效能感高的教师对学生的成就寄予较高的期望，对自己的教育能力充满信心，相信自己能教好每一个学生。当他们遇到困难时，会想方设法探索新的教育途径，寻找新的教育方法，而不会把学生看成是不可教育好的。教学效能感高的教师对课堂教学活动的投入和关注比效能感低的教师要多；他们注意对全班学生的指导，不易受个别学生行为的影响，能较灵活自如地执行教学计划。鼓励、表扬学生，较少批评、指责，采取民主的态度对学生指导和监督，倾向于发展学生的个性，培养学生的自律意识。教学效能感低的教师在教学时极容易受无关因素的干扰，往往花过多的时间解决个别学生的问题，忽视对大多数学生的指导，不能很好地完成教学计划。易盲目服从上级命令，缺乏独立见解，不敢进行教学改革，等等。

（三）教学效能感的增强

教师的教学效能感是在其教学活动中逐步形成和发展的。影响教师教学效能感的因素是多方面的，既有外部环境因素，也有教师自身因素。因此，要增强教师的教学效能感，必须从政府、学校、教师自身等多方面考虑。

1. 树立尊师重教社会风气

各级政府、教育行政部门要加大教育投入，大力发展教育事业，提高教师的社会地位和经济地位，在社会上树立尊师重教的良好风气。

2. 提高教师培训的实效性

学校要加强对教师的培养，提高教师培训的实效性，努力创造教师进修、培训等有利于教师发展的条件，通过课堂教学、观察学习、尤其是录像、实际教学观摩专家型教师的教学等途径，发展教师的一般教学效能。

3. 创设宽松和谐心理氛围

研究表明，教师的教学效能感与其周围的人际环境有很大的相关。领导实行参与管理，为教师提供更多的服务；教师之间关系融洽和谐，有助于教师交流经验，提高教师效能感。因此，学校应培育优良校风，创设宽松和谐的心理氛围。

4. 教师确立科学的教育观

教师自身要不断学习和掌握教育学和心理学的知识，通过自身的教育实践验证并发展这些知识，形成科学的教育观。同时进行实际教学实践和教育管理实践的锻炼，体验教学和管理的成功，从而增强其个人教学效能。

5. 教师善于进行教学反思

教学反思是提高教学有效性和教师个人教学效能的直接途径之一。教师要增强自信心，不断向他人学习，同时注意对自己的教学进行总结，善于对教学过程和教学效果进行反思，不断改进教学，以保证有效地提高教学效能感。

二、教学反思能力

教师对自己的教学进行反思，有助于自身教学能力的提高。

（一）教学反思能力的含义

1. 教学反思的含义

教学反思是指教师以自己的教学活动为思考对象，对自己做出的行为、决策以及由此产生的结果进行审视和分析的过程，是一种通过提高参与者的自我觉察水平来促进能力发展的途径。教学反思不只是教学经验的总结，而是伴随整个教学过程的监测、分析和解决问题的活动。教学反思是个性化的，具有创新性、超越性、自觉性、开放性等特点。

2. 教学反思的内容

斯巴克斯—兰格提出了反思的三种内容成分：第一种是认知的成分，指教师在教学中如何加工信息和做出决策；第二种是批判的成分，指教师做出教学决策的基础，包括情感体验、信念、价值观和道德等成分，如教育目标是否合理等。第三种是教师的陈述，指教师自己的声音，包括教师所提出的问题，教师在日常工作中的写作、交谈以及他们对课堂教学作出的解释等。

国外研究者提出教师的反思主要有三种：

（1）对于活动的反思

这是个体在行为完成之后对自己活动、想法、做法进行的反思。

（2）活动中的反思

这是个体在做出行为的过程中对自己活动中的表现、想法、做法进行的反思。

（3）为活动的反思

这种反思是以上两种反思的结果，以上述两种反思为基础来指导以后的活动。

3. 教学反思的过程

国外研究者以经验性学习理论为基础，将教师反思分为具体经验、观察分析、重新概括、积极验证等四个环节。

（1）具体经验阶段

此阶段的任务是使教师意识到问题的存在，明确问题情境。教师在此过程中接触到新的信息很重要，他人的教学经验、自己的经验、各种理论原理以及意想不到的经验等都会起作用。一旦教师意识到问题，就会感到一种不适，并试图改变这种状况，于是进入到反思环节。这里关键是使问题与教师个人密切相关，使之意识到自己活动中的不足，不过，让教师明确意识到自己教学中的问题往往并不容易。

（2）观察分析阶段

这一阶段教师开始广泛收集材料，获取观察数据，分析有关的经验。通过自述与回忆、他人的观察模拟、角色扮演，借助录音、录像、档案等方式，获得一定的信息，特别是有关自己活动的信息，然后用批判的眼光进行分析，看驱动自己教学活动的各种思想观点是什么，它与自己倡导的理论是否一致，自己的行为与预期结果是否一致等，从而明确问题的根源所在，对问题情境形成更明确的认识。

（3）重新概括阶段

在观察分析的基础上，教师反思旧思想，积极寻找新思想与新策略解决面临的问题。此时新信息的获得有助于催生更有效的策略和办法，新信息可以来自研究领域，也可以来自实践领域。教师针对的是教学中的特定问题，并对问题有较清楚的理解，寻找知识信息的活动是有方向、聚焦式、自我定向性的，因而不同于传统教师培训中的知识传授。

（4）积极验证阶段

这一阶段要检验上一阶段形成的概括的行动和假设，可能是实际尝试，也可能是角色扮演。在检验的过程中，教师会遇到新的具体经验，从而又进入上述具体经验阶段，开始新一轮的反思循环。

在以上四个环节中，反思最集中地体现在观察分析阶段，但它只有和其他环节结合起来才会更好地发挥作用。在实际的反思活动中，以上四个环节往往前后交错，界限不甚分明。

4. 教学反思能力的含义

教学反思能力是指教师以自己的教学活动为思考对象，对自己做出的行为、决策及由此产生的结果进行审视和分析的能力。

教师需要不断对自己的教学进行反思，提高对教学活动的自我觉察，发现和分析其中存在的问题，便于改进。教学反思能力是教师专业发展和自我成长的核心因素，教师对教学的反思能力有助于自己从新教师向专家教师转化。

（二）教学反思能力的重要性

教学反思已成为教师心理研究的一个新的热点问题。有学者认为，21 世纪，教师最重要的能力之一是自我反思能力。教师的教学反思能力对教师自身的成长具有极其重要的作用。

1. 教学反思能力有利于教师深入进行教学研究

教学反思的过程实质是教师进行学习、探究、总结、提高的过程。教师在教学实践中以科学理论为指导，对一些问题进行分析，有利于提升自身理论水平，养成良好的研究习惯，增强研究能力，深入进行教学研究。教师着眼于自己的教学活动过程，对自己的教学理念、教学行为、决策以及产生的结果进行认真的自我审视和评价、调控、分析，通过科学研究过程系统解决课堂教学中的问题，积极探索新的思路，使之由经验型教师成长为研究型教师。

2. 教学反思能力有利于教师提高教育教学质量

教学反思是教师自觉对自己的教学活动进行分析与思考、总结与评价，对教学过程中各个环节进行自我检查。教师进行教学反思的目的是追求教学过程的优化、高效和教学内容的科学、严谨，以实现教学效果的最优化。教师通过对自己的教学理念、教学内容、教学方法、教学过程、教学效果等方面的反思，正确认识和把握教学活动的本质特征，更好地促进学科教学知识的发展，使自己的教学行为更符合科学规律，不断提高教育教学质量，以实现教学过程的最优化和教学效益的最大化。

3. 教学反思能力有利于教师形成独特教学风格

教师对教学进行认真的反思。即“教学主体借助行动研究，不断探究与解决自身和教学目的，以及教学工具等方面的问题，将‘学会教学（learning how to teach）’与‘学会学习（learning how to learn）’结合起来，努力提升教学实践合理性，使自己成为学者型教师的过程。”[①] 在教学过程中，教师以探究和解决教学问题为基本点，通过自我深入反思，主动听取学生和同事的意见，了解和检查教学的基本情况，在自我反思中发现教学存在的困惑和问题，采取改进教学的策略，在解决问题的过程中优化教学过程，取得更好的教学效益，从而形成自己独特的教学风格与教学特色，使之由“教书匠”成长为“专家型”教师。

（三）教学反思能力的增强

教师应当怎样对自己的教学进行反思？布鲁巴奇（J. W. Blubacher）等（1994）提出以下四种反思的方法：反思日记、详细描述、职业发展、行动研究等。

教学反思能力是教师必备的职业能力之一，其形成和发展受诸多因素的影响。笔者认为学校应根据教师现代化的要求及学校实际，强化教师继续教育，利用校内外各种教育资源，实施校本教师培训。改革继续教育的内容和方法，创设教师教学反思的情境，营造良好的教学反思文化氛围，为教师教学反思能力的提升创造条件。并且，积极引领教师自觉进行教学反思，在实践中不断提升教学反思能力。

1. 增强反思意识

反思意识是教师对教学反思的一种认识以及建立在认识基础上的行为倾向。增强教学反思意识是提升教师教学反思能力的重要环节。教师对教学反思及其价值有清晰、正确的认识，教学反思意识较强，才能激发反思的内在动力，提高教学反思的自觉性，形成教学反思的习惯，进而将教学反思付诸教学实践，产生具体的反思行为；经常发现自己教学中的问题，使之有效地进行教学反思，从而提升教学反思能力。

2. 提高理论素养

教学反思能力的发展离不开教育理论的指导，教学反思能力是在掌握知识、形成技能的过程中得到不断发展的。教师确立终身学习的理念，自觉学习教育学、心理学等基本理论知识，了解国内外先进的教育思想、教育理论、教育方法及最新成果，提高教育理论素养，具备适应时代发展的教学理论和丰富的学科专业知识，才能及时更新教学理念，掌握教学反思的技能，灵活运用教学反思的基本策略，增强教学反思能力，不断提高教学反思水平。

---

① 熊川武. 反思性教学［M］. 上海：华东师范大学出版社，1999. 3.

3. 注重自我剖析

教学反思是教师对自身教学行为理性的、自觉的考察，教师的反思能力在自身的教学反思过程中得以形成和提高。教师应注重自我剖析，采用反思日记、详细描述、职业发展、行动研究、网络日志、观摩录像、教学研究等行之有效的教学反思的方法和策略，主动进行自我反思训练；深入反思教学过程中的思想、行为，不断自我剖析、自我诊断、自我调控，改进自己的工作并形成理性认识，最终得以实现自我提高，促进教学反思能力的发展。

4. 进行学习交流

教师学习交流是教学实践中个人教学体验与集体教学智慧、教学经验相结合的形式。教师参加集体备课、相互观摩教学、教学评析、专题研讨、校本教研等教学交流实践活动，相互切磋，研讨交流，合作反思。在学习交流实践活动中，对照优秀教师的备课、授课、评课等，及时发现自己的差距和教学中存在的问题，汲取他人的成功之处。并且主动与专家进行交流反思，积极探索用以改进教学的行动方案等，不断增强教学反思能力。

三、教学监控能力

在当今新课程改革的背景下，教学过程的复杂性和教师的角色变化，对教师的综合素质提出新的、更高的要求。教学监控能力是教师素质的核心。

（一）教学监控能力的含义

教学监控能力是指教师为保证教学达到预期目标，在教学的全过程中将教学活动本身作为意识的对象，不断地对其进行积极主动的计划、检查、评价、反馈、控制和调节的能力。这种能力主要体现在三大方面：一是教师对自己教学活动的事先计划和安排，二是对自己实际教学活动进行有意识的监察、评价和反馈，三是对自己的教学活动进行调节、校正和有意识的自我控制。教师的教学监控能力是体现教师素质的核心能力。

根据教学监控的对象，教师教学监控能力可分为自我指向型和任务指向型两类。自我指向型的教学监控能力主要是指教师对自己的教学观念、教学兴趣、动机水平、情绪状态等心理操作因素进行调控的能力。任务指向型的教学监控能力主要是指教师对教学目标、教学任务、教学材料、教学方法等任务操作因素进行调控的能力。这两类教学监控能力之间相互联系、相互影响。

根据教学监控的作用范围，教师教学监控能力可分为一般型和特殊型两类。一般型教学监控能力是指教师对自己作为教育者这种特定角色的一般性知觉、体验和调控能力，是建立在教师具备的有关教学的必要知识、技能和方法基础上，超越具体教学活动，具有广泛概括性的整体性的能力。特殊型教学监控能力是指教师对自己教学过程中的各环节进行反馈和调节的能力。它决定教师在具体教学活动中的自我调节和控制行为。

教学监控能力是教师对自己教学活动进行的积极主动的评价、反馈和调节，其核心在于教师对教学过程的管理和调节，它具有自主能动、评价反馈、调节矫正、普遍灵活、优化协调等特征。

（二）教学监控能力的因素

教师教学监控能力具有多方面内容和多样化表现，依据其在教学过程不同阶段表现形式的不同，包括以下几方面因素。

1. 计划与准备

在课堂教学之前，教师要明确所教课程的内容，学生的兴趣、需要、发展水平，教学目标、教学任务、教学方法与手段，并预测教学中可能出现的问题与教学效果。

2. 课堂的组织管理

课堂的组织管理，即在课堂上密切注视学生的反应，努力调动学生的学习积极性，随时准备有效地处理课堂上出现的偶发事件。

3. 教材呈现的水平

此过程是教师课堂教学的核心，教师应对自己的教学进程、教学方法、学生的参与和反应等方面随时保持有意识的反省，并根据这些反馈信息及时调整自己的教学活动，使之达到最佳效果。

4. 言语和非言语沟通

在课堂教学中，教师应努力以自己积极的态度去感染学生，以多种形式鼓励学生努力学习，并保持对自己和学生之间交流的敏感性和批判性，一旦发现沟通过程中的问题，立即设法纠正。

5. 评估学生的进步

教师教学的效果最终要体现在学生对知识的掌握程度和能力的发展速度与水平上，教师应认真了解学生的掌握情况，采用各种方法评估学生的进步程度，以便改进教学。

6. 对教学反省评价

教师在授完一堂课或一个阶段的课后，对本人的教学情况进行回顾和评价，仔细分析课的成功之处和有待改进之处，分析自己的教学是否适合学生的实际水平，能否有效地促进学生的发展等。

（三）教学监控能力的作用

教师在课堂教学过程中除了要监控自己的教学和学生的学习行为外，还要对教学过程、课程建构、师生互动等进行全面的监控、协调。教学监控能力是影响教师进行课程改革和专业成长的核心因素。

1. 教学监控能力有利于增强教学活动效果

在教学活动这一极其复杂的系统中，存在着教师因素、学生因素、教学环境因素、教学媒体因素、教学管理因素等诸多因素，它们相互联系、相互作用、相互影响。这些因素合理地发挥作用是达到理想教学效果的关键。教师具备一定的教学监控能力，积极主动对教学活动系统中各相关因素进行调节和控制，使各因素协调一致地促进教学活动正常开展，从而增强教学活动效果。

2. 教学监控能力有利于实现学校教学目标

教师具有教学监控能力，方能根据教学大纲和教学目标的要求，制订切实可行的教学计划，选择适宜的教学方法，在教学中不断进行自我反馈，及时发现问题，作出相应的修正，采取必要的补救措施，减少教学工作的盲目性，从而提高教学活动效率。并且，根据教材和教学目标、学生的特点等，善于评价、调节自己的教学过程，灵活运用各种策略和适宜的教学方法，以实现学校教学目标。

3. 教学监控能力有利于促进教师专业成长

北京师范大学林崇德教授在接受《中国教育报》记者采访时提出，在21世纪教师能力中最重要的成分就是教师教学监控能力①。教学监控能力是教师基本素质的核心，培养教师教学监控能力，有利于教师形成良好的职业反思习惯，提高教师教学艺术水平，从而促进教师的专业化成长。

（四）教学监控能力的培养

教师的教学监控能力不是先天具有的，而是在后天的教学实践中发展起来的。学校可以通过培训，使教师具备较强的教学监控能力。

1. 教学监控能力的培训

申继亮、辛涛（1998）把对教师教学监控能力的培训工作划分为四个阶段：

（1）澄清阶段

在此阶段，要向被培训教师说明培训的目的、根据和所要达到的具体目标，特别是向被培训教师提供实验所必需的知识背景和理论依据。

（2）模拟阶段

这一阶段中，由指导教师按照设计好的程序，向被培训教师具体模拟采用认知的自我指导的方法提高教学监控能力。

（3）练习阶段

由被培训教师练习认知的自我指导技术，使之达到熟练的程度。

（4）提示阶段

在此阶段，通过指导教师监控，被培训教师巩固认知的自我指导级数，使之实现自动化，这标志着教师教学监控能力的初步形成。

2. 教学监控能力的提高策略

提高教师教学监控能力的策略多种多样，学校可针对教师实际，激发教师工作动机，实施校本教师培训，采用教学监控能力的提高培训技术：

（1）强化自我认知

即通过认知——行为策略改变教师的思维定势，使其学会自我陈述的方法，认知和情感得以重建，最终形成自动化的教学监控能力。具体步骤和程序包括：任务的选择，认知模拟，明显的外部指导、自我指导，模仿悄声的外部自我指导、练习悄声的外部自我指导，内隐的自我指导等。强化自我认知指导实质在于调动教师教学的积极性，引起

---

① 林崇德. 教育的智慧：写给中小学教师［M］. 北京：开明出版社，1999：46.

教师对教学活动的高度醒觉状态。采用此法有助于教师形成提前计划的能力、对教学过程的高度清晰、教师之间的合作能力、言语的自我调节能力，从而形成较强的教学监控能力。

（2）进行角色改变

此方法旨在使教师形成新的教育观念，提高教师参加教育科研的自觉性和主动性，及时调整自己的行为，最终使教师的角色由“经验型”向“科研型”转化，由“教书匠型”向“教学专家型”转化。其实质在于促进教师自我意识，特别是对教学活动自我意识的增强，而教师教学监控能力的实质也正是教师对自己教学活动的自我意识，因此，将角色改变用于教师教学监控能力的培养是有效的。

（3）实施归因训练

归因训练是指通过一定的训练程序，使个体掌握某种归因技能，形成比较积极的归因风格，改变教师对自己教学状况的不合理认识，强调通过自身努力可使学生得到更好的发展，自己的教学监控能力也随之得以提高。个体通过归因训练，可获得各种形式的归因反馈信息，从而消除归因偏差。例如，组织教师就自己存在的某些不合理的归因与观念，进行小组分析讨论，引导他们作出正确的归因；聘请专家型教师，给受训教师作具体示范，为他们树立榜样，使之从中观察学习。

（4）提高教学策略

此方法旨在使教师了解科学的教学方法和教学策略，为教师掌握教学策略，提高教学水平奠定基础。具体内容包括：一是专家讲座，讲座内容包括新时代教师素质的构成，一线教师参加科研的目的意义，教育科研的知识和技能；学生思维品质的培养途径，课堂教学策略，学生评估的方法与价值等。二是观摩听课，内容包括特级教师的公开课，著名中小学教师的示范课，外省市优秀青年教师的表演课。

（5）运用教学反馈

此方法使教师对自己教学各环节有准确、客观的认识，从而正确地评价自己的教学效果和学生的学习状况，这是教师形成教学监控能力的基础，教师教学监控过程都是从其教学活动的反思与评价开始的。而这种反思和评价又是通过多种教学反馈技术实现的。教学反馈技术包括许多形式，具体地说，从反馈来源分，有自我反馈、学生反馈、同行反馈等形式；从反馈方式来看，有现场言语反馈、摄像反馈、测验反馈等。

（6）采用现场指导

采用现场指导可以帮助教师针对不同教学情境，选用最佳的教学策略，以达到最佳的教学效果，使教师对自己的课堂教学进行有效的调节和校正。这也是培养教师教学监控能力的根本目的。

四、教育教学机智

俄国教育家乌申斯基强调：“不论教育者怎样地研究了教育学理论，如果他没有教育机智，他就不可能成为一个优良的教育实践者。这种所谓教育机智在本质上不是什么别的东西，无非是文学家、诗人、演说家、演员、政治家、传教者，一句话，就是一切想跟教育学者一样对别人的心灵发挥某种影响的那些人所需的那种心理学的机智。”①

（一）教育教学机智的含义

教育教学机智是指教师面临复杂的教育教学情景，对学生活动、意外情况和偶发事件，迅速作出灵敏反应，果断采取恰当教育教学措施的能力；是教师在教育教学过程中表现出来的极具个性化的内隐能力。教育教学机智实质是教师观察的敏锐性、思维的灵活性、意志的果断性等的独特结合，是教师优良心理品质和高超教育技能的概括。教育教学机智既是教师的心理调控能力，又是教师综合运用各种策略解决问题的实践能力，能使教育教学进入一种艺术的境界。

教育教学机智是教师在具体的教育教学情景中表现出来的教育教学智慧，它是教师的教育教学理论与教育教学实践结合的中介，是教师创造性的集中体现，也是教师多年实践经验的总结，是现代高素质教师一种必不可少的素质。

（二）教育教学机智的表现方式

教育教学机智是教师必须具备的一种特殊的品质，是经验、才识、智慧内化的结晶，具有观察敏锐、思维灵活、情绪稳定、意志果断、方法个性化等特征，体现出不同教师的不同教学风格。教师的教育教学机智表现在以下四个方面。

1. 观察敏锐，善于因势利导

教师观察敏锐，具有深刻的洞察力，在教育教学中注意观察学生，掌握学生的性格特点，了解学生身心发展变化的规律，根据学生的外部表现察知学生的内心情绪变化。善于根据学生的需要和特点，循循善诱，对学生进行思想教育，培养学生优良的品德；并且把学生的兴趣爱好引向正确的道路，迁移到学习方面或对集体有益的活动中，利用学生的积极因素，使学生扬长避短、健康成长。

2. 思维灵活，善于随机应变

教师思维灵活敏捷，创造力强，一旦遇到突发事件，才会“胸有成竹”，灵感顿生。根据当时的情况和错综复杂的教育情境，灵活果断地处理偶发事件，及时调节和消除矛盾行为，从而有效地组织教学活动。教育机智发生在突变之机，表现了教师高超的应变能力。教师的随机应变能力是教育教学机智的集中体现。

在某班的一次英语课上，曾发生了这样一件事：老师正在教“cock”（公鸡）这个单词，突然有个学生坐在位置上，用广东土话怪腔怪调地问：“英语里有没鸡㖿（即母鸡）?”顿时，班上哄堂大笑，正常的课堂纪律给搅乱了。面对这种情况，老师不动声色，仍然用平静的声调说：“有，而且还有小鸡这个单词。”接着他把这两个单词写在黑板上，带领学生们读。于是，学生们的注意力很快地被引导到教学内容上来了。那个发出怪声的学生看到自己的行动并未引起大家的注意，也开始感到不好意思起来。然后，这位老师才把话题一转：“××同学不错，不但想学会‘公鸡’怎么说，还想知道‘母

---

① 乌申斯基. 人是教育的对象（第一卷）[M]. 北京：科学出版社，1995：27.

鸡’这个词，现在全班同学都多学了两个单词。但是，刚才你提问题的语调不好”，接着他又讲了英语中的语调问题[①]。

这位教师在处理这件课堂偶发事件上，具有教育教学机智，因而既没有影响课时计划的顺利执行，又使学生受到深刻的教育。

3. 意志果断，善于对症下药

教育教学中的突发事件是教师事先无法预料到的，由于来得突然，出乎意料，给教师思考的时间不可能很多。此时教师应明辨是非，迅速作出判断，采取果断措施处理突发事件；善于从学生的实际出发，正确分析学生中发生问题的起因，针对学生的个性特点，采取灵活多变的教育方式和方法，有的放矢地进行教育，使教育教学活动顺利进行，并收到预期的效果。

4. 情绪稳定，善于掌握分寸

面对教育教学中的突发事件，教师应情绪稳定，冷静沉着，具有较强的情绪调控能力。教师还应讲究教育的科学性，在教育学生和处理问题时，能实事求是，通情达理，分析中肯，判断准确，结论合理，对学生的要求恰当。选择适宜的处理措施，把握表扬和批评、奖励与惩罚的适当时机，以最小的代价取得最佳的教育效果。

（三）影响教育教学机智的因素

教育教学机智是教师的一种判断能力、心理能力，教师在课堂教学过程中面临意外情况和偶发事件，能否当机立断，灵活地采取恰当措施处理问题，将受到多种因素的影响。其中主要的影响因素有以下几种。

1. 知识经验

知识经验对教师教育教学机智水平的提高有极大的影响，尤其是教育科学、心理科学方面的知识经验，对教育教学机智影响极大。在实际教学工作中，教师知识经验越丰富，就越表现出较强的教育教学机智才能，无论是在课内还是课外，对各种突发的教育教学事件，他们都能应付自如，游刃有余；而缺乏知识经验的教师，在突发的事件面前就可能手足无措，不知如何处置。

2. 心理素质

教师的注意力、观察力、想象力、思维力、情感、意志、性格与气质类型等对教育教学机智的形成有着重要影响。教师具备良好的心理素质，才能在遇到突发事件时保持沉着冷静、镇定自若，迅速地作出应对。教师如果没有良好的心理素质，面对突发事件时惊慌失措，无法冷静思考、正确判断、果断行动，也不可能根据具体情况随机应变、因势利导、对症下药，因而也就不可能有教育机智。

3. 个体态度

教师对教育工作和学生的态度是能否表现教育教学机智的前提。教师热爱教育事业，具有高度的责任感，热情关爱学生，当教学过程中发生一些意想不到的事情，面临

① 张承芬，程学超. 教师心理［M］. 济南：山东教育出版社，1984：121-122.

种种窘境，则善用聪明才智，不失时机巧妙地处理意外事件。教师如果对教育工作和学生缺乏责任感，对学生冷漠无情，当学生出现意外情况时，就可能厌烦甚至粗暴地对待学生，不能灵活处理问题。

（四）教育教学机智的培养

教师的教育教学机智并不是与生俱来的，而是教师在后天的教育教学活动和教育教学环境中，经过磨练与感悟而逐渐获得的，教师在平常的教育教学工作中应不断丰富自己的学识，积累实践经验，逐渐培养起较高水平的教育教学机智。

1. 完善教师知识结构

丰富的知识素养对教师教育教学机智的形成具有重要的作用。教师平时不仅要加强专业知识学习，而且要努力掌握教育学和心理学的知识，对政治、历史、哲学、语言学等学科的知识也应有所涉猎，拓宽知识面，完善自身的知识结构。教师学识丰富，视野会开阔，视野开阔才能更自如地应对各种情况，在具体的教育情景中灵活运用教育理论知识解决实际问题。

2. 提高教师心理素质

教师工作不同于物质生产部门的工作，它面对的是具有不同个性的活生生的学生。学校应注重对教师心理素质的培育，增强教师的责任心，优化教师的角色形象，讲究教育教学艺术，不断提高教育教学机智水平。进行适当的心理训练以提高心理素质，对教师进行心理训练可以从认知能力、心理品质、心理技术和专业技巧等方面进行。

3. 改变教师认知模式

从当前大环境来看，社会对教育的要求越来越高。严峻的现实要求教师具有比以往任何时期都要高的教育水平，现代教师不是传统意义上的“教书匠”，而应成为教育教学工作的专家。这首先要求教师转变教育教学观念，改变认知模式。

4. 注重教育实践锻炼

教师的教育教学机智是在经验和实践的基础上逐步形成的。学校应引导教师积极参加教育教学实践，使教师获得对教育教学实践的感性认识和教育教学经验，掌握在不同的教育教学情景下恰当的行为模式，为未来的教育教学实践提供一种启示和备选的操作方式。教师唯有注重教育教学实践锻炼，积累教育教学实践经验和各方面的生活经验，才能机智地处理学生中出现的意外情况。

5. 激励教师的积极性

研究表明，教师积极性同教师的心理成熟度和成功期待有高度的线性正相关关系。要激励教师的工作积极性，就要引导教师正确评价自己的能力和水平及其工作成绩。在教师管理中引入激励机制，尽量改善学校办学条件，创设良好的教育教学情境，激发教师工作的热情，培养教师积极的情感，使之真正从内心深处热爱教师职业和学生，充分激发教师的创造力，提高教师教育教学水平。

6. 创设良好教育环境

宽松民主的教育教学环境是教师教育教学成功的重要条件和保障，教师对学生的尊重、信任、了解、关怀等对学生起着潜移默化的积极影响，学生在轻松愉悦的情境中学习，良好的个性品质将随之塑成。在良好的教育环境中，教师才能影响教育学生；教育教学机智就在于教师能够洞察学生的内心世界，根据不断变化发展的情况采取不同的教育措施。

第三节 教师的心理健康

教师所扮演的角色，要求教师不但具备高尚的人格、广博的知识、良好的心理素质，而且教师还应是一个心理健康的人。

一、心理健康的含义

1947 年，世界卫生组织（WHO）在成立宪章中指出："健康乃是一种身体的、心理的和社会适应的健全状态，而不只是没有疾病或虚弱现象。"① 人的健康包括生理健康、心理健康、社会适应。世界卫生组织（WHO）1989 年对健康下的定义是："健康不仅是没有疾病，而且包括躯体健康、心理健康、社会适应良好的道德健康。"② 健康的概念随着社会历史的进步而不断变化。

对什么是心理健康，国内外学者由于各人所处的社会文化背景不同，研究问题的立场、观点和方法各异，迄今尚未有统一的意见，心理学者、精神病学者、社会工作学者各有其不同的说明。

笔者认为，心理健康是指个体在与环境互动中保持内部心理谐调和良好的社会适应能力，促进身心潜能发展的心理效能状态。也即个体内部心理谐调与外部行为适应相统一，能动高效地适应社会环境的心理状态。这一含义表明，心理健康是一种良好的功能状态，它体现在个体与环境积极互动时的行为上，也包含着相对稳定并处于动态发展和完善中的人格特质上，心理健康是主体能动地与社会环境相互作用的结果。

心理健康的起源③

心理健康运动发展最早的国家是美国，"心理卫生"一词最早出现在英国克劳斯顿博士（Dr. T. S. Clouston）于 1906 年出版的《心理卫生》（Mental Hygiene）一书中，不过真正树立今天心理健康概念基础的是美国耶鲁大学法律系毕业的毕尔士（C. W. Beers），他曾不幸患精神病住院 3 年，出院后撰述《我寻回了自己》（A Mind That Found Itself，1908）一书。因为当时精神病院采取隔离收容，缺乏有效治疗，对病患者少闻问，即使病好了出院，也要面对社会人士对精神病的无知与误解。于是将他亲身体验的惨痛经验加以陈述，并呼吁社会大众应重视治疗心理疾病与研究治疗方法，此书由心理学家梅耶（A. Meyer）推介才正式出版。从此心理健康运动在美国开始，并逐渐发展为国际性运动。

---

① 陈家麟. 学校心理健康教育——原理与操作［M］. 北京：教育科学出版社，2002：3.

② 石俊杰. 教育社会心理学——理论探讨与专题研究［M］. 保定：河北大学出版社，2003：232.

③ 蔡笑岳. 心理学［M］. 北京：高等教育出版社，2007：333.

二、教师心理健康的重要性

人的心理健康与生理健康一样重要，这是生理学家、心理学家、医学家的一致看法。心理健康对于维护教师的身体健康，提高工作效率，确保教育教学顺利进行，全面推进素质教育，促进学生身心健康发展等，具有重要意义。

（一）教师心理健康有利于促进身体健康

心理健康与生理健康关系极为密切，两者互相联系、交互影响。一个人的身体的健康状态影响心理健康，心理健康的水平也影响身体健康。教师具有健康的心理，良好的心态，对生活充满信心，乐观积极，朝气蓬勃，乐于助人，有利于增强其免疫能力和抗病防病能力，使其有效地抵抗疾病的侵袭，促进身体健康。

（二）教师心理健康有利于提高工作绩效

教师的心理健康，其智力、情感、意志、个性都得到发展，形成健全的人格，使之心理倾向和行为与社会现实的要求之间关系协调，个体与环境取得积极的平衡，有利于教师的学习和工作，充分发挥其积极性和创造性，提高教书育人的效果和其他工作绩效，以适应现代社会的发展，适应未来的变化。

（三）教师心理健康有利于学生健康成长

教师心理素质的优劣及其心理健康与否，对学生的人格等心理品质起直接或潜移默化的影响作用。教师具有健康的心理素质，有利于培养学生健全的人格、适应时代要求的现代人的心理品质，促使学生健康成长，以实现学校教育目标，提高民族整体素质，全面建设和谐社会。教师的心理健康，能正确对待与处理师生关系，使学生在学习过程中保持良好的心境，进行有效的学习，有利于学生的身心健康，促进学生德智体全面协调发展与个性和谐发展。

三、教师心理健康的现状

从总体上说，我国中小学大多数教师的心理健康状况是好的或比较好的，少数教师心理健康状况不良，或多或少存在心理问题。国内有关研究表明，中小学教师的心理健康状态已成为一个不容忽视的问题。

2002 年，在广州市天河区举行的一次心理保健讲座上，用心理健康测试量表（SCL—90）对在场教师进行测试，结果显示：31.51％的教师有轻度心理障碍，12.37％的教师有中等心理障碍，嫉妒情绪、焦虑情绪的出现率也比较高①。

学者刘晓明等（2003 年）采用精神症状自评量表对 760 名东北中小学教师进行调查，结果表明中小学教师的心理健康状况明显低于全国常模：3.45％的教师有中度心理健康问题，突出的心理健康问题依次是强迫症状（7.11％）、人际敏感（6.58％）、躯体

① 马雪．中小学教师心理健康研究［J］．教学与管理，2007．（4）：29．

化（6.05%）、抑郁（5.68%）和焦虑（4.47%）[①]。

2006年上半年，杭州市教科所对市区30多所学校的近2000名教师进行心理健康状况调查，结果表明，有13%的教师存在心理问题，76%的教师感到职业压力很大。其中男教师的压力大于女教师，毕业班的教师和班主任教师压力大于非毕业班和非班主任教师[②]。

教师的心理问题及其异常表现多种多样，主要有：人格异常、适应不良、心身健康问题、人际关系问题等。中小学教师心理健康状况不良会影响教师自身的身心健康，使教师出现早衰现象，产生职业倦怠，降低工作的效能感；导致师源性心理伤害，即教师因心理不健康，出现对学生打骂、体罚，工作不负责任，偏心等不被学生喜欢的行为，给学生的心理造成伤害。

四、影响教师心理健康的因素

影响教师心理健康的因素是多方面的，既有客观因素，也有主观因素；既有社会因素，也有学校因素、职业因素、个人因素。

（一）客观环境因素

客观环境因素是影响教师心理健康的外在、客观的因素，主要包括社会环境、工作环境、生活环境等因素。

1. 社会环境因素

社会环境对教师的心理健康具有重要影响。安定的政治局面、良好的社会风气、健康的社会文化等社会环境因素有利于教师的心理健康。动荡的社会局面、不良的社会风气、不健康的社会意识形态等，对教师的心理健康产生不良影响。

2. 工作环境因素

教师的工作稳定，工作能力较强，工作条件优越，人际关系和谐等良好的工作环境因素，有利于促进教师的心理健康。教师的工作不稳定，工作任务繁重，工作压力过大，工作紧张程度高，工作条件和环境较差，人际关系复杂、紧张、失谐等，尤其是领导与教师关系不协调，教师之间猜疑、敌对、嫉妒、轻视、争名等不良的环境因素，会对教师心理健康产生负面影响。

3. 生活环境因素

教师经济收入较高，物质生活丰富，住房条件优越，有利于教师的心理健康。教师工资偏低，生活水平下降，住房拥挤，居住条件差；子女入学和就业得不到安排等，会使人产生焦虑、烦躁等心理状态；失恋、离婚、亲人故去等生活中的突然变化，也都会对教师的心理健康产生负面影响。

（二）主观心理因素

影响教师心理健康的主观心理因素是教师自身内在、关键的因素，主要有教师的人

① 刘晓明，王丽荣．新课程与教师心理素质［M］．长春：东北师范大学出版社，2004.5.
② 黄俭．论中小学教师心理问题及其对策［J］．才智，2008.（21）：85.

格特征、个体需要、感受力等因素。

1. 人格特征

心理因素极其复杂，教师的人格特征在某种程度上决定着个体的行为方式。教师具有健全的人格，积极稳定的情绪，豁达开朗的性格等，有利于促进教师的心理健康。教师自我评价过高，自尊心过强，情绪不稳定，焦虑、忧愁、压抑、愤怒等都会使人的心理活动失去平衡，对教师的心理健康产生负面影响。

2. 个体需要

需要是个体的心理活动与行为的基本动力，教师有多种多样的需要，学校适时满足其正当合理的需要，教师心情舒畅，有利于其心理健康。教师的合理需要长期得不到满足，或需要不合理、不正当，尤其是在职称评定、待遇分配等问题上，学校领导处事不公，会造成教师心理失衡，不利于其心理健康。

（三）职业特殊因素

影响教师心理健康的职业特殊因素主要有以下几种。

1. 社会地位的高低

教师职业是“太阳底下最崇高的职业”，受到全社会的尊重，享有崇高的地位，教师才会心理健康。近年来，教师的地位、待遇虽有所提高，但教师的社会地位仍然较低；社会各界对教师的角色期望太高，对教师职业的真正重视却很不够，轻视教师的现象依然存在，这不利于教师的心理健康。

2. 福利待遇的好坏

教师是专门的职业，其劳动是复杂劳动，教师的福利待遇好，与其所付出的劳动相平衡，教师的心理才会健康。教师的工作繁杂、紧张，但在工资待遇、劳动报酬等方面并没有相应的提高，特别是相当数量的教师因长时间遭受工资拖欠而陷入生活困境，则不利于教师的心理健康。

3. 专业权利的有无

教师从业享有除一般的公民权利外，职业本身所赋予的专业方面的权利，即享有在遵守法律规定基础上的教育教学、教育科研、学术交流等方面的自由、自主权，教师的心理才会健康。教师不享有这些权利，就不利于其心理健康。

（四）学校组织因素

学校是教师学习、工作和生活的主要场所，学校的领导作风、管理方式等对教师的心理健康有重要的影响。

1. 学校管理方式

学校坚持以人为本，实施参与式管理，综合运用各种柔性激励策略，激励教师的积极性，有利于教师的心理健康。而学校管理方式不当，忽视教师个性心理特点，片面强调集权、规章制度，滥用惩罚，管理手段简单生硬；尤其是把教师任教班级学生的考试成绩、升学率与教师的聘用、职称评定、工资等挂钩，无形中加重了教师的负担，促使教师感到不快，不利于其心理健康。

2. 学校人事安排

学校根据工作需要和每个教师的能力、特长、兴趣等，安排合适的工作任务，量人之才、随长短以任之，教师心理健康。学校人事安排欠妥，对教师个人的兴趣、能力、专长考虑不够，造成所用非所学，舍长就短，使教师"无用武之地"；工作任务过于繁杂，工作量过大，在体力和精神上不堪重压，都不利于教师心理健康。

3. 学校领导作风

学校领导作风民主，密切联系群众，认真践行"领导就是服务"，关注教师切身利益的变化，教师心理健康。领导作风不佳，以权谋私，脱离群众，经常对教师发号施令，处理事件、解决问题不恰当；求全责备，嫉贤妒能，不尊重教师的人格，任意批评教师；对教师的评价不公正，影响教师心理健康。

五、教师心理健康的维护

在知识经济时代，关注和维护教师的心理健康是一项复杂的系统工程，需要社会、学校、教师个人共同努力。

（一）学校对教师心理健康的维护

学校应采取切实有效措施，创设有利于教师心理健康的良好环境，维护教师的心理健康。

1. 实施心理健康教育

学校领导者应不断提高自身的心理素质和科学管理素养，增强领导者的角色意识，以心理卫生理论为指导，维护自身心理健康。并且深入了解教师的身心健康状况，针对本校及教师的实际，开展心理健康教育活动，营造心理健康教育的氛围，认真制订和实施心理卫生辅导计划；通过专题讲座、报告会、研讨会等多种途径，宣传、普及心理健康知识，使之掌握解决心理冲突，应对心理挫折的科学方法，预防身心疾病和心理障碍的发生，促进其心理健康。

2. 改善组织管理方式

学校领导者要实行以人为本的柔性化管理，尊重理解、信任依靠、关心爱护、主动服务教师。通过校务委员会、教职工代表大会等多种渠道，使教师在办学育人的大政方针上参与讨论决策，对学校的发展规划、教育目标、干部任免、经费开支等提出合理化的建议，参与学校规划与教育、管理目标及工作计划的制定，参加学校教育、教学改革的决策等。同时要深化学校管理体制改革，改善人事劳动制度，建立健全有效的竞争和激励机制，科学的评估制度等规章制度。

3. 建立和谐人际关系

学校领导者要坚持以人为本，建立共同愿景，强化对教师的思想教育，提高其觉悟水平和思想道德素质。加强人际沟通，推崇诚信友爱，开展各种教研、文体活动，使教师频繁交往，促进彼此心理相容，珍惜和发展友谊。积极引导教师加强修养，构建和谐人格，注重个性锻炼，倡导心理置换。调解人际纠纷，及时化解人际矛盾，妥善处理人际冲突，排除教师的心理障碍；协调好教师之间、教师与管理者之间的关系，使上下级之间、同事之间关系和谐。

4. 满足正当、合理需求

学校领导者应采取积极有效措施，恰当满足教师合理的心理需求。在政策许可的前提下，适当增加教师的工资、奖金，努力改善教师的福利待遇和工作条件。热情鼓励、积极支持教师的工作及其创造性活动，为教师的学习进修和专业发展，为满足其创造、成就需要提供方便，创造条件。尊重教师及其劳动，切实维护教师的威信，合理安排教师的工作，力求使其能力与职务相称；对于成绩显著、贡献突出的优秀教师，应及时表彰，满足教师荣誉和尊重的需求。

5. 完善学校教学管理

学校领导者应树立正确的人才观、质量观、素质教育观，继续深化教育改革，全面推进素质教育，改革招生考试和评价制度。切实改进教学管理，科学安排教学活动，减轻教师工作负担，注意教师用脑卫生，防止和避免教师过度疲劳，使教师有足够的休息、睡眠，适当的文娱、体育活动时间，做到劳逸结合。倡导教师的自我管理，实行弹性的教学管理制度，减轻教师的思想压力和心理负荷，减少其心理焦虑，使教师保持积极的情绪，防止身心疾病，促进心理健康。

6. 优化心理工作环境

学校领导者应重视校园物质环境建设和校容、校貌建设，增加投入，绿化、美化、香化、乐化校园，净化学校环境；创设良好的学习、工作环境和温馨的休息环境。尽力帮助解决教师学习、生活、家庭等方面的困难，设法改善教师的物质生活待遇和居住环境。同时，努力改善和优化学校的心理环境，弘扬学校优良传统，培育优良校风；营造良好的集体心理气氛，形成平等友爱、宽松和谐、相互理解信任的人际环境，使教师轻松愉快、奋发向上，保持心理健康。

此外，还应采取各种诱导措施，正确对待受挫教师，维护教师的心理健康。

（二）教师心理健康的自我维护

学校领导者注重维护教师的心理健康，而教师本人却不加注意，教师的心理难以达到理想的健康水平。为此，教师应注重心理健康的自我维护。

1. 重视身体保健，注重心理健康

身心是统一的整体，二者互相联系，交互影响。生理健康有助于心理健康，心理健康是防止身心疾病的重要因素。教师要维护自身心理健康，必须正确理解身心关系，注重锻炼身体，更要注重心理健康。平时，注意增加营养，多吃鸡蛋、瘦肉、猪脑、蔬菜、水果等食物。重视身体保健，加强体育锻炼，调节心身功能，增强体质，促进身体健康。积极参加一些文娱活动，使紧张而有秩序的工作、规律而有节奏的生活与正当而活泼的娱乐相结合。同时，又要注重心理健康，注意发展自己的智力，陶冶高尚的情操，塑造健全的人格。自觉运用心理卫生知识，进行自我心理保健、自身调适，保持心理平衡，不断促进心理健康。

2. 正视客观现实，发展健全人格

培根说：“经得起各种诱惑和烦恼的考验，才能达到最完美的心灵的健康。”

教师要维护自身心理健康，就要正视客观现实，树立崇高的理想，加强自我修养，自觉把塑造人格、提高思想道德水准作为心理保健的核心内容，发展健全人格，完善个性。要正确认识社会和人生，正视自己所处的客观环境和周围现实，用乐观进取的人生态度面对生活，处理好个人与社会现实之间的关系，正确对待人生道路上的矛盾冲突以及工作中的成功与不足之处。走出“自我”的封闭圈，不断发展自我、超越自我，优化自我形象；以科学的人生观和坚定的信念作为人格的核心，支配调节其心理和行为，排除内心干扰，淡泊名利；形成和发展正直诚实、谦虚谨慎等良好的个性特征及符合社会需要的健全人格。

3. 调适不良情绪，增强心理耐力

教师要维护自身心理健康，要经常保持情绪稳定，善于转化消极情绪，控制情绪爆发，诱导潜在情绪。遇事不紧张、不激动，勿让忧愁伤身体。善用理智控制法、合理释放法、注意转移法、艺术升华法、自我暗示法、自我安慰法等方法，调适不良情绪，常以欢乐促健康。当消极情绪发生时，人往往深陷其中而不能自拔，重要的是设法使注意从消极情绪转移到有意义、有兴趣的活动方面去，比如阅读小说、观看影视、欣赏音乐、唱歌跳舞、打球等，可以使自己从忧愁、烦闷中解脱出来。同时，要加强思想意识修养和意志锻炼，培养良好的意志品质，增强心理耐力，提高心理承受力。若因种种原因已陷入情绪困扰之中，要努力摆脱不良心境，以恢复心理平衡，从而百折不挠，乐观进取，保持心理健康。

4. 增强人际交往，营造和谐关系

我国已故著名医学心理学家丁瓒教授曾指出：“人类的心理适应，最主要的就是对人际关系的适应。所以人类的心理病态，主要是由于这人际关系的失调而来。”教师要维护自身心理健康，应乐于合群，善于交往，融洽人际关系。积极参加学校、教研组或学生班集体活动，增强与学校领导、同事、学生的交往，在家庭和社会上敬老爱幼，与亲戚朋友和睦相处。在人际交往中，要注意交往风度，光明磊落，严于律己，宽以待人，竭诚相见；尊重、关心他人，乐于助人。善于沟通感情，交流信息，促进彼此心理相容，进行心理置换，珍惜、发展友谊；注重个性锻炼，特别是在与同事的关系中，要排除嫉妒心理，采用“内省”的方法，调节自己的心理状态，以他人为镜，取人之长补己之短，营造和谐的人际关系。

5. 注意科学用脑，调适生活节律

早在两千多年前，医书《黄帝内经》中就要求人们“饮食有节，起居有常，不妄作劳”，主张根据四时气候之变化安排生活作息，才能使人“心安而不惧”，“使志无怒”。教师要维护自身心理健康，就要顺应自然，适时调养，善于调适生活节律。要按照生物钟或生活节律妥善安排生活，合理组织教学，讲究工作方法；在工作、生活中心情要舒畅，保持一种平常心，不急不躁，按照预定计划循序渐进。同时，必须注意科学用脑，自觉讲究用脑卫生和用脑艺术。特别要注意避免过度疲劳用脑，一定时间后要有短暂的休息，使动静结合、劳逸相间，让大脑的工作、休息符合生理规律。用脑避免过分单调，在学习、工作时采取“转换法”，变换学习与工作内容，让大脑细胞在工作进程中“轮休”。

此外，教师还应加强思想修养，善用语言调节。

思考题：

1. 什么是教师角色？如何培育教师的角色心理？
2. 教学效能感对教师和学生有何影响？如何增强教学效能感？
3. 教学反思能力有何重要性？怎样增强教师的教学反思能力？
4. 什么是教学监控能力？教学监控能力的提高策略主要有哪些？
5. 教育教学机智的表现方式是什么？你认为应怎样培养教育教学机智？
6. 教师心理健康有何重要性？影响教师心理健康的因素有哪些？
7. 联系实际谈谈教师应怎样维护自己的心理健康。

参考文献：

[1] 王蓓颖. 学校管理心理学新论 [M]. 北京：中国社会科学出版社，2005.
[2] 姚本先. 心理学（《心理学新论》修订版）[M]. 北京：高等教育出版社，2005.
[3] 李越，霍涌泉. 心理学教程 [M]. 北京：高等教育出版社，2006.
[4] 高明书. 教师心理学 [M]. 北京：人民教育出版社，1999.
[5] 张向葵，吴晓义. 课堂教学监控 [M]. 北京：人民教育出版社，2004.
[6] 岑国桢. 教育心理学 [M]. 北京：中国人民大学出版社，2006.
[7] 陈琦，刘儒德. 当代教育心理学 [M]. 北京：北京师范大学出版社，2007.
[8] 刘维良. 教师心理卫生 [M]. 北京：知识产权出版社，1999.